Geographische, naturhistorische und technologische Beschreibung des souverainen Herzogthums Schlesien.

Von

Johann Adam Valentin Weigel,

Evangelisch-lutherischem Prediger, Mitgliede der Gesellschaft naturforschender Freunde in Berlin, der naturforschenden zu Halle, und der ökonomisch-patriotischen des Fürstenthums Schweidnitz.

Fünfter Theil.

Die Fürstenthümer Liegnitz, Wohlau und Glogau.

Berlin, 1802.

In der Himburgischen Buchhandlung.

Inhalt.

Das unmittelbare Fürstenthum Liegnitz.

Inhalt.

Das unmittelbare Fürstenthum Wohlau.

Das unmittelbare Fürstenthum Glogau.

Das

Das

unmittelbare

Fürstenthum Liegnitz.

Erster Abschnitt.

Physikalische Beschaffenheit.

Gewässer.

Die beträchtlichsten und bemerkenswerthesten Gewässer dieses Fürstenthums, davon nur einige in demselben entspringen, die meisten aber aus den benachbarten Fürstenthümern Breslau, Schweidnitz und Jauer in dasselbe strömen, und entweder mittelbar oder unmittelbar sich in die Oder ergießen, sind:

Die Oder.

Sie tritt da, wo die Fürstenthümer Breslau, Wohlau und Liegnitz mit einander gränzen, oberhalb des, wegen der Salz- und Kohlenniederlagen bekannten, Dorfes Maltsch in den Liegnitzer Kreis, und zwar in das Parchwitzer Territorium ein, fließt Maltsch vorbei, und schlängelt sich an der Gränze der Fürstenthümer Liegnitz und Wohlau fort, bis sie bald unter dem, am rechten Ufer liegenden, Städtchen Leubus in das Fürstenthum Wohlau strömt. Sie nimmt während ihres kurzen Laufes an den Gränzen unsers Fürstenthums, und zwar beim Austritte aus demselben auf,

am linken Ufer:

1. Die Leisebach (Leitsbach),

die im Striegauischen Kreise aus dem Leisebrunnen entspringt *). Sie theilt sich unter Drohmsdorf (Striegauer Kreises) in zwei Arme, deren einer sich gegen Morgen in den Herzogsteich **) ergießt, der andere durch Groß- und Klein-Baudis (Liegnitzer Kr.) und von da wieder in den Striegauischen Kreis durch Körnitz strömt, wo sich ein von Pläswitz (Striegauischen Kr.) herkommendes, Ober- und Nieder-Moys bewässerndes Wasser, an der Gränze des Liegnitzer Kreises dazu gesellt. Sie durchfließt in diesem Kreise Panzkau, tritt noch einmahl in den Striegauischen Kreis zurück, bewässert Hulm, fließt aber bald wieder in den Liegnitzer Kreis, in welchem sie, nachdem sie außer mehrern kleinen, theils unbenahmten, theils von den Dörfern, durch welche sie fließen, benahmten Bächen, das Wasser des Würge- und Herzogsteiches und verschiedener kleiner Teiche aufgenommen, und die Gründe der Dörfer Schützendorf, Dürschwitz, Groß-Tinz, Royn, Groß Läsewitz,

---

*) Sieh Th. 1. S. 5.

**) Ebendas. S. 6.

Roiz und Rogau bewässert hat, etwa eine halbe Meile unter Rogau, nahe an der Gränze, in die Oder fällt.

2. Die Katzbach.

Sie entspringt bei Retschdorf im Hirschbergischen Kreise des Fürstenthums Jauer, am Bleiberge *), und tritt aus diesem Kreise unterhalb Neukirch (Hirschb. Kr.) bei Taschenhof in das Fürstenthum Liegnitz, wo sie, nachdem sie am rechten Ufer das Seifenauer **) und am linken das Hermsdorfer Wasser aufgenommen hat, Goldberg vorbei, zwischen Riemberg (Jauerschen Kr.) und Kroitsch aus dem Goldberger in den Liegnitzer Kreis, Liegnitz vorbei, strömt. Sie nimmt bis zu ihrer Ausmündung in die Oder, außer andern unbedeutenden, unbenahmten Bächen noch auf:

* Am rechten Ufer:

A. Die Bettelbach,

die am Fuße des Wolfsberges entsteht, bald unter Goldberg.

B. Den Schneebach,

der am Fuße des Flensberges entspringt, unterhalb Ropatsch.

C. Den Haseler= oder Prausnitzer Bach,

der aus dem Fürstenthume Jauer kommt, bald nach seinem Eintritte in den Goldberger Kreis.

*) Sieh Th. 2. S. 8.

**) Auf der Schubartischen Karte Seifendau.

D. **Die wüthende Neiße,** (der Jauerbach, das Jauerische Wasser.)

Sie entsteht im Bolkenhaynischen Kreise des Fürstenthums Schweidnitz *), fließt die Stadt Jauer vorbei, und tritt, nachdem sie sich im Fürstenthume Jauer durch mehrere unbenahmte, oder von den Dörfern, durch welche sie fließen, benahmte Bäche verstärkt hat, zwischen Schlaup und Schlauphof in den Liegnitzer Kreis, und fällt, nachdem sie die Gründe des Dorfes Schönau bewässert hat, bald unter Kroitsch in die Katzbach.

E. **Die Weidelache** (Weilache),

die im Fürstenthume Schweidnitz bei Fehebeutel im Striegauer Kreise **) entspringt, durch das Fürstenthum Jauer ***), und aus diesem vor Mertschütz in das Fürstenthum Liegnitz fließt, in welchem sie außer etlichen kleinen Bächen

das Baritschwasser

aufnimmt, das von Hertwigswalde entspringt, durch dieses Dorf und durch Baritsch †) fließt; sie ergießt sich unter Klein-Schildern in die Katzbach.

** Am linken Ufer:

F. **Das Schwarzwasser.**

Es entspringt in Rosenthal, im Bunzlauer Kreise, verstärkt sich durch das Aslauer Wasser und durch

*) S. Th. 1. S. 4. Th. 2. S. 8.

**) S. Th. 1 S. 5.

***) S. Th. 2. S. 9.

†) Auf der Schubartschen Karte: Bartsch.

mehrere in den benachbarten Waldungen entspringende kleine Bäche, die sich an der Gränze des Bunzlauer und Haynauer Kreises, unweit von Pohlswinkel vereinigen, fließt träge durch die Haynauer Heide, durch die Dörfer Reißicht und Vorhaus, strömt unterhalb Buchwald eine kleine Strecke in den Lübener Kreis, und tritt, nachdem es hier mehrere aus dem Haynauer und Lübener Kreise ihm zufließende Bäche und Teichwasser aufgenommen hat, oberhalb Jakobsdorf in den Liegnitzer Kreis, wo es sich bei der Stadt Liegnitz in die Katzbach ausmündet. Eines der vorzüglichsten Wasser, das sich mit ihm vereinigt, ist

die schnelle Deichsel, (Teichsa).

Sie entsteht aus der Vereinigung einiger Bäche bei Probsthayn. Diese Bäche sind:

der Süßenbacher und der Wiesenthaler Bach	im Löwenberger Kreise;
der Falkenhayner Bach und das Wasser des Klingelbrunnen	im Hirschberger Kreise.

Nach dieser Vereinigung fließt sie durch Probsthayn und eine Reihe schöner, beinahe zusammenhängender Dörfer *) bis Haynau, wo sie nahe vorbeiströmt, und sich endlich bei Bärsdorf **) mit dem

*) Diese Reihe Dörfer fängt schon im Löwenbergischen Kreise bei Zobten an. Man nennt sie die lange Gasse. Es sind die Dörfer Zobten, Langen-Neudorf, Armenruh, Harpersdorf, Pilgramsdorf, Ulbersdorf, Leisersdorf, Adelsdorf, Modelsdorf und Conradsdorf.

**) Auf der Schubartschen Karte: Beerschdorf.

Schwarzwasser vereinigt. Sie nimmt in ihrem Laufe mehrere Bäche auf. Die vorzüglichsten sind:

† Am rechten Ufer:

Die Rothebach. Sie entsteht aus dem Zusammenflusse einiger Bäche bei Schönwalde im Hirschberger Kreise, den sie unter Röversdorf beim Eintritte in den Goldberger Kreis verläßt und unter Steinberg in die schnelle Deichsel fällt.

†† Am linken Ufer:

Den Harpersdorfer Bach, bei Pilgramsdorf.

Den Hockenauer Bach, Den Neudorfer Bach, } in Ulbersdorf.

Den Gröditzer Bach, Den Alzenauer Bach, Den Merzdorfer Bach, } in Modelsdorf.

Gewässer, die in dem Fürstenthume Liegnitz entspringen, aber bald in andere Fürstenthümer fließen.

1. Der kleine Bober. Er entspringt bei Wilhelmsdorf und fließt ins Fürstenthum Jauer.
2. Die Sprottau, entspringt bei Spröttchen, und fließt in das Fürstenthum Glogau.
3. Die Kaltebach, (die Steine, das Steinwasser). Sie entsteht aus drei Bächen, die sich bei Lüben vereinigen.

Die erste Quelle, Lüben gegen Mitternacht, entspringt bei Koslitz und fließt durch Malmitz.

---

*) S. Th. 2. S. 6.

Die zweite Quelle, Mitternacht-Abend, auf den Oberauer Gründen, fließt Lüben vorbei.

Die dritte Quelle, gegen Abend, unweit Klein-Kriechen, fließt durch Lerchenborn, Groß-Kriechen, Erlicht und Samitz. Nach ihrer Vereinigung fließen sie noch einige Meilen in den Lübenschen Kreis und treten dann in den Steinauischen des Fürstenthums Wohlau, wo sich noch das aus dem Zusammentreten einiger Bäche im Lübenschen Kreise entstehende Dittersbacher Wasser damit vereiniget.

4. **Ein unweit des Venusberges entstehender Bach.**

5. **Ein zwischen Klein- und Groß-Rinnersdorf entstehender Bach.**

6. **Ein Bach der bei Barschau entspringt.**

Die Bäche 4. 5. 6. vereinigen sich bei Raudten und werden die Goldbach oder der Herzogsgraben genannt.

7. **Das Böberle**, ist ein Arm der Katzbach, fließt bei Leschwitz von ihr ab, und fällt bei Aufhalt, im Wohlauischen, am rechten Ufer in die Oder.

* * *

Im Liegnitzischen Kreise giebt es bei Jäschkendorf, Roischwitz, Kunitz und Seedorf **Seen**. Man will behaupten, daß die erstern drei Seen eine unterirdische Verbindung mit einander haben, und man nennt deswegen das dazwischen liegende Land, die große Brücke. In den Kunitzer See soll, der Sage nach, einst eine

Stadt versunken seyn: Gewißheit hat man jedoch nicht. In eben diesem Kreise sind unter den Teichen als die grössesten zu bemerken: der **Würcherteich**, der fast zwei Meilen im Umfange hat. Er gehört zum Königl. Amte Groß-Baudis. Man hat, um ihn besser benutzen zu können, in neuern Zeiten (1765), durch Dämme und Schleusen ihn in drei Theile getheilt; der **Herzogsteich**, davon ein kleiner Theil in dem Striegauer Kreise liegt *).

Im Haynauischen Weichbilde sind noch die grossen Teiche bei Reißicht, Buchwald, Bärsdorf, Gölschau und der Herzogteich zu Haynau zu bemerken.

Ueberhaupt sind in dem Fürstenthum Liegnitz folgende Teiche:

	Grosse.	Mittlere.	Kleine.
Im Liegnitzer Kreise . . .	10	33	75
Im Goldbergischen Kreise .	—	—	75
Im Haynauischen Weichbilde	5	7	145
Im Lübenschen Kreise . .	4	3	129
Summa	19	43	424
Ueberhaupt		486	

Berge und Ebenen.

Das Fürstenthum Liegnitz ist, den Goldberger Kreis ausgenommen, wo man mehrere Berge zählt,

*) S. Th. 1. S. 6.

Ebene, die nur hin und wieder von einigen Lehm- und Sandhügeln durchschnitten wird, die keine besonderen Nahmen haben. Jedoch sind zu bemerken:

A. Im Liegnitzer Kreise.

Der Töpferberg (Töppelberg), bei Liegnitz.
Der Burgberg, bei Mertschütz.
Der rothe Berg, bei Wahlstadt, ein Basaltberg.
Der Spitzberg, bei Nikolstadt.

B. Im Lübenschen Kreise.

Der Venusberg, bei Jauschwitz, ein steiler Sandberg. Man erzählt, daß man auf diesem Berge die Venus verehret und Wallfahrten zu ihrer Verehrung nach diesem Berge angestellt habe, und daß das nicht weit davon liegende Pilgranisdorf von den Pilgern, die den Berg besuchten, seinen Nahmen erhalten.

Der Hasenberg, in der Rotzenauer Heide.

C. Im Haynauischen Kreise.

Der Hopfenberg, bei Michelsdorf.

D. Im Goldberger Kreise.

Der Gröditzberg (Grätzberg, St. Georgenberg *), ein Basaltberg, bei Gröditz, nahe an der Gränze des Fürstenthums Jauer. Ob er gleich eine ziem-

*) Diesen Nahmen soll der Berg zuerst gehabt haben; jetzt ist er nicht mehr gebräuchlich. Den Nahmen Gröditzberg, wollen einige von dem Götzen Crodo herleiten.

liche Höhe hat und steil ist, so ist er doch nicht so hoch, als er in der Ferne zu seyn scheint. Diese Täuschung entsteht daher, weil er einsam, von keinen andern Bergen umgeben, ganz im Freyen liegt; man kann ihn nur zu den Bergen der zweiten Ordnung zählen. Er ist indessen doch einer der merkwürdigsten Gegenstände in Schlesien, theils wegen der Ueberreste des darauf befindlichen alten fürstlichen Bergschlosses, theils wegen der herrlichen Aussicht, die man auf dem Gipfel hat und die durch nichts beschränkt wird. Man übersieht hier in der Ferne nicht nur das Riesengebirge, um den Berg herum eine fruchtbare, von der Betriebsamkeit ihrer Besitzer zeugende Landschaft, und eine Kette schöner großer Dörfer, sondern auch die Städte Goldberg, Haynau, Liegnitz, das Kloster Wahlstadt, bei hellem Himmel Leubus, und sogar die Landskrone bei Görlitz. Am Fuße des Berges liegt nebst der Kirche das schöne Gröditzer, von einem Grafen von Frankenberg erbauete, Schloß, in welchem sich eine zierliche Kapelle befindet, und daneben ist ein mit amerikanischen Bäumen und Sträuchen bepflanzter angenehmer Park.

Schon im Jahre 1141 soll Herzog Uladislaus auf der Spitze des Berges eine Feste, nach damahliger Art erbauet haben, die aber in der Folge nur zu einem Jagdschlosse diente. Herzog Friedrich I, um hier zu Kriegszeiten einen sichern Zufluchtsort gegen die Anfälle und Räubereien der Feinde zu haben, fieng 1473 an, die Werke zu verbessern, und nebst dem Wohnhause einen grossen Pulverthurm *) zu bauen. Dieser Bau wurde aber erst 1524 vollendet. Von dem Pulverthurme sieht man noch das meiste, und von dem Wohnhause ist wenig mehr, als der Speisesaal, erhalten.

Die Kaiserlichen Truppen unter dem General Wallenstein haben im dreißigjährigen Kriege, man sagt, durch Verrätherei der Favorite des Commendanten, auf einem sehr schmutzigen Wege **), dieses Bergschloß eingenommen, beraubt und demoliert.

Zwei Wege, ein Fußsteig, der kürzeste, aber sehr steile, und ein Fahrweg, gleich einer Wendeltreppe um den Berg herum, der bequem zum Fahren, Reiten und Gehen ist, führen zu diesen Ruinen. Der vorige Besitzer hat zur Bequemlichkeit derer, die den Berg besuchen, welches aus den benachbarten Städten im Frühlinge und Sommer häufig geschieht, zwei Sommerhäuser, in welchen man Tische und Stühle findet, erbauen lassen, und einen am Fuße des Berges bei der Kirche

---

*) Die Erbauung dieses Thurmes soll 200 Ungarische Gulden oder Dukaten, jeden zu 22 Sgr gekostet haben. Jeder Maurer erhielt, nach der Sage, 1 Sgr. Tagelohn und der Handlanger 2 Kreuzer, und er soll sogar die Wahl gehabt haben, ob er 2 Kreuzer oder ein Viertel Korn nehmen wolle.

**) Sie soll, aus Rache gegen den Commendanten, mit dem sie sich entzweiet hatte, den erstern kaiserlichen Soldaten, denen sie durch ein altes Weib von ihrem Vorhaben Nachricht gegeben, mit Stricken durch den Abtritt in das Schloß geholfen haben. Si fabula vera!

wohnenden Mann zum Aufwärter der Fremden bestimmt.

Der Hockenberg, bei Hockenau.

Der große Vogtsberg, bei Harpersdorf.

Der Heiligenberg *), bei Armenruh; ein Basaltberg.

Der Spitzberg, bei Probsthayn; ein Basaltberg.

Der Sonntagsberg, ebendaselbst.

Der Steinberg, bei Steinberg.

Der Geiersberg (Popelberg), bei Taschenhof. an der Gränze des Hirschberger Kreises; ein Basaltberg, schwer zu ersteigen Allein die vortreffliche Aussicht belohnt das mühsame Hinaufsteigen.

Der Ziegenberg, bei Wolfsdorf.

Bei Goldberg:

Der Kalteberg.

Der Wolfsberg, ein Basaltberg.

Der Niklasberg, auf welchem die Begräbnißkirche St. Nicolai befindlich.

Die Langenberge.

Der Galgenberg, mit vielen Spuren des ehemahls daselbst betriebenen Bergbaues auf Gold.

Der Flensberg.

Der Burgberg. Vermittelst einer einfachen Wasserkunst, die sich am Fuße des Berges befindet, wird das Wasser aus einem Canal der Katzbach bis in die Spitze eines auf diesem Berge befindlichen hohen Thurms getrieben, und von hier aus durch Röhren in die Stadt geleitet.

*) Auf der Schubartschen Karte, der Helligerberg.

Der Münsterberg, bei Goldberg. Man hat hier eine der schönsten Aussichten. Ein menschenfreundlicher Bürger Goldbergs hat diesen Berg mit einigen schönen Anlagen versehen, die jeder besuchen kann.

Der Eckersberg.

Der Grimmenberg.

Der Weißstein.

Der Mönnichsberg, zwischen Gröditz und Adelsdorf.

Der Königsberg.

Der Boden dieses Fürstenthums, also auch der Ertrag desselben, ist sehr verschieden. Im Liegnitzer Kreise haben einige Dörfer (Pohlewitz, Klein Wandris und Waldau) guten Weizenboden, andere (Alt-Läst, Koiz, Leschwitz, Maltsch und Maserwitz) viel Sand, noch andere (Blumenrode, Rauße, Wiltschkau, Haidau, Dahme, Spittelndorf) viel Letten. Der Boden des Parchwitzer Territorii ist der schlechteste. Im Goldbergischen ist er mittelmäßig, zum Theil bergig, und der Ertrag wird höchstens auf 4½ Korn gerechnet. Im Haynauischen findet man mittelmäßigen, schlechten, und in der Niederung sehr sandigen Boden, so daß der Ertrag nur auf 3, im Mittelboden höchstens auf 4½ Korn angenommen werden kann.

Der Boden im Lübenschen Kreise ist meist nur zum Anbau des Rockens, ja sogar nicht überall zu Gerste und Haber tauglich: er ist leicht, und der Ertrag von 3½ Korn muß ihm durch fleißige Bearbeitung und Düngung abgenöthigt werden.

Indessen gewinnen sowohl die Dominien, als die Bauern im Fürstenthume nicht nur ihren Bedarf, sondern können auch noch in die Gebirgsgegenden verkaufen. Nur der Lübensche Kreis muß sich einen Theil Gerste, Weizen und Hafer, theils durch Umtausch, theils durch Ankauf verschaffen.

Waldungen.

Die ansehnlichsten Waldungen sind:

Im Liegnitzer Kreise, der Parchwitzer Amtswald, der Oderwald bei Rogau und Alt-Läst;

im Goldberger Kreise, der Haynwald (Dunkelwald);

im Haynauischen Kreise, die Haynauer Heide;

im Lübenschen Kreise, die Lübensche, die Liegnitzer, die Klein-Kotzenauer Heiden und die Mönchsheide. Die übrigen zu den Dominien gehörigen Waldungen sind, theils nicht weitläufig, ausgenommen im Lübenschen Kreise die Gehölze zu Brauchitschdorf, Buchwäldchen, Hummel, Kaltwasser, Krummlinde, Langenwalde und Groß-Rinnersdorf; im Goldbergischen Kreise die bei Geiersberg, Wolfsdorf, Töppendorf und Moschendorf; theils bestehen sie nur aus Birken und Strauchholz. So ansehnlich auch die obengenannten größern, aus Kiefern, Fichten und Tannen (Eichen sind, den Oderwald abgerechnet, seltener) bestehenden Waldungen sind, so hat doch der Liegnitzer und Goldberger Kreis Mangel an Holz, und die Einwohner müssen sich ihren Bedarf an Bau- und Brennholz aus den benachbarten Kreisen, die reichlicher damit versorgt sind, zum Theil auch aus dem Wohlauischen, entweder durch eignes Herbeihohlen, oder durch die Zufuhr von den Dominien verschaffen. Im Jahre 1793 haben die Kiefern- oder Föhren- (Pinus sylvestris Linn.) Waldungen durch die Larve des Föhrenspinners (Phalaena Bombyx Pini Linn.) eine äußerst große Verwüstung erlitten. Man konnte ganze Strecken in der Klein-Kotzenauer Heide, in den Moschen- und Töppendorfer Waldungen reisen, ohne einen von diesen gefräßigen Thieren verschonten Baum zu sehen. Die Larven machten, indem sie fraßen, ein ziemlich lautes Geräusch, oder vielmehr Knirscheln, und man konnte im Julius, in einer Stunde, ohne viele Mühe tausend und mehrere an den Aesten hängende Hülsen mit den Chrysaliden sammlen. Es ist mir nicht bekannt, wie hoch der Schade in den verschiedenen Forsten angeschlagen worden ist *); aber er war äußerst beträchtlich.

---

*) Gewöhnlich wenden die Spechte und andere Insecten fressende Waldvögel, welche die Puppen des Winters in ihren Schlupfwinkeln, wo sie sich gegen die Kälte zu schützen wissen, aufsuchen und zu Tausenden verzehren, den Schaden ab. Man kann hieraus abnehmen, welchen Schaden ein nicht genug erfahrner Forstmann anrichten kann, wenn er solche Vögel, welche den Wald von Insecten reinigen, auszurotten sucht. Einen vorzüglichen Nutzen leisten bei diesem Geschäfte die Spechte (Pici), die Wendehälse (Jynges), die Baumkletten (Certhiae) und andere dergleichen Vögel; und doch habe ich schon öfter mit Betrübniß gesehen, daß diese nützlichen Bewohner des Waldes am ersten das Loos des Todes betroffen hat, weil der unverständige Jäger in der Meinung stand, daß sie durch das Hacken an den Bäumen, welches sie beim Aufsuchen der Insecten, und um sie

Producte.

A. Thierreich.

Im Lübenschen Kreise sind die Pferde von kleinem Schlage, weil sie zeitig angespannt werden, und zu wenig Körner, meist nur Siede und Kleie, zum Futter erhalten; doch machen die Dominien eine Ausnahme. In den andern Kreisen sind sie theils von großem, meist aber nur von mittlerm Schlage.

Auch das Rindvieh ist im Lübenschen Kreise nur klein, in den andern Kreisen aber von besserer Art.

Der Schafbestand ist im Liegnitzischen Kreise am stärksten, im Lübenschen Kreise hingegen am schwächsten, in den andern Kreisen steht er zwischen beiden in der Mitte. Die Wolle ist meistentheils von mittlerer Güte, man sucht sie aber hin und wieder durch Einführung Spanischer Störe zu veredeln. In den Gegenden an der Katzbach und schnellen Deichsel erfordert die Schafhütung die Sorgfalt, daß sie von überschwemmten Feldern zurückgehalten werden, weil ihnen dergleichen Hütung tödtlich wird.

Die Seidenwürmerpflege wird nicht stark betrieben, Liegnitz und Groß-Läsewitz ausgenommen, so wie

aus ihren Höhlen zu bringen, oder sie wenigstens darin auszuspüren, thun, die Bäume beschädigten. Wie weise würde ein Fürst handeln, wenn er bei seinen Forstbedienten es zum unumgänglichen Erforderniß machte, daß sie Naturgeschichte verständen! Mancher verderbliche Schade würde dadurch von den Waldungen abgewendet werden. S. Borkhausen Naturgesch. der Europäischen Schmetterlinge. Dritter Theil, S. 81.

wie die Bienenzucht, den Haynauischen Kreis ausgenommen, wo sie nicht recht gedeihen will, nicht von großem Belange, aber doch auch nicht ganz unbeträchtlich ist.

An Wild liefert das Fürstenthum, besonders die Haynauische, Lübensche und Klein-Kotzenauer Heiden: Hasen, Rehe, Hirsche, wilde Schweine, Füchse, Krammetsvögel, Repphühner, Wald- und Wasserschnepfen, wilde Aenten und Gänse. An Fischen: Karpfen, Hechte, Forellen (in der Katzbach und schnellen Deichsel), Weißfische, Perschken, Kressen, Gründeln, Bitterfische, Aeschen, Gesen, Zuppen, Aalruppen, Döbel. Nur der Goldberger Kreis hat nicht hinreichend Fische, und muß seinen Abgang aus den andern Kreisen ersetzen.

B. Pflanzenreich.

Die größern Waldungen bestehen meistentheils aus Nadelholz, besonders Kiefern und Fichten. Die meisten Eichen findet man in dem Oderwalde und bei Buchwald im Haynauischen. Die übrigen kleinern Gehölze enthalten nebst einigem Nadelholze Birken, etwas Buchen, Erlen, Haseln, Aespen 2c.

Man bauet überall die gewöhnlichen Getreidearten, Hülsenfrüchte, Heidekorn (Buchweizen) habe ich in der Gegend von Maltsch an der Oder und Haynau gefunden, Kartoffeln, Flachs von vorzüglicher Güte wird besonders im Liegnitzischen, bei Tentschel und einigen andern Orten, und im Goldbergischen, wo besonders Modelsdorf deswegen berühmt ist, erzielet, in den andern Kreisen weniger. Hopfen wird nur wenig gewonnen.

Obgleich einige Garten- und Küchengewächse überall in Küchengärten angebauet werden, so ist doch die Gegend um Liegnitz deswegen vorzüglich bekannt. Man sieht hier über eine Viertelmeile um die Stadt herum ganze Felder mit dergleichen Gewächsen bepflanzt, die in andern Gegenden Schlesiens, besonders in das Gebirge, abgesetzt werden, und den Anbauern (Kräutern) einen reichlichen Gewinn, den man auf 100,000 Rthlr. schätzen will, abwerfen.

Obstbäume findet man in allen Kreisen des Fürstenthums, in dem Haynauischen Kreise jedoch am wenigsten, den sauren Kirschbaum ausgenommen, der noch am besten gedeiht, und dessen Früchte hier auch einen besonders guten Geschmack haben sollen. In der Gegend um Goldberg, wo man 400 Obstgärten zählt, soll man ehedem mehr Obst gewonnen haben, als jetzt, weil ein ansehnlicher Theil der Obstbäume in den letztern kalten Wintern erfroren seyn soll, die jedoch durch die Betriebsamkeit der Besitzer bald ersetzt seyn werden. Im Lübenschen Kreise hat man auf einigen Anhöhen Weinberge angelegt, z. E. bei **Barschau, Guhlau, Roslitz, Klein-Rinnersdorf, Thiergarten, Würtsch, Ruchelberg.** In der an den Neumärktischen Kreis des Fürstenthums Breslau gränzenden Gegend des Liegnitzer Kreises, z. E. bei Rauße, sah ich einst auch Tobackfelder.

Heu wird zwar überall eingefächset, im Goldbergischen aber, wo wegen der vielen Berge weniger

Wiesen sind, am wenigsten; auch einige Gegenden im Liegnitzischen Kreise leiden Mangel an Heu; man befleißiget sich aber, nicht nur in diesen heuarmen Gegenden, sondern auch in andern hin und wieder auf den Anbau des Klees und anderer Futterkräuter.

Besonders verdient hier der Anbau der syrischen Seidenpflanze (Asclepias syriaca Linn.), davon der Hr. Director Schnieber in Schweidnitz der Urheber ist, als ein neuer Erwerbszweig bemerkt zu werden.

Ich kannte diese Pflanze und ihre Nutzbarkeit schon aus meinem Vaterlande, Franken, wo man sie zwar nicht im Großen anbauete, sondern nur hier und da in Gärten, als eine seltene ausländische Pflanze unterhält. Vor zwanzig Jahren verschaffte ich mir einige Ableger aus Berlin, um zu versuchen, ob sie in hiesiger Gegend ausdauern und reichen Samen bringen würde. Weil mir bekannt war, daß man die Haarkrone des Samens im Manufactur-Wesen nützen könne; so hoffte ich durch die Einführung des Anbaues dieser Pflanze den Manufacturen in hiesiger Gegend nützlich zu werden. Meine Hoffnung wurde mir aber vereitelt. Die Pflanze dauert zwar auch in hiesiger Gegend aus: sie hat alle Jahre schön geblüht, aber in diesen ganzen zwanzig Jahren nie Samen angesetzt.

Obgleich der Hr. Director Schnieber nicht der erste ist, der mit dieser Pflanze in Schlesien Versuche gemacht hat; (schon vor ihm trieb der Apotheker Friese in Münsterberg den Anbau derselben so weit, daß er aus der Seide derselben mit einem Zusatze von

Baumwolle, Strümpfe und Kattun verfertigen ließ); so gebührt doch ersterem die Ehre des Verdienstes, die Sache am weitesten getriebeu zu haben. Ich erlaube mir die ganze Geschichte herzusetzen:

Herr Director Schnieber machte im Jahre 1786 den Anfang mit sechs Pflanzen, die er von einem Wirtembergischen Colonisten aus einem Liegnitzer Stadtdorfe bekam. Im folgenden Jahre vermehrte er seine Pflanzung bis auf 1½ Schock und ärntete ein Loth Seide. Dieser geringe Ertrag schreckte ihn aber von fernern Versuchen nicht ab. Er kaufte vielmehr im folgenden Jahre so viel Ableger zusammen, als er nur bekommen konnte, und seine Pflanzung war 1788 schon auf 50 Schock gestiegen. Von diesen gewann er zwei Pfund Seide. Nun erhöhete er den Anbau bis auf 73 Schock, die er theils auf Sand und Schutt, theils in mittelmäßiges neues Land, theils in gut gedüngten Kräuterboden pflanzte. Alle diese Pflanzen gediehen und er ärntete 1789 73 Pfund reine Seide. Nun ließ Herr Schnieber mit Erlaubniß des in Schlesien dirigierenden Ministers, Herrn Grafen von Hoym Excellenz, der auch auf seinem Gute Düherenfurth eine Pflanzung anlegte, nahe an dem Haynauer Thore vor Liegnitz, einen Wall abtragen, und legte eine ganze Plantage darauf an, die er mit 18,000 Stöcken bepflanzte. Er sammelte zwar in diesem Jahre (1790) nur 8 Pfund, im folgenden Jahre aber 356, und 1792 beinahe 600 Pfund ein, und vermehrte seinen Anbau noch mit 6 bis 7000 Stöcken, so daß er nun nicht nur seine gemachten sehr beträchtlichen Kosten ersetzt, sondern auch seine Mühe reichlich belohnt hatte. Man rechnet, daß in Schlesien jetzt gegen 20 Morgen Land mit dieser Pflanze besetzt sind, und daß sich in den sämmtlichen Pflanzungen gegen 80,000 Stöcke befinden.

Im Anfange wurde das Pfund reine Seide mit 2 Rthlr. nachher mit 16, 12 und endlich mit 8 Sgr. bezahlt. So gering nun zuletzt der Preis war, so hat doch der Pflanzer, nach Abzug aller Kosten, doppelten Gewinn. Das Schock Stöcke, wenn sie im ersten Jahre tragen, kostet 20 Sgr., wenn sie im zweiten Jahre tragen 10 Sgr. Das Pfund Samen wird mit 15 Sgr. bezahlt.

Der Nutzen dieser Pflanze ist äußerst beträchtlich. Man kann nicht nur die Samenkrone wie Baumwolle nützen, sondern auch die Stängel wie Flachs. Man hat bei ihrem Anbau den Vortheil, daß man sie nicht jährlich anpflanzen darf, sondern daß ihre Wurzel viele Jahre ausdauernd ist. Ich habe sie nun zwanzig Jahr in meinem Garten und sie kommt noch immer, freilich weit von ihrer Stelle, selbst in den Gängen, hervor, weil ihre Wurzel, wie die der bekannten Quecke, kriechend ist, und an jedem Knoten oder Absatze Sprossen treibt, wodurch auch die Vermehrung geschieht. Sie erfordert viel Sonne, kommt aber mit äußerst wenig Düngung, in jedem Boden fort; lockerer sandiger Boden ist jedoch am zuträglichsten. In ganz fettem Boden werden die

Stängel zu stark, und die Samenkronen nicht so fein, wie in jenem lockern sandigen Boden.

Man zieht sie entweder aus dem Samen, oder pflanzt sie durch Ableger fort. Den Samen säet man im Frühjahre, nicht dick, in acht oder neun Zoll von einander entfernte Furchen, und versetzt die Pflanzen, wenn sie etwa eine Elle und drüber hoch sind, eine Elle weit aus einander. Eben so weit muß man auch die Ableger, deren man etwa 75 Schock auf einen Morgen Land braucht, von einander einlegen.

Im ersten Jahre kann man, wenn man sie aus dem Samen erzieht, keine Aernte erwarten, sondern erst im zweiten Jahre; denn im ersten Jahre fallen die eine unechte Dolde bildenden, wohlriechenden Blumen ab, ohne Samen anzusetzen; sie thun dieses erst im zweiten Jahre. Wenn man hingegen den Anbau mit Ablegern betreibt, so kann man schon im ersten Jahre in dem Monath October, in welchem die Frucht reif wird, eine ansehnliche Aernte thun, die in den folgenden Jahren immer reicher ausfallen wird. Man kann mit ziemlicher Wahrscheinlichkeit den Gewinn der Seide, von einem Morgen, auf einen Zentner annehmen. Die Frucht besteht aus zwei großen, länglichen, zugespitzten, bauchigen, einfächerigen, einklappigen Fruchtbälgen, deren Boden häutig und frei ist, und in welchen die mit Haarkronen bekränzten Samen, wie Dachziegel geordnet liegen.

Ich habe oben schon gesagt, daß man auch die Stängel nützen kann. Wenn man sie, nachdem die Frucht abgenommen ist, einige Zoll hoch über der

Erde abschneidet, und noch einige Tage auf dem Beete trocken liegen läßt, und dann ihre äußere Rinde abnimmt, so findet man, wie bei Flachs oder Hanf, Fasern und Bast. Behandelt man sie nun wie Flachs, so erhält man einen eben so festen, weit feineren und glänzendern Flachs, als der gewöhnliche. Auch der Bast kann zu Pack- ja sogar zu Schreibpapier genützt werden. *)

Sobald der Hr. Dir. Schnieber einen zureichenden Vorrath dieser Seide beisammen hatte, versuchte er sie zu spinnen. Die Seide selbst ist zu kurz und zu zart, und giebt keinen festen Faden. Hr. Schnieber machte also eine Mischung, und nahm zu zwanzig Loth Pflanzenseide zwölf Loth gute Baumwolle, oder von jedem die Hälfte, und erhielt auf diese Weise sehr brauchbares Garn, aus welchem er Strümpfe und Handschuhe verfertigen ließ, die den floretseidenen nicht nur sehr ähnlich, sondern ihnen sogar an Gleichheit des Garns noch vorzuziehen waren. Nachher wurden Westen, Jeanets, Englisch Leder, halbseidene Zeuge, Barchent, Kattun zu Kleidern und dergleichen Tücher verfertigt. Man nützte ferner die Seide, ($\frac{2}{3}$ Hasenhaare und $\frac{1}{3}$ von der Seide) zu Hüten, die sich sehr gut trugen **), desgleichen zu Sammtspitzen und Bändern. Unter diesen Fabrikaten zeichnen sich die Barchente und halbseidenen Zeuge vorzüglich aus.

*) Der Papiermacher Rüdiger zu Polnisch-Weistritz, im Schweidnitzer Kreise, und Elsner, zu Klein-Beckern bei Liegnitz, haben das Verdienst die ersten Proben gemacht zu haben.

**) Die ersteren Proben machten die Hutfabrikanten Seifert in Liegnitz und Peuker in Schweidnitz.

Nunmehr ist die Verarbeitung dieser Pflanzenseide nach Berlin versetzt. Dort wird sie auf der Englischen Kratz- und Spinnmaschine gesponnen, auf der Sieburgischen Kunstbleiche, wie andere Waaren und Garne, mit dephlogistisierter Salzsäure gebleicht, und zu halbseidenen und gedruckten Zeugen, zu Kattunen und Doppelkattunen, zu Watten und Hüten verarbeitet.

Noch setze ich das Verzeichniß der in diesem Fürstenthume wildwachsenden seltneren Pflanzen her, bescheide mich aber sehr gern, daß es noch nicht so vollständig ist, als ich es hersetzen zu können wünsche. Meine Verhältnisse haben mir nicht erlaubt, das ganze Fürstenthum in den verschiedenen Jahreszeiten in allen Gegenden zu durchsuchen, und Nachrichten von andern habe ich nicht erhalten können. Nur einige kleine Districte sind mir bekannt geworden. Ich gebe, was ich geben kann.

Zweite Classe.

Veronica scutellata L. Auf nassen Wiesen bei Wilschkau.

Dritte Classe.

Iris Pseudacorus. Bei Reißicht in Wassergräben.

Schoenus albus L. Bei Wilschkau auf nassen Wiesen.

Scirpus maritimus L. In den Teichen daselbst.

Stipa juncea L. Auf nassen Wiesen daselbst.

Vierte Classe.

Galium saxatile L. Auf dem Gröditzberge.

Gratiola officinalis L. Bei Wilschkau, in der Gegend der Teiche.

Fünfte Classe.

Lysimachia thyrsiflora L. In Wassergräben bei Reißicht.

Seseli bienne Crantzii. Bei Kroitsch.

Sium Falcaria L. Bei Lüben.

Conium maculatum L. Bei Liegnitz.

Sambucus Ebulus L. Bei Goldberg und Liegnitz.

Statice armeria L. Bei Wilschkau und Maltsch.

Gentiana Pneumonanthe L. Bei Blumenrode und Wilschkau.

Sechste Classe.

Allium Victorialis L. Bei Goldberg.

Anthericum ramosum L. Bei Lüben im Walde.

Zehnte Classe.

Monotropa Hypopithys L. Bei Lüben im Kieferwalde.

Pyrola umbellata L. In der Kotzenauer Heide, bei Lüben im Kieferwalde hinter Malmitz.

Dianthus prolifer L. Um Lindhart und Lerchenbrunn.

Cucubalus bacciferus L. Bei Lüben; ferner zwischen Blumenrode und Wilschkau, linker Hand im Gebüsche.

Silene chlorantha. Wild. in Edit. Spec. pl. Lin. T. II. P. I. p. 694. Bei Lüben.

Spergula pentandra L. Um Lüben, Groß-Kriechen und Kniegnitz.

Zwölfte Classe.

Rosa arvensis L. Bei Rosenau.

Potentilla rupestris L. Bei Kroitsch.

Dreizehnte Classe.

Nymphaea lutea L.
——— *alba L.*
Ranunculus Lingua L.
} Bei Reißicht auf Teichen und in Wassergräben.

Vierzehnte Classe.

Stachys annua L. Bei Liegnitz und Haynau.

Funfzehnte Classe.

Turritis glabra L.
——— *hirsuta L.* } Bei Lüben auf trocknen Wiesen.

Siebzehnte Classe.

Orobus niger L. Bei Lüben im Walde hinter Malmitz.

Lathyrus heterophyllus L. Ebendaselbst.

Cytisus nigricans L. Ebendaselbst.

Trifolium striatum L. Um Kniegnitz.

Hedyssarum Onobrychis L. Auf der Höhe des Gröditzberges.

Ornithopus perpusillus L. Bei Lindhart.

Genista tinctoria.
—— *germanica.* } Bei Parchwitz und im Lübener Walde.

Achtzehnte Classe.

Hypericum montanum L. Auf dem Wolfsberge bei Goldberg.

Neunzehnte Classe.

Carlina acaulis. In einem hohlen Wege auf der Straße von Liegnitz nach Goldberg.

Conyza squarrosa L. Auf dem Probsthayner Spitzberge.

Inula hirta L. Bei Wilhelmsdorf.

Senecio paludosus L. Um Kniegnitz.

Erigeron Canadense L. Bei Wilschkau.

Viola montana. Auf dem Grödiz- und Spitzberge.

Vier und zwanzigste Classe.

Osmunda struthiopteris. Bei Krickheide.

Sphagnum cuspidatum. Auf nassen Torfwiesen.

C. Mineralreich.

I. Erdige Fossilien.

A. **Zirkongeschlecht.**

Hyacinth, in äußerst kleinen Körnern in dem Goldsande bei Goldberg.

B. **Kieselgeschlecht.**

1) **Olivin**, klein eingesprengt in dem dichten Basalt des Spitzberges bei Probsthayn; in dem grobkörnigen Basalt des Gröditzberges; häufig in dem des Heiligenberges bei Armenruh und des Wolfsberges bei Goldberg.

2) **Spinell**, in äußerst kleinen Körnern in dem Goldsande bei Goldberg.

3) Smaragd, ebenfalls in äußerst kleinen Körnern, eben daselbst.

4) Quarz.

a) Amethyst, im Gemenge mit Chalcedon, Jaspiß und Carneol, (Achat) in Geschieben in der Katzbach bei Goldberg.

b) **Bergkrystall**, im Granit bei Groß-Wandritsch.

c) **Gemeiner Quarz.**

Röthlich und graulichweiß, im Sandstein bei Wolfsdorf, Armenruh, Gröditz und Hockenau. Bisweilen eingeschlossen in dem Basalte des Wolfsberges bei Goldberg.

Grobsplitterig, fett, bei Groß-Wandritsch.

Blätterig, bei Goldberg.

Gelbbraun und röthlich, sogenannter Goldkiesel, bei Nikolstadt. Als Bestand des Granits bei Groß-Wandritsch und dem großen Granitgeschiebe bei den Feldhäusern unweit Armenruh.

d) Hornstein, grünlich, bisweilen als Einschluß in dem Basalte des Wolfsberges.

e) Chalcedon.

α) Gemeiner Chalcedon, mit

β) Carneol, Amethyst und Jaspiß im Gemenge, in Geschieben in der Katzbach. Den Carneol findet man auch in äußerst kleinen Körnern in dem Goldsande bei Goldberg.

f) Zeolith, faserig, in dem Basalte des Wolfsberges; blätterig, weiß, in dem des Spitzberges bei Probsthayn.

C. Thongeschlecht.

1) Jaspiß.

Gemeiner Jaspiß, im Gemenge, s. Amethyst.

2) Feldspath.

Gemeiner Feldspath, von dunkelfleischrother Farbe, krystallisiert in großen Granitgeschieben, bei den Feldhäusern unweit Armenruh; im Granit, bei Groß-Wandritsch.

3) Gemeiner Thon.

Ziegel- und bräunlichroth, für Zimmerleute, und zum Anstreichen, bei Prinsnig; weißlich, bei Maltsch und Rauße, vorzüglich gut für die Töpfer; der Zentner wird in Breslau mit 8 Rthlr. bezahlt. Gelblich, bei Goldberg, Liegnitz und Groß-Läsewitz.

4) Thonschiefer, schwärzlichblau und roth, bisweilen kommt Vitriolschiefer darin vor, bei Goldberg und Klein-Neudorf; bei Jänkau, Weißenleipe, bei Münchhof. Der vom letztern Orte wird zum Dachdecken gebraucht.

5) Glimmer, in kleinen Blättchen, im bituminösen Mergelschiefer bei Neudorf; als Bestandtheil des Granits bei Groß-Wandritsch und bei den Feldhäusern unweit Armenruh.

6) Hornblende.

α) Gemeine Hornblende, in dem Basalt des Wolfsberges; dunkelschwarz, kleinkörnig, von Wallnußgröße in dem des Heiligenberges bei Armenruh.

β) Basalt-Hornblende, klein eingesprengt in dem Basalt des Heiligenberges bei Armenruh, in dem am Spitzberge bei Probsthayn und am Gröditzberge.

7) Basalt, am Gröditzberge; am Spitzberge bei Probsthayn, feinkörnig, mit weißem blätterigem Zeolith; er ist an der Oberfläche verwittert, und sieht daher porös aus. Säulenförmig, aus einander laufend, mit Olivin und Augith klein eingesprengter basaltischer und weniger gemeiner Hornblende, an der Südseite in einigen Säulen Granit, am Heiligenberge bei Armenruh. Feinkörnig mit viel schwarzer Hornblende, Olivin, blättrigem oder faserigem Zeolith und nierenförmigen Einschlüssen, die aus grünlichem Hornstein und weißlichem Quarz, der ins violblaue

übergeht, zu bestehen scheinen, am Wolfsberge. Auf der Höhe des Berges finden sich diese Bestandtheile in den verschiedenen Säulen seltener, so wie er auch schwerer, als auf der nordöstlichen Seite, zerklüftet; bei Pilgramsdorf, am Geiersberge, bei Neu-Wiese, bei Nikolstadt, am Rothenberge bei Wahlstadt, bei Liebenau. In Tafeln bei Schlaup.

D. Talkgeschlecht.

1) Bol, gelb, unter dem zweiten Goldsandflötz bei Goldberg; braunroth, am Wolfsberge.

2) Walkererde, bei Haynau, am Langenberge bei Goldberg.

E. Kalkgeschlecht.

1) Kalkstein.

Dichter Kalkstein.

α) Gemeiner dichter Kalkstein.

Gelblichgrau, grobsplittrig oder uneben von feinem Korn zu Gröditz und Klein-Neudorf, bei Hermsdorf und Wolfsdorf; in abgesonderten Stücken in dem Letten bei der Ziegelscheune.

β) Roggenstein, bei den sieben Wirthen bei Goldberg.

2) Mergel.

a) Mergelerde, bei Pilgramsdorf und Hermsdorf.

b) Verhärteter Mergel, bei Hermsdorf, Neudorf und Neu-Wiese; mit kleinen Gartenschnecken bei Prinsnig.

3) Bituminöser Mergelschiefer, mit Schwefelkies bei Goldberg; röthlichbraun, mit vielen kleinen Glimmerblättchen und angeflogenem Kupfergrün, bei Neudorf.

II. Brennliche Fossilien.

Erdharzgeschlecht.

Bituminöses Holz; im aufgeschwemmten Conglomerat und in dem Letten bei der Ziegelscheune zu Goldberg.

III. Metallische Fossilien.

A. Goldgeschlecht.

Gediegenes Gold, in aufgeschwemmtem Conglomerat bei Nikolstadt, desgleichen bei Goldberg. Am letzten Orte kommt es in folgenden Verhältnissen vor.

Oben feiner Sand.

Gelblichgrauer Letten, 4 Lachter; er wird zur Ziegelei benutzt.

Eine Art Sandsteingeschiebe, durch magnetische Eisenmasse gekuttet, 12 Zoll.

Erste Lage von Goldsand, $\frac{3}{4}$ Lachter.

Gelblichgrauer Letten $1\frac{1}{2}$ Lachter.

Eisenschüssiges Conglomerat.

Zweite Lage von Goldsand, $1\frac{1}{2}$ Lachter.

Gelber Letten.

Dritte Lage von Goldsand, $1\frac{1}{2}$ Lachter.

Das Gold liegt locker in den Geschieben in feinen Spitzen und Körnern. Nach alten Nachrichten geben

$7\frac{1}{2}$ Zentner im Durchschnitte 4 Loth Gold. Friedrich der Große ließ in den letzten Jahren seiner Regierung, in der Nähe der Ziegelscheune einen neuen Versuch auf Gold machen: allein der Ducaten kam auf vier Rthlr. zu stehen, und der Bau blieb liegen.

B. **Kupfergeschlecht.**

Kupfergrün, im bituminösen Mergelschiefer, bei Neudorf.

C. **Eisengeschlecht.**

1) Schwefelkies, im bituminösen Mergelschiefer, bei Goldberg.

2) Magneteisenstein.

Eisensand, in kleinen runden Körnern in dem aufgeschwemmten Conglomerat bei Goldberg (? Nigrin); in dem Basalt des Gröditzberges.

3) Roth=Eisenstein.

Rother Glaskopf. An dem Burgberge, über der Obermühle bei Goldberg.

4) Thon=Eisenstein.

a) Gemeiner Thon=Eisenstein, auf dem Eckersberge bei Goldberg.

b) Eisenniere, in dem Letten bei der Ziegelscheune zu Goldberg und bei Georgenthal unterm Gröditzberge.

5) Raseneisenstein.

Wiesenerz, bei Gölschau und Reißicht.

D. Braun=

D. Braunsteingeschlecht.

Grau Braunsteinerz: strahliges, dendritisch angeflogen, in dem Sandstein an der Katzbach, bei Goldberg.

Beträchtliche Steinbrüche sind: zu Weißenleipe (Schiefer zum Dachdecken), Schönau, Tentschel, Jänkau am Hopfenberge und bei Blumen und Nikolstadt. Am Gröditzberge, bei Seifersdorf, Wolfsdorf und Hermsdorf sind Kalksteinbrüche und Kalköfen. Zu den Kalköfen zu Töppendorf und Maltsch wird der Kalkstein von andern Orten geholt. Zu dem erstern von Groß-Hartmannsdorf und zu dem letztern von Krappitz in Ober-Schlesien.

Bei Pilgramsdorf, Wolfsdorf, Seifenau, Hermsdorf und am Hockenberge werden Quader- und Werkstücke gehauen.

Bei Petersdorf im Liegnitzischen wird Torf gegraben.

Gesundbrunnen

sind in diesem Fürstenthume: 1) die Liegnitzer Säuerlingsquelle und 2) der Grünthaler Töpferbrunnen. Von dem erstern ist mir nichts weiter, als der bloße Nahme bekannt geworden. Die Quelle des letztern, in einem angenehmen Thale, (Grünthal genannt, eine Viertelstunde von Liegnitz) das der Töpferberg bildet, ist 1709 von dem damahligen Besitzer eines in diesem Thale befindlichen Vorwerks, dem Dr. Hoberg entdeckt worden, welcher auch drei Badehäuser, (das alte, das neue Bad, und das Armenbad) und einige Wohnungen für Badegäste erbauen ließ. Einheimische und Fremde haben sich dieses Bades bis zu dem Jahr 1764 mit Nutzen bedient; seit dieser Zeit aber ist es von niemand mehr besucht worden. Ob dieses Bad in neuern Zeiten nach den Grundsätzen der neuern Chemie untersucht worden, ist mir unbekannt.

Urnen

hat man ausgegraben: bei Liegnitz am Töpferberge und in der Gegend des ehemahligen Carthäuser-Klosters, bei Krain, Mertschütz, Jänkau, Groß-Baudis, Lüben und Pilgramsdorf im Lübenschen Kreise.

Zweiter Abschnitt.

Manufacturen und Fabriken.

Unter den wenigen Manufacturen in diesem Fürstenthume ist die Tuch-Manufactur die vorzüglichste. Sie blühet besonders in den Städten Goldberg und Lüben. Obgleich in Haynau auch viele Tuchmacher wohnen, so ist doch ihre Anzahl nicht so beträchtlich, wie in den beiden genannten Städten, in Liegnitz aber sind die wenigsten. Die in Liegnitz in dem ehemahligen Jesuiter-Collegio angelegte Rüffersche Manufactur liefert lauter feine Tücher. Wie blühend die Tuch-Manufactur in Goldberg ist, erhellet daraus, daß $\frac{1799}{1800}$ von

520 Meistern,
298 Gesellen,
54 Lehrlingen

auf 347 Stühlen, darunter einige Spanische sind,

16,185 Stück Tuch,
20 Stück Boy,
11 Stück Flanell

verfertigt und dazu 26,665 Stein 2 Pfund Wolle verarbeitet worden sind. Von den Tüchern sind 14,659 Stück ins Ausland, die übrigen aber im Lande abgesetzt worden. Man rechnet, daß sich die Anzahl der Menschen, die sich in der Stadt und den umliegenden Dörfern, welche sich mit dieser Manufactur beschäftigen, auf 10,000 bis 12,000 belaufe. In Lüben werden jährlich gegen 6000 und in Haynau etwa 2000 Stein Wolle verarbeitet.

Wollene Strümpfe und Handschuhe werden vorzüglich in Liegnitz, Goldberg und Haynau gestrickt und gewirkt.

In Liegnitz ist eine Leder-, Barchent-, Spitzen-, baumwollen Zeug- und Kattun-Manufactur, die auch Camelotte und Serge de Berry, liefert, desgleichen eine Tobacks- und Berlinerblau-Farben-Fabrik. Man verfertigt hier auch verschiedene musikalische Instrumente. Hier ist ferner eine Buchdruckerei, eine Wachsbleiche, eine Oehlschlägerei.

Das Liegnitzer Töpfergefäß, so wie auch dasRaußer wird geschätzt.

In Haynau ist ein Glas- und in Parchwitz ein Steinschleifer.

In Haynau werden Spiegel verfertigt.

In Liegnitz wird viel Kraftmehl und Haarpuder gemacht.

Zu Klein-Beckern ist eine Papiermühle.

Tuchwalken sind: zu Liegnitz 1. Goldberg 4. Haynau 2. Lüben 2. Hermsdorf bei Goldberg 7. Kopatsch 1.

Lederwalken sind zu Liegnitz und Haynau.

Bleichen sind: zu Liegnitz 2. Groß-Wandeis 1. Haynau 1. Kaltwasser 1. Groß-Rotzen 1.

Zu Liegnitz ist eine Lohmühle.

Zu Maltsch an der Oder und zu Liegnitz sind Salz-Factoreien, und am erstern Orte eine Steinkohlen-Niederlage.

Dritter Abschnitt.
Politische Verfassung.

Gränzen.

Das unmittelbare Fürstenthum Liegnitz gränzt gegen Morgen an die Fürstenthümer Breslau und Wohlau; gegen Mittag an die Fürstenthümer Schweidnitz und Jauer; gegen Abend an das Fürstenthum Jauer; gegen Mitternacht an die Fürstenthümer Glogau und Wohlau.

Größe.

Zimmermann *) und die Schlesischen Provinzial-Blätter **) geben die Größe dieses Fürstenthums, mit Ausschluß der darin liegenden zum Fürstenthum Jauer gehörigen Dörfer (Bunzlauer Hinterkreis), auf 40 Quadrat-Meilen an. Nach Scheibels und des Hofraths Sack Berechnungen ist es 31 Quadrat-Meilen groß.***)

Kreise.

Das Fürstenthum Liegnitz wird in drei landräthliche Kreise eingetheilt. Diese sind:

1) der Liegnitzer;
2) der Goldberg-Haynauische;
3) der Lübener.

*) Beiträge zur Beschreibung von Schlesien, B. 8. S. 5.

**) Jahrgang 1791, Monat Januar, S. 21.

***) Zimmermann, allgemeine Nachrichten von Schlesien, S. 3.

Volksmenge.

In den Jahren 1791, 1793, 1794, 1795 und 1796 lebten:

Nahmen der Kreise.	1791.	1793.	1794.	1795.	1796.
1. Im Liegnitzer Kreise.					
A. In den Städten:					
Liegnitz . . .	6192	6172	6186	6086	6048
Parchwitz . .	751	739	818	767	760
B. Auf dem Lande .	24330	23736	23657	23630	23496
Summa	31273	30647	30661	30483	30304
2. Im Goldberg-Haynauischen Kreise.					
A. In den Städten:					
Goldberg . .	5246	5159	5239	5180	5453
Haynau . . .	2167	1978	1963	2012	2113
B. Auf dem Lande .	27462	27484	27036	26974	27325
Summa	34875	34621	34238	34166	34891
3. In dem Lübener Kreise.					
A. In der Stadt Lüben	2302	2367	2370	2206	2234
B. Auf dem Lande .	16633	16955	16921	16863	17145
Summa	18935	19322	19291	19069	19379
Summa Summar.	85083	84590	84190	83718	84574
Es kommen, nimmt man 40 Quadrat-Meilen an, auf die Meile . .	2127	2114	2104	2092	2114

Sprache.

Man spricht durchgehends Deutsch.

Aeußere Verfassung.

Das Fürstenthum Liegnitz steht, in Ansehung der Justiz, unter der Glogauischen Oberamtsregierung; in Ansehung der Steuer und Contribution, unter der Kriegs- und Domainen-Kammer zu Glogau.

In Ansehung der Steuer gehört der Liegnitzer und Goldberg-Haynauer Kreis zur ersten, der Lübener Kreis zur zweiten Classe.

Der Liegnitzer und Goldberg-Haynauische Kreis gehören zum ersten steuerräthlichen Departement (Glogauer Kammer), das in Liegnitz seinen Sitz hat. Der Lübener Kreis und der Parchwitzer District, zum Liegnitzer Kreise gehörig, stehen hingegen unter dem dritten steuerräthlichen Departement, das in Wohlau seinen Sitz hat.

In Ansehung des Accise- und Zollwesens gehört dieses Fürstenthum zur Glogauer Direction.

Der Lübener und der Goldberg-Haynauer Kreis gehören zur Salz-Factorei Liegnitz; der Liegnitzer Kreis aber theils zu der zu Liegnitz, theils zu der zu Maltsch.

Das Forstwesen steht unter den Forstämtern **Liegnitz, Baudis, Parchwitz, Haynau, Lüben.**

Der Adel und die Güter besitzenden Klöster machen mit dem Fürstenthume Wohlau ein System aus.

In dem Liegnitzer und Lübener Kreise hat das in Breslau garnisonierende Infanterie-Regiment Nr. 29, und im Goldberg-Haynauischen das in Schweidnitz garnisonierende Infanterie-Regiment Nr. 40 seinen Canton.

Aeußere kirchliche Verfassung.

Die Religion ist untermengt, jedoch ist die Zahl der Protestanten viel grösser, als die der Katholiken. Nachstehende Tabelle zeigt die Zahl der Kirchen und Klöster.

Nahmen der Kreise.	Kirchen. In Städten. Luther.	Kirchen. In Städten. Kathol.	Kirchen. Auf Dörfern. Luther.	Kirchen. Auf Dörfern. Kathol.	Klöster. Mönchs-	Klöster. Nonnen-
Liegnitzer Kreis	3	2	34	4	2	1
Lübener Kreis	3	—	24	—	—	—
Goldberger	2	—	12	3	1	—
Haynauer Kreis . . .	2	1	12	—	—	—
Summa	10	3	82	7	3	1

In Lüben ist eine kathol. Schloß- und eine Begräbniß-Capelle. In Schlauphof, Armenruhe und Kaltwasser sind Haus-Capellen.

Die sämmtlichen lutherischen Kirchen und Schulen dieses Fürstenthums stehen unter einem Superintendenten, unter dem die Senioren, davon jeder seinen bestimmten Kreis hat, stehen, die aber nicht immer an dem Orte wohnen, von welchem die Inspection oder das Seniorat den Nahmen hat. Unter der Inspection.

1. Waldau stehen die Kirchen zu
Bienowitz, Brauchitschdorf, Hochkirch, Hummel, Kaltwasser, Kotzenau, Kriegheide, Kroitsch, Langenwaldau, Lerchenborn, Mühlrädlitz, Neudorf, Groß-Reichen, Rothkirch, Rüstern, Seebnitz, Schönborn, Waldau.

2. Goldberg: Adelsdorf, Alzenau, Goldberg, Harpersdorf, Hermsdorf, Modelsdorf, Neudorf am Grödizberge, Pilgramsdorf, Probsthayn, Röchlitz, Ulbersdorf, Wilhelmsdorf.

3. Haynau: Altenlohmb, Bärschdorf, Conradsdorf, Gölschau, Haynau, Kaiserswaldau, Kreibau, Lobendau, Pantenau, Samitz, Steinsdorf, Steudnitz, Straupitz.

4. Parchwitz: Blumerode, Haydau, Heinersdorf, Koitz, Kunitz, Groß-Läsewitz, Parchwitz, Rauße, Seifersdorf, Wangten, Wilschkau.

5. Lüben: Braunau, Dittersbach, Gugelwitz, Groß-Kriechen, Lüben, Merschwitz, Oberau, Ossig, Petschkendorf, Pilgramsdorf, Groß-Rinnersdorf, Schwarzau.

6. Mertschütz: Groß-Baudis, Berndorf, Gränowitz, Greinberg, Jänkau, Kampern, Koiskau, Mertschütz, Nikolstadt, Ois, Roin, Rosenig, Tentschel, Groß-Tinz, Wahlstadt, Groß-Wandritsch.

Die katholischen Kirchen stehen unter dem Archidiakonat und Archipresbyteriat Liegnitz: Es sind die Kirchen zu

1) Liegnitz, Weltgeistlicher, Curatus.
2) Parchwitz, W. Curatus.
3) Goldberg, Franciscaner, Curatus.
4) Haynau, W. Curatus.
5) Lüben, W. Curatus.
6) Klemmerwitz, W. Parochus.
7) Wahlstadt, Benedictiner, Curatus.
8) Rothbrinnig, W. Parochus.
9) Kaltwasser, Benedictiner, Curatus.

I.

Der Liegnitzer Kreis.

Der Liegnitzer Kreis, der, vor der Preußischen Regierung, in drei Theile getheilt war, (der Liegnitzer Kreis, der Kreis vor und hinter der Heide) enthält jetzt den auf der Schubartischen Fürstenthums-Karte verzeichneten ersten und andern Kreis nebst dem Parchwitzer Territorium; der dritte Kreis ist zu dem Lübener Kreise geschlagen. Er gränzt gegen Morgen, an die Fürstenthümer Breslau und Wohlau; gegen Mittag an das Fürstenthum Schweidnitz; gegen Abend an das Fürstenthum Jauer und an den Goldberg-Haynauer Kreis; gegen Mitternacht an den Lübener Kreis.

Die vorzüglichsten Gewässer sind, die Oder, die sich nur an der Gränze hinschlängelt, die Katzbach und die Weidelache.

Er enthält auf 10 Quadrat-Meilen, 2 Städte, Liegnitz und Parchwitz, 1 Kloster Wahlstadt, 118 Dörfer.

A. Städte.

1. Liegnitz.

Liegnitz, die Hauptstadt des Fürstenthums, eine Immediat- und die Kreisstadt, so wie der Sitz des ersten steuerräthlichen Departements der Glogauer Kriegs- und Domainen-Kammer, liegt in einer sehr angenehmen, fruchtbaren Gegend, die um die Stadt herum durch die zwei- bis dreifachen Alleen, die in den seit dem siebenjährigen Kriege geebneten Gräben und Wällen angelegt worden sind, noch mehr verschönert wird. Sie hat vier Thore: das Breslauer, Goldberger, Haynauer und Glogauer Thor, und enthält:

I. An königlichen Gebäuden:

Das alte, ehemahls so feste, fürstliche Schloß, das weder die Tartern (1241), noch die Hussiten (1430) erobern konnten; es wird jetzt von dem Steuerrathe und von dem Amtsrathe, der die dazu gehörigen Domainen in Pacht hat, bewohnt.

II. An städtischen Gebäuden:

1) Das Rathhaus.

2) Das Kaufhaus.

3 — 8) Sechs Wohnungen für Unterbediente.

9) Das Hospital St. Nicolai vor dem Goldberger Thore, für arme Bürger und Knaben.

10) Das Seelenhaus zu St. Anna, für arme Weiber.

11) Das Hospital für Kranke, in welchem Einheimische und Fremde verpfleget werden.

12) Das Wittibersche Mädchen-Waisenhaus für 9 katholische Mädchen, die vom 9ten bis in das 16te Jahr darin erzogen und in allen weiblichen Arbeiten unterrichtet werden.

13) Das Garnison-Lazareth.

14—18) Fünf Accise-Häuser.

19—23) Fünf Wachthäuser.

24) Das Stockhaus.

25) Die Jungfer, ein Gefängniß für adelige und andere distinguierte Personen.

26—34) Neun zum Brauwesen gehörige Häuser.

35. 36) Zwei Pulver-Magazine, außer der Stadt, auf dem Breslauer Haag.

III. An kirchlichen und Schulgebäuden:

1) Die evangel. luth. Kirche zu St. Peter und Paul, (die Oberkirche), bei welcher eine ansehnliche Bibliothek ist, und an welcher ein Pastor und zwei Diakonen stehen.

2) Die evang. luth. Kirche zu U. L. Frauen (die Niederkirche), an welcher ebenfalls ein Pastor und zwei Diakonen stehen. Der hohe Altar, zu welchem man auf 13 Stufen steigt, ruhet von außen auf einem Gewölbe, unter welchem man mit einem Fuder Heu gemächlich wegfahren kann.

3) Die kath. Capelle auf dem Bischofshofe, bei welcher ein Curatus, der zugleich Archidiaco-

nus und Erzpriester ist, und 2 Capelläne die gottesdienstlichen Handlungen verrichten.

4) Die kath. Stiftskirche St. Johannis, oder ehemahlige Jesuiterkirche, die jetzt leer steht, so wie das Kloster von den Geistlichen verlassen, in welchem aber jetzt eine Tuch-Manufactur etabliert ist. In einer dabei stehenden Capelle ist die Gruft der Piastischen Herzoge, in welcher siebzehn Fürsten ruhen. Oben aber stehen die drei letzten Glieder dieses Stammes, Herzog Christian, seine Gemahlinn Ludemilla, und ihr Sohn Georg Wilhelm, der schon im vierzehnten Jahre zur Regierung fähig war, aber zu früh an den Blattern starb. (1675)

5) Das Nonnenkloster, Benedictiner Ordens, (17 Nonnen) mit der Kirche zum H. Kreuz.

6) Das Franciscaner-Kloster mit der Kirche (12 Geistliche), vor dem Haynauer Thore.

7) Die Ritter-Akademie, 1708 vom Kaiser Joseph I. gestiftet. Sie besitzt ansehnliche Einkünfte, die sie aus dem hiesigen vom Herzoge Georg Rudolph errichteten Stiftsamte zu St. Johannis empfängt. Das Gebäude ist groß und schön, es wird jetzt an dessen Vollendung gearbeitet. Die vom Kaiser gesetzte Anzahl der Fundatisten ist 12; hierzu aber kommen noch zwei aus der Stiftung eines Grafen von Kospoth. Pensionairs können so viel angenommen werden, als sich melden; diese zahlen für Wohnung, Kost und Unterricht 200 Rthlr.

Der dieser Anstalt vorgesetzte Director muß ein Schlesischer Landstand seyn. Dieser und zwei andere Schlesische Landstände formieren das Provinzial-Curatorium, dessen Gutachten die vorgesetzte Behörde über alles, was auf Localität beruht, einzieht. Die vorgesetzte Behörde ist das königliche Ober-Schul-Collegium in Berlin.

Die Akademisten wohnen größtentheils einzeln, auch wohl zwei zusammen in schönen Zimmern des wirklich fürstlichen Akademie-Gebäudes, und haben zu ihrer Recreation ein Billard in der Akademie und einen Garten mit Billard rc. vor dem Thore.

Sie erhalten von fünf Professoren Unterricht in der Religion, Philosophie, alten und neuen Geschichte, Geographie, schönen Wissenschaften, Litteratur, Mathematik, Naturlehre, Lateinischen und Französischen Sprache. Zu andern neuern Sprachen und zum Zeichnen ist Gelegenheit durch Privat-Unterricht. Ein Stallmeister und zwei Maitres geben Unterricht im Reiten, Fechten, Tanzen und Voltigieren.

Zwei Gouverneurs, die auf der Akademie wohnen, haben die Special-Inspection auf Betragen und häuslichen Fleiß der Akademisten. Der wissenschaftliche Cursus in jedem Studio ist auf anderthalb Jahre eingerichtet. Die Fundation wird auf drei Jahre gewährt, so daß jeder seinen Cursum zweimahl vollenden kann. Nach vollendeten akademischen Studien gehen die Akademisten theils auf Universitäten, theils auf ihre Güter, theils zum Militär, wie dann denen, die schon bei Regimentern eingeschrieben sind, die Zeit, da sie in der Akademie gewesen, nach königlichem Befehl, eben so, als ob sie beim Regimente gestanden, gerechnet werden soll.

Die Akademisten tragen Uniform. Die Staats-Uniform besteht in scharlachfarbenem Rocke mit grünen Kragen, Aufschlägen und Klappen, platten vergoldeten Knöpfen, goldenem Epaulett auf der linken Schulter und weißem Unterfutter: für gewöhnlich tragen sie blaue Interims-Röcke.

Außer einer ansehnlichen Sammlung physikalischer Instrumente und einer beträchtlichen Bibliothek wird bei dieser Anstalt eine kostbare Sammlung vorzüglich Schlesischer Naturalien aufbewahrt, die größtentheils die Schlesische Landschaft, deren Ober-Syndicus, Hr. Börner, gesammelt hat. Neuerdings hat der in Liegnitz verstorbene privatisierende Gelehrte, Johann David Wolf, seine Medaillen-, Wapen- und Münzsammlung hierher geschenkt.

8) Die

8) Die vereinigte *) königl. evangelische Stadtschule, bei welcher neun Lehrer Unterricht ertheilen, davon vier vom Stiftsamte, die andern aber von der Stadt berufen und besoldet werden.

9) Das ehemahlige Seminarium der Ex-Jesuiten, das jetzt unbewohnt ist.

10 — 25) Sechzehn Prediger- und Schullehrerwohnungen.

IV. Privat- oder bürgerliche Häuser sind 672, davon etwa $\frac{2}{3}$ mit Ziegeln gedeckt sind.

Die hier befindlichen königlichen Aemter sind:

Das Steueramt,
das Cameral-Amt,
das Accise- und Zollamt,
das Salzamt,
das Inquisitions-Amt,
das Postamt.

Die bürgerlichen Nahrungszweige sind: der innere Consumtions-Handel und die im zweiten Abschnitte angeführten Manufacturen und Fabriken; das Bierbrauen, welches auf 366 Häusern haftet (35 Dörfer und 23 Schenkhäuser und Kretschame in den Vorstädten schenken Stadtbier); der Ackerbau und der Anbau von Küchengewächsen, die von den Vorstädtern betrieben werden; die erlernten Handwerke und Künste.

*) Sie führt den Nahmen, vereinigte, deswegen, weil die an der Kirche zu unserer lieben Frauen und die fürstliche Schule an der St. Johannis-Kirche mit der bei der St. Petri- und Pauli-Kirche vereinigt wurden.

Jährlich sind 4 Jahrmärkte, 2 Viehmärkte und 2 Wollmärkte. Wöchentlich sind 1 Garnmarkt (Dienstags) und 1 Getreidemarkt (Freitags).

Die Kämmerei besitzt das Vorwerk Willendorf und die Dörfer Kossendau, Greinberg, Neudorf 1 Antheil, Prinkendorf, Tentschel; im Lübener Kreise das Dorf Hummel und die Colonie Neurode.

Die Besatzung besteht aus dem Infanterie-Regiment Nr. 43, (ohne Grenadier) nebst 1 Invaliden-Compagnie.

2. Parchwitz,

ist eine Immediat-Stadt, mit einer Mauer umgeben. Sie enthält:

1) das Schloß, welches der Pächter des königlichen Domainen-Amts bewohnt.
2) Das Rathhaus.
3) Die evang. luther. Kirche in der Vorstadt, an der ein Pastor und ein Diaconus stehen, nebst ihren Wohnungen und der Schule.
4) Eine kleine Begräbnißkirche.
5) Die in dem Schlosse befindliche kathol. Capelle, an der ein vom Könige besoldeter Curatus die gottesdienstlichen Handlungen verrichtet.
6) Ein Hospital.
7—10) Vier zum Brauurbar gehörige Häuser.
11—13) Drei Accise-Häuser.
14) Ein Wachthaus.
15—17) Drei städtische Officianten-Wohnungen.

Bürgerliche oder Privat-Häuser sind:

in der Stadt	116
in der Vorstadt	6
	122

Die erlernte Profession, Ackerbau und einige Viehzucht; das Bierbrauen, dazu die Gerechtigkeit auf 99 Häusern haftet, (nur ein Dorf ist dem Bierzwange unterworfen), ein kleiner Consumtions-Handel sind Nahrungszweige der Bürger.

Jährlich sind 4 Jahrmärkte, am Tage Agnete, an Rogate, am Michaelistage, und am ersten Advents-Sonntage. Sonnabends ist Wochenmarkt.

Königliche Aemter sind:

Das Domainen-Amt, das verpachtet ist,
das Accise- und Zollamt,
das Postamt.

Die Stadt hat keine Garnison.

B. Das Kloster Wahlstadt.

Es ist mit dem Benedictiner-Kloster zu Braunau in Böhmen verbunden. Es wurde erst, nachdem das Dorf Wahlstadt von dem Braunauer Stifte erkauft worden war, 1703, mit dem Bau des Klosters und der Kirche der Anfang gemacht, und 1723 der Bau vollendet. Kloster und Kirche sind nach einem guten Styl erbauet, und nicht mit Bildern überladen. Unter den Bildern, die meist schön sind, zeichnet sich die Abnahme des Leichnams Jesu vorzüglich aus. Zwei Thürme geben der Kirche eine grose Zierde. Das Dorf Wahlstadt ist auf der Stelle erbauet, auf welcher die berühmte Tartarschlacht (1241, den 8. April) unter Anführung Herzogs Heinrichs II. zwischen 30000 Christen und 50000 Monguln geliefert worden ist. Heinrich fiel in der Schlacht, man fand ihn ohne Kopf, erkannte ihn aber an den 6 Zehen, die er am Fuße hatte. Auf der Stelle, wo er gefunden wurde, ließ die heilige Hedwig eine Capelle bauen, zu der sich nach und nach mehrere Häuser fanden, und so entstand das Dorf. Die Capelle wurde endlich eine Kirche, die nach der Reformation in protestantische Hände kam.

C. Dörfer.

Ehe ich das Verzeichniß der in dem Liegnitzer Kreise befindlichen Dörfer selbst hersetze, muß ich noch bemerken, daß in der Vorstadt von Liegnitz sich mehrere Besitzungen befinden, die zum Lande gehörig sind, und für eine Dorfgemeine angesehen werden. Diese Besitzungen kommen unter folgenden Benennungen vor:

1. Akademie-Vorwerk.	1 Vorwerk.
2. Brücknerische Consorten.	6 Freigärtner.
3. Biedermanns Vorwerk.	1 Freigut.
4. Hainke Vorwerk.	1 Freigut.
5. Hayns Vorwerk.	1 Freigut.
6. Harrwolfs Vorwerk.	1 Freigut.
7. Hillerische Consorten.	6 Freigärtner.
8. Landmanns Gütel.	3 Freigärtner und 2 Auszügler.
9. Mendes Vorwerk.	1 Freigut.
10. Neugebauers Vorwerk.	1 Freigut.

11. Polstes Vorwerk.	1 Freigut.
12. Rieders Vorwerk.	1 Freigut. 1 Auszughäusler.
13. Schindlerische Consorten.	1 Freigärtner.
14. Schmidts Vorwerke.	1 Freigut. 1 Auszughäusler.
15. Scholzische Consorten.	8 Freigärtner.
16. Scholz Christophs Vorwerk.	1 Freigut.
17. Scholz Gottliebs Vorwerk.	1 Freigut.
18. Schuberts Vorwerk.	1 Freigut.
19. Schul- oder Jesuiten-Gütel.	1 Freigut.
20. Schützen-Kretscham.	1 Kretscham.
21. Stamnitz Vorwerk	2 Freigüter.
22. Ulrichs Vorwerk.	1 Freigut.
23. Wendrichs Vorwerk.	2 Freigüter.

Nahmen der Dörfer.	Oeffentliche Gebäude. Kirchen.		Schulen.			Schlösser u. Wohnh.	Offic. u. Bedientenh.	Försterwohnungen.	Vorwerke.	Kretscham.	Lehn- und Freigüter.	Freibauern.	Dienstbauern.	Freigärtner.	Dreschgärtner.	Freihäusler.
	Protest.	Kathol.	Protest.	Kathol.	Pfarrhäuser.											
Alt-Läst (Altenlast)							u.									
1 Antheil . . .	—	1	—	1	—	—	—	—	—	—	1	—	8	—	10	—
2 Antheil . .	—	—	—	—	—	—	—	—	—	—	—	—	—	1	9	—
Annawerder (Eisenhut)	—	—	—	—	—	—	—	—	1	—	—	—	4	—	2	—
Arnsdorf	—	—	1	—	—	—	—	—	1	—	—	—	12	—	24	—
Ausche	—	—	—	—	—	1	—	—	1	—	—	—	—	3	9	—
Baben	—	—	—	—	—	—	—	—	1	—	—	—	—	—	4	—
Barschdorf	—	—	1	—	—	—	—	—	—	1	2	—	10	—	18	—
Baudis, Groß- .	1	—	1	—	1	1	1	1	4	—	—	—	10	3	9	10
Baudis, Klein .	—	—	—	—	—	—	—	—	1	—	—	—	—	1	16	—
Beckern Groß- . .	—	—	1	—	—	—	—	—	—	1	1	—	12	3	28	—
Beckern Klein- (Alt-)	—	—	—	—	—	—	—	—	—	1	—	—	—	1	15	—
Bellwitzhof	—	—	—	—	—	—	—	—	1	—	—	—	—	—	—	—
Berndorf	1	—	1	—	1	—	—	—	—	—	—	—	8	—	6	—
Bischdorf	—	—	—	—	—	—	—	—	1	—	—	—	—	1	8	—
Blumengarten . .	—	—	—	—	—	—	—	—	—	—	1	—	—	—	—	—
Blumenrode . . .	1	—	1	—	1	1	—	—	2	1	—	—	—	11	9	—
Boberau	—	—	—	—	—	—	—	—	1	—	—	—	—	—	3	—
Campern	1	—	—	—	—	—	—	—	—	—	1	—	8	2	8	—
Crayn	—	—	1	—	—	1	—	—	1	1	—	—	7	3	12	—
Dahme	—	—	—	1	—	—	—	—	—	1	1	—	10	4	4	—
Dennemark . . .	—	—	—	—	—	—	—	—	—	—	—	—	—	—	—	8
Dornpusch	—	—	—	—	—	—	—	—	—	—	—	—	—	7	—	1
Dohnau	—	—	1	—	—	—	—	—	—	1	1	—	7	8	—	—
Dürschwitz	—	—	—	—	—	1	—	—	2	1	—	—	—	7	14	—
Eichholz	—	—	—	—	—	1	—	—	7	1	—	—	—	—	12	—
Fellendorf	—	—	1	—	—	1	—	—	2	—	—	—	9	6	12	—
Fischerende	—	—	—	—	—	—	—	—	—	1	—	—	5	—	2	—
Gassendorf	—	—	—	—	—	1	—	—	1	—	—	—	—	6	8	—
Gränowitz	1	—	1	—	1	—	—	—	—	—	1	—	13	6	—	—
Greinberg (Greibrig)	1	—	1	—	—	—	—	—	—	1	1	—	12	—	—	—
Großnig	—	—	—	—	—	—	—	—	1	—	—	—	—	—	6	—
Haydau	1	—	1	—	1	—	—	—	1	—	3	—	22	4	37	5

Diensthäusler	Angerhäusler.	Auszughäusler	Schmieden.	Colonisten-Häuser.	Schäferhäuser.	Hirtenhäuser.	Mühlen. Wasser.	Mühlen. Wind.	Bierbrauereien.	Herrschaft.	Anmerkungen und Merkwürdigkeiten.
2	—	8	1	1	—	2	—	—	—	Kloster Leubus.	
3	—	4	—	—	—	—	—	—	—	Amt Parchwitz.	
—	—	—	—	—	—		—	—	—	Adelig.	
11	—	10	1	—	—	1	—	—	—	Amt Liegnitz.	
3	1	1	1	—	—	2	2	—	1	Adelig	
1	—	1	—	—	—	—	—	—	—	Jgfst. zu Liegnitz	
—	4	—	1	—	—	1	1	—	—	Amt Liegnitz	
—	3	—	1	—	—	2	1	—	1	Kön. Domaine.	
—	—	7	1	1	—	2	—	—	—	desgl	
5	—	—	1	—	—	1	—	—	—	Amt Liegnitz.	
5	—	—	—	—	—	—	2	—	—	desgl	Hier ist eine Papiermühle.
—	—	—	—	—	—	—	—	—	—	Geh. zu Schlauphof.	
11	2	7	1	1	—	—	—	1	—	Ritter-Akademie	
4	—	—	—	—	—	1	1	1	—	———	
—	—	—	—	—	—	—	—	—	—	Amt Liegnitz.	Liegt in der Vorstadt Liegnitz. Dazu gehören Carthaus-Vorwerk, Speergasse, Steinweg, Schleifhäuser, Sandhäuser, Sandmühle.
4	5	—	1	—	—	1	—	1	—	Adelig.	
—	—	1	—	—	—	1	—	—	—	Jgfst. zu Liegnitz.	
—	1	—	1	—	—	2	—	—	—	Amt Baudis.	
5	4	—	1	—	—	2	1	—	1	Adelig.	Hier hat man Urnen ausgegraben.
2	4	—	1	—	—	1	—	1	—	Bisth. Breslau.	
—	—	—	—	—	—	—	—	—	—	Amt Liegnitz	In der Vorstadt Liegnitz.
—	—	—	—	—	—	—	—	—	—	Kloster Leubus.	In d. Jauergasse vor Liegnitz.
13	—	1	1	—	—	—	1	—	1	Adelig.	
—	—	6	1	—	—	1	2	—	—	desgl.	
16	9	2	1	—	—	2	1	—	1	desgl.	
5	3	—	1	3	—	2	—	—	—	desgl.	
3	—	1	—	—	—	1	—	—	—	Amt Liegnitz.	
2	—	—	1	—	—	—	—	—	1	Adelig	
1	13	—	1	—	—	2	—	2	—	Amt Baudis.	
—	5	—	1	—	—	2	—	—	—	Kämm. Liegnitz.	
—	—	—	—	—	—	—	—	1	—	Adelig.	
4	4	1	1	—	2	2	—	—	1	Amt Parchwitz.	Das Vorwerk heißt Pirl.

Nahmen der Dörfer.	Oeffentliche Gebäude.					Schlösser u Wohnh.	Offic. u. Bedientenh.	Försterwohnungen.	Vorwerke.	Kretschame.	Lehn- und Freigüter.	Freibauern.	Dienstbauern.	Freibauern.	Dreschgärtner.	Freihäusler.
	Kirchen.		Schulen.		Pfarrhäuser.											
	Protest.	Kathol.	Protest	Kathol.												
Heinersdorf . . .	1	—	1	—	1	1	—	1	2	1	—	—	—	8	20	1
Hochkirch	1	—	1	—	1	—	—	—	1	—	—	—	—	—	4	—
Hünern	—	—	—	—	—	—	—	—	1	—	—	—	—	—	4	—
Jakobsdorf . . .	—	—	1	—	—	—	—	—	1	1	—	—	7	18	12	—
Jänkau	1	—	1	—	1	—	—	—	1	—	—	—	4	—	8	9
Jänowitz Groß- .	—	—	1	—	—	1	—	—	2	1	—	—	6	7	9	—
Jänowitz Klein- .	—	—	—	—	—	—	—	—	1	—	—	—	—	5	8	—
Jeschkendorf . . .	—	—	—	—	—	1	—	—	1	—	—	—	—	10	13	—
Johnsdorf	—	—	—	—	—	1	—	—	1	1	—	—	—	1	6	—
Kaltenhaus . . .	—	—	—	—	—	—	—	—	1	—	—	—	—	—	6	—
Kaudewitz	—	—	1	—	—	—	—	—	—	1	—	9	—	12	3	—
Klemmerwitz . . .	—	1	—	1	—	—	—	—	—	1	1	—	11	7	—	5
Kniegnitz	—	—	1	—	—	—	—	—	—	1	2	—	7	—	6	—
Koiskau	1	—	1	—	1	1	—	—	1	—	—	—	—	7	10	—
Koitschkau	—	—	—	—	—	—	—	—	1	1	—	—	—	1	7	—
Koischwitz	1	—	1	—	1	—	—	—	—	1	1	—	18	—	16	—
Koitz	1	—	1	—	1	—	—	1	2	—	—	—	4	7	27	—
Kossendau	—	—	—	—	—	—	—	—	—	—	—	—	5	3	—	—
Klein-Schweinitz .	—	—	—	—	—	—	—	—	2	—	—	—	—	1	9	—
Kroitsch	1	—	1	—	1	1	—	—	1	3	—	—	15	—	18	—
Kummernick, 2 Anth.	—	—	—	—	—	2	—	—	3	—	—	—	—	6	20	—
Kunitz, 2 nth .	1	—	1	—	1	2	—	—	3	—	—	—	15	11	24	—
Kunitzer Seegasse	—	—	—	—	—	—	—	—	—	—	—	—	—	—	12	—
Kunzendorf . . .	—	—	—	—	1	—	—	—	1	—	—	—	—	2	10	—
Läsewitz, Groß- . .	1	—	1	—	2	—	—	—	—	—	1	—	21	—	10	2
Leschwitz	1	—	—	—	—	—	—	—	1	—	—	—	17	6	13	—
Liebenau	—	—	—	—	—	1	—	—	2	—	—	—	6	6	8	—
Lindenbusch . . .	—	—	—	—	—	1	—	—	1	1	—	—	—	—	4	—
Maltsch	—	—	—	—	—	—	—	—	—	1	1	—	9	—	17	3
Mankelwitz . . .	—	—	—	—	—	—	—	—	1	1	—	—	—	—	6	2
Maserwitz	—	—	—	—	—	1	—	—	1	1	—	—	—	6	6	—
Merrschütz	1	—	1	—	3	1	—	—	1	—	—	—	13	38	12	—

Diensthäusler.	Angerhäusler.	Auszughäusler.	Schmieden.	Colonistenhäuser.	Schäferhäuser.	Hirtenhäuser.	Mühlen. Wasser-	Mühlen. Wind-	Bierbrauereien.	Herrschaft.	Anmerkungen und Merkwürdigkeiten.
15	8	—	1	—	—	2	1	—	1	Adelig.	
1	—	—	—	—	—	—	—	—	—	desgl.	
3	2	—	—	—	—	1	—	—	—	desgl.	
—	3	4	1	—	—	1	1	—	—	desgl.	
—	—	12	—	—	—	2	—	1	—	Amt Baudis.	Ein Schieferbruch.
24	6	1	1	—	—	1	1	—	1	Adelig.	Desgl. Hierher gehört Schönau.
—	—	3	1	—	—	—	—	1	—	desgl.	
—	6	—	1	—	—	1	—	1	1	desgl.	Hier ist ein See.
—	—	—	—	—	—	—	—	—	—	desgl.	Hierh geh. der Halbemeilkretscham.
—	1	—	—	—	—	—	—	—	—	desgl.	
—	—	—	1	—	—	2	1	—	—	———	Das Dominium besitzen die Bauern.
—	2	7	1	—	—	1	1	—	—	Bisth. Breslau.	
9	2	—	1	—	—	2	—	—	—	Amt Liegnitz.	
2	1	—	1	—	—	2	1	—	—	Adelig.	
—	6	—	—	—	—	—	—	—	—	desgl.	
10	9	—	1	—	—	2	—	—	—	Amt Liegnitz.	Hier ist ein großer See.
19	1	—	1	—	—	3	1	1	—	Amt Parchwitz.	
—	—	—	—	—	—	—	—	—	—	Kämm. Liegnitz.	
2	—	—	1	—	—	1	—	—	—	Amt Liegnitz.	
17	14	—	1	—	—	2	1	—	1	Adelig.	
5	—	—	1	—	—	3	2	—	1	desgl.	
4	3	5	1	—	—	1	—	2	—	desgl.	
—	—	—	—	—	—	—	—	—	—	Amt Liegnitz.	
1	—	2	—	—	—	1	—	—	—	Adelig.	
5	2	16	1	—	—	3	1	—	—	Amt Parchwitz.	Hier werden viel Seidenwürmer gehalten.
8	—	—	1	—	—	1	—	—	1	desgl.	
—	2	2	1	—	—	2	1	1	1	Adelig.	Das eine Vorwerk heißt Stelzenberg.
5	—	2	1	—	—	—	—	1	—	desgl.	
9	4	1	1	—	—	2	—	—	—	Stift Leubus.	Hier ist eine Salz-Factorei, eine Kalkbrennerei und Steinkohlen-Niederlage.
—	—	1	—	—	—	—	—	—	—	R. Akad. z. Liegn.	
—	—	—	1	—	—	1	—	1	—	Adelig.	
10	1	1	1	—	—	2	1	—	1	desgl.	

Nahmen der Dörfer.	Oeffentliche Gebäude. Kirchen. Protest.	Kirchen. Kathol.	Schulen. Protest.	Schulen. Kathol.	Pfarrhäuser.	Schlösser u. Wohnh.	Offic. u. Bedientenh.	Försterwohnungen.	Vorwerke.	Kretschame.	Lehn- und Freihäuser.	Freibauern.	Dienstbauern.	Freigärtner.	Dreschgärtner.	Freihäusler.
Möttricht	—	—	—	—	—	—	—	—	—	—	—	—	—	—	10	—
Münchhof	—	—	1	—	—	—	—	—	—	—	1	—	10	1	—	—
Neudorf 1 Anth.	1	—	1	—	1	—	—	—	1	1	—	—	12	—	12	4
Neudorf 2 Anth	—	—	—	—	—	—	—	—	—	—	—	—	—	4	—	—
Nikolstadt	1	—	1	—	1	—	—	—	—	—	—	—	19	—	13	—
Oyas	1	—	1	—	1	1	—	—	1	—	—	—	9	12	7	—
Pahlowitz	—	—	—	—	—	—	—	—	1	—	2	—	—	3	5	1
Panzdorf	—	—	1	—	—	—	—	—	1	—	—	—	—	6	8	—
Panzkau	—	—	—	—	—	1	—	—	1	—	—	—	—	11	8	—
Parchwitz: Schloß und Parchwitzer Hübner	1	1	2	—	3	1	—	—	1	—	4	—	—	2	13	16
Petersdorf	—	—	—	—	—	1	—	—	1	—	—	—	—	13	10	—
Pohlewitz Groß-	—	—	1	—	—	1	—	—	2	—	—	—	—	—	10	9
Pohlewitz Klein-	—	—	—	—	—	—	—	—	1	—	—	—	—	2	4	—
Prinkendorf	—	—	—	—	—	—	—	—	—	—	—	—	5	5	13	—
Prinsnig	—	—	—	—	—	1	—	—	2	—	—	—	—	3	9	—
Rachen	—	—	—	—	—	—	—	—	1	1	—	—	—	8	4	—
Raischmannsdorf	—	—	—	—	—	—	—	—	1	1	—	—	—	4	6	—
Rauße	1	—	1	—	2	1	—	—	1	1	—	—	—	15	8	—
Rodeland	—	—	—	—	—	—	—	—	—	—	—	—	—	16	—	3
Rogau	—	—	—	—	—	—	—	—	1	1	—	—	—	1	6	—
Romnitz	—	—	—	—	—	1	—	—	1	—	—	—	—	6	6	—
Rosenau	—	—	1	—	—	1	—	—	1	1	—	—	14	—	6	4
Rosnig	1	—	1	—	—	—	1		1	1	—	—	4	2	14	[illegible]
Rothkirch	1	—	1	—	1	1	—	—	1	—	—	—	—	17	11	6
Royn	1	—	1	—	1	1	—	—	2	—	—	—	9	6	16	-
Rudolphsbach	—	—	—	—	—	1	—	—	1	—	—	—	—	—	6	-
Scheibsdorf, (Scheibansdorf)	—	—	—	—	—	—	—	—	—	—	—	3	—	4	—	
Schildern, Klein-	—	—	—	—	—	—	—		—	—		—	4	—	7	-
Schimmelwitz	—	—	—	—	—	1	—	—	1	—	—	—	—	—	6	
Schlauphof	—	Cap.		1	—	1	—	—	1	1	—	—	—	—	—	
Schlottnig	—	—	—	—	—	—	—	—	—	—	—	—	6	5	—	
Schmochwitz	—	—	—	—	—	1	—	—	1	—	—	—	—	—	10	

Diensthäusler.	Angerhäusler.	Auszughäusler.	Schmieden	Colonistenhäuser.	Schäferhäuser.	Hirtenhäuser.	Mühlen. Wasser-	Mühlen. Wind-	Bierbrauereien.	Herrschaft.	Anmerkungen und Merkwürdigkeiten.
6	—	—	—	—	—	—	—	—	—	Amt Parchwitz.	
1	1	11	1	—	—	2	—	1	—	Stift Trebnitz.	
—	—	—	1	4	—	2	—	—	—	Adelig.	
—	—	—	—	—	—	—	—	—	—	Kämm. Liegnitz	
9	4	6	1	—	—	3	—	—	—	Amt Liegnitz.	Das hier 1345 entdeckte, 1364 aber eingegangene Bergwerk soll wöchentlich 120 bis 160 Pfund Gold geliefert haben.
—	24	2	1	—	—	3	1	—	—	Adelig.	
—	—	—	1	—	—	—	—	—	—	desgl.	
—	2	2	1	—	—	1	—	—	—	Jgfst. in Liegnitz.	
—	—	3	1	—	—	—	1	—	1	Adelig.	
17	1	—	1	—	—	1	—	—	—	Amt Parchwitz.	Das Schloß ist Königl.
—	1	2	1	—	—	1	—	1	—	Adelig.	
3	4	—	1	—	—	1	1	—	1	desgl.	
—	—	—	—	—	—	—	—	—	—	desgl.	
—	1	—	—	—	—	1	—	—	—	Kämm. Liegnitz.	
2	6	—	1	—	—	2	1	1	1	Adelig.	
—	—	2	—	—	—	—	—	—	—	desgl.	
3	—	—	—	—	—	—	—	—	—	desgl.	
—	—	1	1	20	—	—	—	2	1	desgl.	
—	—	2	—	—	—	—	—	—	—	———	
6	—	2	—	—	—	1	—	—	—	Stift Leubus.	Hierher gehört der Neu-Kretscham.
—	1	—	—	—	—	—	—	—	—	Adelig.	
—	6	3	1	—	—	1	—	—	1	R. Akad. z. Liegn.	
—	14	1	1	1	—	1	—	1	—	Adelig.	
—	9	1	1	—	—	1	—	1	—	desgl.	
5	16	2	1	—	—	1	1	—	1	desgl.	
1	1	—	—	—	—	1	—	—	—	desgl.	
—	—	—	—	—	—	1	—	—	—	desgl.	
2	1	—	—	—	—	1	—	—	—	Amt Liegnitz.	
—	1	—	—	—	—	—	—	—	—	Adelig.	
—	—	—	1	—	—	1	1	—	—	Stift Leubus	Hierh. geh. Bellwitzhof.
2	—	—	—	—	—	1	—	—	—	Jgfst. zu Liegnitz.	
1	—	—	—	2	—	1	—	1	—	Adelig.	

Nahmen der Dörfer.	Oeffentliche Gebäude: Kirchen. Protest.	Kirchen. Kathol.	Schulen. Protest.	Schulen. Kathol.	Pfarrhäuser.	Schlösser u. Wohnh.	Offic. u. Bedientenh.	Försterwohnungen.	Vorwerke.	Kretschame.	Lehn- und Freigüter.	Freibauern.	Dienstbauern.	Freigärtner.	Dreschgärtner.	Freihäusler.
Schützendorf . . .		—	—	—	—	1	—	—	1	—	—	—	—	8	8	—
Seedorf	—	—	—	—	—	—	—	—	1	1	—	—	—	—	7	—
Seifersdorf, (Syfridvilla, Syfridisdorf)	1	—	1	—	1	1	—	—	2	—	—	—	13	8	16	—
Siegendorf, 2 Anth.	—	—	1	—	—	—	—	—	2	1	—	—	17	12	18	—
Simsdorf		—	—	—	—	1	—	—	1	—	—	—	—	4	6	—
Sophienthal . . .	—	—	—	—	—	—	—	—	1	—	—	—	—	—	4	[illegible]
Spittelndorf . . .	—	—	1	—	—	—	—	—	1	—	—	—	—	—	11	—
Strachwitz	—	—	—	—	—	—	—	—	1	1	—	—	—	—	3	—
Tentschel	1	—	1	—	—	—	—	—	—	1	—	—	17	2	14	5
Tinz Groß- . . .	1	—	1	—	1	—	—	—	—	—	1	—	11	19	—	3
Tinz Klein- . . .	—	—	—	—	—	1	—	—	1	—	—	—	3	4	2	—
Tscharnikau . . .		—	—	—		1	—	—	1	—	—	—	—	2	4	—
Tschirskau, 2 Anth.	—	—	—	—	—	—	—	—	—	—	—	—	—	3	5	—
Wahlstadt	1	—	1	1	1	—	—	—	1	1	—	—	—	4	11	—
Waldau	1	—	1	—	1	—	—	—	—	1	1	—	22	3	37	—
Wandris Groß- .	1	—	1	—	1	—	—	—	1	—	—	—	16	—	15	5
Wandris Klein- .	—	—	—	—	—	1	—	—	1	—	—	—	—	—	13	—
Wangten Ueberschaar	1	—	1	—	1	—	—	—	—	—	1	—	13	—	6	—
Wangten, Ober- .	—	—	—	—	—	1	—	—	1	—	—	—	—	—	4	—
Weinberg	—	—	—	—	—	—	—	—	—	—	—	—	9	—	12	1
Weißenhof	—	—	—	—	—	—	—	—	1	—	—	—	—	—	9	—
Weißenleipe . . .	—	—	—	—	—	1	—	—	1	—	—	—	—	5	8	—
Weißenrode . . .	—	—	—	—	—	1	—	—	1	—	—	—	—	—	4	—
Wilschkau	1	—	1	—	—	—	1	—	-	—	—	—	3	22	12	—
Würchwitz, (Würchwitz)	—	—	—	—	—	—	—	—	1	—	—	—	—	—	6	—
Zobel	—	—	—	—	—	1	—	—	1	—	—	—	1	5	6	—

Dienſthäusler.	Angerhäusler.	Auszughäusler.	Schmieden.	Colonistenhäuser.	Schäferhäuser.	Hirtenhäuser.	Mühlen. Wasser-	Mühlen. Wind-	Bierbrauereien.	Herrschaft.	Anmerkungen und Merkwürdigkeiten.
2	—	1	1	—	—	—	1	—	—	Adelig.	
3	—	3	—	—	—	—	1	—	—	Amt Liegnitz.	Hier ist ein See.
8	18	2	1	—	—	4	—	2	1	Adelig.	Das eine Vorwerk h. Sorge.
8	10	—	1	1	—	1	2	—	1	desgl.	
—	—	—	—	—	—	1	—	2	—	desgl.	
—	—	—	—	—	—	—	—	—	—	desgl.	Hier zeigt man noch ein Bette, in welchem die H. Hedwig geschlafen hat.
2	—	—	1	—	—	1	—	—	—	Amt Parchwitz.	
3	—	—	—	1	—	—	—	—	—	Klost Wahlstadt.	
7	—	—	1	1	—	1	—	—	—	Kämm. Liegnitz	
—	2	23	1	—	—	1	—	—	—	R. Akad. z. Liegn.	
9	4	—	—	4	—	1	—	—	1	Adelig.	
—	—	—	—	—	—	1	—	—	1	desgl.	
1	—	—	1	—	—	1	1	—	—	Amt Liegnitz.	
—	5	1	1	3	—	2	—	—	1	Klost. Wahlstadt.	
1	1	11	1	—	—	3	—	—	—	Amt Liegnitz.	
2	12	2	1	—	—	2	—	1	—	Amt Baudis.	Hier ist eine Bleiche.
5	1	1	1	6	—	1	1	—	1	Adelig	
3	—	-	1	—	—	3	—	1	—	Amt Parchwitz.	Das Freigut heißt Ueberschaar.
—	—	—	—	—	1	—	—	—	—	Adelig.	
5	—	2	—	—	—	—	1	—	—	Stift Leubus.	
—	1	—	—	—	—	1	—	—	—	Amt Liegnitz.	
2	—	4	1	3	—	1	—	1	—	Adelig.	
—	—	—	—	—	—	—	—	—	—	desgl.	
—	—	3	1	2	—	2	1	1	—	desgl.	Hierh gehört Tiedenvorwerk.
—	—	—	—	—	—	—	—	—	—	Amt Baudis.	
—	—	2	1	—	—	2	1	—	—	Adelig.	

II.

Der Goldberg-Haynauische Kreis.

Diese beiden Kreise waren unter der vorigen Regierung von einander separiert, sind aber unter der Preußischen Regierung mit einander verbunden worden. Die Gränzen sind: gegen **Morgen**, der Jauerische, Liegnitzer und Lübener Kreis; gegen **Mittag**, der Hirschberger Kreis; gegen **Abend**, der Löwenberg-Bunzlauer Kreis; gegen **Mitternacht**, der Liegnitzer Kreis.

Beide Kreise werden von den Dörfern, **Merzdorf**, **Scheidwigsdorf** *), **Woitsdorf**, **Grüssiggrund**, **Brockendorf**, zum Bunzlauischen Weichbilde gehörig, und von **Priswitz**, zum Jauerischen Kreise gehörig, durchschnitten.

Die **Katzbach**, die **Bettelbach**, das **Seifenauer Wasser**, der **Schneebach**, das **Schwarzwasser**, die schnelle **Deichsel**, der **Rothebach**, nebst noch einigen kleinen Bächen fließen in diesem Kreise, der auf vierzehn Quadrat-Meilen zwei Städte (Goldberg und Haynau) und achtzig Dörfer **), worunter zwei Colonien sind, enthält.

A. Städte.

1. Goldberg.

Die Immediat- und Kreisstadt **Goldberg**, die ihre Entstehung dem ehemahligen daselbst umgehenden

---

*) Auf der Schubartschen Karte St. Hedwigsdorf.

**) Zimmermann giebt in den allgemeinen Nachrichten 94 Dörfer, und in den Beiträgen 80 an. Woher dieser Unterschied?

Bergbau auf Gold verdankt, liegt in einer angenehmen Gegend auf einer Anhöhe, an der Katzbach, ist mit doppelten Mauern und jetzt in Obstgärten verwandelten Gräben umgeben, hat vier Thore (das Niederthor, das Selzerthor, das Ober- und Friedrichsthor), und enthält:

I. An städtischen Gebäuden:

1) Das Rathhaus.

2—14) Dreizehn andere städtische Gebäude.

15. 16) Zwei zum Brauurbar gehörige Gebäude.

17) Das Tuchmacher-Schauhaus.

18—23) Sechs Accise- und Wachthäuser.

24) Das Hospital St. Nicolai.

25. 26) Zwei Schießhäuser.

II. An kirchlichen und Schulgebäuden:

1) Die evangel. luther. Pfarrkirche, bei welcher ein Pastor und ein Diaconus die gottesdienstlichen Handlungen verrichten. Außer der Stadt sind noch 24 Vorwerke und 6 Dörfer eingepfarrt.

2) Die Begräbnißkirche St. Nicolai, auf dem Niklasberge.

3) Zwei Pfarrhäuser.

4) Die evangelische Stadtschule, einst, da Trotzendorf, Lehrer des General Wallensteins, derselben als Rector vorstand, sehr berühmt. Jetzt besorgen außer dem Rector noch drei Lehrer den Unterricht der Jugend.

5) Das Franciscaner-Kloster mit der Kirche, (9 Mönche). Der Guardian ist zugleich Curatus, und verrichtet die Parochialien der Katholiken.

Außer diesen angezeigten Gebäuden ist noch die Commenderie zu bemerken, in welcher der Bier- und

Branntweinurbar betrieben, und von dem Commende-Hauptmann zu Löwenberg verpachtet wird.

III. An bürgerlichen Häusern:

a) In der Stadt . . . . 422 } 814 *).
b) In der Vorstadt . . . 392 }

Darunter sind 2 Mühlen. Außerdem sind hier noch 4 Tuchwalken und eine Lederwalke.

Für die Tuch-Manufactur ist ein Ober- und Unter-Schauamt angesetzt, das aus einem Präses, 2 Fabriken-Inspectoren, 1 Schauamtsschreiber und Schauamtsboten besteht. Das Ober-Schauamt hat die Aufsicht über die 6 Schaumeister und 2 Strichmeister.

Königl. Aemter sind:

Das Kreissteueramt.

Das Accise- und Zollamt.

Das Postamt.

Außer der Tuch-Manufactur, die unstreitig die meisten Einwohner beschäftigt **), sind Handlung, die im Ganzen mit Tuch ins Ausland, und im Kleinen mit andern Waaren getrieben wird, Ackerbau, der beträchtlich ist, Viehzucht, der Brauurbar (12 Dörfer und die Vorwerke stehen unter dem Bierzwange) nebst der erlernten Kunst und Profession die Nahrungszweige der Bürger.

Die Kämmerei besitzt die Dörfer: Kopatsch, Haynwald und Nieder-Seifenau.

Jahrmärkte sind: 1) Montags nach dem drei Königstage; 2) Montags nach Trinitatis; 3) Montags

*) Zimmermann giebt in den allgemeinen Nachrichten von Schlesien nur 19 öffentliche Gebäude und 696 Privat-Häuser an.

**) S. den zweiten Abschnitt.

tags vor Margarethe (der sogenannte Kirschenmarkt); 4) Montags nach Ursula. Sonnabends ist Wochen- und Getreidemarkt.

Das Stadtwapen hat im blauen Felde einen schwarzen Adler mit schwingenden Flügeln, auf drei goldenen Bergen; eben dieser Adler steht auf dem Helme des Schildes.

Die Stadt ist ohne Garnison.

Außer dem Vogelschießen ist das Königsschießen eines der solennesten Bürgerfeste dieser Stadt.

Goldberg hat in den letztern 40 Jahren des achtzehnten Jahrhunderts viel durch Brand gelitten. Im Jahre 1761 brannten 12, 1769, 11, 1772, 64, 1779, 17 Häuser ab, die aber durch die Wohlthätigkeit Friedrichs des Großen, der nur allein zum Aufbau von 14 Häusern (1781) 15979 Thlr. (die andern Summen sind mir unbekannt) schenkte, wieder erbauet worden sind; so daß Goldberg nun durch die neuen Häuser im Aeußern viel gewonnen hat.

2. Haynau.

Haynau, eine Immediat-Stadt, liegt am linken Ufer der schnellen Deichsel, ist mit Mauern umgeben, hat zwei Thore (das Ober- und Niederthor), und enthält:

I. An königlichen Gebäuden:

Das Schloß, welches der jedesmahlige Pächter des Domainen-Amtes bewohnt.

II. An städtischen Gebäuden:

1) Das Rathhaus.

2) Das Hospital St. Lazarus, und noch einige andere.

III. An kirchlichen und Schulgebäuden:

1) Die evangelisch-lutherische Kirche zu U. l. Frauen, die von der heil. Hedwig erbauet seyn soll. Ein Pastor und Diaconus verrichten die Parochialia.

2) Die Begräbnißkirche St. Nicolai vor der Stadt.

3) Die katholische Curatial-Kirche, an der ein vom Könige besoldeter Curatus den Gottesverehrungen vorsteht.

4) Die Wohnungen der evangelischen Prediger und des Curatus.

5) Die evangelische Stadtschule, an der, nebst dem Rector, noch zwei Lehrer Unterricht ertheilen.

IV. Bürgerliche oder Privat-Häuser sind:

174 in der Stadt.
102 in der Vorstadt.
―――――
276 *)

davon die Häfte mit Ziegeln gedeckt sind. Unter den Gebäuden sind zwei Mahlmühlen, zwei Tuchwalken, eine Lederwalke, eine Brettmühle und eine Bleiche.

Ferner sind hier: 25 Scheunen und 53 Pferdeställe für die Garnison, die aus einer Schwadron vom Dragoner-Regimente Nr. 2. besteht.

Königliche Aemter sind hier:

1) Das Domainen-Amt.

2) Das Accise- und Zollamt.

3) Das Postamt.

Der Ackerbau wird meist nur von den Vorstädtern betrieben. Die übrigen Bürger nähren sich von ihrer

*) Zimmermann a. angef. O. S. 24., giebt 280 an.

Kunst oder Profession. Die größere Zahl der Professionisten machen die Tuchmacher aus. Außer diesem gehören zu den hiesigen Nahrungszweigen noch einige Handlung und der Brauurbar, der jedoch, obgleich 32 Kretschame in 20 Dörfern Stadtbier zu schenken verpflichtet sind, nicht von großer Bedeutung ist. Die vier Jahrmärkte an Cantate, Jacobi, Burchardi und an Weihnachten, werden von den umliegenden Dorfschaften sehr besucht. Den ersten Tag ist allezeit Roß- und Viehmarkt.

Donnerstags ist Wochen- und Getreidemarkt.

Die Kämmerei besitzt die Dörfer Bischdorf, einen Antheil, Ober-Conradswaldau, die Colonie Gnadendorf, Ober-Gölschau und Pohlswinkel.

Das Stadtwapen ist ein von Quadersteinen aufgeführtes Gebäude mit drei Thürmen, in dessen Mitte sich ein Thor mit dem Schlesischen Adler befindet. Auf der rechten Seite des mittelsten Thurms befindet sich eine Sonne und auf der linken ein Mond.

Das Stadtgerichts-Siegel ist ein abgestutzter Holzstamm (Block).

Obgleich Haynau in der letztern Hälfte des achtzehnten Jahrhunderts durch einige Brände (1762 brannten 81 Häuser, 17 Ställe, 2 Scheunen, das Amthaus und die Amtsmühle ab; 1767, 32 Häuser, 8 Ställe das Rathhaus) gelitten hat; so hat doch die Stadt in gewisser Hinsicht dabei gewonnen: die Häuser sind nun massiv, und die Bedachung ist von Ziegeln.

B. Dörfer.

Nahmen der Dörfer.	Oeffentliche Gebäude.					Schlösser u. Wohnh.	Offic. u. Bedientenh.	Försterwohnungen.	Vorwerke.	Kretschame.	Lehn- u. Freigüther.	Freibauern.	Dienstbauern.	Freigärtner.	Dreschgärtner.	[illegible]
	Kirchen.		Schulen		Pfarrhäuser.											
	Protest.	Kathol.	Protest.	Kathol.												
Adelsdorf, Ober- 1 Anth.	1	—	1	—	1	1	—	—	2	—	—	—	22	—	18	6
Adelsdorf, Nied. 2 Anth.	—	—	—	—	—	1	—	—	2	1	—	—	9	—	11	—
Altenlohmb . . .	1	—	1	—	—	—	—	—	3	1	—	—	16	3	12	4
Alzenau, Ober- 1 Anth.	1	—	1	—	1	—	—	—	—	1	—	—	19	—	11	[illegible]
Alzenau, Nieder- 2 Anth.	—	—	—	—	—	1	—	—	1	2	—	—	3	3	12	
Armenruhe	—	—	1	—	1	1	—	—	1	1	—	—	9	2	8	
Bautmannsdorf, (Baunsdorf) . .	—	—	—	—	—	1	—	—	1	1	—	1	4	6	8	
Bärsdorf, (Baarsdorf) 4 Antheile . . .	1	—	1	—	1	1	6	—	13	1	—	—	9	—	31	
Bielau { Ober- . .	—	—	1	—	—	—	—	—	1	1	—	—	12	3	9	
Bielau { Mittel- .	—	—	—	—	—	1	1	—	1	—	—	—	—	4	6	
Bielau { Nieder- .	—	—	—	—	—	—	—	—	2	—	—	—	—	—	13	
Birkfleck	—	—	—	—	—	—	—	—	1	—	—	—	—	—	1	
Bischdorf	—	—	1	—	—	—	1	—	—	1	—	—	12	15	—	
Blumen	—	—	—	—	—	1	—	—	1	-	—	—	—	—	8	
Burglehn	—	—	—	—	—	—	—	—	—	—	—	—	—	—	—	
Buchwald	—	—	1	—	—	—	6	—	3	1	—	—	—	5	21	
Conradsdorf . . .	1	—	1	—	1	1	—	—	1	1	—	—	9	2	6	
Dobrichau	—	—	1	—	—	—	—	—	2	1	—	—	8	5	10	
Ernestinenthal, Col.	—	—	—	—	—	—	—	—	1	1	—	—	—	—	—	
Flensberg	—	—	—	—	—	—	—	—	—	—	—	—	—	5	—	
Fuchsmühle . . .	—	—	—	—	—	—	—	—	2	1	—	—	—	1	4	
Geiersberg	—	—	—	—	—	—	—	—	1	1	—	—	—	—	6	

Angerhäusler.	Auszüghäusler.	Schmieden.	Colonistenhäuser.	Schäferhäuser.	Hirtenhäuser.	Mühlen. Wasser.	Mühlen. Wind.	Bierbrauereien.	Herrschaft.	Districte.	Anmerkungen und Merkwürdigkeiten. NB. G. zeigt Goldberg, H. zeigt Haynau an.
—	—	1	—	—	—	1	—	—	Adelig.	G.	Außer diesen n. 4 Häuser.
—	—	1	—	—	—	2	—	—	desgl.	G.	
25	—	1	—	—	—	1	2	—	desgl.	H.	Außer diesen noch ein Armenhaus. Hierher gehört Zischken.
33	—	1	—	—	—	—	—	—	desgl.	G.	
53	—	1	—	—	—	2	1	1	desgl.	G.	Hier hatte der berühmte schwarze Christoph (1506) ein Vorwerk.
123	—	1	—	—	—	1	1	—	desgl.	G.	Außer diesen noch eine kathol. Haus-Capelle u. 4 andere Wohnungen. Hierher gehören Neu-Armenruhe und die Feldhäuser.
2	—	1	—	—	1	1	—	—	desgl.	H.	
16	—	2	—	—	3	3	—	1	desgl.	H.	Hierh. geh. Neusorge.
2	—	1	—	—	1	—	1	—	desgl.	H.	Gehört zu Samitz.
3	2	—	—	—	—	—	—	—	desgl.	H.	
7	—	1	—	—	1	—	—	—	Amt Haynau.	H.	
4	—	—	—	—	—	—	—	—	Adelig.	H.	Gehört zu Reißicht.
39	—	1	—	—	—	1	—	—	desgl.	H.	
—	—	1	—	—	—	—	—	—	desgl.	H.	Hierh. gehört Neudeck.
12	—	—	—	—	—	—	—	—	Amt Haynau.	H.	
4	—	—	—	—	—	1	1	—	Klst. Wahlstadt.	H.	Hierh. geh. Waldvorwerk.
4	—	1	—	—	1	1	—	—	Adelig.	H.	
—	—	1	—	—	2	—	1	—	desgl.	H.	
—	—	—	—	—	—	—	—	—	desgl	G.	Gehört zu Giersdorf.
—	—	—	—	—	—	—	—	—	Bürgerlich.	—	32 Consorten haben an diesem ehemahl. Vorwerke Theil.
1	-	—	—	—	—	1	—	1	Klst. Wahlstadt.	H.	Hierh. geh. Lindhart.
—	—	—	1	—	—	—	—	—	Stift S. Johann in Liegnitz oder die Ritt. Akad.	G.	

Nahmen der Dörfer.	Oeffentliche Gebäude. Kirchen Protest.	Kathol.	Schulen Protest.	Kathol.	Pfarrhäuser	Schlösser u. Wohnh.	Offic. u. Bedientenh.	Försterwohnungen.	Vorwerke.	Kretschame.	Lehn- und Freigüter.	Freibauern.	Dienstbauern.	Freigärtner.	Dreschgärtner.
Giersdorf	—	—	—	—	—	1	—	—	1	1	—	—	7	10	12
Georgenthal, (Gürgenthal)	—	—	1	—	—	—	—	1	—	1	—	—	—	16	—
Goldbergsche Vorwerke	—	—	—	—	—	—	—	—	—	—	—	—	27	—	—
Gnadendorf, Col.	—	—	—	—	—	—	—	—	—	—	—	—	—	17	—
Gohlsdorf	—	—	—	—	—	1		—	1	1	—	—	3	8	7
Gölschau Ober	1	—	1	—	1	1	—	1	1	1	—	—	2	—	9
Gölschau Mittel	—	—	—	—	—	—	—	—	1	—	—	—	2	—	7
Gölschau Nieder	—	—	—	—	—	—	—	2	1	—	—	—	—	—	11
Gröditz	—	—	1	—	—	—	—	—	—	1	1	—	11	—	10
Gröditzberg	1	—	—	—	—	1	—	—	1	1	—	—	—	—	—
Hahnwald, (Dunkelwald)	—	—	—	—	—	—	—	—	—	1	—	—	—	2	—
Harpersdorf Ober-	—	—	—	—	—	—	—	—	—	1	—	9	—	38	—
Harpersdorf Nieder-	1	—	1	—	1	1	—	1	1	—	1	—	20	—	12
Hermsdorf	1	—	1	—	1	1	—	—	2	1	—	—	10	9	24
Hermsdorf	—	—	1	—	—	1	—	—	2	1	—	—	—	23	13
Haide Hockenau	—	—	—	—	—	1	1	—	1	1	—	—	—	9	8
Hohberg	—	—	—	—	—	1	—	—	—	—	—	—	—	—	3
Hohendorf	—	1	—	1	—	—	—	—	—	1	—	7	—	5	—
Kaiserswaldau, Ober-	1	—	1	—	1	1	—	—	1	1	—	—	—	3	8
Kaiserswaldau, Mittel-	—	—	—	—	—	1	—	—	1	1	—	—	—	2	3
Kaiserswaldau, Nieder-	—	—	—	—	—	1	—	—	1	—	—	—	—	2	6
Knobelsdorf	—	—	—	—	—	1	—	—	1	1	—	—	—	—	6
Koparsch, (Kopbsch)	—	—	—	—	—	—	—	—	—	—	—	—	—	9	—
Kosendau, (Kose)	—	—	—	—	—	—	—	—	—	1	—	—	8	11	—
Kreibau	1	—	1	—	3	1	—	—	2	1	—	—	6	5	9
Leisersdorf, Ober- (Leisdorf	—	—	—	—	—	—	—	—	2	1	—	—	6	8	11
Leisersdorf, Mittel-	—	—	—	—	—	1	—	—	1	1	—	—	—	1	6
——— Ober-Nieder-	—	—	—	—	—	1	—	—	1	1	—	—	—	1	4
——— Nieder-	—	—	—	—	—	1	—	—	1	1	—	—	—	4	6
Lobendau, 3 Anth.	1	—	1	—	2	2	3	—	4	2	1	—	9	4	22
Michelsdorf	—	—	—	—	—	1	—	—	1	1	—	—	—	—	5
Modelsdorf	1	—	1	—	1	—	—	—	—	2	—	—	25	3	1
Moschendorf, (Muschendorf)	—	—	—	—	—	1	—	—	2	1	—	—	—	14	—

Diensthäusler.	Angerhäusler.	Auszughäusler.	Schmieden.	Colonistenhäuser.	Schäferhäuser.	Hirtenhäuser.	Mühlen: Wasser	Mühlen: Wind	Bierbrauereien.	Herrschaft.	District.	Anmerkungen und Merkwürdigkeiten.
10	—	—	1	—	—	1	2	—	1	Adelig.	G.	Hierh. geh. Ernestinenthal.
—	45	—	—	—	—	—	—	—	—	desgl.	G.	
—	—	—	—	—	—	—	—	—	—	Kām Goldberg.	G.	
—	—	—	1	—	—	—	—	—	—	Kāmm. Haynau	H.	
1	3	—	1	—	—	—	1	—	—	Adelig.	H.	
15	5	—	1	—	—	—	1	—	—	desgl.	H.	
—	3	—	—	—	—	—	—	—	—	Amt Haynau.	H.	
11	2	—	1	—	—	—	1	—	—	Adelig.	H.	
34	—	—	—	—	—	—	—	—	—	desgl.	G.	
—	11	—	2	—	—	—	—	—	1	desgl.	G.	
—	—	—	—	—	—	—	—	—	—	Kām. Goldberg.	G.	Eine jetzt verfallene Kirche war ehedem ein Wallfahrtsort.
—	—	—	1	—	—	—	—	—	—	Amt Liegnitz.	G.	
2	117	—	1	—	-	—	4	—	1	Adelig	G.	
17	30	—	1	—	—	—	1	—	—	desgl.	G.	
—	2	—	1	—	—	1	—	1	—	desgl.	H.	
27	—	—	1	—	—	—	—	1	—	desgl.	G.	Hierher gehört auch Laubgrund.
1	—	—	—	—	—	—	—	—	—	desgl.	G.	
—	—	9	1	—	—	1	1	—	1	Dohmcapitel zu Breslau.	G.	
8	8	—	1	—	—	—	—	1	1	Adelig.	H.	
2	4	—	—	—	—	—	—	—	—	desgl.	H.	
2	3	—	1	—	—	—	—	1	—	desgl.	H.	
—	—	1	—	—	—	—	—	—	—	desgl.	H.	
—	9	—	—	—	—	—	—	—	—	Kām. Goldberg.	G.	Hier ist auch eine Tuchwalke.
—	12	—	1	—	—	1	—	—	—	Hospit. z. Goldb.	G.	
16	14	—	1	—	—	1	1	1	2	Adelig.	H.	
7	16	—	1	—	—	—	1	—	—	desgl.	G.	
—	13	—	1	—	—	—	—	—	—	desgl.	G.	
19	—		—	—	—	—	—	—	—	desgl.	G.	
13	—	—	1	-	—	—	1	—	—	desgl.	G.	
1	18	—	2	—	—	2	4	—	—	desgl.	H.	
4	—	—	—	—	—	—	—	—	—	desgl.	H.	
—	32	—	1	—	—	—	1	—	—	desgl.	G.	
24	12	—	1	—	—	—	1	—	—	desgl.	G.	Hierh. geh. Töppendorf.

Nahmen der Dörfer.	Oeffentliche Gebäude. Kirchen.		Schulen.			Schlösser u. Wohnh.	Offic. u. Bedientenh.	Försterwohnungen.	Vorwerke.	Kretschame.	Lehn- und Freigüter.	Freibauern.	Dienstbauern.	Freigärtner.	Dreschgärtner.	Freihäusler.
	Protest.	Kathol.	Protest.	Kathol.	Pfarrhäuser.											
Neudorf am Rennwege oder Dürr- . . .	—	—	1	—	—	—	—	—	—	1	—	7	—	14	—	6
Neudorf a. Grödizberg	1	—	1	—	1	1	—	—	1	1	—	—	21	—	19	—
O. erau, (Ocberau)	—	—	—	—	—	—	—	—	—	1	—	—	—	9	—	5
P. ntenau	1	—	1	—	—	1	—	—	—	1	—	—	—	–	9	—
Petersdorf	—	—	—	—	—	1	—	—	1	1	—	—	—	7	9	—
Pilgramsdorf, (Pilgersdorf)	1	—	1	—	1	1	2	—	2	1	—	—	26	1	24	92
Pohlsdorf	—	—	—	—	—	1	—	—	2	1	—	—	2	2	9	3
Pohlswinkel . . .	—	—	1	—	—	—	—	—	—	—	—	—	—	—	—	—
Probsthayn, (Proisthain)	1	—	1	—	1	1	—	4	—	3	1	—	40	35	17	45
Rädchen, (Roichen)	—	—	—	—	—	1	—	—	1	1	—	—	—	25	6	—
Rechenberg . . .	—	—	—	—	—	—	—	—	1	—	—	—	—	—	—	—
Reißicht	—	—	1	—	—	1	—	2	1	1	—	—	10	—	11	—
Reißicht	—	—	—	—	—	—	—	—	—	—	2	—	—	—	—	—
Röchlitz	1	—	1	—	1	—	—	—	—	1	—	—	12	—	18	2
Rothbrinnig . . .	—	1	—	1	1	—	—	—	—	1	—	—	11	—	9	—
Samitz (Sams) .	1	—	1	—	2	1	—	1	4	2	—	—	19	29	17	8
Scharfenort . . .	—	—	—	—	—	1	—	—	1	1	—	—	—	2	6	—
Schellendorf, 2 Anth.	—	—	—	—	—	2	—	—	2	2	—	—	—	10	10	1
Schierau, (Tschierau)	—	—	—	—	—	1	—	—	1	1	—	—	—	2	4	—
Schmärbach u. Rottwitz	—	—	—	—	—	—	—	—	1	—	—	—	—	—	—	—
Schönfeld	—	—	—	—	—	1	—	—	2	1	—	—	—	3	10	—
Seifenau, (Seifen)	—	—	—	—	—	—	—	—	—	1	—	—	—	9	—	—
Seifersdorf, (Seiersdorf)	—	—	1	—	—	1	—	—	1	1	—	—	—	2	8	—
Steinberg, (Stimrich)	—	—	1	—	—	2	—	—	2	1	—	—	—	2	15	—
Steinsdorf Ober- .	—	—	—	—	—	1	—	1	2	1	—	—	—	7	6	—
Steinsdorf Mittel-	1	—	1	—	1	1	—	—	1	1	—	—	—	8	7	9
Steinsdorf Nieder-	—	—	—	—	—	1	—	—	1	—	1	—	—	5	3	—

Dienſthäusler.	Angerhäusler	Auszughäusler.	Schmieden.	Coloniſtenhäuſer.	Schäferhäuſer.	Hirtenhäuſer.	Mühlen. Waſſer=	Mühlen. Wind=	Bierbrauereien.	Herrſchaft.	Diſtrict.	Anmerkungen und Merkwürdigkeiten.
—	10	—	1	—	—	—	—	—	—	———	G.	Dieſes Dorf iſt frei, ſteht unter dem Schutze der Stadt Goldberg.
88	—	—	1	—	—	—	—	1	—	Adelig.	G.	Noch iſt hier eine Erbſcholtiſei und eine Fleiſcherei.
—	—	—	—	—	—	—	—	—	—	Stift Leubus.	G.	
3	3	—	1	—	—	1	1	—	1	Adelig.	H.	
3	—	—	—	—	—	1	1	—	—	desgl.	H.	
45	—	—	3	—	—	—	3	—	1	desgl.	G.	Hierh. geh. Neu=Ländel und Neu=Wieſe.
—	5	—	1	—	—	—	1	—	—	desgl	H.	
39	4	—	1	—	—	–	—	—	—	Kämm. Haynau.	H.	
37	25	—	2	—	—	—	4	1	—	Adelig.	G.	
1	11	—	1	—	—	1	—	1	1	desgl.	G.	
—	3	—	—	—	—	—	—	—	—	desgl.	H.	
19	7	—	1		—	—	1	—	1	desgl.	H.	Hierh. geh. das Vorwerk Birkfleck.
—	—	—	—	—	—	—	—	—	—	———	G.	
—	22	—	1	—	—	2	1	—	—	Amt Liegnitz.	G.	Unweit des Dorfes ſind die Ruinen der St. Hedwigskirche.
13	—	—	—	—	—	—	—	—	—	Biſth. Breslau.	G.	
2	31	—	2	—	—	1	2	—	1	Adelig.	H.	Hierh. geh. Dreibrod, Hammer, Hinterecke und Vorhaus.
3	3	—	—	—	—	—	1	—	—	desgl.	H.	
9	3	—	1	—	—	—	2	—	—	desgl.	H.	
5	1	—	—	—	—	—	1	—	—	desgl.	H.	
—	2	—	—	—	—	—	—	—	—	desgl.	H.	
13	—	—	1	—	—	1	1	1	1	desgl.	H.	
—	—	—	—	—	—	—	—	—	—	Hoſp u. Kämm. zu Goldberg.	G.	Bei d. Kretſcham dieſes Dorfes iſt ein Brunnen, d. Trotzendorfsbrunnen gen. weil Trotzendorf mit ſeinen Schülern dieſe Gegend öfter beſuchte. Neben dem Brunnnen ſteht auch eine dieſem ehem. ſo berühmten Lehrer gewidmete Urne.
5	1	—	1	—	—	1	—	1	1	Adelig.	G.	
16	13	1	—	—	—	—	1	—	—	desgl.	G.	
7	4	—	—	—	—	—	—	—	—	desgl.	H.	
—	6	—	1	—	—	1	—	—	—	desgl.	H.	
—	1	—	—	2	—	—	1	—	—	desgl.	H.	

Nahmen der Dörfer.	Oeffentliche Gebäude.					Schlösser u Wohnh.	Offic. u. Bedientenh.	Försterwohnungen	Vorwerke.	Kretschame.	Lehn- und Freigüter	Freibauern.	Dienstbauern.	Freigärtner.	Dreschgärtner.	Freihäusler.
	Kirchen		Schulen.													
	Protest	Kathol.	Protest	Kathol.	Pfarrhäuser.											
Steudnitz, (Stoinz)	1	—	1	—	1	1	—	—	2	1	—	—	1	—	10	—
Straupitz, (Straubs)	1	—	1	—	1	1	—	—	1	1	—	—	—	13	9	—
Tannendorf, (Tanndorf)	—	—	—	—	—	—	—	—	—	1	—	—	11	2	11	—
Taschenhof	—	—	—	—	—	1	—	—	1	—	—	—	—	—	6	1
Tscheschendorf . . .	—	—	—	—	—	1	—	—	1	1	2	—	—	—	5	—
Tschirpsdorf, (Tschirsdorf	—	—	1	—	—	—	—	—	1	1	—	—	17	1	17	—
Ueberschaar . . .	—	—	—	—	—	—	—	—	1	—	—	—	—	—	6	—
Ulbersdorf	—	—	—	—	—	1	—	—	1	—	—	—	—	—	—	—
Ulbersdorf	—	—	—	—	—	—	—	—	—	—	—	—	2	—	—	—
Ulbersdorf, (Ullersdorf)	1	—	1	—	1	1	—	—	1	3	—	28	—	11	11	122
Wickendorf	—	—	1	—	—	—	—	—	1	1	—	—	9	1	8	2
Wilhelmsdorf, (Wilsdorf	1	—	1	—	1	—	—	—	—	1	—	21	—	7	—	13
Witrchenau	—	—	—	—	—	—	—	—	—	—	—	—	—	1	2	2
Witrchendorf . . .	—	—	—	—	—	—	—	—	—	—	1	—	—	2	2	—
Wolfsdorf, (Wolsdorf)	—	—	1	—	—	—	—	—	1	1	—	—	28	—	17	19
Wültschütz, (Wültsch)	—	—	1	—	—	—	—	—	—	1	—	1	18	10	—	27

Diensthäusler.	Angerhäusler.	Auszughäusler.	Schmieden.	Colonistenhäuser.	Schäferhäuser.	Hirtenhäuser.	Mühlen.		Bierbrauereien.	Herrschaft.	District.	Anmerkungen und Merkwürdigkeiten.
							Wasser,	Wind,				
7	—	—	1	—	—	1	1	—	—	Adelig.	H.	Eines der Vorwerke heißt List.
1	1	—	1	—	—	1	—	1	1	Desgl.	H.	
4	21	—	1	—	—	—	1	1	—	Desal.	H.	
9	—	—	—	—	—	—	—	—	—	desgl.	G.	
7	2	—	1	—	—	—	—	—	1	desgl.	H.	
6	13	—	1	—	—	—	—	—	—	desgl.	H	Ein Theil gehört zum Dom. Reißicht, und ein Theil zu Conradsdorf.
—	—	—	—	—	—	—	—	—	—	desgl.	H.	
—	2	—	—	—	—	—	—	—	—	desgl	H	
5	—	—	—	—	—	—	—	—	—	Amt Haynau.	H.	
—	---	—	2	—	—	—	2	—	1	Adelig.	G.	
1	3	—	1	—	—	—	—	1	—	desgl.	H.	
—	65	—	1	—	—	—	2	—	—	desgl.	G.	
4	10	—	—	—	—	—	—	—	—	desgl.	G.	
—	4	—	1	—	—	—	—	—	—	desgl.	H.	
35	5	—	1	—	—	1	2	1	—	R. Akad. z. Liegn.	G.	
—	—	—	1	—	—	1	—	—	—	Adelig.	G.	Hier ist noch eine Freischoltisei.

III.

Der Lübener Kreis.

Der Lübener Kreis, der erst so, wie er jetzt ist, unter der Preußischen Regierung bestimmt worden ist, besteht aus dem Lübener Weichbilde und dem ehemahligen, auf der Schubartschen Karte verzeichneten dritten Liegnitzer Kreise. Er gränzt gegen Morgen mit dem Steinau-Raudtenschen Kreise; gegen Mittag mit dem Liegnitzischen Kreise (das Schwarzwasser und die Katzbach macht die Gränze); gegen Abend an den Bunzlauischen des Fürstenthums Jauer, und den Sprottauischen des Fürstenthums Glogau; gegen Mitternacht an den Glogauer Kreis.

Beträchtliche Gewässer hat dieser Kreis nicht; es sind, das Oberauer- bei Lüben vorbeifließende Wasser ausgenommen, welches das beträchtlichste ist, lauter kleine Bäche.

Auf sieben Quadrat-Meilen befinden sich in diesem Kreise eine Stadt und 74 Dörfer, darunter 6 Colonien sind.

A. Die Stadt

Lüben.

Die Immediat- und Kreisstadt Lüben ist mit Mauern und einem Graben umgeben, (die ehemahligen Wälle sind in Küchen- und Obstgärten verwandelt), hat drei Thore: das Liegnitzer, das Glogauer und das Steinauer, und enthält:

I. An königlichen Gebäuden:

1) Das Schloß, in welchem der Domainen-Pächter wohnt, und die Kanzlei des Amtes ist.

2 — 5) Vier Accise-Gebäude.

II. An städtischen Gebäuden:

1) Das Rathhaus, nebst noch 6 andern Gebäuden.

2 — 3) Zwei Hospitäler.

4) Das Schießhaus.

III. An Kirchen- nnd Schulgebäuden:

1) Die evangelisch-lutherische Kirche, an welcher ein Pastor und zwei Diakonen die Parochialia verrichten.

2) Eine evangelische Begräbnißkirche vor dem Steinauer Thore.

3) Eine dergleichen zwischen dem Liegnitzer und Goldberger Thore.

4) Die katholische Schloß-Capelle, an der ein Curatus steht.

5) Die katholische Begräbniß-Capelle vor dem Liegnitzer Thore.

6. 7. 8) Drei Predigerwohnungen.

9) Die Wohnung des Curatus.

10 — 14) Drei Schulgebäude.

IV. Bürgerhäuser sind:

In der Stadt	141
In der Vorstadt	214
	355

Von den Häusern in der Vorstadt stehen nur 71 unter der Jurisdiction des Magistrats, die andern unter der des Domainen-Amtes. Die meisten Häuser in der Stadt sind mit Ziegeln gedeckt.

Königliche Aemter sind hier:

Das Steueramt.

Das Domainen-Amt, das verpachtet ist.

Das Accise- und Zollamt.

Das Postamt.

Unter den bürgerlichen Nahrungszweigen, die im Ackerbau, dem Bierbrauen (144 Häuser haben die Gerechtigkeit, und 12 Dörfer nehmen Stadtbier), einigem Consumtions-Handel und der erlernten Kunst oder Profession bestehen, ist der beträchtlichste die Tuch-Manufactur *), die von 111 Meistern betrieben wird.

Der Lübener Zwieback wird sehr geschätzt.

Sonnabends ist unbedeutender Wochenmarkt, und jährlich sind 4 Jahrmärkte: 1) Mittwochs nach Fastnacht; 2) Montags nach Misericordias Domini; 3) Mittwochs vor Marien Geburt; 4) Mittwochs nach Martini.

*) Siehe den zweiten Abschnitt, S. 35.

Die Kämmerei besitzt: ein Vorwerk in Malmitz, das Dorf Altstadt und die Colonie Lübenwalde, nebst beträchtlicher Waldung.

Die Besatzung besteht aus einer Schwadron Dragoner, Regiment Nr. 2., nebst dem Stabe.

Das Stadtwapen ist ein Adler, zwischen dessen ausgebreiteten Flügeln, statt des Kopfes und Halses, ein Marienbild mit dem Kinde befindlich ist.

1757 wurde die Stadt von den Croaten angezündet und völlig eingeäschert.

B. Dörfer.

Nahmen der Dörfer.	Oeffentliche Gebäude: Kirchen. Protest.	Oeffentliche Gebäude: Kirchen. Kathol.	Oeffentliche Gebäude: Schulen. Protest.	Oeffentliche Gebäude: Schulen. Kathol.	Pfarrhäuser.	Schlösser u. Wohnh.	Offic. u. Bedientenh.	Försterwohnungen.	Vorwerke.	Kretschame.	Lehn- und Freigüter.	Freibauern.	Dienstbauern.	Freigärtner.	Dreschgärtner.	Freihäusler.
Altstadt	1	—	—	—	—	1	—	—	1	1	—	9	—	8	7	—
Barschau	—	—	—	—	—	1	3	—	1	1	—	—	—	—	10	1
Bienowitz	1	—	1	—	—	—	—	—	2	—	—	—	19	—	14	10
Birkfleck	—	—	—	—	—	—	—	—	1	—	—	—	—	—	4	1
Blankenheide	—	—	—	—	—	—	—	—	1	—	—	—	—	—	—	—
Bohlendorf, Colonie	—	—	—	—	—	—	—	—	—	—	—	—	—	—	—	6
Brauchitschdorf, (Bräuersdorf)	1	—	1	—	2	1	6	1	5	2	—	—	5	—	28	6
Braunau	1	—	1	—	1	1	5	—	3	1	—	—	20	—	20	6
Buchwäldchen	—	—	1	—	—	1	2	—	1	1	—	—	—	—	9	5
Dittersbach	1	—	1	—	1	1	4	—	2	—	—	—	11	1	16	24
Fauljuppe	—	—	—	—	—	1	—	—	1	1	—	—	—	—	8	4
Friedrichshuld, Colon.	—	—	—	—	—	—	—	—	—	—	—	—	—	14	—	—
Grünthal, (Warmbad)	—	—	—	—	—	1	—	—	1	—	—	—	—	—	2	—
Gugelwitz	1	—	1	—	1	1	1	1	2	1	—	—	5	—	10	8
Guhlau	—	—	—	—	—	2	—	—	1	—	—	—	—	—	6	2
Hammervorwerk	—	—	—	—	—	—	2	—	1	—	—	—	—	—	6	—
Herzogswaldau	—	—	—	—	—	1	4	—	2	—	—	—	14	—	17	7
Hummel	1	—	1	—	1	—	—	1	3	—	—	—	—	—	3	8
Hummel, bei Liegnitz	—	—	—	—	—	1	—	2	1	—	—	—	—	—	4	2
Jauschwitz	—	—	—	—	—	1	3	—	1	—	—	—	—	—	7	3
Kaltwasser	1	C.	1	—	1	1	3	—	2	—	—	—	6	—	12	4
Klaptkau, (Klaptau)	—	—	—	—	—	—	1	—	1	—	—	—	6	1	6	5
Kniegnitz, 1 Anth.	—	—	1	—	—	1	—	—	3	1	—	—	5	—	17	2
Kniegnitz, 2 Anth.	—	—	—	—	—	—	—	—	—	—	—	5	—	—	—	—
Koslitz	—	—	1	—	—	1	—	—	3	1	—	—	6	—	6	—
Kotzenau, Groß-	—	—	1	—	—	1	4	—	1	—	—	—	17	—	16	4
Gränz-Vorwerk	—	—	—	—	—	—	—	—	1	—	—	—	3	—	6	1

Dienſthäusler.	Angerhäusler.	Auszughäusler.	Schmieden.	Coloniſtenhäuser.	Schäferhäuser.	Hirtenhäuser.	Mühlen. Waſſer-	Mühlen. Wind-	Bierbrauereien.	Herrſchaft.	Anmerkungen und Merkwürdigkeiten.
—	2	—	—	—	—	1	—	—	—	Kämm. Lüben.	
7	2	—	—	—	—	—	—	1	—	Adelig.	Sieh am Ende des Verzeichniſſes. Hier iſt ein Weinberg.
10	1	19	1	—	1	1	1	—	1	Amt Liegnitz.	Das Vorwerk mit der Schäferei geh. der Ritt. Akad.
—	—	—	—	—	—	—	—	—	—	Adelig.	
—	8	—	—	—	—	—	—	—	—	desgl.	Gehört zu Sebnitz.
—	—	—	—	—	—	—	—	—	—	desgl.	Gehört zu Lerchenborn.
14	9	10	—	—	—	2	—	3	1	desgl.	Das eine Vorwerk heißt Eichvorwerk
6	9	27	1	—	—	1	—	2	1	desgl.	Der Kretſcham h Straßkretſcham.
4	—	5	1	—	—	1	1	—	—	desgl.	
—	5	5	1	—	—	1	1	—	1	desgl.	Die Mühle h. Rodemühl.
4	—	—	—	—	—	1	—	—	—	desgl.	
—	1	—	—	—	—	—	—	—	—	desgl.	
—	—	—	—	—	—	—	—	—	—	desgl.	Hier war ehedem ein Bad.
3	4	—	—	—	—	1	—	1	—	desgl.	
—	4	—	—	10	—	1	1	—	—	desgl.	Hier ſind Weinberge.
—	—	—	—	—	—	—	1	—	—	desgl.	Gehört zu Klein-Kotzenau.
8	3	7	1	—	—	1	—	—	1	desgl.	
3	4	4	1	—	—	—	—	1	—	desgl.	Hierh. gehört Carlsgnaden und Johannenvorwerk.
3	2	—	—	—	—	—	—	—	—	Kämm. Liegnitz	
—	—	—	—	—	—	1	2	—	—	Adelig.	Die Mühle heißt Damm-Mühle.
10	4	14	—	3	—	2	1	—	—	Kloſt. Wahlſtadt.	
—	1	3	—	—	—	—	1	—	—	Adelig.	
3	1	2	1	—	—	—	—	2	—	desgl.	
—	—	—	—	—	—	2	—	—	—	Amt Liegnitz.	
1	3	—	1	—	—	1	1	1	1	Adelig.	Ein Vorwerk heißt Gehege-Vorwerk. Hier iſt ein Weinberg.
14	13	24	2	—	—	—	—	3	1	desgl.	Hier iſt eine Bleiche. Das Vorwerk heißt Gränz-Vorwerk.
—	2	—	—	—	—	—	—	—	—	desgl.	Zum vorigen gehörig.

Nahmen der Dörfer.	Oeffentliche Gebäude. Kirchen. Protest.	Kathol.	Schulen. Protest.	Kathol.	Pfarrhäuser.	Schlösser u. Wohnh.	Offic. u. Bedientenh.	Försterwohnungen.	Vorwerke.	Kretschame.	Lehn- und Freihäuser.	Freibauern.	Dienstbauern.	Freigärtner.	Dreschgärtner.	Freihäusler.	Diensthäusler.
Rotzenau	—	—	—	—	—	1	—	—	1	1	—	—	—	—	9	16	19
——— Klein- . .	1	—	1	—	1	1	3	—	—	—	—	—	—	—	—	40	—
Krebsberg mit Hinterecke	—	—	—	—	—	—	3	1	2	—	—	—	9	—	19	6	23
Kriechen Groß- .	1	—	1	—	1	1	3	—	3	1	—	—	22	—	21	2	2
Kriechen Klein- .	—	—	—	—	—	1	—	—	2	1	—	—	5	—	10	—	10
Kriegheide	1	—	1	—	1	—	—	—	—	1	—	—	4	13	—	14	—
Krummlinde . .	—	—	—	—	—	1	—	—	1	1	—	—	—	4	8	4	4
Kuchelberg	—	—	—	—	—	1	—	—	2	1	—	—	—	1	8	11	—
Langenwalde Ober-	—	—	—	—	—	—	1	1	1	2	—	—	—	37	18	10	—
Langenwalde Nieder-	1	—	1	—	1	1	3	—	1	1	—	—	—	14	12	—	3
——— Sechshuben	—	—	—	—	—	—	—	—	—	1	—	—	5	—	1	7	—
Lerchenborn . . .	1	—	1	—	1	2	2	—	2	1	—	—	9	4	14	—	11
Lindhardt	—	—	—	—	—	—	—	—	1	1	—	—	—	2	11	—	3
Lübenwalde, Colonie	—	—	—	—	—	—	—	—	—	—	—	—	—	12	—	—	—
Mallmitz	—	—	1	—	—	—	—	—	2	1	3	—	15	—	5	6	—
Michelsdorf . . .	—	—	1	—	—	—	—	—	—	—	—	—	13	16	—	8	—
Mickendorf . . .	—	—	—	—	—	1	—	—	1	1	—	—	—	2	10	—	—
Mühlrädlitz . . .	1	—	1	—	—	1	—	—	3	1	—	—	10	13	15	—	10
Neuhammer. . . .	—	—	—	—	—	—	—	—	1	—	—	—	—	—	2	15	—
Neurode, Colonie .	—	—	—	—	—	—	—	—	—	—	—	—	—	17	—	—	—
Oberau, 3 Anth. . .	1	—	1	—	1	2	1	—	3	—	—	—	15	1	28	1	5
Ossig	1	—	1	—	1	1	—	—	1	—	—	—	18	—	12	—	12
Panthen	—	—	1	—	—	—	—	1	1	—	—	—	—	4	22	3	1
Petschkendorf . . .	1	—	1	—	1	1	—	—	3	1	—	—	13	7	12	—	—
Persel	—	—	—	—	—	—	—	—	1	—	—	—	—	—	8	4	4
Pilgramsdorf . . .	1	—	1	—	1	1	3	—	2	1	—	—	3	—	14	13	—
Pfaffendorf . . .	—	—	1	—	—	—	—	—	—	—	1	—	11	—	7	19	—
Raupenau	—	—	—	—	—	—	—	—	—	—	—	—	—	—	—	—	—
Reichen Groß- . .	1	—	1	—	1	1	2	—	1	—	—	—	—	4	12	—	6
Reichen Klein- .	—	—	—	—	—	—	—	—	1	—	—	—	—	—	5	2	—

Angerhäusler.	Auszughäusler.	Schmieden.	Colonisten-Häuser.	Schäferhäuser.	Hirtenhäuser.	Mühlen. Wasser-	Mühlen. Wind-	Bierbrauereien.	Herrschaft.	Anmerkungen und Merkwürdigkeiten.
3	2	—	—	—	—	—	2	—	Adelig.	Gehören mit den beiden vorigen zusammen. In Klein-Kotzenau ist ein schöner Garten beim Schlosse. Hierher gehört auch Raupenau.
—	1	—	4	—	—	—	—	—	desgl.	
15	16	1	—	—	1	1	1	—	desgl.	
—	10	1	2	—	—	2	2	—	desgl.	Ein Vorwerk heißt Erlicht
—	3	—	—	-	1	1	—	1	desgl.	
4	5	1	—	—	1	1	—	—	desgl.	Hierher gehört Tirlitz.
—	1	—	3	—	—	1	—	—	desgl.	Hierher geh. Kaltenborn.
4	—	—	3	—		—	1	1	desgl.	Hier ist Ein Weinberg.
—	20	1	—	—	—	1	—	—	Amt Liegnitz.	
—	12	1	—	—	1	1	—	1	Adelig	
—	2	—	—	—	—	—	—	—	Jgfst. in Liegnitz.	
5	9	—	—	—	—	1	2	1	Adelig.	
1	9	—	—	—	1	—	—	—	Klost. Wahlstadt.	
—	—	—	—	—	—	—	—	—	Kämm. Lüben.	
19	5	1	—	—	5	3	—	—	Adelig.	Ein Vorwerk geh. der Kämmerei Lüben.
6	12	1	—	—	—	4	—	—	desgl.	
1	—	—	—	—	1	1	1	—	desgl.	
3	2	—	—	—	2	1	2	1	desgl.	Hierher gehört Ischerei.
2	—	—	—	—	—	1	—	—	desgl.	Das Vorwerk heißt Modlauer Neuhammer.
—	—	—	—	—	—	—	—	—	Kämm. Liegnitz.	
7	—	1	—	—	2	3	—	—	Adelig.	
—	11	2	—	—	1	1	—	—	desgl.	Ist der Geburts- und Begräbnißort Schwenkfelds.
1	5	1	—	—	—	—	—	—	Amt Liegnitz.	Hier schlug Friedrich II 1760 den 16. Aug. den General Laudon.
4	11	1	—	—	2	2	—	1	Adelig.	
3	—	—	—	—	—	—	—	—	desgl.	Das Vorwerk heißt Kynast.
2	1	1	—	—	1	—	—	1	desgl.	
2	6	1	—	—	—	—	—	—	Der Archidiakon zu Liegnitz.	
14	—	—	—	—	—	—	—	—	Adelig	Gehört zu Klein-Kotzen.
6	—	1	—	—	1	1	—	—	desgl.	Die Mühle h. Käfermühle.
—	1	—	2	—	—	1	—	—	desgl.	Die Mühle h. Birkmühle.

Nahmen der Dörfer.	Oeffentliche Gebäude. Kirchen. Protest.	Kirchen. Kathol.	Schulen. Protest.	Schulen. Kathol.	Pfarrhäuser.	Schlösser u. Wohnh.	Offic. u. Bedientenh.	Försterwohnungen.	Vorwerke.	Kretschame.	Lehn- und Freigüter.	Freibauern.	Dienstbauern.	Freigärtner.	Dreschgärtner.	Freihäusler.
Rinnersdorf { Groß-	1	—	1	—	1	1	2	—	1	1	—	—	—	—	11	7
Rinnersdorf { Klein-	—	—	—	—	—	1	3	—	1	1	—	—	—	—	5	3
Rüstern { Ober- . .	1	—	1	—	1	1	—	—	1	1	—	—	—	—	9	—
Rüstern { Mittel- .	—	—	—	—	—	—	—	1	1	1	—	—	4	3	16	7
Rüstern { Nieder .	—	—	—	—	—	1	—	—	1	—	—	—	—	—	6	—
Rüstern { 4ter Antheil	—	—	—	—	—	—	—	—	1	—	—	—	—	—	—	—
Sabitz, Saubitz . .	—	—	1	—	—	1	3	—	1	—	—	—	15	—	11	10
Samitz	—	—	—	—	—		—	—	—	—	3	—	—	—	—	4
Pohl-Schildern . .	—	—	1	—	—	1	—	1	2	1	—	—	4	19	12	—
Schönborn	1	—	1	—	1	—	—	—	1	—	—	—	18	4	9	24
Schwarzau	1	—	1	—	2	1	2	—	2	—	—	—	8	2	18	—
Schwarz-Vorwerk .	—	—	—	—	—	—	—	—	—	—	—	—	—	18	—	—
Sebnitz-	1	—	1	—	2	—	5	—	5	—	—	—	16	18	32	14
Spröttchen	—	—	—	—	—	1	—	—	1	—	—	—	6	—	12	—
Talbendorf	—	—	—	—	—	1	—	—	2	—	—	—	—	5	10	2
Thiergarten . . .	—	—	—	—	—	—	—	—	1	1	—	—	—	—	4	2
Töpferberg	—	—	—	—	—	—	—	—	—	2	—	—	—	—	22	—
Würtsch	—	—	—	—	—	—	3	—	1	—	—	—	9	3	14	4
Ziebendorf	—	—	1	—	—	1	3	—	1	1	—	—	4	—	9	—

Dienſthäusler.	Angerhäusler.	Auszughäusler.	Schmieden.	Colonistenhäuser.	Schäferhäuser.	Hirtenhäuser.	Mühlen. Wasser-	Mühlen. Wind-	Bierbrauereien.	Herrschaft.	Anmerkungen und Merkwürdigkeiten.
—	1	—	1	—	—	—	2	—	1	Adelig.	
—	—	—	—	3	—	—	2	—	1	desgl.	Hier ist ein Weinberg.
—	15	4	1	—	—	—	1	—	—	Jgfst. z. Liegnitz.	Hierher gehört Briese.
—	3	1	—	—	—	—	—	—	—		
—	2	1	1	—	—	—	—	—	—	Adelig.	
—	—	—	—	—	—	1	—	—	—	Fleischerzunft zu Liegnitz.	
—	2	—	1	—	—	1	—	2	—	Adelig.	Die Mühle h. Hasenmühle.
—	1	—	—	—	1	—	—	—	—	Amt Lüben.	
4	2	4	1	—	—	1	2	—	—	Adelig	Die Mühle h. Furthmühle.
—	4	32	1	—	—	—	—	—	—	Amt Liegnitz.	
9	3	5	1	—	—	3	1	—	—	Adelig	
—	4	1	—	—	—	—	—	—	—	Kämm. Liegnitz.	
12	25	16	2	—	—	2	—	5	—	Adelig.	Hierher geh. Blankenheide.
4	3	—	1	4	—	2	—	1	—	desgl.	Hier entspr. die Sprottau.
—	4	—	1	—	—	—	1	—	1	desgl.	
—	—	4	—	2	—	—	1	—	—	Jgfst. zu Liegnitz.	Hier ist ein Weinberg.
—	—	7	—	—	—	—	—	—	—	Amt Liegnitz.	
—	—	13	—	—	—	—	—	1	—	Klost. Wahlstadt.	Hier ist ein Weinberg. Das Vorwerk heißt Höllen-Vorwerk. Die Mühle heißt Käfermühle.
12	4	4	1	—	—	1	1	—	—	Adelig.	

Barschau gehört zu dem von der Gräfinn **Barbara von Campanini** 1789 auf ihre Güter **Barschau, Polach** im Steinau-Raudtenschen Kreise des Fürstenthums **Wohlau**, und **Porschütz** im Glogauer Kreise, errichteten **Preußisch-Schlesischen adeligen Fräulein-Stifte**, für 10 katholische und 0 protestantische, ohne die Aebtissinn, die wechselsweise von der katholischen und protestantischen Confession seyn soll. Da eine dergleichen wohlthätige Stiftung in unsern Zeiten eine Seltenheit, und, wo ich nicht irre, in Schlesien die einzige in dieser Art ist; so erlaube ich mir einen Auszug aus der Stiftungs-Acte der wohlthätigen Stifterinn mitzutheilen.

Das Schloß zu **Barschau** ist der Sitz dieser Stiftung. Die zeitige Aebtissinn bewohnt die erste, und die vier im Stifte wohnenden Canonissinnen die zweite Etage. Diese Canonissinnen sollen jederzeit von der Religion der Aebtissinn seyn. Sie wohnen nur drei Jahre in dem Stifte, nach deren Verlauf werden andere nach der Anciennität aufgenommen. Die außer dem Stifte lebenden erhalten das festgesetzte Jahrgeld von 150 Thlr. Die Aebtissinn erhält jährlich 200 Thlr., und die im Stifte wohnenden Fräulein zur Kleidung 100 Thlr.

Zum Ehren-Curator hat die Stifterinn den jederzeit in Schlesien dirigirenden Staats- und Finanz-Minister ernannt, und wenn damit eine Veränderung vorgehen sollte, so geht alsdann die Ehren-Curatel an den ersten Staatsbeamten vom Cameral-Fache in Schlesien über. Der Ehren-Curator trägt, der Stiftungs-Acte gemäß, ein mit Brillanten besetztes Kreuz und das Ordenszeichen, reich gestickt, auf der linken Seite der Brust.

Die Oberin hat den Titel Aebtissinn, die Fräulein den Schlesisch-adeliger Canonissinnen.

Der adelige Administrator, der auch das Ordenskreuz trägt, hat den Titel eines Probstes. Er wird unter Aufsicht des Herrn Ehren-Curators wechselsweise von den Ständen der Fürstenthümer Glogau, Liegnitz und Wohlau erwählt, und soll ein in diesen Fürstenthümern nicht allzuweit von Barschau ansässiger und wirthschaftskundiger Stand seyn, der die Verwaltung und Oberaufsicht dieser Stiftung übernehmen will. Er behält, wenn er seine Pflichten erfüllt, dieses Amt auf seine ganze Lebenszeit, und erhält für seine Bemühung jährlich 300 Thlr. Er führt ein richtiges Verzeichniß über die Aufnahme der Stifts-Damen und deren angetretene und endigende Residenzen; er hat die Verwaltung der Stiftsgüter unter sich, muß jeden Monath die Wirthschafts- und Haushaltungsrechnungen von den Beamten abnehmen, und Sorge tragen, daß der Aufwand die richtige und bare Zahlung der Jahrgelder nie hindere. Er bewahrt die Casse, dazu auch die Aebtissinn, ohne deren Beiseyn keine Zahlung geschehen kann, einen besondern Schlüssel hat, auf dem Schlosse zu Barschau; legt alle Jahre, an Johannis, Deputirten der drei Fürstenthümer die auch von der Aebtissinn unterschriebene Rechnung ab. Legt er sein Amt nieder, oder stirbt er; so wird das Ordenskreuz an den Landschafts-Director derjenigen Fürstenthumsstände, an welchem die Wahlreihe ist, zurückgegeben.

Die adeligen Personen der Stiftung tragen täglich auf der linken Brust, an einem soucigelben Bande mit silbernem Rande, ein weißes achtspitziges emaillirtes Kreuz, in dessen vier Flügeln sich vier schwarze gekrönte Schlesische Adler, und in der Mitte in einem runden blauen Schilde der Wahlspruch der Stiftung: Virtutis Asylum, mit goldenen Buchstaben, und auf der Rückseite der Nahmenszug der Stifterinn C. B. C. unter einer gräflichen Krone befinden.

Die Aebtissinn trägt außerdem an Ceremonien- oder Festtagen über die rechte Schulter, gegen die linke Seite herabhangend, mit einer reichen Epaulette, das mit Brillanten besetzte Ordenskreuz, und auf der linken Brust das reichgestickte Ordenszeichen.

Die im Stifte wohnenden Fräulein tragen im Hause ein lichtgraues Kleid mit selbstbeliebigen Agremens; außer dem Stifte aber können sie sich nach Gefallen kleiden. Familientrauer besteht bloß in schwarzen Bändern, tiefe Hoftrauer aber in einem schwarzen Flor auf dem Kopfzeuge, und einem Flor am linken Arme.

Jedes Fräulein, die aufgenommen zu werden wünscht, muß

1) Sechzehn Jahr alt, gesund, und mit keiner unheilbaren Krankheit behaftet seyn.

2) Ihr Großvater muß von Schlesischem Adel seyn, und schon das Schlesische Incolat erhalten haben.

3) Sie muß sich durch ein, von einem Notario publico, der das Kirchenbuch selbst durchgesehen hat, attestirtes Taufzeugniß ausweisen, daß sie weder durch Legitimation, noch durch Aufnahme an Kindes Statt, in die Schlesische Familie gekommen sey, zu der sie jetzt gehört.

4) Hat sie diese angezeigten Eigenschaften, so muß sie sich zuerst bei dem Hrn. Ehren-Curator; bei den Hrn. Directoren der obengenannten Fürstenthümer melden, die dann untersuchen und entscheiden, ob das sich meldende Fräulein stiftsfähig sey. Diese melden die Person der Aebtissinn, die nun allein wählt, sie ist aber verpflichtet, die dürftigste zu wählen. Das gewählte Fräulein wird aber nicht eher, als um Johannis oder Weihnachten, aufgenommen.

5) Das gewählte Fräulein muß der Aebtissinn und dem Probste, in Gegenwart zweier Zeugen feierlich angeloben, ein tugendhaftes, adeligen Personen anständiges Leben zu führen. Handelt eine diesem Versprechen entgegen, so wird ihr das Ordenszeichen abgenommen, das Jahrgeld entzogen, und, wohnt sie im Stifte, wird sie aus dem Stifte verwiesen.

Kein im Stifte wohnendes Fräulein darf ohne Erlaubniß der Aebtissinn, die von ihnen Ew. Gnaden genannt wird, ausgehen, keinen heimlichen Besuch von Mannspersonen annehmen. Jede Mannsperson muß sich bei der Aebtissinn melden, die die Zeit und den Ort des Besuches bestimmt; so darf auch keine Mannsperson im Stifte beherbergt werden.

Jedes Fräulein kann das Stift wieder verlassen: sie giebt aber alsdann das Kreuz zurück, und erhält dagegen alle Effecten, die sie in das Stift gebracht hat, von der Aebtissinn zurück. Zum zweiten Mahl kann durchaus keine aufgenommen werden.

Diejenigen, welche im Stifte wohnen sollen, bringen ihr Bett, einen doppelt weißleinwandnen Ueberzug, ein 5 Ellen langes Tischtuch, 12 Servietten, 6 Handtücher, 1 silbernen Löffel, Messer und Gabel, mit ihrem Nahmen gezeichnet, 1 Leuchter, 1 Putzschere, 1 Schreibtisch mit 3 Schubladen, 1 kleinen Tisch und 3 Stühle mit ins Stift.

Die Stiftfräulein können mit Erlaubniß der Aebtissinn außer dem Hause essen, Besuche machen, und in anständige Gesellschaft gehen, aber immer mit einer Gesellschafterinn, die die Aebtissinn wählt. Sie erhalten Equipage und Bedienten aus dem Stifte, dürfen aber nicht länger als bis 10 Uhr, und wenn sie zu einem Ball eingeladen sind, als bis Mitternacht ausbleiben. Sie können auch, aber nicht länger als vier Wochen, ihre Verwandten zu besuchen, außer dem Stifte bleiben: wollen sie länger bleiben, so müssen sie neue Erlaubniß von der Aebtissinn einhohlen; eine zweite Verlängerung ist, Krankheit erforderte sie dann, nicht erlaubt, sonst muß sie zurückkommen, oder sich erklären, ob sie das Stift verlassen will. Im letztern Falle erhält sie ihre Sachen, die sie auf ihre Kosten abhohlen lassen muß, zurück.

Ein Fräulein, das 4000 Thlr. im Vermögen hat, kann nicht aufgenommen werden. Erbt ein Fräulein, während ihres Aufenthalts im Stifte, 4000 Thlr., so bleibt sie, bis ihre 3 Jahre zu Ende sind, darin, bekommt aber die 100 Thlr. zur Kleidung nicht mehr. Wohnt sie außer dem Stifte, so verliert sie den Jahrgehalt. Verliert sie aber das ererbte Vermögen ohne eigene Schuld wieder, so kann sie sich, nach gehöriger Ausweisung, zum zweiten Mahl melden. Zu dem Ende muß jedes Fräulein von jeder ihr zugefallenen Erbschaft die Aebtissinn und den Probst benachrichtigen. Unterläßt sie dieses, so verliert sie zur Strafe ihre Pension auf drei Jahre. Ist der Zuwachs des Vermögens weniger als 4000 Thlr., so bestimmen der Ehren-Curator und die Directoren der Stände aus den Fürstenthümern Glogau, Liegnitz und Wohlau, wie viel von dem Jahrgehalt der Aebtissinn oder eines Fräuleins zurückbehalten werden kann.

Die Aebtissinn muß beim Antritte ihres Amtes, in Gegenwart zweier Zeugen, den Deputirten der Stände der drei Fürstenthümer angeloben, das Wohl, die Ordnung und häusliche Wirthschaft des Stiftes gewissenhaft in Obacht zu nehmen. Sie führt neben ihrem Familienwapen auch das Gräflich-Campaninische zur rechten Seite, und siegelt damit alle das Stift angehende Schriften nebst dem Stiftsprobste, der sein eigenes Wapen beidrückt, und nebst ihr unterschreibt. Sie empfängt die gerichtliche Tradition der Stiftsgüter auf die Zeit, als sie die Würde der Aebtissinn bekleidet, gratis; leistet das Homagium in Glogau bei der königlichen Ober-Amtsregierung, und erhält die Recognition gratis. Sie besorgt die Haushaltung, nimmt die weiblichen Domestiken und den Koch des Stiftes, der Probst hingegen die männlichen an. Beide aber bestimmen Lohn und Beköstigung derselben.

Der Aebtissinn wird jederzeit eine Coadjutorinn bestimmt, die, wenn die Aebtissinn mit Tode abgeht, sogleich in ihre Stelle tritt. Diese Coadjutorinn soll eine adelige Wittwe, wie die Fräulein, von echter Schlesisch-adeliger Geburt, wenigstens 30 und nicht über 50 Jahr alt, standesmäßig verheirathet gewesen, und entweder kinderlos seyn, oder, wenn sie Kinder hat, wenigstens angeloben, die Kinder, die sie noch bei sich hat, bei ihrem Eintritte als Aebtissinn in das Stift von sich zu entfernen. Sie kann jedoch mehr als 4000 Thlr. im Vermögen haben, weil sie dieß in den Stand setzt, ihrem Amte mit desto mehr Würde und Uneigennützigkeit vorzustehen. Sie wird von den Ständen der drei Fürstenthümer, durch die Mehrheit der Stimmen, aus den von den sämmtlichen Landräthen in Schlesien, dem Ehren-Curator vorgeschlagenen Candidatinnen gewählt, vom Könige gratis bestätigt. Sie trägt das Stiftskreuz, und erhält, bis sie als Aebtissinn ins Stift eintritt, 200 Thlr. Pension. Können die Landräthe keine Candidatinnen vorschlagen, so wählen die Aebtissinn und die Stiftsfräulein eine Coadjutorinn aus ihrer Mitte.

Es steht der Aebtissinn und allen Stiftsfräulein frei, sich zu verheirathen; doch müssen sie dieses 6 Monathe zuvor dem Probste anzeigen. Wohnt die Braut im Stifte, so wird ihr das Hochzeitmahl auf Kosten des Stiftes gegeben. Nach diesem Mahle giebt sie das Ordenskreuz an die Aebtissinn ab, und, wenn sie in der Nähe keinen anständigen Aufenthalt hat, geht sie in das herrschaftliche Wohnhaus auf dem Gute Polach schlafen. Hier kann sie sich, von dem Stifte bewirthet, noch drei Tage aufhalten. Ihre ins Stift gebrachten Effecten werden dann, vier Meilen weit, auf zwei Wagen von Barschau abgeführt. Sie erhält noch ein Jahr die Pension eines auswärts wohnenden Stiftsfräuleins, als Beihülfe zu ihrer Ausstattung: ihr Platz im Stifte wird aber während dieser Zeit nicht besetzt.

Wenn eine Aebtissinn heirathet, so muß sie vorher dem Probste das Stifts-Inventarium gewähren, giebt nach dem Hochzeitmahle das Kreuz an den Probst ab, und erhält eben das, was andern Stifts-Damen bewilligt ist, nur nicht die jährliche Pension, weil die Coadjutorinn sogleich an ihre Stelle tritt, und eine neue gewählt wird.

Ein außer dem Stifte wohnendes Fräulein ist, wenn sie heirathet, verbunden, den Tag nach der Hochzeit das Ordenskreuz an die Aebtissinn zurückzusenden; sie erhält ebenfalls die Pension noch auf ein Jahr, und ihre Stelle bleibt so lange unbesetzt.

Wenn die Aebtissinn stirbt, so versiegeln der Probst und Stifts-Justitiarius alle Gemächer, in welchen Sachen von Werth aufbehalten werden, bis zur Installation der neuen Aebtissinn. Die Verlassenschaft der Verstorbenen wird aber so lange zurückbehalten, bis das Inventarium berichtigt ist. Der Ueberschuß an Gold, Silber, Juwelen, barem Gelde, wird den Erben der Erblasserinn zugestellt. Dem Stifte bleiben jedoch die Meubles, Tafelwäsche und Bett. Die Leibwäsche wird nach dem Loose unter die sämmtlichen Stiftsfräulein, in und außer dem Stifte, vertheilt. Die standesmäßige Beerdigung geschieht auf Kosten des Stiftes. Stirbt ein im Stifte wohnendes Fräulein, so wird sie ebenfalls auf Kosten des Stiftes beigesetzt. Stuben-Meubles, Tafelwäsche, Bett und Tischbesteck bleiben dem Stifte, Kleider und Leibwäsche werden an die im Stifte wohnenden Fräulein nach dem Loose vertheilt, alle andere Effecten aber werden den Erben abgegeben.

Die Stiftsfräulein speisen mit der Aebtissinn. Sie erhalten des Morgens Koffee oder Thee mit Milch und gerösteter Semmel; Mittags eine Suppe und drei Speisen, nebst einem Nachtisch, Butter oder Früchte; nach Tische Koffee. Abends eine Suppe und zwei Schüsseln ohne Nachtisch. Zum Getränke wird Bier und Sonn- und Festtags $\frac{1}{4}$ Quart Franz- oder süßer Wein gereicht.

Alle Gastmähler, außer bei der Installation einer Aebtissinn, oder Wahl einer Coadjutorinn und der Hochzeit eines Stiftsfräuleins, sind verboten. Auch Anverwandte der Fräulein dürfen nicht länger als drei Tage aufs Jahr im Stifte Besuche abstatten, und müssen sich mit der Kost der Stifts-Damen begnügen.

Zur Bedienung werden gehalten, ein Koch, ein Bedienter, der fähig ist, die Haushaltungsrechnung zu führen, ein Gärtner, ein Kutscher (letztere drei erhalten Livrée), und außer der Ausgeberinn, die zugleich die Aebtissinn bedient, zwei Mädchen zur Bedienung der Stiftfräulein, und eine Magd in die Küche.

Der Cassenbestand wird bei der jährlichen an Johannis vorzunehmenden Revision der Casse von den Deputirten der Stände der drei Fürstenthümer in Pfandbriefe umgesetzt, die gegen Recognition bei der Glogauer Landschafts-Casse liegen bleiben. Jedes Mahl, wenn ein Capital von 6000 Thlr. beisammen ist, wird ein Fräulein mehr aufgenommen.

Jede adelige Person, beiderlei Geschlechts, die dieser Stiftung ein Capital von 5000 Thlr. zusichert, kann das Stifts-Ordenskreuz, als Mitstifter tragen, und ein Fräulein ernennen, die nach Ableben des Mitstifters das Ordenskreuz erben soll, und diese Erbinn genießt dann alle Vortheile der Stiftung.

Das unmittelbare Fürstenthum Wohlau.

Erster Abschnitt. Physikalische Beschaffenheit.

Gewässer.

Die vorzüglichsten Flüsse und Bäche, die in diesem Fürstenthume fließen, sind:

1. Die Oder.

Sie strömt aus dem Breslauischen daher, und schlängelt sich an der Gränze dieses Fürstenthums mit dem Neumarkter und Liegnitzer Kreise bis unter das Städtchen Leubus fort, und tritt, nachdem sie unter diesem Städtchen, genau an der Gränze mit dem Liegnitzer Fürstenthume, am linken Ufer die Leisebach *) und die Katzbach **) aufgenommen hat, erst in dieses Fürstenthum ein, und zwar da, wo der Wohlauer und Steinauer District gränzen, strömt dann durch den Steinauer District zwischen dem Preichauer Halt und

*) S. Th. 1. S. 5.

**) Th. 2. S. 8. und oben S. 3.

dem Winziger District in den Theil des Guhrauer Kreises (Glogauer Fürstenthums), der in dem Wohlauer Fürstenthume liegt, zwischen dem Raudtener und Rützener Districte fort, und tritt alsdann in das Fürstenthum Glogau. Sie nimmt während dieses Laufes auf:

* Am rechten Ufer:

A. Die Jüseritz.

Sie entsteht aus der Vereinigung zweier Bäche unweit Pronzendorf (Steinauer Districts). Der eine dieser Bäche entspringt bei Thiergarten im Breslauer Kreise und fließt bei Wohlau vorbei; der andere entsteht ebenfalls aus dem Zusammenflusse zweier Bäche bei Wersingawe im Oelsnischen, und fließt durch Polgsen. Beide nehmen bis zu ihrer Vereinigung mehrere kleine unbenahmte Bäche auf, und fallen dann unter Klein-Bauschwitz in die Oder.

** Am linken Ufer:

B. Die kalte Bach, (die Steine, das Steinwasser.)

Sie entspringt im Lübener Kreise aus drei Quellen, die sich bei Lüben vereinigen *), und fällt unterhalb Steinau in die Oder.

2. Die Bartsch.

Sie entspringt in Süd-Preußen und oberhalb Wartenberg, tritt in zwei Armen aus dem Fürstenthume Trachenberg vor Ostrawa in das Fürstenthum Wohlau

*) Sieh oben S. 6.

Wohlau, und zwar in den Herrnstädtischen District, fließt durch einen Theil des Rützener Districts und fällt aus diesem unter Rützen in das Fürstenthum Glogau. Ihr schwarzes in mehrern Armen äußerst langsam fließendes Wasser verursachte ehedem viele Sümpfe. Nunmehr aber sind durch die Räumung dieses Flusses, an der von 1775 bis 1786 gearbeitet wurde, nicht allein einige tausend Morgen Sümpfe in trocknes urbares Land und in Dörfer, Aecker und Wiesen verwandelt, sondern auch der Fluß selbst ist nun schiffbar gemacht worden, so daß das Holz aus den Herrnstädtischen Forsten jetzt auf Matätschen (eine Art Floß) bis in die Oder geflößt wird. Ein Theil des nun urbaren Landes ist zu Holländereien eingerichtet, und mit Colonisten aus den Danziger und Marienburger Werdern besetzt worden. Sie nimmt während ihres Laufes in diesem Fürstenthume auf:

† Am rechten Ufer:

A. Die Horla,

die in der freien Minderherrschaft Freihahn entspringt, und nun aus dem Fürstenthume Trachenberg in den Herrnstädter District tritt.

†† Am linken Ufer:

B. Den Teinograben.

Er entsteht aus der Vereinigung mehrerer kleinen Bäche im Winziger Districte, und fließt nach dieser Vereinigung in den Rützener District.

Mehrere im Winziger Districte entstehende Bäche, zu denen sich noch einer aus dem Oels-Trebnitzischen gesellt, der bei Schmarker entsteht, vereinigen sich im Trachenbergischen, und fallen an der Gränze, am linken Ufer, in die Bartsch, kurz vor ihrem Eintritte in den Herrnstädter District.

3. Der Herzogsgraben, (die Goldbach).

Er entsteht bei Raudten aus der Vereinigung dreier Quellen, die im Lübener Kreise entspringen *), und fließt unter Klein-Gaffron in das Fürstenthum Glogau.

Im Wohlauer und Herrnstädter Districte giebt es hin und wieder noch Sümpfe. Wohlau liegt zwischen Sümpfen. Eigentlich große Seen giebt es in diesem Fürstenthume nicht, hingegen sind im Steinauer Districte am rechten Ufer der Oder, bei Tarxdorf und Prschibor, am linken Ufer, bei Dieban und Lampersdorf, desgleichen bei Urschkau im Raudtenschen Districte kleine stehende Seen, die wahrscheinlich ihre Entstehung vom alten Laufe der Oder haben.

Teiche zählt man:	Große	Mittlere.	Kleine.	Summa.
Im Wohlauer Kreise:				
Im Wohlauer Districte .	2	6	54	62
Im Winziger Districte .	—	2	56	58
Im Herrnstädter Districte	—	2	45	47
Im Rützener Districte .	—	1	6	7
Im Steinau-Raudtener Kreise:				
Im Steinauer Districte .	—	1	32	33
Im Raudtener Districte .	—	1	22	23
Im Preichauer Halt . .	—	—	5	5
Ueberhaupt	2	13	220	235

*) Sieh oben S. 7.

Berge und Ebenen.

Das ganze Fürstenthum Wohlau ist Ebene; nur bei Wohlau sind einige Anhöhen, und auch von Winzig zieht sich gegen Herrnstadt eine Kette von Hügeln. Im Steinauer Kreise sind nur bei Porschwitz und Dammer einige Anhöhen, im Raudtener Districte zieht sich hingegen von Morgen gegen Mittag-Abend eine so ziemlich ansehnliche Kette von Bergen über Mühlgast, Thielau und Töschwitz hin, auf welchen man, besonders bei Mühlgast, eine ziemlich weite Aussicht hat.

Im Wohlauer Kreise ist der Boden größtentheils nur mittelmäßig, man bauet daher mehr Korn als Weizen. Im Steinauer Kreise hingegen ist der Boden besser, schwärzlich mit Sand vermischt, an einigen Orten sandig, und fordert gute Düngung, an andern Orten lettig; der Weizen gedeiht an mehrern Orten sehr gut. Nur die Aecker an der Oder, die 1785 bei einem außerordentlich großen Austritte dieses Flusses beinahe eine Elle hoch versandet worden sind, machen einige Ausnahme. Man nimmt den Ertrag in diesem Fürstenthume in Mitteljahren auf 5½ Korn an.

Waldungen.

Außer den königlichen Waldungen, die die weitläufigsten sind, sind im Wohlauer Kreise die Waldungen des Stiftes Leubus, der Dominien Brenowitz, Klein-Beltsch, Hünern, Lübchen, Mondschütz, Rützen und Tschilesen; im Steinau-Raudtener Kreise die an der Oder liegenden Waldungen bei Dieban, Georgendorf, Gaffron, Lampersdorf, Lehsewitz, Preichau, Rostersdorf, Tarxdorf und Urschkau die beträchtlichsten. Im Steinauer Kreise ist zwar kein großer Mangel am Holze, ob es gleich hier und da am Bauholze mangelt, jedoch hat der Wohlauer Kreis vor jenem hierin Vorzüge.

Producte.

1. Das Thierreich.

Die Pferde, besonders die der Bauern, sind meistentheils von kleinem Schlage, auf den Dominien aber von größerem. Aber auch die Bauern fangen seit mehrern Jahren an, sich bessere Pferde theils anzuschaffen, theils aufzuziehen. Das Rindvieh ist von mittlerer Art, und die Nutzung desselben, besonders an den beiden Oderufern, wegen der guten Weide, so wie in den urbar gemachten Gegenden an der Bartsch, auf den daselbst angelegten Holländereien, und da, wo man die Stall- und Kleefütterung eingeführt hat, ziemlich beträchtlich. Im Wohlauer Kreise sind die Schäfereien ansehnlicher, als in dem Steinau-Raudtener, und die Wolle ist durchgehends von mittlerer Güte, die man außerdem hin und wieder durch die Einführung Spanischer Störe noch zu veredeln sucht.

Im Wohlauer Kreise sind weit mehr Maulbeer-Plantagen angelegt, und daher ist auch der Gewinn der Seide beträchtlicher, als in dem Steinau-Raudtener, indessen ist jener Kreis auch größer, als dieser; so ist auch die Bienenwartung in jenem bedeutender, als in diesem.

Die größern Waldungen und mehreren Teiche im Wohlauischen Kreise liefern in diesem Fürstenthume das meiste Wild (bisweilen auch ein Schwein in den Eichenwäldern) und die meisten Fische. Im Steinau-Raudtener Kreise hingegen ist die hohe Jagd und die Fischerei, besonders da die Oder nicht mehr so fischreich seyn soll, wie sonst, nicht sehr reichlich. Bisweilen finden sich im Winter einige Wölfe ein, die aus Süd-Preußen herüber kommen. Ehedem sollen sich auch manches Mahl Bären, und in der Gegend der Bartsch, in den dasigen sumpfigen Waldgegenden, Elendthiere gezeigt haben; doch habe ich von den letztern keine ganz sichern Nachrichten auffinden können.

In die, dem Stifte Leubus gehörigen Eichen- und Buchenwälder werden, wenn die Eicheln und Buchecker geratehn, viele Schweine aus den benachbarten Gegenden, gegen eine Abgabe, zur Mastung hingetrieben.

2. Pflanzenreich.

Das Nadelholz ist in den Waldungen, besonders an der Oder, nicht so häufig wie Eichen und Büchen. In sumpfigen Gegenden findet man auch viel lebendiges Holz. Die gewöhnlichen Getreidearten und Hülsenfrüchte, Kartoffeln und Flachs werden angebauet. Garten- und Küchengewächse pflanzt man zwar in Küchengärten, indessen wird doch auch einiges aus Liegnitz gezogen. Im Steinauer Kreise, z. B. auf den Gründen des Dorfes Ransen wird vorzüglich viel und schönes Kraut (Brassica oleracea capitata Linn.) gewonnen.

Man betreibt in eben diesem Kreise auch den Anbau des Tobacks. Gegen 50,000 Obstbäume versorgen die Einwohner hinlänglich mit Obst, und bei einigen Dominien, z. B. bei Rützen, findet man Weinberge, deren Trauben zwar einen Wein von mildem Geschmacke, aber nur sehr wenigem Feuer, liefern. An manchen Orten pflegt man auch die Syrische Seidenpflanze. Die Heuärnte fällt, besonders auf den an der Oder gelegenen Wiesen sehr beträchtlich aus, desgleichen auch an der Bartsch und Jüseritz, und an vielen Orten befleißigt man sich auch auf den Kleebau.

Ohne Zweifel finden sich in diesem Fürstenthume mehrere seltene Pflanzen, durch deren Aufsuchung die Schlesische Flora bereichert werden könnte, wenn ein in diesem Fache der Naturgeschichte Unterrichteter, der in der dasigen Gegend seinen Wohnplatz hat, sich die Mühe geben wollte, das Fürstenthum, in den verschiedenen Jahreszeiten, durchzusuchen. Mir ist es bis jetzt nicht geglückt, weder Nachricht aus dieser Gegend zu erhalten, noch so viel Muße zu finden (res angusta domi erlaubt mir auch nicht solche kostspielige Reisen öfter zu machen), um mich diesem Geschäfte zu unterziehen. Nur die Gegend um Leubus habe ich vor mehrern Jahren, im Monat Julius, untersucht. Ich habe außer *Datura Strammonium L.* äußerst häufig in dem Hofe des Stifts Leubus,

Oenothera biennis L. am Oderufer, Maltsch gegenüber,

Nimphaea alba L. } in den kleinen stehenden Gewäs-
——— *lutea L.* } sern im Leubuser Walde,

Euphorbia palustris L.

Lythrum hyssopifolia L.

Alyssum campestre L. und einigen andern minder merkwürdigen Pflanzen, keine seltenern gefunden. Man hat mich versichert, daß die Schweine in dasiger Gegend bisweilen die Trüffel (Lycoperdon tuber Linn.) auswühlten, welches zu glauben ist, da sie meist in Eichenwäldern gefunden wird.

3. Das Mineral-Reich.

Das Fürstenthum Wohlau ist, so viel mir bekannt ist, in mineralogischer Rücksicht, noch nicht genau untersucht, und ich zweifle sehr, daß das aufgeschwemmte Gebirge, aus dem es besteht, eine reiche mineralogische Ausbeute liefern werde. Der verstorbene Kammer-Calkulator Kapf in Breslau hat, auf Veranlassung des Herrn Barons von Weihmar, die Gegend um Gimmel im Winziger Kreise, untersucht, und außer den Thon- Sand- und Mergellagern, bloß in Geschieben folgende Mineralien gefunden, die ich mit seinen eigenen Worten, wie er sie in der litterarischen Beilage zu den Schlesischen Provinzialblättern (Mon. Julius 1798) beschrieben hat, hersetze, da doch diese Beilagen wahrscheinlich, wenigstens auswärts, nicht in jedermanns Hände kommen.

„A. Erd- und Steinarten.

1) Quarz,:

a) weißer, splitteriger, — manche Stücke sind sehr eisenschüssig;

b) weißer mit schwarzem Glimmer;

c) röthlichweißer — alle diese Arten, theils ungeformt in stumpfeckigen Stücken, theils in größern oder kleinern Kugeln — Kieseln;

d) rother, körniger — mit gelbem Glimmer — eine schlechte Art von Aventurino. Hiervon ein einziges, beinahe ganz rundes Stück,

e) in losen Körnern als Sand — nebst dem Thone, die Hauptmasse des aufgeschwemmten Gebirges.

2) Hornstein.

3) Feuerstein, in unendlichen Abwechselungen und in großer Menge.

4) Chalcedon, gelblichgrau; sehr selten.

5) Kalkstein,

a) ursprünglicher,

aa) dichter grauer,

bb) — — mit Dendriten,

cc) röthlich-grauer mit weißem Kalkspath.

b) Flötzkalkstein,

aa) weißer, gelblichweißer und blaulichgrauer,

bb) Muschelkalkstein, oder Kalkstein, der aus ganz versteinerten Conchylien zusammengesetzt ist. — Krötenauge — matt, aber auch perlenähnlich glänzend.

6) Mergel,

a) Mergelerde — weiß und schwarz, grau, braun und schwarzbraun,

b) verhärteter Mergel — Steinmergel — weiß und gelblichweiß.

7) Thon,

a) gemeiner, — gelblichweiß, grau, schwarzgrau und blau.

b) Porzellan-Erde, weiß.

c) Jaspiß — rother mit weißen Quarzadern. Hiervon nur ein Stück.

8) **Granit**, in Geschieben von einigen Lothen bis zu vielen Zentnern.

a) Aus grauem Quarz, röthlichem Feldspath und braunem Glimmer.

b) — — — und Hornblende.

c) Aus röthlichem Quarz und Hornblende.

d) Aus grauem Quarz, Hornblende und gelbem Glimmer.

e) Aus röthlichem und grauem Quarz, röthlichem Feldspath und schwarzbraunem Glimmer.

f) Aus dunkelrothem Quarz und schwarzem Glimmer — in abgerundeten Stücken, die äußerlich zum Theil dem Porphyr gleichen.

Ein Stück dieses kugelförmigen Granits, welches zwei zwar sehr unregelmäßige Hemisphären, bildet, sind mit Hornstein, der auf der einen Seite in Thon übergeht, verbunden.

9) **Gneiß**, aus grauem Quarz und schwarzem Glimmer.

10) **Porphyr**, rother, größtentheils in abgerundeten Stücken mit verwittertem Feldspath, auch mit Hornblende.

11) **Sandstein**,

a) röthlicher — in großen, mehrere Zentner schweren Stücken.

b) graulichweißer mit Dendriten,

c) gelber, mit braunrothen Streifen und Puncten.

Von jeder der beiden letztern Arten nur ein Stück.

B. Erze.

12) Eisenerze, thonartige, kugelig und schalig, meistens mit Eisenocher, öfters mit einer Niere von eisenschüssigem Thon.

13) Wasserkies, in ungeformten Körnern und kubisch krystallisirt.“ So weit Kapf.

An den Ufern der Oder findet man, doch nicht häufig, in Geschieben, besonders in der Gegend von Dieban,

Granat, schwarz und blutroth.

Bergkrystall (Rauchtopas).

Amethyst.

Chalcedon.

Carneol.

Achat.

Jaspiß.

Weiße Erde findet sich bei Bartsch.

Mineralische Quellen.

A. Im Winziger Districte:

1) Bei Gimmel ist eine Quelle, der Carlsbrunnen genannt, die sehr eisenhaltig ist. Ehedem wurde sie von Brunnengästen besucht, und vielleicht lohnte es der Mühe, sie näher zu untersuchen, und einer größern Aufmerksamkeit zu würdigen. Sie hat, obgleich bei der schlechten Einfassung

viele wilde Wasser sich hinzugesellen, noch viel mineralische Stärke.

2) Der St. Hedwigsbrunnen, unweit Jacobsdorf:

B. Im Wohlauer Districte:

3) Der Schafbrunnen, bei Petranowitz *).

Zweiter Abschnitt.

Manufacturen und Fabriken.

Manufacturen und Fabriken sind in diesem Fürstenthume, dessen Bewohner sich größtentheils vom Ackerbaue nähren, nicht, ausgenommen die Tuch-Manufactur, die in den Städten Wohlau, Herrnstadt, Steinau und Raudten, in beiden letztern am stärksten, betrieben wird, und eine Leinen-Damast-Manufactur in Alt-Wohlau. In Steinau wird viel Kraftmehl und Haarpuder gemacht. Hier war ehemahls auch eine Stahl- und Tobacks-Fabrike; beide sind aber jetzt eingegangen.

*) Mehrere Nachrichten von diesen Quellen findet man in Francisci Kurtzii Dissert. de Ducatuum Münsterbergensis et Wohlani Acidulis alcalino-martialibus.

Dritter Abschnitt.
Politische Verfassung.

Gränzen.

Das unmittelbare Fürstenthum Wohlau gränzt gegen Morgen an Süd-Preußen und an die Fürstenthümer Trachenberg, Oels und Breslau; gegen Mittag an die Fürstenthümer Breslau und Liegnitz; gegen Abend an die Fürstenthümer Liegnitz und Glogau; gegen Mitternacht an das Fürstenthum Glogau.

Größe.

Zimmermann *) und die Schlesischen Provinzial-Blätter geben die Größe dieses Fürstenthums auf 33 Quadrat-Meilen an. Nach Scheibel soll es $22\frac{2}{7}$ und nach Sack 23 geographische Quadrat-Meilen groß seyn ***).

Kreise.

Das Fürstenthum Wohlau wurde ehedem in sechs Kreise (Weichbilder) — den Wohlauer, Winziger, Herrnstädter, Rützener, Steinauer und Raudtener,

*) Zimmermann Beiträge zur Beschreibung von Schlesien, Bd. 7. S. 172.

**) Jahrgang 1791. Mon. Febr. S. 152.

***) Zimmermann allgemeine Nachrichten von Schlesien, S. 3.

eingetheilt. Diese sechs Kreise sind nun in zwei vertheilt: in den Wohlauer, der die vier ersten, den Steinau-Raudtener, der, wie es schon die Benennung giebt, die beiden letztern enthält.

Volksmenge.

In den Jahren 1791, 1793, 1794, 1795 und 1796 lebten:

Nahmen der Kreise.	1791.	1793.	1794.	1795.	1796.
I. Im Wohlauer Kreise.					
A. In den Städten:					
Wohlau . . .	1598	1435	1352	1374	1234
Winzig . . .	1571	1517	1474	1458	1444
Herrnstadt . .	1677	1527	1594	1518	1494
B. Auf dem Lande .	28947	29313	28837	28912	29159
Summa	33793	33792	33257	33262	33331
II. Im Steinau-Raudtener Kreise.					
A. In den Städten:					
Steinau . . .	1788	1750	1787	1832	1841
Raudten . . .	1340	1200	1047	1056	1138
B. Auf dem Lande .	12383	12362	12304	12455	12479
Summa	15511	15312	15138	15343	15458
Summa Summar.	49304	49104	48395	48605	48789
Es kommen, nimmt man 33 Quadrat-Meilen an, auf die Meile . .	1494	1488	1436	1472	1478

Sprache.

Man redet durchgehends Deutsch: nur in den an Süd-Preußen gränzenden Dörfern wird Polnisch gesprochen.

Aeußere Verfassung.

Das Fürstenthum Wohlau steht, in Ansehung der Justiz, unter der Oberamtsregierung, und, in Ansehung der Steuer und Contribution, unter der Kriegs- und Domainen-Kammer zu Glogau.

In Ansehung der Steuer gehört es zur zweiten Classe und zum dritten steuerräthlichen Departement, (Glogauer Kammer), das in Wohlau seinen Sitz hat.

In Ansehung der Vieh-Assecuranz gehört es zur zweiten Societät.

In Ansehung des Zoll- und Accise-Wesens steht es unter der Direction zu Glogau.

Der Wohlauer Kreis gehört nebst der Stadt Wohlau theils zur Salz-Factorei Maltsch, theils nebst den Städten Winzig und Herrnstadt zu der zu Herrnstadt, der Steinau-Raudtener Kreis aber zu der zu Köben.

Das Forstwesen steht unter den Forstämtern zu Wohlau und Herrnstadt.

Der Adel und das Güter besitzende Kloster Leubus machen bei der Landschaft mit dem Fürstenthume Liegnitz ein (das Liegnitz-Wohlauische) System aus.

Das, in Liegnitz garnisonirende Infanterie-Regiment Nr. 43. hat in diesem Fürstenthume seinen Canton.

Aeußere kirchliche Verfassung.

Die Religion ist untermengt; doch übersteigt die Zahl der Protestanten die der Katholiken. Folgende Tabelle zeigt die Zahl der Kirchen und Klöster.

	Kirchen. In Städten. Luther.	Kirchen. In Städten. Kathol.	Kirchen. Auf Dörfern. Luther.	Kirchen. Auf Dörfern. Kathol.	Klöster. Männliche	Klöster. Weibliche
Wohlauer Kreis.						
Wohlauer District . .	2	2	5	9	2	—
Winziger District . .	2	1	4	1	—	—
Herrnstädter District .	3	1	7	—	—	—
Rützener District . .	—	—	2	—	—	—
Steinau-Raudtener Kreis.						
Steinauer District . .	3	1	12	2	—	—
Raudtener District . .	1	1	8	2	—	—
Summa	11	6	38	14	2	—

Die sämmtlichen Kirchen und Schulen dieses Fürstenthums stehen unter einem Superintendenten, unter dem die Senioren, von denen jeder seinen bestimmten Kreis hat, stehen, die aber nicht immer an dem Orte wohnen, von welchem die Inspection, oder das Seniorat, den Nahmen hat. Unter der Inspection zu

1) Wohlau stehen die Kirchen zu: Klein-Auskar, Mondschütz, Polgsen, Wohlau, Alt-Wohlau.

2) **Winzig:** Beschine, Gimmel, Herrnmotschelnitz, Piscorsine, Groß-Wangern, Winzig.

3) **Herrnstadt-Rützen:** Geischen, Herrnlauersitz und Rützen, Herrnstadt, Hünern, Königsbruch, Sandewalde, Groß-Saul, Triebusch, Tschilesen.

4) **Steinau:** Vielwiese, Dieban, Großendorf, Jürtsch, Kunzendorf, Lampersdorf, Merschwitz, Porschwitz, Ransen, Steinau, Thiemendorf, Zedlitz.

5) **Raudten:** Cammelwitz, Deichslau, Klein-Gafron, Mlietsch, Raudten, Alt-Raudten, Rostersdorf, Urschkau.

Die Archipresbyteriate der katholischen Kirchen in diesem Fürstenthume gehören sämmtlich unter das Archidiakonat Breslau.

Unter dem Archipresbyteriat

A. Wohlau stehen die Kirchen zu

1) Wohlau, Curatus, Weltgeistlicher.

2) Winzig, Curatus, Weltgeistlicher.

3) Groß-Kreidel, Augustiner vom Sande zu Breslau.

4) Leubus, Cistercienser aus dem Stifte Leubus.

5) Loßwitz. Cist. aus Leubus.

6) Neudorf, Weltgeistlicher.

7) Groß-Schmoger, Cist. aus Leubus.

8) Stuben, Weltgeistlicher.

B. Guhrau:

Herrnstadt, Curatus, Weltgeistlicher.

C. Hoch-

C. Hochkirch:

1) Oelschen, } Weltgeistl. Parochus.
2) Queißen, }

D. Polnisch Wartenberg:

Kröhlau, Weltgeistl. Par.

E. Preichau:

1) Steinau, Cur. Weltgeistl.
2) Raudten, Cur. Weltgeistl.
3) Preichau, Par. Weltgeistl.
4) Thiemendorf, Cist. aus Leubus.

I.

Der Wohlauer Kreis.

Der Wohlauer Kreis, der die Districte (Weichbilder) Wohlau, Winzig, Herrnstadt und Rützen in sich begreift, gränzt gegen Morgen an die Fürstenthümer Oels und Breslau; gegen Mittag an das Fürstenthum Breslau; gegen Abend an das Fürstenthum Liegnitz und an den Steinauer Kreis; gegen Mitternacht an den Winziger Kreis.

Die Gewässer dieses Kreises sind die Oder, die die Gränze zwischen diesem Kreise, den Fürstenthümern Breslau, Liegnitz und dem Steinauer Kreise macht; die Bäche, durch deren Vereinigung die Jüseritz entsteht. Er enthält auf 20 Quadrat-Meilen 3 Städte, Wohlau, Winzig und Herrnstadt, 151 Dörfer, darunter sind 10 ältere und neue Colonien, der Marktflecken und das Stift Leubus mit dem dabei befindlichen Dorfe *).

A. Städte.

1. Wohlau **).

Wohlau, die Hauptstadt des Fürstenthums, eine Immediat- und die Kreisstadt, liegt in einer sumpfigen Gegend. Sie hat Mauern und 3 Thore, das Breslauer, Steinauer, und Schloß-Thor. Sie enthält:

I. An königlichen Gebäuden:

1) Das Schloß, in welchem der Kriegs- und Steuerrath, der Amtspächter und etliche andere Officianten wohnen. In einem Saale ist die katholische Capelle, bei welcher ein Curatus den Gottesverehrungen vorstehet.

2) Das Landhaus; es gehörte ehedem den Landständen, ist aber freiwillig dem Könige überlassen worden. Jetzt befindet sich das Steueramt darin. Ob es gleich königlich ist, so trägt es doch bürgerliche Lasten.

II. An städtischen Gebäuden:

1) Das Rathhaus.

2) Ein Hospital, in der Steinauer Vorstadt.

3) Die Ställe für die Garnison zu 327 Pferden.

III. An kirchlichen und Schulgebäuden:

1) Die evangel. luther. Stadtkirche zum H. Lorenz,

---

*) Zimmermann giebt in den Beiträgen (Bd 7. S. 185.) 151 Dörfer, und in seinen allgemeinen Nachrichten 165 an. Woher diese Differenz?

**) In alten Urkunden heißt sie Wola, Walav, Walaw.

an welcher zwei Prediger, ein Pastor und ein Diaconus stehen. Eingepfarret sind die Dörfer: Arnsdorf, Groß-Auster, Garben, Petranowitz, Polnischdorf, Krumm-Wohlau. Die Kirche ist nach dem Brande (1781) im Jahre 1782 neu erbauet worden.

2) Die evangel. Begräbnißkirche vor der Stadt.

3) Das Carmeliterkloster nebst der Kirche.

4) Die katholische Begräbnißkirche vor dem Steinauer Thore.

5) Die Predigerwohnungen.

6) Die evang. Stadtschule, in welcher der Rector, Conrector, Cantor und Organist Unterricht ertheilen.

IV. An bürgerlichen Häusern:

In der Stadt:

a) Unter Magistrats-Jurisdiction . .	132
b) Unter Amts-Jurisdiction	3

In der Vorstadt:

a) Unter Magistrats-Jurisdiction . .	32
b) Unter Amts-Jurisdiction	19
Summa	186

In der Stadt sind alle Häuser mit Ziegeln gedeckt.

Ackerbau, der aber nicht von Belang ist, Bierbrauen, dazu die Gerechtigkeit auf 140 Häusern haftet, (9 Dörfer stehen unter dem Bierzwange), einiger, besonders Consumtions-Handel und die erlernte Kunst und Profession sind die Nahrungszweige der Bürger. Unter den Handwerkern sind mehrere Tuchmacher, Hutmacher und Strumpfstricker.

Die hier befindlichen königlichen Aemter sind:

Das Domainen-Amt.

Das Steueramt.

Das Fabriken-Steueramt.

Das Juden-Toleranz-Amt.

Das Accise- und Zollamt.

Das Postamt.

Jährlich sind vier Jahrmärkte, 1) nach dem Dreikönigstage, 2) an Philippi Jacobi, 3) am Tage Matthäi, 4) an Laurentii. Wollenmärkte sind 1) Donnerstags nach Pfingsten, 2) Donnerstags nach Michaelis; jeder dauert zwei Tage. Desgleichen ist hier jährlich ein Viehmarkt.

Die Garnison besteht aus 2 Escadrons Husaren vom Regimente Nr. 1.

Die Stadt führt in ihrem Wapen einen Ochsen.

Im Jahre 1781, den 1. Julius, brannte die ganze Stadt bis auf ein einziges hölzernes, mit Schindeln gedecktes Haus, das auch in dem großen Brande 1689 stehen geblieben ist, ab. Jetzt sind alle Häuser in der Stadt massiv aufgebauet, und mit Ziegeln gedeckt, so daß Wohlau nun ein ganz artiges Ansehen hat.

2. Winzig.

Diese Immediat- und Weichbildstadt liegt zwischen Hügeln nnd Anhöhen in einer angenehmen Gegend, ist mit einer Mauer umgeben, und hat drei Thore, das Glogauer, Wohlauer und Herrnstädter. Sie enthält:

I. An städtischen Gebäuden:

1) Das Rathhaus, in welchem zugleich die katho-

lische Curatial-Capelle ist, bei der ein Curatus die kirchlichen Verrichtungen besorgt.

2) Das Hospital St. Lazari.

3) Die Wohnung des Stadtschreibers, in welcher zugleich der Curatus wohnt.

4) Das Lazareth.

5) Die Hauptwache.

6. 7) Zwei Malz- und Brauhäuser.

8) Das Stockhaus.

9) Das Stadtdienerhaus.

10 — 12) Drei Thorwächterhäuser.

13 — 15) Drei Thorschreiberhäuser.

II. An kirchlichen und Schulgebäuden:

1) Die evangel. luther. Parochial-Kirche, an der ein Pastor und Diaconus stehen.

2) Die Begräbnißkirche St. Salvator vor dem Wohlauer Thore.

3) Die katholische Begräbnißkirche.

4) Die Wohnung der beiden Prediger.

5) Die evangel. Schule, an welcher drei Lehrer Unterricht geben.

6) Die katholische Schule.

III. Privat-Häuser:

In der Stadt . . 122 }
In der Vorstadt . 116 } 238.

Das erlernte Handwerk, der Ackerbau, der, besonders von den Vorstädtern stark betrieben wird, das Bierbrauen, dazu die Gerechtigkeit auf 97 Häusern haftet, (29 Dörfer stehen unter dem Bierzwange) und einiger Consumtions-Handel sind die bürgerlichen Nahrungszweige.

Die beackerten Bürger haben hier eine geschlossene Zunft; sie halten alle Frühjahre ihr Quartal unter dem Vorsitze einer Magistrats-Person, und bestimmen dabei, wie es in Ansehung des Brachfeldes, der Düngerfuhre, mit der Hütung, dem Kaufe und Verkaufe des Futters ꝛc. gehalten werden soll.

Jährlich sind vier Jahrmärkte; 1) am Tage Johannis Enthauptung; 2) Montags nach Trinitatis; 3) am Sonntage Reminiscere; 4) Montags nach dem ersten Advents-Sonntage. Die hiesigen Viehmärkte werden stark besucht.

Außer dem Accise- Zoll- und Postamte sind hier keine königlichen Aemter.

Die Garnison besteht aus einer Escadron Husaren vom Regimente Nr. 1.

Das Stadtwapen ist ein geharnischter Mann, der in einer Hand eine Weinrebe mit Trauben hält.

Winzig hat nicht nur 1759, 1760 und 1761 von der Russischen Armee, die in der Nähe stand, viel gelitten, sondern auch im Jahre 1773 durch einen doppelten Brand. Den 14. Jun. brannten in der Stadt 27 Häuser, das Malzhaus, eine Mühle und 13 Ställe, in der Vorstadt das Vorwerk Vor-Winzig und die dazu gehörigen Gärtner ab. Den 9. October brannten in der Wohlauer Vorstadt 31 Wohnungen, 18 Scheunen und 15 Ställe ab.

3. Herrnstadt *).

Diese Immediat- und Weichbildstadt liegt an der Bartsch und wird von ihr umflossen; sie hat keine Mauern und enthält

das königliche Schloß, welches der Pächter des Amtes bewohnt, und in welchem zugleich die kathol. Curatial-Capelle ist.

Die Stadtpfarrkirche St. Matthias, an welcher ein Pastor und ein Diaconus stehen.

Die Kirche St. Andreas, außerhalb der Stadt, an welcher der Diaconus bei der Stadt Pastor ist.

Die Kirche St. Salvator, auch außer der Stadt.

Die evangel. Predigerwohnnng.

Die evangel. Schule, an welcher, außer dem Rector, noch zwei Lehrer unterrichten.

Das Rathhaus.

Ein Hospital,

Zwei hundert sechs und vierzig Bürgerhäuser.

Die Nahrungszweige der Bürger sind das Handwerk, der Ackerbau, der ganz beträchtlich ist, das Bierbrauen, dazu 88 Häuser berechtigt sind, (dreizehn Dorfkretschame müssen Stadtbier schenken) und ein geringer Consumtions-Handel. Die Tuch-Manufactur ist ganz beträchtlich.

Donnerstags ist Garn- und Viehmarkt. Jährlich sind vier Jahr- und Viehmärkte: 1) am Sonntage

*) Die Polen nannten diese Stadt sonst Schlangenstadt, wegen der vielen Schlangen nnd Ottern, die sich sonst da in den vielen Sümpfen aufhielten.

Judica, 2) den Pfingstdienstag, 3) am Michaelis-Tage, 4) dem dritten Advent.

Königliche Aemter sind:

Das Domainen-Amt.

Die Salz-Factorei.

Das Postamt.

Das Accise- und Zollamt.

Die Garnison besteht aus einer Escadron Husaren vom Regimente Nr. 1.

1759 wurde die Stadt von den Russen, unter dem General Hollmar beschossen und ganz eingeäschert. Zum Wiederaufbau schenkte Friedrich II 33796 Rthlr., und Friedrich Wilhelm II zum völligen Ausbau wieder einige Tausend Thaler.

B. Das Stift

Leubus.

Leubus, das älteste Kloster in Schlesien, ist eine fürstliche Abtei Cistercienser Ordens (58 Geistliche). Sie liegt am rechten Ufer der Oder, in einer sehr angenehmen Gegend.

Casimir I, König in Polen und Herzog in Schlesien, der anfänglich selbst in dem Kloster Clugny in Frankreich ein Benedictiner war, aber unter gewissen Bedingungen, mit Einwilligung des Pabstes, aus dem Orden hinaustrat, und auf den Polnischen Thron erhoben wurde, stiftete dieses Kloster 1055 (andere sagen 1041) und setzte es auf die Stelle, wo ein heidnischer, dem Mars gewidmeter Tempel gestanden haben soll. Dahin zielt die Inschrift, die über dem Eingange steht:

DÆMONIS ARA PRIUS
TUA TRANSIT IN
ATRIA, CHRISTE.

Die erstern Geistlichen waren Benedictiner aus dem gedachten Kloster Clugny.

Boleslaus, der Lange, erweiterte 1170, oder wie einige wollen 1175, das Kloster, versetzte die Benedictiner nach Moligna in Polen, und besetzte es mit Cisterciensern, die er aus dem Kloster Pforte (der jetzigen Schul-Pforte) in Sachsen, wo seine Mutter Christina, Kaiser Heinrichs V. Tochter, begraben liegt, und wo er selbst einige Zeit gelebt hatte, herkommen ließ.

Das Kloster selbst ist ein schönes, im Viereck gebauetes, drei Stockwerk hohes, wirklich fürstliches Gebäude, mit dem sich sowohl an Umfang, als an Pracht vielleicht wenig Klöster in Deutschland messen können. Kaiser Leopold erbauete es, so wie es jetzt steht, 1684. Der prachtvollste Theil des Klosters ist unstreitig der auf 72 Fuß lange und etwa 35 Fuß breite, eben so wie die zahlreiche und gut geordnete große Bibliothek, durch das zweite und dritte Stockwerk durchgehende Fürstensaal*), dessen Fußboden mit Marmorplatten belegt und die Wände schön marmoriert sind. Nur Schade, daß eben diese Wände mit Stuckaturarbeit und Gypsfiguren ein wenig überladen sind. Der Platfond ist von Pento vortrefflich gemahlt, und man erzählt, daß sich unter den Figuren das Bildniß des Pento selbst befinde.

*) Friedrich II soll einst den Abt gefragt haben: ob die Apostel auch solche Säle gehabt hätten?

Die Kirche, in Form eines Kreuzes, ist groß, hoch, für die Höhe vielleicht ein wenig zu schmal, hat drei Gewölbe und enthält viele vortreffliche Gemählde von Willmann, z. E. im Altare die Auferstehung Christi und die zwölf Apostel. Auch der Bildersaal und die Gänge des Klosters enthalten vortreffliche Gemählde und Zeichnungen von Pento, Willmann und seinen Schülern, deßgleichen viele Chinesische Gemählde auf Pergament.

In der Kirche liegen mehrere fürstliche Personen und verschiedene Bischöfe und Aebte; z. E. Boleslaus, der Freigebige; Boleslaus, der Lange; Primislaus, Herzog zu Glogau, mit seinen Töchtern Hedwig und Salome; Conrad IV, Herzog zu Steinau; Hedwig, Herzoginn zu Liegnitz ꝛc. ꝛc.

Im Jahre 1432 plünderten, zerstörten, verbrannten die Hussiten das Kloster, und mißhandelten die Mönche so, daß sie endlich flüchten mußten. Das Kloster wurde nachher wieder erbauet, und von den Ordensbrüdern wieder in Besitz genommen. Allein im dreißigjährigen Kriege wurde es von den Schweden geplündert, und die Geistlichen nebst dem Abte mußten nach Breslau entfliehen.

Der dem Kloster vorstehende Abt ist einer der ersten Landstände im Fürstenthume Wohlau. Nicht nur in diesem Fürstenthume besitzt das Stift ansehnliche Güter, sondern auch mehrere in andern Fürstenthümern.

A. Im Wohlauer Kreise:

1) Leubus (Städtel); 2) Leubus (Dorf) mit drei Vorwerken; 3) Prauske; 4) Grossen; 5) Glei-

nau; 6) Mönchmotschelnitz; 7) Loßwitz; 8) Rathau; 9) Sagritz; 10) Groß-Schmogen.

B. Im Steinauer Kreise:

1) Tarxdorf; 2) Thiemendorf.

C. Im Breslauer Kreise;

1) Althof; 2) Reichwald; 3) Thannwald.

D. Im Striegauer Kreise:

1) Neuhof; 2) Guckelhausen; 3) Ober- und 4) Nieder-Moys.

E. Im Guhrauer Kreise:

1) Seitsch; 2) Braunau; 3) Weschkau; 4) Seifersdorf; 5) Neudorf; 6) Langenau.

F. Im Liegnitzer Kreise:

1) Schlauphof; 2) Weinberg; 5) Bellwitzhof; 4) Maltsch; 5) Alt-Läst; 6) Rogau; 7) Dornpusch.

G. Im Hirschberger Kreise:

1) Seitendorf; 2) Klein-Helmsdorf.

H. Im Nimptscher Kreise:

1) Heidersdorf; 2) Langen-Oels.

I. Im Neumärker Kreise:

1) Wilgsen; 2) Schreibersdorf; 3) Elend; 4) Regnitz; 5) Nieder-Camese.

K. Im Ober-Glogauer Kreise:

1) Die Probstei Casimir; 2) Domnitz; 3) Kerpen; 4) Damaskowitz; 5) Langendorf.

L. Im Goldberger Kreise: Oberau.

Außer diesen besitzt es noch die Afterlehne Ketschdorf, Röhrsdorf, Rudelstadt, Jägerndorf, Kunzendorf, Streckenbach, Nimmersatt.

C. Dörfer.

Nahmen der Dörfer.	Oeffentliche Gebäude. Kirchen. Protest.	Kirchen. Kathol.	Schulen. Protest.	Schulen. Kathol.	Pfarrhäuser.	Gemeinhäuser.	Herrschaftl. Schlösser u. Wohnhäuser.	Vorwerke.	Bauern.	Gärtner.
Ackreschfronze	—	—	—	—	—	—	—	1	3	11
Arnsdorf	—	—	—	—	—	—	—	1	—	20
Auske { Groß { 1 Anth.	—	—	—	—	—	1	—	1	—	7
Auske { Groß { 2 Anth.	—	—	—	—	—	1	—	—	7	2
Auske { Klein-	1	—	1	—	1	1	—	1	—	12
Austen	—	—	—	—		—	—	1	—	10
Backen, (Steinvorwerk)	—	—	—	—	—	1	—	2		2[illegible]
Bartschdorf, Colonie	—	—	—	—	—	—	—	—	—	10
Baucke	—	—	—	1	—	1	—	—	18	2
Baulwy, Pelwe, Paul) { Groß-	—		—	—	—	2	—	1	10	1
Baulwy, Pelwe, Paul) { Klein-	—	—	1	—	—	—	—	1	7	10
Bauschwitz, Klein-	—	—	—	—	—	1	—	—	10	
Belkawe	—	—	—	—	—	—	—	1	—	
Beltsch, Klein-	—	—	—	—	—	1	—	1	—	1
Berg	—	—	—	—	—	—	—	—	—	
Bechine	1	—	1	—	1	2	—	—	17	
Bienowitz	—	—	—	—	—	—	—	1	—	
Bischofsau, Colonie	—	—	—	—	—	—	—	-	—	1
Bobiele	—	—	1	—	—	2	—	2	34	2
Brenowitz	—	—	—		—	—	—	1	—	
Bronau, (Steinbraun)	—	—	—	—	—	1	—	1	—	1
Bschanz, (Puschanze)	—	—	—	—	—	2	—	1	—	1
Buschen	—	—	—	—	—	2	—	1	—	4
Camin	—	—	1	—	—	2	—	1	7	10
Corangelwitz	—	—	—	—	—		—	1	4	1
Cunnern, Ober- und Nieder-	—	—	—	—	—	—	1	2	3	2
Dahme	—	—	—	—	—	2	—		—	1
Dahl	—	—	1	—	—	1	1	2	5	5
Dittersbach, (Peischke)	—	—	—	—	—	—	1	1	—	1
Dombsen	—	—	—	—	—	2	—	—	3	1
Domnitz	—	—	—	—	—	3	—	—	9	—
Dychen	—	—	1	—	—	-	—	1	8	—
Friedrichshayn, Colonie	—	—	—	—	—	-	—	—	—	—

Wasser-	Mühlen. Wasser-	Mühlen. Wind-	Herrschaft.	District.	Anmerkungen und Merkwürdigkeiten. NB. W. bedeutet den Wohlauer, Wz. den Winziger, H den Herrnstädter, Rz. den Rützener District.
1	1	1	Adelig.	Wz.	
2	—	—	desgl.	W.	
—	—	1	desgl.	W.	
—	—	—	Amt Wohlau.	—	
—	2	1	desgl.	W.	Hierher gehört die Jüschemühle und Schindelmühle.
6	—	1	Adelig.	Rz.	
1	—	1	Amt Herrnstadt.	H.	
—	—	—	desgl.	H.	Dazu geh. Wersebinze. Beide sind Holländereien, die durch die Räumung der Bartsch entstanden.
13	—	—	Stift Trebnitz.	Wz.	Hierher geh. die Schäferei Tschepline.
6	—	1	Adelig.	Wz.	
5	—	..	desgl.	Wz.	
10	1	—	Bisthum Breslau.		
—	—	—	Adelig.	Wz.	
—	—	1	desgl.	H.	
—	—	—	Kämm. Winzig.	Wz.	
1	—	1	Amt Wohlau.	Wz.	
—	—	1	Adelig.	H.	
—	—	—	Bisth. Breslau.	—	
12	4	2	Amt Herrnstadt.	H.	Ein Vorwerk heißt Schuberse.
1	—	1	Adelig.	H.	
5	—	1	desgl.	H.	
—	—	1	desgl.	W.	
8	1	—	Amt Wohlau.	W.	
—	—	1	Adelig.	H.	
2	—	—	desgl.	Rz.	
9	—	1	desgl.	Wz.	
—	—	1	desgl.	Wz.	
—	1	1	desgl.	H.	Ein Vorwerk heit Heidevorwerk.
—	—	1	desgl.	Wz.	
11	—	—	Amt Wohlau.	W.	
1	—	—	desgl.	Wz.	
—	—	2	Amt Herrnstadt.	H.	
—	—	—	Amt Wohlau.	H.	

Nahmen der Dörfer.	Oeffentliche Gebäude. Kirchen. Protest.	Kathol.	Schulen. Protest.	Kathol.	Pfarrhäuser.	Gemeinhäuser.	Herrschaftl. Schlösser u. Wohnhäuser.	Vorwerke.	Bauern.	Gärtner.
Fröschen	—	—	—	—	—	2	—	1	—	15
Fröschroggen	—	—	—	—	—	—	—	1	—	9
Gansohr	—	—	—	—	—	—	—	1	—	3
Garben	—	—	—	—	—	—	—	1	—	29
Geischen	1	—	1	—	1	2	—	1	19	10
Gewersewitz	—	—	—	—	—	—	—	1	—	6
Gimmel	1	—	1	—	1	2	1	2	7	36
Gleinau	—	—	—	—	—	2	—	1	11	20
Globitschen	—	—	—	—	—	2	1	2	—	22
Glumbowitz	—	—	—	—	—	1	—	1	—	8
Gohle	—	—	—	—	—	1	—	1	—	8
Gorkau	—	—	—	—	—	—	—	1	—	4
Greschine	—	—	—	—	—	2	—	1	6	[illegible]
Grossen	—	—	—	—	—	2	—	—	5	15
Hammer	—	—	—	—	—	2	—	1	—	15
Hengwitz	—	—	—	—	—	1	—	1	—	5
Heide, (Heidevorwerk)	—	—	—	—	—	—	—	1	—	4
Heidersdorf	—	—	—	—	—	—	—	1	1	17
Heidichen	—	—	—	—	—	—	—	—	—	15
Herrndorf, Colonie	—	—	—	—	—	—	—	—	—	10
Herrnlauersitz	1	—	1	—	2	2	—	1	—	15
Herrnmotschelnitz	1	—	1	—	1	3	1	2	—	31
Hoch-Beltsch	—	—	—	—	—	2	—	2	5	13
Hünern	1	—	1	—	1	2	1	4	—	48
Jakobsdorf, (Jocksdorf)	—	—	—	—	—	2	—	1	—	15
Irsingen	—	—	—	—	—	2	—	1	—	9
Kahlewe	—	—	—	—	—	2	1	1	—	12
Kaschewen	—	—	—	—	—	2	—	1	—	21
Klein-Lauersitz	—	—	—	—	—	1	—	1	—	13
Kleichwitz	—	—	—	—	—	2	—	1	9	6
Königsdorf, Colonie	—	—	—	—	—	—	—	—	—	11
Königsbruch, Colonie	1	—	1	—	1	—	—	—	—	11
Kreidel Groß	—	1	—	1	1	2	—	—	37	30
Kreidel Klein	1	—	—	1	—	2	—	1	22	28
Kröhlau, (Krählau)	—	1	—	1	—	2	—	—	23	[illegible]
——— Ober- und Nieder-	—	—	—	—	—	1	—	2	—	23
Kruschütz	—	—	—	—	—	2	—	1	—	11
Krumm-Wohlau	—	—	—	—	—	2	—	2	15	20

Häusler.	Mühlen. Wasser.	Mühlen. Wind.	Herrschaft.	District.	Anmerkungen und Merkwürdigkeiten.
—	—	1	Adelig.	Wz.	
—	—	—	desgl.	Wz.	
—	—	—	desgl.	H.	Gehört zu Hünern.
10	1	1	Kämm. Wohlau.	W.	Hierher gehört die Fachemühle.
9	—	2	Adelig.	H.	
—	—	—	desgl.	H.	
11	4	—	desgl.	Wz.	
2	—	—	Stift Leubus.	W.	
6	—	1	Adelig.	Rz	
1	1	—	desgl.	Wz.	Die Wassermühle gehört den Carmelitern zu Groß-Strenz.
1	—	—	Amt Herrnstadt.	H.	
—	—	—	Adelig.	H.	
4	—	1	desgl.	Wz.	
8	—	—	Stift Leubus.	W.	
4	—	1	Adelig.	W.	
1	1	—	desgl.	H.	
1	1	—	Amt Wohlau.	W.	
—	1	—	Adelig.	W.	
—	—	—	Amt Herrnstadt.	H.	
—	—	—	desgl.	H.	
13	—	1	Adelig.	Rz.	
15	1	—	desgl.	Wz.	Das eine Vorwerk heißt Sorge.
2	1	1	desgl.	H.	
—	—	2	desgl.	H.	Das eine Vorwerk heißt Sorge, das andere Gansahr.
—	—	2	Kämm. Winzig.	Wz.	Ist mit Berg verbunden.
—	—	—	Adelig.	Rz.	
—	1	1	desgl.	H.	
—	3	2	desgl.	Wz.	
—	—	1	desgl.	Rz.	
6	—	1	desgl.	Wz.	
—	—	—	Amt Herrnstadt.	H.	
—	—	—	desgl	H	
21	2	-	Sandstift z. Bresl.	W.	Eine der Mühlen h. die Buschmühle.
30	1	1	desgl.	W.	
18	—	—	Bisthum Breslau.	W.	
1	—	2	Adelig.	W.	
—	—	2	desgl.	Wz.	
2	—	—	Amt Wohlau.	W.	Eines der Vorwerke h. Baumgarten.

Nahmen der Dörfer.	Oeffentliche Gebäude. Kirchen Protest.	Kirchen Kathol.	Schulen Protest.	Schulen Kathol.	Pfarrhäuser	Gemeindehäuser	Herrschaftl. Schlösser u. Wohnhäuser.	Vorwerke.	Bauern.
Kutscheborwitz	—	—	1	—	—	2	—	1	—
Lahse	—	—	1	—	—	1	—	1	—
Leipnitz	—	—	—	—	—	2	—	1	8
Lendschütz	—	—	—	—	—	1	—	1	—
Leopoldshayn	—	—	—	—	—	—	—	—	—
Leubus, Marktflecken	—	1	—	1	1	3	—	—	6
Leubus, Dorf	—	2	—	—	—	4	—	2	—
Loßwitz	—	1	—	1	1	2	—	1	8
Lübchen	—	—	1	—	—	2	1	1	7
Mersine	—	—	1	—	—	2	—	1	—
Mondschütz	1	—	1	—	1	2	1	2	21
Mönchsfurth, Colonie	—	—	—	—	—	—	—	—	—
Mönchmotschelnitz	—	—	—	—	—	3	—	1	9
Neudorf	—	1	—	1	—	3	—	1	14
Nisgawe, Ober- und Nieder-	—	—	—	—	—	3	—	2	—
Nixen	—	—	—	—	—	—	—	—	—
Norigawe	—	—	—	—	—	2	—	2	—
Oderbeltsch	—	—	—	—	—	2	—	1	—
Osselwitz	—	—	—	—	—	1	1	2	—
Ostrawe	—	—	—	—	—	—	—	1	—
Pakuschwitz	—	—	—	—	—	1	—	1	—
Pantken, Groß-	—	—	1	—	—	2	—	1	4
Pantken, Klein-	—	—	—	—	—	2	—	1	—
Peiskern	—	—	—	—	—	2	—	2	—
Peterwitz, Klein-	—	—	1	—	—	2	1	1	—
Petranowitz	—	—	—	—	—	1	—	—	10
Pfarroggen	—	—	—	—	—	—	—	1	—
Piskorsine	1	—	1	—	1	2	1	2	10
Pluskau	—	—	1	—	—	2	—	1	20
Polgsen, (Pulsen)	1	—	1	—	1	3	1	2	17
Pogel, Groß-	—	—	—	—	—	—	—	—	11
Pogel, Klein-	—	—	—	—	—	1	—	1	2
Polnischdorf	—	—	—	—	—	—	—	2	10
Porlowitz	—	—	—	—	—	—	—	1	1

Häusler.	Mühlen. Wasser=	Mühlen. Wind=	Herrschaft.	District.	Anmerkungen und Merkwürdigkeiten.
—	—	1	Amt Wohlau.	H.	Ein Vorwerk heißt Waldvorwerk.
—	2	—	desgl.	Wz.	
1	1	—	desgl.	W.	
—	—	1	desgl.	H.	
—	—	—	Adelig.	—	
16	—	—	Stift Leubus.	W.	
36	—	—	desgl.	W.	Die Vorwerke heißen Dobreye und Gasthof.
9	—	1	desgl.	W.	
1	1	—	Adelig.	Rz	Dazu gehört die Schäferei Pechofen.
—	—	2	desgl.	Wz.	
24	—	2	desgl.	W	Hierher gehört das Vorwerk Canthen.
—	—	—	desgl.	—	
23	3	—	Stift Leubus.	Wz.	
1	—	—	Bisth. Breslau.	W.	Das Vorwerk heißt Neusorge und hat einen andern Besitzer.
1	—	1	Adelig.	Wz.	
—	—	—	desgl.	H.	Gehört zu Polgsen.
16	1	1	desgl.	H.	
4	—	2	desgl.	Rz.	
—	—	1	desgl.	H.	Eines der Vorwerke heißt Teichenau
—	—	—	desgl.	H.	
—	—	—	desgl.	Wz.	
—	—	1	desgl.	Wz.	
—	1	1	desgl.	Wz.	
—	—	1	desgl.	Wz.	Eines der Vorwerke heißt Tscheltsch.
—	—	1	desgl.	H.	Hierher gehört die Tänzerei.
—	2	—	Amt Wohlau.	W.	
—	—	1	Pastor z. Winzig.	Wz.	
10	—	2	Adelig.	Wz.	
6	1	1	desgl.	H.	Ist mit Ostrawe verbunden.
3	6	1	desgl.	W.	Unter den Mühlen ist die Jerschemühle, die Neidmühle, die Trunkemühle. Hierher gehört auch Nixen. Hier ist auch eine Papiermühle.
6	—	1	Bisth. Breslau.	W.	
4	—	1	desgl.	W.	
14	1	1	Kämm. Wohlau.	W.	Ein Vorwerk heißt Gansahr.
—	—	—	Adelig.	H	

Nahmen der Dörfer.	Oeffentliche Gebäude. Kirchen. Protest.	Kirchen. Kathol.	Schulen. Protest.	Schulen. Kathol.	Pfarrhäuser.	Gemeinhäuser.	Herrschaftl. Schlösser u. Wohnhäuser.	Vorwerke.	Bauern.	Gärtner.
Prauske	—	—	—	1	—	1	—	1	—	33
Quaiwitz	—	—	—	—	—	1	—	1	—	8
Räudchen	—	—	—	—	—	2	—	1	—	16
Räudchen { Groß-	—	—	—	—	—	1	—	1	2	18
Räudchen { Klein-	—	—	—	—	—	2	—	1	—	17
Rathau	—	—	—	—	—	2	—	1	8	16
Rützen	1	—	1	—	1	2	1	2	9	19
Saborwitz	—	—	—	—	—	2	1	1	6	24
Sackern	—	—	—	—	—	—	—	—	7	10
Sagritz	—	—	—	—	—	2	—	—	10	10
Sandeborske	—	—	—	—	—	2	—	2	7	13
Sandewalde	1	—	1	—	1	—	—	—	—	—
Saul { Groß-	1	—	1	—	1	2	—	—	10	1
Saul { Klein-	—	—	—	—	—	1	—	1	6	9
Schätz	—	—	—	—	—	—	—	1	4	14
Schlaube, 3 Antheile	—	—	1	—	—	2	1	3	—	23
Schlaupe	—	—	—	—	—	2	1	1	—	18
Schmoger { Groß-	—	1	—	1	1	3	—	—	24	9
Schmoger { Klein-	—	—	1	—	—	2	1	1	6	15
Schöneiche	—	—	1	—	—	3	—	1	5	20
Schuberie	—	—	—	—	—	—	—	1	—	4
Schwinaren	—	—	1	—	—	2	—	—	16	17
Seyfrodau	—	—	—	—	—	1	1	2	1	28
Sophienthal, Colonie	—	—	—	—	—	—	—	—	—	9
Stadtvorwerk	—	—	—	—	—	—	—	1	—	14
Stanischen	—	—	—	—	—	2	—	1	4	19
Strien	—	—	—	—	—	2	—	1	3	27
Stuben	—	1	—	1	1	2	—	—	21	9
Sürken	—	—	1	—	—	1	—	1	—	11
Triebusch	1	—	1	—	1	2	1	2	17	33
Tscheschen	—	—	—	—	—	2	—	1	—	17
Tscheschenheide, (Schlaswitz)	—	—	—	—	—	2	—	2	—	24
Tscheschkowitz, 2 Antheile	—	—	1	—	—	2	—	1	8	9

Häusler.	Mühlen. Wasser.	Mühlen. Wind.	Herrschaft.	District.	Anmerkungen und Merkwürdigkeiten.
15	2	—	Stift Leubus.	W.	
1	—	1	Adelig.	Wz.	
—	—	—	Kämm. Wohlau.	W.	
—	—	2	Adelig.	H.	
1	—	1	desgl.	H	
—	—	—	Stift Leubus.	W.	
37	1	1	Adelig.	Rz.	Hier wohnen mehrere Tuchmacher. Auch soll hier einst das Bisthum einige Jahre seinen Sitz gehabt haben. Soll ehedem eine Stadt gewesen seyn. Eins von den Vorwerken heißt Heidevorwerk.
—	—	1	desgl.	H.	
—	—	1	desgl.	Rz.	
10	—	—	Stift Leubus.	W.	
1	1	1	Amt Wohlau.	H.	Eines der Vorwerke heißt Wehrse.
9	—	—	Adelig	H.	Soll einst eine Stadt gewesen seyn.
—	—	—	Amt Herrnstadt.	H.	
—	—	1	Adelig	H.	
4	—	2	desgl.	H.	
10	2	—	desgl.	H.	Eine Mühle heißt die Fuchsmühle.
6	2	1	desgl.	Wz.	
—	—	1	Stift Leubus.	Wz.	
—	—	1	Adelig	Wz.	
2	—	—	Amt Wohlau.	W	
2	—	—	Amt Herrnstadt.	H.	
5	—	1	desgl.	H.	
6	—	2	Adelig.	Wz.	Eines der Vorwerke heißt Isoldendorf.
—	—	1	desgl	Wz.	
12	—	4	Amt Herrnstadt.	H.	
—	1	—	Adelig.	—	
—	1	1	desgl	Wz.	
15	—	1	Bisth. Breslau.	W.	
2	—	—	Adelig.	W.	
31	—	4	desgl.	H.	
2	—	1	desgl.	Wz.	
1	—	—	desgl.	Wz.	Eines der Vorwerke heißt Sophienthal.
8	—	1	{ 1 Anth. Adelig. 1 Amt A. Herrnst.	H. H.	

Nahmen der Dörfer.	Oeffentliche Gebäude. Kirchen Protest.	Oeffentliche Gebäude. Kirchen Kathol.	Oeffentliche Gebäude. Schulen Protest.	Oeffentliche Gebäude. Schulen Kathol.	Pfarrhäuser.	Gemeinhäuser.	Herrschaftl. Schlösser u. Wohnhäuser	Vorwerke.	Bauern.	Gärtner.
Tschilesen	1	—	1	—	1	—	—	—	10	16
Tschistei	—	—	—	—	—	2	1	1	—	18
Tschuder Groß-	—	—	—	—	—	1	—	1	—	13
Tschuder Klein-	—	—	—	—	—	2	—	—	5	6
Waldvorwerk	—	—	—	—	—	1	—	1	—	13
Wangern Groß-	1	—	1	—	1	2	1	1	6	19
Wangern Klein-	—	—	—	—	—	1	1	1	—	10
Wanglewe	—	—	—	—	—	—	—	1	—	10
Wehlefronze, (Sandfronze)	—	—	—	—	—	1	1	1	—	9
Wendstadt	—	—	—	—	—	2	—	1	—	20
Wickoline	—	—	—	—	—	1	1	2	—	23
Winzig, Vor-	—	—	—	—	—	1	—	1	—	5
Wiersewitz Groß-	—	—	—	—	—	1	—	2	—	23
Wiersewitz Klein-	—	—	1	—	—	2	1	3	6	39
Wilhelmsthal, Colonie	—	—	—	—	—	—	—	—	—	13
Wilhelmsbruch, Colonie	—	—	—	—	—	—	—	—	—	13
Wohlau, 2 Antheile	1	—	1	—	1	2	1	2	3	35
Woidnig	—	—	1	—	—	—	—	1	4	14
Zechen	—	—	1	—	—	2	—	—	11	9
Züchen	—	—	—	—	—	1	—	1	2	11
Zweckfronze	—	—	—	—	—	—	—	1	—	5
Zychline	—	—	—	—	—	—	—	—	—	6

Häusler.	Mühlen. Wasser.	Mühlen. Wind.	Herrschaft.	District	Anmerkungen und Merkwürdigkeiten.
12	—	1	— —	H.	
2	—	1	Adelig.	H.	
10	1	—	desgl.	H.	
5	—	—	desgl.	Wz.	
—	—	1	desgl.	Rz.	
—	1	1	desgl.	Wz.	
—	—	1	desgl.	Wz.	
—	—	—	desgl.	—	
2	—	1	desgl.	Wz.	
2	1	—	desgl.	Rz.	
3	—	1	desgl.	H.	
1	—	1	desgl.	Wz.	
10	1	—	desgl.	H.	
12	1	1	desgl.	Rz.	Eines der Vorwerke heißt Neuvorwerk; ein anderes Heidevorwerk.
—	—	—	desgl.	H.	
—	—	—	desgl.	H.	
5	1	2	desgl.	W.	
6	—	1	Amt Herrnstadt.	H.	
16	—	4	desgl.	H.	
2	—	—	Adelig.	Rz.	
—	—	—	desgl.	Wz.	
—	—	—	desgl.	—	

II.

Der Steinau-Raudtener Kreis.

Der Steinau-Raudtener Kreis, der die Weichbilder Steinau und Raudten in sich begreift, gränzt gegen Morgen an den Wohlauer Kreis, und an einen in diesem Kreise liegenden Theil des Guhrauer Kreises des Fürstenthums Glogau; gegen Mittag mit dem Liegnitzer Kreise; gegen Abend mit dem Lübener Kreise, und dem Fürstenthume Glogau; gegen Mitternacht an das Rützener Weichbild.

Er liegt an der linken (Deutschen) Seite, und nur einige Dörfer liegen auf der rechten (Polnischen) Seite der Oder, die nebst der kalten Bach (Steine) die beträchtlichsten Gewässer des Kreises sind. Er enthält auf 13 Quadrat-Meilen zwei Städte, Steinau und Raudten, 57 Dörfer, und eine Colonie.

A. Städte.

1. Steinau.

Diese Immediat- und Kreisstadt liegt zwischen der Oder und der kalten Bach, hat nur auf der Mittagsseite Mauer, auf der Mitternachtsseite machen die Gartenzäune eine Art Barriere; sie hat nur zwei Thore, das Glogauer- und das Oderthor, und enthält:

I. An städtischen Gebäuden:

1) Das Rathhaus, in welchem zugleich die katholische Curatial Capelle sich befindet.

2) Das Hospital zum heiligen Geiste.

3) Das Schießhaus.

II. An kirchlichen und Schulgebäuden:

1) Die evang. luther. Pfarrkirche St. Johannis, an der ein Pastor und ein Diaconus die Parochialien verrichten.

2) Die Marienkirche, vor dem Glogauer Thore.

3) Die St. Georgen=Capelle, (Schopp) vor dem Oderthore.

4. 5) Zwei Prediger=Wohnungen.

6) Die evang. luther. Schule, an der außer dem Rector und Conrector, noch zwei Lehrer Unterricht ertheilen.

III. An bürgerlichen Häusern:

In der Stadt . . . . . 189.

In der Vorstadt . . . . 160.

Summa . 349.

Bürgerliche Nahrungszweige sind, außer der Tuch=Manufactur, die hier sehr betrieben wird, dem Kraftmehlmachen, noch andere Handwerke und Künste; der Ackerbau, der aber nur von drei Vorwerksbesitzern getrieben wird; das Bierbrauen (8 Dorfschaften stehen unter dem Bierzwange); ein kleiner Consumtions=Handel.

Königliche Aemter sind hier nur das Accise- und Zollamt.

Jährlich sind vier Jahrmärkte: 1) an Lichtmeß; 2) an Himmelfahrt; 3) an Kreuzes Erhöhung; 4) an Nicolai.

Die Garnison besteht aus 1 Escadron Husaren vom Regiment Nr. 1.

Das Stadtwapen besteht aus einem halben Adler und einem Stücke Mauer mit 2 Thürmen.

2. Raudten.

Die offene Immediat-Stadt Raudten enthält:

I. An städtischen Gebäuden:

1) Das Rathhaus.

2) Ein Hospital.

II. An kirchlichen und Schulgebäuden:

1) Die evang. luther. Pfarrkirche, an der ein Pastor und ein Diaconus stehen.

2) Die kathol. Curatial-Capelle und die luther. Schule sind in dem alten Rathhause.

III. Bürgerliche Häuser:

In der Stadt	194.
In der Vorstadt	28.
Summa .	222.

Das erlernte Handwerk, der Ackerbau, das Bierbrauen (die Stadt hat den Bierausschrot auf

7 Kretschame), vorzüglich die Tuch-Manufactur (ungefähr $\frac{1}{3}$ der Bürger sind Tuchmacher) sind die bürgerliche Nahrung.

Jahrmärkte sind: 1) am heil. Dreikönigstage; 2) an Mitfasten; 3) an Trinitatis; 4) an Bartholomäi; 5) an Simonis und Judä; am letztern ist zugleich Viehmarkt.

An Königlichen Aemtern ist hier bloß ein Accise- und Zollamt.

Die Garnison besteht aus einer Escadron Dragoner vom Regimente Nr. 2.

B. Dörfer.

Nahmen der Dörfer.	Oeffentliche Gebäude: Kirchen. Protest.	Kirchen. Ka.hol.	Schulen. Protest	Schulen. Kathol.	Pfarrhäuser.	Herrschaftl. Schlösser u. Wohnungen	Vorwerke.	Bauern	Gärtner.	Häusler.	Colonisten-Häuser.
Bartsch	—	—	—	—	—	1	2	4	26	—	2
Bielwiese	1	—	1	—	1	1	2	9	29	4	—
Borichen	—	—	—	—	—	—	1	—	11	—	—
Brodeiwitz	—	—	—	—	—	1	1	5	21	3	3
Canimelwitz	1	—	1	—	1	1	2	—	20	1	—
Calmikau, (Gunke)	—	—	—	—	—	1	1	—	12	1	1
Dammrich	—	—	1	—	—	1	1	—	10	9	—
Dammer Ober	—	—	—	—	—	1	1	—	15	4	4
Dammer Mittel.	—	—	1	—	—	1	1	—	18	—	—
Dammer Nieder=	—	—	—	—	—	—	1	—	10	—	—
Drichslau	1	—	1	—	1	1	3	—	29	3	2
Dievan	1	—	1	—	1	1	2	—	24	7	—
Gäblitz	—	—	—	—	—	—	1	—	5	—	—
Gaffron	1	—	1	—	1	1	2	10	26	2	—
Geisendorf	—	—	—	—	—	—	2	14	6	18	—
Georgendorf, (Minkowitz)	—	—	—	—	—	—	2	—	14	—	—
Georgendorf	—	—	—	—	—	1	2	—	13	—	—
Großendorf	1	—	1	—	1	1	3	7	18	4	—
Gurkau	—	—	—	—	—	1	1	—	8	—	10
Herrndorf	—	—	—	—	—	1	—	—	13	2	—
Hochbauschwitz	—	—	—	—	—	—	—	27	—	8	—
Jürtsch	1	—	1	—	1	—	1	10	22	2	—
Klieschau	—	—	—	—	—	1	1	2	15	—	—
Kreischau	—	—	1	—	—	—	1	17	16	1	—
Kunzendorf	1	—	1	—	1	—	1	—	19	—	—
Lampersdorf	1	—	1	—	1	1	2	19	34	1	—

Mühlen.						
Wasser-	Wind-	Brett-	Ziegeleien.	Herrschaft.	District.	Anmerkungen und Merkwürdigkeiten. NB. St. bedeutet den Steinauer, R. den Raudtener District oder Weichbild.
–	1	—	—	Adelig.	R.	Ist mit Culm verbunden.
–	2	—	1	desgl.	St.	
–	—	—	—	Amt Wohlau.	St.	
–	2	1	—	Adelig.	R.	
2	1	—	—	desgl.	St.	
–	1	—	—	desgl.	R.	
1	1	—	—	desgl.	St.	
1	—	–	1	desgl.	St.	
1	1	—	–	desgl.	St	Hierher gehört der Kretekretscham.
—	—	—	1	desgl.	St.	
1	2	—	—	desgl.	R.	
–	1		—	desgl.	St.	
–	—	—	—	desgl.	R.	
1	—	—	—	desgl.	R.	
—	—	—	—	desgl.	St.	Das eine Vorwerk nebst vier Gärtner und ein Häusler gehört dem Hospital in Steinau.
—	—	—	—	desgl.	St.	Hierher geh. auch Minkwitz, das am rechten Ufer der Oder liegt.
—	1	—	—	desgl.	St.	
1	1	—	—	desgl.	St	
—	—	—	—	desgl.	R.	
—	—	—	–	desgl.	St.	
—	—	—	—	Bisth. Breslau.	St.	
—	1	—	—	Amt Parchwitz.	St.	Zu diesem Dorfe gehört die Königl. Spedition Aufhalt; woselbst nebst der Wohnung des Spediteurs, der Accise- und Zoll-Officianten noch die Magazine zum Aufbewahren der Kaufmannsgüter, eine Wage und ein Krahn ist.
—	1	—	—	Adelig.	R.	
—	—	—	—	desgl.	St.	
—	1	—	—	desgl.	St.	Wurde im siebenjährigen Kriege von den Russen abgebrannt.
—	2	—	1	desgl.	St.	

Nahmen der Dörfer.	Oeffentliche Gebäude: Kirchen. Protest.	Kirchen. Kathol.	Schulen. Protest.	Schulen. Kathol.	Pfarrhäuser.	Herrschaftl. Schlösser u. Wohnungen.	Vorwerke.	Bauern.	Gärtner.	Häusler.	Colonisten-Häuser.
Lebsewitz	—	—	1	—	—	1	1	—	13	—	2
Merschwitz	1	—	1	—	1	—	1	5	35	1	—
Mlietsch	1	—	1	—	1	1	3	7	33	7	—
Mühlgaß	—	—	—	—	—	1	1	—	—	—	—
Neudorf	—	—	—	—	—	—	1	5	5	—	—
Oelschen	—	1	—	1	1	—	—	16	6	4	—
Pohlach	—	—	—	—	—	1	1	4	13	1	—
Porschwitz	1	—	1	1	—	—	1	19	23	2	—
Preichau	—	1	—	1	1	—	2	10	15	2	—
Pronzendorf		—	—	—	—	—	2	11	16	14	—
Prschiebor, (Schiefer)	—	—	—	—	—	1	2	—	18		—
Quetien	—	1	—	1	1	—	—	6	10	—	—
Rädlitz Ober-	—	—	—	—	—	1	1	—	12	—	
Rädlitz Nieder- (Klein-)	—	-	—	—	—	—	1	—	10	—	—
Ransen	1	—	1	—	1	1	3	14	33	—	4
Raudten, Alt-	1	—	1	—	1	1	-	—	27	3	—
Raudtner Burglehn	—	—	—	—	—	1	2	—	9	—	1
Rostersdorf, 3 Anth.	1	—	1	—	1	2	3	—	46	12	3
Streideiwitz	—	—	—	—	—	—	—	13	—	1	—
Tarxdorf	—	—	1	—	—	—	—	9	8	8	—
Thauen	—	—	1	—	—	—	2	2	14	—	-
Thielau		—	—	—	—	1	1	—	12	—	11
Thiemendorf	1	1	1	1	2	—	—	43	17	37	—
Töschwitz	—	—	1	—	—	1	3	8	28	5	—
Urschkau	1	-	1	—	1	1	4	10	38	23	12
Wandritsch	—	—	1	—	—	1	2	—	21	—	6
Weißig	—	—	—	—		—	2	—	18	4	—
Zechelwitz	—	—	—	—	—	—	—	14	—	3	—
Zedlitz	1	—	1	—	1	1	2	16	33	4	—

Mühlen.				Herrschaft.	District.	Anmerkungen und Merkwürdigkeiten.
	Wind	Brett	Ziegeleien.			
1	1	—	—	Adelig.	St	
—	1	—	1	desgl.	St	
2	1	—	1	desgl	R.	Eines der Vorwerke heißt Guhl-Vorwerk
—	1	—	—	desgl.	R.	Das eigentliche Dorf liegt im Guhrauer Kreise.
1	—	—	—	desgl.	St.	
—	—		—	Bisth Breslau.	R	
—	—	—	-	— —	R.	Gehört dem Fräuleinstift zu Barschau.
1	—	—	—	Adelig.	St.	Die Mühle heißt die Krautmühle.
—	1	—	—	Bisth Breslau.	St	
1	—	—	—	Amt Wohlau	St.	
—	1	—	—	Adelig	St.	
1	—	—	—	Bisth Breslau.	R	
—	—	—	—	Adelig.	St.	
—	2	—	—	desgl.	St.	
1	—	—	1	desgl.	St.	
3	—	—	—	desgl.	R	
—	1	—	—	desgl.	R	Ist mit Schmoll verbunden.
—	4	—	—	desgl.	—	
—	1	—	—	Dohm-Capitel zu Glogau.	R.	
—	—	—	—	Stift Leubus.	St	
—	1	—	—	Adelig	St.	
—	1	—	—	desgl.	R.	
—	8	—	—	Stift Leubus.	St.	Eine Art Freileute heißen hier Strümpfner.
—	2	—	1	Adelig.	R.	
—	4	—	1	desgl.	R.	Drei Vorwerke heißen Biele, Briese, Canitz.
1	1	—	—	desgl.	R.	
1	—	—	1	desgl.	R.	Eines der Vorwerke h. Mohrenthal.
—	—	—	—	Bisth Breslau.	St.	
4	—	2	—	Adelig.	St.	Ist ein Fideicommiß.

Das unmittelbare Fürstenthum Glogau.

Erster Abschnitt. Physikalische Beschaffenheit.

Gewässer.

Das Fürstenthum Glogau ist eines der wasserreichsten Fürstenthümer Schlesiens, theils wegen der darin strömenden Flüsse und größern und kleinern Bäche, theils aber auch wegen der vielen Seen, die man besonders in dem Schwiebuser Kreise findet. Ich werde mich bemühen, diese Gewässer, so viel, als bei den unvollkommenen Nachrichten, die man, selbst an Ort und Stelle, erhält, mir nur immer möglich ist, aufzuführen *).

1. Die Oder **)

ist der Hauptfluß dieses Fürstenthums. Sie tritt aus dem Fürstenthume Wohlau ***) in denjenigen abge-

*) Vielleicht führe ich manchen Bach als unbenahmt auf. Aber ich versichere, daß ich keinen Nahmen habe erfahren können.

**) S. Th. 3. S. 69 und oben S. 1. 95.

***) S. oben S. 96.

sonderten Theil des Guhrauer Kreises, der in dem gedachten Fürstenthum Wohlau gegen Morgen an den Winziger District des Wohlauer Kreises, gegen Mittag an den Preichauer Halt, gegen Abend an den Raudtener District des Steinau-Raudtener Kreises, und gegen Mitternacht an den Rützener District des Wohlauer Kreises gränzt; sie verläßt diesen Theil des Guhrauer Kreises unterhalb Radschütz, und schlängelt sich zwischen dem Raudtener und Rützener District, wo sie jedoch noch die Gründe des zum Guhrauer Kreise gehörigen Dorfes Rabenau bewässert, fort, bis sie endlich zwischen Oder-Beltsch und Leschkowitz in den Glogauer Kreis eintritt. Aus diesem fließt sie vor Beuthen in das Fürstenthum Carolath, verläßt es aber unter Carolath bald wieder, strömt in den Freistädter Kreis, und aus diesem in den Grünberger Kreis. An den Gränzen des letztern mit dem Herzogthume Crossen schlängelt sie sich fort, bis sie endlich gänzlich in das Crossensche eintritt. Sie nimmt in ihrem Laufe in diesem Fürstenthume auf:

* Am rechten Ufer:

A. im Guhrauer Kreise.

1) Einen bei Winzig entstehenden Bach, der noch durch etliche kleinere Bäche verstärkt wird, bei den Kohlhäusern.

2) Die Bartsch *), in einem Winkel, wo der Glogauer und Guhrauer Kreis bei Schwusen gränzen.

Kurz

*) Siehe (das Fürstenthum Wohlau) S. 96.

Kurz vor ihrer Ausmündung in die Oder nimmt die Bartsch noch auf:

Den Gränzgraben (die Tschwirnerei), der in der Gegend von Guhrau, bei Klein-Kloden, aus der Vereinigung zweier Bäche entsteht, Guhrau rechts vorbei fließt, sich in seinem Laufe gegen Mitternacht durch mehrere kleine Bäche verstärkt, nun an der Gränze von Süd-Preußen und dem Guhrauer Kreise fortströmt, bis er sich endlich oberhalb Schwusen in die Bartsch ergießt.

B. Im Freistädter Kreise:

3) Die alte Tschietsch. Sie entsteht in Süd-Preußen, fließt durch den Glogauer Kreis, tritt aus diesem in den Freistädter, und zwar in das Fürstenthum Carolath, wo sie bald nach ihrer Vereinigung mit der Rehlache bei Carolath in die Oder fällt.

4) Einen aus dem Schlawer See ab-Kontapp vorbeifließenden Bach, unterhalb Aufhalt, im Fürstenthume Carolath.

** Am linken Ufer:

A. Im Guhrauer Kreise.

5) Den Nerschützer Bach, bei Leeskau (Laske).

B. Im Glogauer Kreise.

6) Den Herzogsgraben (die Goldbach) *), bei Glogau. Er tritt unter Klein-Gaffron aus

*) Siehe S. 7. 98.

dem Fürstenthume Wohlau in den Glogauer Kreis, nimmt bis zu seiner Ausmündung verschiedene unbenahmte Bäche auf, macht bei Rettkau zwei Arme, die sich bei Beitnig wieder vereinigen. Der abfließende Arm wird das Schwarzwasser, und die Gegend der schwarze Winkel genannt.

7) Einen von Schmarse herkommenden, durch Jätschau und Rauschwitz fließenden Bach, der in diesen beiden Orten 9 Mühlen treibt, nahe oberhalb Glogau.

8) Einen unbenahmten durch Modlau und Gusteuschel fließenden kleinen Bach, bei Berchau.

9) Einen unbenahmten durch Würchwitz, Stumberg, Gleinitz und Herrndorf fließenden Bach, der in diesen Dörfern 8 Mühlen treibt, bei dem bischöflichen Dorfe Fröbeln *).

10) Einen von Weichwitz herfließenden Bach, ebenfalls bei Fröbeln.

11) Einen in der Gegend von Groß-Kauer und Mangelwitz aus einigen kleinern Bächen zusammenfließenden unbenahmten Bach, unter Klein-Tschirne. Bald darauf wieder

12) einen unbenahmten bei Baunau entstehenden, durch Doberwitz fließenden Bach.

C. Im Fürstenthume Beuthen.

13) Einen unbenahmten unweit Klein-Würbitz entstehenden Bach, bei Beuthen.

---

*) Auf der Schubartschen Karte Wroteln.

D. Im Freystädter Kreise.

14) Den Weißfurth, genau da, wo der Glogauer und Freystädter Kreis gränzen. Er entsteht aus der Vereinigung zweier Bäche bei Pobschütz, davon der eine bei Metschlau im Sprottauer Kreise, und der andere bei Groß-Bohrau im Freistädter Kreise entspringt. Er nimmt, ehe er Neustädtel erreicht, drei unbenahmte Bäche an sich, davon der erste auf dem Buchwitzer Territorio entspringt, und bei Suckau noch einen andern aufnimmt; einen ebenfalls unbenahmten bei Neustädtel, der durch Milkau fließt, ferner einen unter Neustädtel, bei Krolkwitz, der in der Gegend bei Pfaffendorf entsteht, und durch Malschwitz fließt.

15) Zwei unbenahmte Bäche, die sich kurz vor ihrer Ausmündung in die Oder vereinigen. Der eine entsteht in der Gegend von Grund, bewässert die Dörfer Döring, Bielitz, Nettschütz und Alt-Schau *). Der andere entspringt in der Gegend von Zissendorf, und fließt, nachdem sich ein durch Zyrus und Zecklau fließender unbenahmter Bach auf den Gründen von Tschöplau damit vereinigt hat, durch Rauden.

16) Den Siegerfluß, unter Neusalz. Er entspringt am Fuße eines der sogenannten Höllenberge, bei Freistadt, wo er links vorbei, und durch Siegersdorf fließt.

*) Auf der Schubartischen Karte Alt-Tschoe.

E. Im Grünberger Kreise:

17) Den Schwarzgraben. Er entsteht im Naumburger District des Fürstenthums Sagan aus der Vereinigung zweier Bäche bei Neu-Kleppen. Der eine dieser Gräben entspringt am Fuße des Stephansberges, und der andere auf den Gründen von Alt-Kleppen. Er nimmt

† am rechten Ufer auf:

A. Einen unbenahmten Bach, auf den Gründen von Rohrwiese.

B. Einen dergleichen, der durch die Dörfer Reinshayn, Altenau, Langen-Herrnsdorf und Niebusch strömt.

C. Den Pürbener Bach.

D. Einen von den Langen-Herrnsdorfer Gründen herfließenden Bach, mit dem sich das Seifersdorfer Wasser vereinigt.

E. Den Brunzelwalder Bach, bei dem Vorwerke Sorge.

F. Einen durch die Dörfer Herzogswalde und Streidelsdorf fließenden Bach.

†† Am linken Ufer:

G. Die Ochel. Sie entspringt ebenfalls im Naumburger District, zwischen Schöneiche und Cosel, strömt gegen Morgen, macht die Gränze zwischen dem Freistädter und Grünberger Kreise, fließt Wartenberg vorbei, und vereinigt sich dann bald mit dem Schwarzgraben. Sie nimmt mehrere Bäche auf:

α) Am rechten Ufer:

a) einen unbenahmten Bach, bei Erkelsdorf.

β) Am linken Ufer:

b) Den Lättnitzer Bach, bald bei seinem Eintritte in das Fürstenthum Glogau.

c) Den Schweinitzer Bach, in welchen sich kurz vor seinem Eintritt in die Ochel noch ein anderer, mehrere Mühlen treibender, Bach ergießt, bei den Waldhäusern *).

d) Den Ochel-Hermsdorfer Bach.

e) Den Einsiedelbach, der durch Külpenau fließt.

f) Den Kreuzbach, der bei Lawalde aus der Vereinigung zweier unbenahmten Bäche entsteht, durch Drentkau und Güntherdorf fließt, und zwischen diesen beiden Dörfern noch den Klein-Heinersdorfer Bach aufnimmt.

18) Einen zwischen Polnisch- und Deutsch-Kessel aus der Vereinigung zweier Bäche entstehenden Bach, der, nachdem er das Droschkauer Wasser aufgenommen hat, nebst einigen andern kleinern Bächen in den Saborer See, und aus diesem in Hammer in die Oder sich ergießt.

2. Der Bober **).

Er tritt zwischen Buchwald und Ober-Leschen in das Fürstenthum Glogau, und zwar in den

---

*) Die Bäche b und c werden von einigen fälschlich als der Ursprung der Ochel angegeben.

**) Siehe Th. 1. S. 1. Th. 2. S. 1.

Sprottauer Kreis, verläßt es aber unter Malmitz wieder, und strömt in das Fürstenthum Sagan. Er nimmt in seinem kurzen Laufe nebst einigen unbedeutenden unbenahmten Bächen am linken Ufer, am rechten Ufer auf:

Die Sprottau,

die bei Sprröttchen im Lübener Kreise des Fürstenthums Liegnitz entspringt *), sich einige Zeit an der Gränze der Fürstenthümer Liegnitz und Glogau fortschlängelt, bis sie endlich ganz in das letztere eintritt. Hier fließt sie eine Strecke an der Gränze des Glogauer und Sprottauer Kreises, tritt aber endlich ganz in den letztern, und fällt bei Sprottau in den Bober. Sie nimmt in ihrem Laufe mehrere Bäche und Gräben auf.

* Am rechten Ufer:

† In dem Glogauer Kreise:

1) Das Gläsersdorfer Wasser.
2) Den Polkwitzer Bach.
3) Das Fauleteichwasser.
4) Einen durch Zauche und Klemnitz fließenden Bach, mit dem sich bei Klemnitz ein von Herrnsdorf herfließender Bach vereinigt.
5) Den Wiesauer Bach.
6) Einen auf den Jakobskircher Gründen entstehenden, durch Rosel fließenden Bach, an der Gränze des Glogauer Kreises.

†† Im Sprottauer Kreise:

7) Einen unbenahmten Bach bei Zauche.

---

*) S. oben S. 6.

8) Einen dergleichen zwischen Wichelsdorf und Sprottischdorf.

** Am linken Ufer:

9) Einen auf den Gründen von Weißig entstehenden Bach, an der Gränze des Sprottauer und Glogauer Kreises.

10) Den Langenauer Bach.

11) Das Wasser aus den Brüchen in der Gegend von Primkenau, bei Lauterbach.

12) Den Karpfreiser Bach.

13) Das Petersdorfer Wasser, mit dem sich das Wasser aus dem großen Heideteich vereinigt.

14) Einen Waldbach bei Wichelsdorf.

Gewässer, die zwar in dem Fürstenthum Glogau entstehen, aber bald über die Gränze strömen.

1. Die Ober (Obra Uschik). Sie entsteht im Glogauer Kreise aus der Vereinigung einiger Bäche und dem abfließenden Wasser aus dem Schlawer See, strömt in den Freistädter Kreis, aus diesem wieder in einen Theil des Glogauer Kreises, schlängelt sich an der Gränze von Süd-Preußen hin, tritt in den Züllichauer Kreis des Herzogthums Crossen, und fällt endlich, nachdem sie am linken Ufer noch einige Bäche aus dem Freistädter Kreise an sich gezogen hat, bei Tschichenzig, am rechten Ufer, in die Oder.

2. Die **Briesnitz**. Sie entsteht im Freistädter Kreise auf den Gründen von Herwigsdorf, und tritt bald in das Fürstenthum Sagan.

3. Die **Krampe** entsteht zwischen Deutsch-Kessel und Prittag im Grünberger Kreise, fließt in der Richtung der Oder ins Crossensche, wo sie, nachdem sie, außer dem Grünberger Wasser, noch etliche andere Bäche des Grünberger Kreises aufgenommen hat, bei Polnisch Netkau, an der Gränze, am linken Ufer, in die Oder fällt.

4. Der **Jordan** (die Packlitz). Er entsteht im Schwiebuser Kreise aus dem Packlitz-See bei Liebenau, fließt aber bald nach Süd-Preußen, nachdem er bei dem Kloster Paradies noch einen andern Bach, der von einigen als der eigentliche Ursprung angenommen wird, an sich gezogen hat.

5. Die **faule Ober** (Polen) entsteht in den Niederungen bei Schwiebus, fließt eine kleine Strecke an der Gränze von Schlesien, und tritt nach Süd-Preußen über.

6. **Der Rohrbach** entsteht in der Gegend des vorigen, verstärkt sich durch die Wasser des Wilkauer, Liebicher, Lanker und Nilschlitzer Sees und durch etliche Bäche, fällt unter Hammer ins Crossensche, wo er sich am rechten Ufer in die Oder ergießt.

7. Ein in der Gegend von Steinbach entstehender Bach (Steinbach?) fällt ebenfalls ins Crossensche und hier am rechten Ufer in die Oder.

* * *

Bey Beitsch (Glog. Kr.) entspringt ein Bach, der eine Mühle treibt und dann im Sande versiegt.

In diesem Fürstenthume findet man mehrere Seen. Die merkwürdigsten sind:

Der Schlawer See, im Glogauer Kreise. Er ist meist 1 Meile lang und $\frac{3}{4}$ Meilen breit.

Der Polnisch-Tarnauer See, im Freistädter Kreise.

Der Saborer See, im Grünberger Kreise.

Im Schwiebuser Kreise sind die meisten Seen. Man zählt ihrer 19. Die beträchtlichsten sind:

1) Der Packlitz-See, bei Liebenau.
2) Der Engelsee, } bei Neudörfel.
3) Der Gastsee, } bei Neudörfel.
4) Der Pinn-See, bei Möstichen.
5) Der Probstsee, bei Buschvorwerk.
6) Der Nischlitz-See, bei Birkholz.
7) Der Blankensee, bei Blankensee.
8) Der Mittelwalder See, bei Mittelwalde.
9) Der Mühlbach-See, bei Mühlbach.
10) Der Trebach-See, bei Rutschlau.
11) Der Lankner See, bei Lanken.
12) Der Liebicher See.
13) Der Wilkauer See, bei Wilkau.
14) Der Rietschützer oder Schwiebuser Schloß-See, bei Rietschütz.

Nr. 1, 6 und 13 sind die größesten.

Teiche zählt man:	Große.	Mittlere.	Kleine.
Im Glogauer Kreise . . .	2	10	119
Im Sprottauer Kr. . . .		5	26
Im Freistädter Kr. . . .			60
Im Grünberger Kr. . . .	1	1	78
Im Guhrauer Kr.			16
Im Schwiebuser Kr. . . .	4	3	12
Summa	7	19	311

Der Glogauer Kreis hat hinreichend Fische. Der Freistädter und Sprottauer Kreis haben wenig, und der Guhrauer am wenigsten Fische. Der Grünberger Kreis hat zwar einige Fischerei, aber doch nicht hinlänglich. Der Schwiebuser Kreis hingegen kann auswärts verkaufen.

Berge und Ebenen.

Das Fürstenthum Glogau hat viele Ebenen, und man findet hier, in Vergleichung mit dem Riesengebirge, keine sehr hohen Berge. Im Guhrauer und Sprottauer Kreise findet man nur einige Anhöhen, die keine Nahmen haben. Der Grünberger und Schwiebuser Kreis hingegen sind mehr bergigt als eben.

Im letztern zieht sich, besonders gegen Morgen, eine Kette von Bergen, jedoch von keiner beträchtlichen Höhe, an der Gränze von Süd-Preußen hin. Die beträchtlichsten Berge dieses Kreises sind die in der Gegend von Keltschen, Liebenau, Salkau und bei Schmarse der Spitzberg.

Im Grünberger Kreise fängt sich eine Kette von Bergen an, die sich, bald in merklichern, bald in geringern Erhöhungen, durch den Freistädter und Glogauer Kreis bis in das Fürstenthum Liegnitz hinzieht.

Die höchsten und bemerkenswerthesten von diesen Bergen sind:

A. Im Grünberger Kreise.

Die Hirtenberge.

Der Hochberg. Man hat hier eine weite und schöne Aussicht.

Die Raschenberge.

B. Im Freistädter Kreise.

Der Zyrusberg, bei Zyrus.

Die Zollinger Berge, bei Zollingen.

Die Zissendorfer Berge, bei Zissendorf.

Die Höllenberge, unweit Freistadt.

C. Im Glogauer Kreise.

Der Hochkircher Berg, bei Hochkirch.

Die Gurkauer Berge, bei Gurkau.

Die Sieglitzer Berge, bei Sieglitz.

Die Görlitzer Berge.

Der Rollberg, in der Polkwitzer Haide.

Die Jakobskircher Berge, bei Jakobskirche.

Die Baunauer Berge, bei Baunau.

Der Burgberg, bei Dalkau, ist einer der höchsten, und sowohl wegen der vortrefflichsten Aussicht, die man auf seiner Höhe hat, als auch wegen der niedlichen Anlagen, die der zeitige Prediger in Dalkau, Herr Senior Blümel, besorgt hat, unter allen der vorzüglichste. Man übersieht hier gegen Mitternacht nicht nur die ganze Gegend des Oderstromes und die Schiff-Farth auf demselben viele Meilen weit, sondern auch über diese Gegend hin bis in das Züllichauische, und tief in Süd-Preußen hinein. Gegen Abend sieht man bis in die Lausitz, besonders die Landskrone bei Görlitz sehr deutlich. Gegen Mittag übersieht man das ganze Riesengebirge und die ganze Gegend bis dahin. Ehedem war dieser Berg an mehrern Stellen, besonders bei trockenem Wetter, schwer zu ersteigen, und ohne alle Wege und Steige. Nunmehr aber ist das Besteigen desselben da, wo es nöthig war, durch Durchhaue und Treppen (es sind wohl 200 Stufen angebracht) sehr erleichtert. Sowohl die Vertiefungen, als die Erhöhungen, sind mit mehrern Arten Laubholz bewachsen, die ihn umgebenden Hügel aber mit Nadelholz.

Auf der höchsten Spitze hat der Hr. Senior Blümel ein Belvedere erbauet, auf welchem man die ganzen Plänen um den Berg mit einem Blicke übersehen kann. Ja, man hat hier eine Aussicht, die schwerlich von einer im hohen Gebirge übertroffen wird. Besonders verschaffen die Wasseranlagen dem Berge sehr viel Anmuth. Beinahe auf dem Gipfel ist das erste Bassin angebracht, und bis in die Tiefe hinunter sind ihrer mehrere hinter einander, die theils Wasserfälle bilden, theils als Springbrunnen etliche 20 Fuß in die Höhe steigen. Alle Gänge sind so angelegt, daß sie selbst Wasserleitungen zu den Bassins werden, und das Besteigen, wenn gleich durch Umwege, erleichtern. Alle Materialien zu den Anlagen sind von dem Berge selbst und dessen Umgebungen hergenommen.

Der Boden und folglich auch die Fruchtbarkeit ist in diesem Fürstenthume sehr verschieden, und ändert in jedem Kreise ab. Im Glogauer Kreise ist in einigen Gegenden am linken Ufer (Deutschen Seite) der Oder der Boden sehr fett, z. B. bei Gramschütz rc., in andern Gegenden Mittelboden, z. B. bei Gläsersdorf ec.; man findet aber doch auch nahe an der Oder etliche sandige Gegenden. Am rechten Ufer (Polnische Seite) giebt es viel Sand, so daß der Ertrag nicht so beträchtlich ist, wie auf der Deutschen Seite.

Im Freistädter Kreise ist der Boden einiger Districte so gut, daß man Weizen anbauet, in andern Districten kann man nur Rocken, Gerste rc. anbauen, und wieder in andern Districten belohnt der kalte, sandige und magere Boden, auch bei der besten Düngung und fleißigsten Bearbeitung, Mühe und Aussaat nur kärglich.

Im Grünberger Kreise haben die an der Oder liegenden Dörfer den tragbarsten Boden, aber auch in den andern Gegenden belohnt er dem Landmanne seine Bemühungen so reichlich, daß er in andere Gegenden verkaufen kann.

Im Sprottauer Kreise ist der Boden theils steinig, theils kalt und sandig: dessen ungeachtet liefert er, bei fleißiger Bearbeitung und Düngung, Rocken, Gerste, Hafer rc., in etlichen Gegenden auch Weizen, so daß noch Ueberschuß zum Verkaufen ist.

Der gute Boden des Guhrauer Kreises liefert seinen Bewohnern alle Arten von Getreide und Hülsenfrüchten, nicht nur so viel sie bedürfen, sondern sie können auch noch viel auswärts verkaufen.

Obgleich der Boden im Schwiebuser Kreise nur mittelmäßig ist, so ist doch der Ertrag des Rockens und der kleinen Gerste, die man hier anbauet, so ansehnlich, daß viel in andere Gegenden verkauft werden kann.

Waldungen.

Es sind hin und wieder ganz ansehnliche Waldungen, z. B. im Freistädter Kreise bei Carolath und Neusalz. Im Grünberger Kreise findet man an beiden Seiten der Oder schöne Eichen und Nadelholzwälder. Im Sprottauer Kreise haben die Dominien Primkenau und Malmitz, desgleichen die Stadt Sprottau ansehnliche Waldungen. Auch die Waldungen des Glogauer Kreises, unter denen die zwei Polkwitzer ganz beträchtlich sind, liefern den Bewohnern den Holzbedarf. Der Guhrauer Kreis hingegen muß sich einen Theil des benöthigten Holzes aus dem Wohlauer Kreise, und der Schwiebuser Kreis, obgleich einige Dominien ansehnliche Waldungen haben, einen Theil seines Bedarfs aus der Neumark verschaffen.

Producte.

A. Thierreich.

Die Pferde sind im Glogauischen und Freistädtischen, in den Gegenden am linken Ufer (Deutschen Seite) der Oder, meistentheils von großem Schlage, in jenen aber am linken Ufer (Polnischen Seite) und im Guhrauer Kreise klein. Im Grünberger Kreise vom Mittelschlage, und im Sprottauer und Schwiebuser Kreise vermischt. Das Rindvieh ist in den meisten Gegenden gross, und die Nutzung desselben einträglich; nur im Grünberger Kreise ist es in den von der Oder entfernten Dörfern, wo es an Wiesen fehlt, desgleichen im Schwiebuser Kreise etwas geringer. Die Schafzucht ist ansehnlich, besonders im Sprottauischen, und die Wolle ist größtentheils von mittlerer Güte; im Schwiebuser Kreise ist sie fein und im Grünberger stark. Die Bienenwartung ist im Glogauer Kreise am beträchtlichsten; im Sprottauer Kreise ist sie es weniger, und in den andern Kreisen von geringem Belange. Maulbeerbäume, zur Zucht der Seidenwürmer, sind in dem Glogauer und Guhrauer Kreise am meisten. In den Wäldern bei Carolath und Neusalz finden sich im Winter bisweilen Wölfe ein. An Wild liefern die Waldungen Rehe, Füchse, Hasen, die Wartenberger Forsten außer Hirschen auch Schweine, jedoch nicht häufig, Repphühner, Waldschnepfen, Krammetsvögel, Ortolanen (in den Sawalder und Drentkauer Waldungen). Die Gewässer liefern an Geflügel Wasserhühner, wilde Aenten, wilde Gänse und Wasserschnepfen; an Fischen Karpfen, Hechte, Perschken, Schleien, Sander (der Schlawer See und die Oder), Welse, Aale, Lachse (die Oder, doch selten), Kressen, Karauschen, Schmerlen (die Krampe), Moränen (der Nischlitz-See) und Bleihe.

B. Pflanzenreich.

Die Waldungen bestehen aus Laub- und Nadelholz. Im Grünbergischen findet man in den Gegenden an der

Oder besonders viel schöne Eichen. Hin und wieder im Glogauer Kreise, bei Beuthen, Freistadt, Schwiebus und Grünberg sind Weinberge. Am letztern Orte ist die Pflege des Weinstockes ein vorzüglicher Nahrungszweig der Bürger *).

Die Glogauer, Freistädter, Grünberger und Sprottauer Kreise liefern das meiste Obst, die andern Kreise aber weniger. Die Freistädter Birnen und das Grünberger Obst, Nüsse, Pflaumen und Kirschen (von letzteren beiden Arten wird viel abgebacken), werden sehr geschätzt. Man kocht da viele Pflaumen und Kirschen zu einer dichten Latwerge (Schmotsch), und versorgt andere Gegenden damit. Hin und wieder sieht man auch an den Wegen schöne Obst-Alleen. Die Seen liefern hin und wieder Wassernüsse (Trapa natans Lin.). Man bauet die gewöhnlichen Getreidearten und Hülsenfrüchte, Hirse, Heidekorn (Buchweizen), Kartoffeln (einige Varietäten). Flachs wird zwar überall gebauet; jedoch hat der Sprottauer Kreis, und im Glogauer Kreise die Gegend um Quaritz, hierin einen Vorzug. Hin und wieder wird auch Hanf, besonders im Grünberger Kreise, ausgesäet. Die gewöhnlichen Küchenkräuter werden in den Gärten angebauet, die meisten werden aber um Priedomost und Gramschütz gezogen, und in die benachbarten

*) Im Jahre 1783 sind 1205 Eimer, 1784, 19265 Eimer, 1789, 31563 Eimer, 1790, 15490 Eimer Wein gekeltert worden. Man verbraucht jährlich einige Tausend Eimer zu Essig. Wein und Essig werden in Schlesien, nach Polen und in die Mark verführt.

barten Städte verführt. Zu Bobernig und Milzig (Grünberg. Kr.) bauet man viel kleine Steckrüben, die den Märkischen (Teltauern) gleichkommen. Guhrau liefert viel und schönen Spargel, der auch auswärts verschickt wird. Im Glogauer, Freistädter und Grünberger Kreise (hier an der Oder vorzüglich) ist der Heuschlag beträchtlich, in den andern Kreisen, besonders im Schwiebuser, ist er weniger beträchtlich.

Ich zeige nun noch die seltenern wildwachsenden Pflanzen dieses Fürstenthums an; ich vermuthe aber, daß außer denen, die ich aufführe, noch mehrere zu finden seyn werden: denn bis jetzt sind noch nicht alle Gegenden so genau durchgesucht, wie es in der Gegend von Groß-Tschirne von dem dasigen evangelischen Prediger, Herrn Starke, geschehen ist, der mir sowohl die Pflanzen für mein Herbarium, als auch dieses Verzeichniß, gütigst mitgetheilt hat, und ich zolle ihm hier öffentlich für die vielen mir seit mehreren Jahren gegebenen Beweise seiner Freundschaft meinen innigen Dank.

Erste Classe.

Callitriche intermedia Ehrharti. Bei Groß-Tschirne, in Gräben *).

Zweite Classe.

Veronica maritima L.

——— *Teucrium L.* In einem Grasgarten in Gabel.

Salvia pratensis L. In der Gegend von Köben in Grasgärten.

*) Ich bitte zu bemerken, daß in der Folge da, wo kein Ort bei der Pflanze steht, dieselbe in der Gegend um Groß-Tschirne zu finden ist.

Dritte Classe.

Polycnemum arvense L. Auf sandigen Aeckern bei Groß-Tschirne.

Gladiolus communis L. Ebendaselbst im Laubwäldchen.

Iris sibirica L. Ebendaselbst.

Schoenus compressus L.

Cyperus fuscus L.

—— *flavescens L.*

—— *virescens L.* Bei Groß-Tschirne einmal in einem abgelassenen Teiche gefunden.

Scirpus ovatus L.

—— *Baeothryon Ehrh.* Hinter Nieder-Tschirne auf einer nassen Wiese.

—— *acicularis L.* Bei Groß-Tschirne in einem abgelassenen Teiche.

Eriophorum angustifolium Roth. Auf nassen Wiesen.

Phleum nodosum L. Auf trocknen Wiesen.

Agrostis stolonifera L.?

Aira canescens L. In Sandgruben.

Poa scabra Ehrh. Auf nassen Wiesen.

—— *serotina Ehrh.*

—— *angustifolia L.*

—— *bulbosa L.* Auf sandigen Feldern.

—— *compressa L.* } Auf trocknen Anhöhen.

—— *cristata L.* }

Festuca myuros L. In einer Sandgrube.

—— *decumbens L.* Auf niedrigen Wiesen.

—— *nemorum Leys.* Im Hasenbusche.

—— *arundinacea Ehrh.*

Bromus asper Smith. Im Laubwäldchen.

Bromus inermis L. Auf dem Kirchhofe.
—— *pratensis Ehrh.* Auf trocknen Wiesen.
—— *sylvaticus Smith.*
—— *pinnatus Smith.*
Avena strigosa. Unter dem Sommergetreide.
Arundo calamagrostis L.
—— *epigeios L.*
Elymas europaeus L. Bei Guhrau.

Vierte Classe.

Galium uliginosum L. Auf nassen Wiesen.
—— *sylvaticum L.* Auf Bergen bei Röben.
Centunculus minimus L. Auf nassen Aeckern.
Potamogeton lucens L. } In Teichgräben.
—— *crispum L.* }
—— *compressum L.* }
—— *pusillum L.* }

Fünfte Classe.

Symphytum patens Sibthorp. An Teichen.
Menyanthes trifoliata Lin. Auf nassen Wiesen.
Hottonia palustris L. In Wassergräben.
Lysimachia thyrsiflora L. Ebendaselbst.
Campanula patula L. Häufig in Grasgärten.
—— *cervicaria L.* Im Hasenbusche.
Solanum Dulcamara L. flor. albis. Am Damme eines Teiches.
Gentiana Pneumonanthe L. Auf niedrigen Wiesen.
Selinum palustre L. Auf nassen Wiesen.
—— *carvifolia L.* In Grasgärten.
Athamantha Oreoselinum L. } In Grasgärten.
Peucedanum Silaus L. }

Laserpitium pruthenicum L. In Grasgärten.

Ligusticum Levisticum L. In Gärten auf den Dörfern.

Chaerophyllum aromaticum L. In Nieder-Tschirne.

Seseli annuum Jacq. Auf trocknen Wiesen.

Pimpinella magna L. Im Hasenbusche.

Alsine viscosa Schreb. Im Getreide auf sandigen Aeckern.

Statice Armeria L. Häufig an Ackerrändern.

Linum Radiola. Auf sandigen nassen Aeckern.

Sechste Classe.

Allium oleraceum. Hin und wieder in Grasgärten.

Ornithogalum umbellatum L. Auf Aeckern.

——— *nutans L.* In Grasgärten.

Hyacinthus comosus L. In der Polkwitzer Heide am Rollberge.

——— *racemosus L.* Bei Grünberg und Beuthen.

Iuncus glaucus Ehrh. inflexus Leers. An Gräben.

——— *squarrosus L.* Auf niedrigen Wiesen.

——— *capitatus Weigelii.* Auf nassen Aeckern.

Peplis Portula L. Auf nassen Feldern.

Rumex Hydrolapathum Ait. Häufig an Teichen.

——— *conglomeratus L.* An Gräben.

——— *maritimus L.* In Teichen.

Triglochin palustre L. }
——— *maritimum L.* } Auf Wiesen.

Colchicum autumnale L. Im herrschaftlichen Baumgarten.

Achte Classe.

Oenothera biennis L. An Gräben.

Epilobium parviflorum Curtis.
——— *roseum Schreb.*
——— *tetragonum L.*
——— *palustre L.* } An Gräben.

Polygonum bistorta L. Im Guhrauer Walde.
——— *dumetorum L.* An Hecken.
Paris quadrifolia L. In dem Eichenwäldchen bei Nieder-Tschirne.
Adoxa moschatellina L. In feuchten Wäldern.
Elatine alsinastrum L. Im Glogauischen und Freistädtischen, besonders im Hillgenbruche.

Zehnte Classe.

Pyrola umbellata L. Im Kieferbusche.
Saxifraga tridactylites L. Auf Aeckern.
Gypsophila fastigiata L. Auf den Sandhügeln an der Gränze von Süd-Preußen, selten.
——— *muralis L.* Auf Aeckern.
Silene noctiflora L. An Gartenzäunen.
Stellaria holostea L. In schattigen Wäldern.
——— *palustris Hofm.*
——— *Alsine Hofm.* } An feuchten Orten.

Arenaria serpyllifolia L. Um Freystadt und Neusalz, und Groß-Tschirne.
——— *rubra.* An den vorigen beiden ersten Orten.
——— *tenuifolia L.* Auf sandigen Aeckern.
Oxalis stricta L. Als Unkraut in Gärten.
Lychnis Flos cuculi L. flore albo.

Elfte Classe.

Lythrum hyssopifolium L. Auf nassen Aeckern.
Euphorbia exigua L. Auf sandigen Aeckern.

Euphorbia Lathyris L. Als Unkraut in Gärten.

——— *segetalis L.* Auf Aeckerrändern.

——— *palustris L.* Im Oderwalde bei Köben.

Zwölfte Classe.

Rosa arvensis L. Bei Neusalz und Beuthen.

—— *rubiginosa L.* Am Damm eines Teiches.

Potentilla supina L. Auf einer Wiese am Teiche.

Geum hybridum Iacq. Anemone dodecaphylla Krock. Auf einer Waldwiese.

Comarum palustre L. Hin und wieder in Teichen und Gräben.

Dreizehnte Classe.

Ranunculus Flammula L. In einem Teiche unter dem Rohre.

——— *reptans L.* Auf einer nassen Wiese.

——— *Philonotis Ehrh. Sardous Cranzii.* Auf nassen Aeckern.

——— *lanuginosus L.* In feuchten Wäldern.

Trollius europaeus L. Hinter Neu-Sorge, auf feuchten Wiesen.

Vierzehnte Classe.

Ajuga pyramidalis L. In Gabel und anderwärts in Grasgärten.

—— *genevensis L.* Ebendaselbst.

Teucrium Scordium L. Auf nassen Wiesen.

Mentha verticillata Reichardi. }
—— *austriaca Iacq.* } An Gräben.

—— *Pulegium L.* Im Oderwalde bei Köben.

Lamium Galeobdalon Hofm. Im Schatten an Zäunen.

Stachys sylvatica L. In schattigten Laubwäldern.

Stachys germanica L. In Ober-Tschirne.

Leonurus Marrubiastrum L. Ebendaselbst.

Melittis Melissophyllum L. Im Hasenbusche.

Scutellaria hastifolia L. Ebendaselbst.

Melampyrum cristatum L. Hinter Neu-Sorge im Walde.

——— *nemorosum L.* In Laubwäldern.

——— *arvense L.* Bei Köber auf Bergen.

Antirrhinum Elatine L. Auf feuchten Getreideäckern.

——— *arvense L.* Auf sandigen Aeckern.

——— *Orontium L.* Auf feuchten Aeckern.

——— *spurium L.* In der Polkwitzer Heide.

Limosella aquatica L. In Ober-Tschirne, am Rande eines Teiches.

Funfzehnte Classe.

Alyssum calycinum L. Auf sandigen Aeckern.

Cardamine amara L. In Nieder-Tschirne, an einem Graben.

Arabis thaliana L. Unterm Getreide.

Turritis glabra L. Auf trocknen Wiesen.

Sechzehnte Classe.

Geranium dissectum L. Im Getreide.

——— *pusillum L.* An Zäunen, selbst in der Stadt.

——— *sanguineum L.* Auf feuchten Wiesen.

Althaea officinalis L. In Grasgärten.

Siebzehnte Classe.

Fumaria solida Hofm. In einem schattigen Laubwäldchen bei Nieder-Ellguth.

——— *capnoides L.* Bei Guhrau und Neustädtel.

Polygala amara L. Auf einer trocknen Wiese beim neuen Vorwerke.

Genista tinctoria L. Im Walde hinter Ober-Tschirne.

Ononis spinosa L. Häufig an Ackerrändern.

Vicia multiflora Leyseri. Im Walde hinter Ober-Tschirne.

—— *Lathyroides L.* } Unterm Getreide.
—— *villosa Roth.* }

Astragalus arenarius L. An der Gränze von Süd-Preußen auf den Sandbergen.

Trifolium officinale. Hinter Nieder-Tschirne auf trocknen Anhöhen.

—— *flexuosum L.* Bei Nieder-Ellguth an der Lehmgrube.

—— *fragiferum L.* } Auf feuchten Wiesen.
—— *filiforme L.* }

Lotus corniculatus L.

—— *α. arvensis.* Auf Wiesen.

—— *β. uliginosus.* An Quellen.

Achtzehnte Classe.

Hypericum dubium L. Im Hasenbusche.

—— *humifusum L.* Auf hohen trocknen Aeckern in Ober-Tschirne.

—— *hirsutum.* Bei Beuthen.

Neunzehnte Classe.

Picris Hieracioides L. Hinter Nieder-Tschirne.

Sonchus oleraceus L. Var. asper. Im Gartenlande.

Lactuca scariola L. An Zäunen.

Hieracium sylvaticum L. Bei Köben.

—— *paludosum L.* Auf feuchten Wiesen.

Hieracium sabaudum L. }
——— *umbellatum L.* } In Laubwäldern.

Hyoseris minima L. Auf Aeckern.

Hypochæris glabra L. Bei Wilkau.

Cnicus acaulis Hofm. Auf einer trocknen Wiese.

Bidens minima L. Bei Friedrichswalde.

Gnaphalium Stoechas L. Auf sandigen Aeckern.

——— *luteo-album L.* Auf nassen Aeckern.

——— *sylvaticum L.* In Laubwäldern.

Senecio erucæfolius L. Hinter Nieder-Tschirne.

——— *paludosus L.* Auf nassen Wiesen.

Cineraria palustris L. Auf einer nassen Wiese.

Inula Helenium L. In Grasgärten an Zäunen.

——— *britannica L.* An Gräben.

——— *salicina L.* Auf trocknen Wiesen.

Centaurea paniculata L. Auf dem Kirchhofe.

Filago germanica L. }
——— *montana L.* } Auf Brachäckern.
——— *arvensis L.* }

Impatiens noli tangere L. Bei Groß-Tschirne und im Freistädtischen in feuchten schattigen Gebüschen.

Zwanzigste Classe.

Orchis coriophora L. }
——— *Morio L.* }
Ophrys ovata L. } Auf Wiesen.
Serapias latifolia L. }
——— *longifolia L.* }

Satyrium hircinum L. In der Polkwitzer Heide.

Aristolochia Clematitis L. An Zäunen in Gärten.

Ein und zwanzigste Classe.

Chara tomentosa L. }
Zanichellia palustris L. } In stehenden Gewässern.
Lemna trisulca L. }
Carex cyperoides L. In Teichen.
—— *disticha Huds.* Auf trocknen Wiesen.
—— *ovalis Goodenough C. leporina Leers. L.* Ebendaselbst.
—— *Schreberi Wild.* Ebendaselbst.
—— *vulpina L.* }
—— *muricata L.* } Auf Wiesen.
—— *echinata Murray.* }
—— *axillaris Goodenough.* Auf einer nassen Wiese.
—— *remota L.* In feuchten Gebüschen.
—— *elongata L.* An Gräben.
—— *canescens L.* Auf Wiesen.
—— *paniculata L.* An Teichen.
—— *Oederi Ehrh.* }
—— *flava L.* } Auf nassen Wiesen.
—— *montana Leers.* }
—— *ericetorum Pollich.* } In Wäldern.
—— *tomentosa Leers.*
—— *pilulifera L.* Am Rande eines Laubwäldchens.
—— *pallescens L.* }
—— *panicea L.* } Auf Wiesen.
—— *Pseudo-Cyperus L.* An Teichrändern.
—— *cespitosa E.* }
—— *distans L.* } Auf nassen Wiesen.
—— *sylvatica Huds.* In Waldwiesen und Grasgärten.

Carex riparia Curtis. Hinter Nieder-Tschirne an Gräben.

—— *glauca Scop. et Poll.* Auf Wiesen.

—— *paludosa Good. C. acutiformis Ehrh.* An Gräben.

—— *vesicaria Good C. inflata Hofm.* An Teichrändern.

—— *hirta L.* In sandigen Gegenden.

Zwei und zwanzigste Classe.

Salix triandra L. An Ufern.

—— *pentandra L.* Auf einer nassen Wiese.

—— *Vitellina Hofm.* An Gräben.

—— *cinerea L. S. aurita Hofm.* Auf Wiesen.

—— *viminalis L.* Im Guhrauischen bei Hundspaß, am Wege nach Glogau.

—— *depressa Hofm. L.* Auf trocknen Wiesen.

—— *fusca Hofm.* Auf Sandhügeln und trocknen Wiesen.

—— *acuminata Hofm.* In Gesträuchen mit andern Weiden.

Hydrochaeris morsus ranae L. In Teichen.

Drei und zwanzigste Classe.

Atriplex rosea L. In der Vorstadt bei den Scheunen.

—— *patula L.* An Grabenrändern.

Vier und zwanzigste Classe.

Polypodium Thelypteris L.
—— *molle Schreb.*
—— *cristatum Schreb.*
} In feuchten Wäldern.

—— *Lonchitis L.* Bei Parchau.

Onoclea Struthiopteris L. In der Gegend von Primkenau.

Osmunda regalis L. In der Parchauer Heide.

Lycopodium clavatum L. ——— *complanatum* L.	In Walde bei Guhrau.
Trentepohlia erecta Hofm.	Auf lehmigen Erdhaufen.
Phascum cuspidatum Schreb. ——— *piliferum Schreb.* ——— *subulatum Schreb.* ——— *crispum Hedw.* ——— *patens Hedw.* ——— *muticum Schreb.*	Auf lehmigen Aeckern u. an Grabenrändern.
Buxbaumia aphylla L.	Im Walde, selten.
Polytrichum commune L. ——— *juniperifolium Wild.* ——— *piliferum Schreb.* ——— *undulatum.*	In Wäldern.
Orthotrichum anomalum Hedw. ——— *striatum Hedw.* ——— *affine Schrad.*	An Bäumen.
Gymnostomum ovatum Hedw. ——— *truncatulum Hedw. Bryum truncatulum* L. ——— *pyriforme Hedw. Bryum pyriforme* L.	Auf lehmigen Aeckern.

——— *Hedwigia Hedw. Bryum apocarpum β* L. Hinter Ober-Elguth, auf Steinen.

Tetraphis pellucida Hedw. Mnium pellucidum L. Hinter Neusorge im Walde.

Weissia controversa Hedw. Bryum controversum Hofm. In feuchten Wäldern.

Weissia Starkeana Hedw. Bryum Starkeanum Hofm. Auf lehmigen Boden eines abgelassenen Teiches.

Grimmia apocarpa Hedw. Bryum apocarpum L. In schattigen Wäldern auf Steinen.

Trichostomum canescens Hedw. Bryum canescens Dill. Im Kieferwalde.

Dicranum taxifolium. Hypnum taxifolium L. Auf feuchten Wiesen.

——— *Adianthoides. Hypnum Adianthoides* L. An sumpfigen Stellen.

——— *pulvinatum Hedw. Bryum pulvinatum* L. Auf dem Kirchhofe auf Leichensteinen.

——— *Sciuroides. Hypnum Sciuroides* L. Auf alten Weiden.

——— *undulatum Schrad et Ehrh. Bryum rugosum Hofm.* In schattigen Wäldern.

——— *glaucum. Bryum glaucum* L. Im Walde gegen Guhrau.

——— *purpureum. Mnium purpureum* L. In Waldungen, häufig am Wege.

——— *varium Hedw. Bryum simplex* L. Auf lehmigem nassen Boden.

——— *heteromallum Hedw. Bryum heteromallum* L. An Grabenrändern.

——— *Schreberi.* Journal für die Botanik, St. 4. S. 258. Z. 18. An Grabenrändern.

Tortula subulata Hedw. In feuchten Wäldern.

——— *muralis Hedw.* An Mauern.

——— *ruralis Hedw.* Auf Strohdächern.

Barbula unguiculata Hedw. Auf nassen lehmigen Feldern.

Bryum pyriforme Swarz. Mnium pyriforme L. Webera pyrif. Hedw. —— *nutans Schreb. Webera nutans Hedw.* *Mnium androgynum L.*	In feuchten Wäldern.

—— *palustre L.* Auf sumpfigen Wiesen.

—— *hornum L* In feuchten Wäldern.

—— *caespititium Hof. Bryum caespititium L.* —— *capillare.*	In Grasgärten und feuchten Wäldern.

—— *argenteum L.* Auf Strohdächern.

—— *cuspidatum L.* In Grasgärten und feuchten Waldplätzen.

—— *serpyllifolium L.* Ebendaselbst.

—— *roseum.* Ebendaselbst.

—— *fontanum L.* An Quellen auf Wiesen.

—— *ligulatum.* In Grasgärten und feuchten Waldplätzen.

Hypnum denticulatum L. —— *purum L.* —— *muticum Schrad.*	In Waldungen.

—— *cuspidatum L.* In Gräben.

—— *triquetrum L.* In Wäldern und Grasgärten.

—— *abietinum.* Auf dem Kirchhofe und auf Strohdächern.

—— *proliferum L.* —— *parietinum L.*	In feuchten Wäldern.

—— *cupressiforme L.* An alten Zäunen und alten Baumstöcken.

—— *aduncum L.* Auf nassen Torfwiesen.

Hypnum squarrosum L. Im feuchten Wäldern und Grasgärten.

—— *albicans Dill.* Auf schattigem Sandboden im Walde.

—— *serpens L.*
—— *praelongum L.*
—— *velutinum L.*
—— *plumosum Hedw.*
—— *salebrosum Hofm.*
} An Baumstämmen.

—— *lutescens Hedw.* An Zäunen und auf der Erde.

—— *intricatum Timm.* An Baumstämmen.

—— *murale Hedw.* Auf dem katholischen Kirchhofe.

—— *rutabulum L.* An Baumstämmen.

—— *riparium L.* An Holz im Wasser.

—— *fluitans L.* In stehenden Wassern.

—— *cordifolium Hedw.* Auf niedrigen sumpfigen Wiesen bei Neusorge und im Guhrauer Walde.

—— *tenue Schrad.*

—— *molle Diks.* Unter andern Moosen.

Leskea *polyantha Hedw. Hypnum polyanthes Schreberi.*
—— *subtilis Hedw. Hypnum subtile Hofm.*
} An Baumstämmen.

—— *paludosa Hedw.* Auf Holz im Wasser.

—— *sericea Hedw. Hypnum sericeum L.* An alten Weiden.

Neckera viticulosa Timm. An alten Eichen.

—— *dendroides.* In Grasgärten.

Fontinalis antipyretica L.	In Wassergräben.
Iungermannia trichophylla L.	An Baumstämmen.
——— *ciliaris* Leers.	
——— *complanata* L.	
——— *dilatata* L.	
——— *tamariscifolia* L.	
——— *reptans* L.	In schattigen Wäldern auf der Erde, und an faulen Baumstöcken.
——— *platyphylla* L.	
——— *asplenioides* L.	
——— *viticulosa* Dill.	
——— *tricuspidata*.	
——— *barbata*. Schreb.	
——— *furcata* L.	
Marchantia polymorpha L.	Auf nassen Wiesen.
Anthoceros laevis L.	Auf nassen Boden.
——— *punctatus* L.	
Riccia cavernosa Hofm.	Ebendaselbst.
——— *fluitans* Hofm.	In stehenden Wassern.
Collema obscurum Hofm.	Auf alten Mauern.
Peltigera canina Jacq.	In schattigen Wäldern an der Erde.
——— *polydactyla* Hofm.	
——— *aphthosa* Hofm.	
Cladonia rangiferina Dill.	
——— *furcata* Dill.	
——— *uncialis* Dill.	
——— *subulata* Dill.	
——— *cornuta* Hof.	
——— *gracilis* Dill.	
——— *radiata* Dill.	
——— *pyxidata* Hofm.	

Clado-

Cladonia exilis Dill. —— *incana Dill.* —— *fimbriata Dill.* —— *coccinea Dill.*	In schattigen Wäldern an der Erde.
Usnea hirta Hofm. —— *florida Hofm.* —— *chalybeiformis Dill.*	An Bäumen und Zäunen.
Lobaria fraxinea Hof. —— *farinacea Dill.* —— *squarrosa Vaill.* —— *populina Ehrh.* —— *prunastri Dill.*	An Baumstämmen.
—— *aculeata Hofm.* —— *furfuracea Hofm.* —— *ciliaris Hofm.* —— *saxatilis Hofm.* —— *sepincola Hofm.* —— *caperata Hofm.*	An Bäumen, Zäunen und Steinen.

—— *chlorophylla. Lichen chlorophyllus Humboldi.* Auf dem Kirchhofe an alten Grabkasten.

—— *tiliacea Hofm. Lichen quercinus Wild.* An Linden und Eichen.

—— *olivacea Hofm.* —— *parietina Hofm.* —— *physodes Hofm.* —— *hispida Hofm.* —— *semipinnata Dill.* —— *stellaris Hofm.* —— *aipolia Hofm.* —— *pulverulenta Hofm.*	An Baumrinde.

Lobaria centrifuga Hofm.	An Baumrinde.
—— virella. Lichen virellus Acharii.	Auf Steinen.
—— ciliata Hofm.	An Baumrinde.
—— orbicularis Hofm.	
—— diffusa Hofm.	
—— dubia? Hofm.	
—— caesia Hofm.	
—— muralis Hofm.	
—— saxicola Hofm.	
—— candelaris Hofm.	
—— concolor Diks.	
—— polycarpa Hofm.	
Psora grisea Hofm.	Auf der Erde.
Verrucaria faginea Hofm.	An Baumstämmen.
—— orbiculata Hofm.	
—— pallida Hofm.	
—— effusa Hofm.	In alten Weiden.
—— rubella Ehrh.	An Bäumen.
—— rosella Hofm.	
—— aurantiaca Hofm.	
—— oblitterata Hofm.	Auf Steinen.
—— holocarpa Ehrh.	An alten Zäunen.
—— cerina Hofm.	An Bäumen.
—— subfusca Hofm.	
—— argenteo-fusca Hofm.	
—— atra Hofm.	
—— dispersa Hofm.	Auf alten Mauern.
—— uliginosa Hofm.	Auf Torfboden.
—— Muscorum Fl. dan.	Auf Moosen.
—— punctata Hofm.	Auf Steinen und Bäumen.

Verrucaria limitata Hofm. Auf Steinen und Bäumen.
——— *maculiformis Hofm.* An Bäumen.
——— *varia Hofm.* } An alten Zäunen.
——— *vitellina Hofm.* }
——— *geographica Hofm.* Auf Steinen.
——— *atrata? Lich. atratus Hedw.* Unter der Rinde alter Linden.

Opegrapha atra Pers.
——— *rufescens Pers.*
——— *Lichenoides Pers.*
——— *pulverulenta Pers.*
——— *curcula Ehrh.*
——— *radiata Pers.?*
——— *astroides Acharii.*
——— *Litterella Acharii.*

In Absicht der andern Gattungen dieser Classe habe ich nichts erfahren können.

C. Mineral=Reich.

„In diesem Fürstenthum kommen die uranfäng„lichen (Granit, Gneiß= Thonschiefergebirge) und „die Flözgebirge aus Mittag und Abend zusammen, „und endigen sich mit den vom Wasser aufgeschwemm„ten Hügeln, die sich nach Süd=Preußen ziehen. „Ihre innere Schichtung ist noch nicht genug be„kannt" *). Hieraus erhellet von selbst, daß es an Mineralien nicht sehr reich seyn kann. Die mir bekannt gewordenen sind:

*) Abhandlung über die Producte des Mineralreichs in den Königl. Preußischen Staaten rc. S. 44.

Holzstein, bei Dalkau.

Walkererde.

A. Im Glogauer Kreise, bei Glogau, Gregersdorf, Suckau.

B. Im Grünberger Kreise, bei Grünberg, Lättnitz.

C. Im Schwiebuser Kreise, bei Rinnersdorf.

Verhärteter Mergel, bei Saabor.

Goldkörner sollen, sagt man, im Schlawer See, jedoch sehr wenig, gefunden werden.

Wieseneisenerze werden bei Wartenberg, Nieder-Leschen und an der Ochel gegraben, und theils in Ober-Leschen verschmolzen, theils aber auch auf Neumärkische Eisenhütten geführt und dort verschmolzen.

Bernstein hat man, nach Frischens Zeugniß, in der Oder gefunden.

* * *

Bei Liebenau (Schwiebuser Kr.) ist eine mineralische Quelle, von der ich aber nichts, als nur ihre Existenz weiß.

Urnen

hat man auf dem Galgenberge bei Glogau, als er beim Festungsbau abgetragen ward; auf dem Zyrusberge bei Freistadt; zu Milchau in der Gegend des Kieferbusches; zu Gramschütz und bei Ober-Giesmannsdorf (Sprottauer Kr.) auf einer Anhöhe gefunden.

Zweiter Abschnitt.

Manufacturen und Fabriken.

Unter den Manufacturen dieses Fürstenthums hat die Tuch-Manufactur unstreitig den ersten Rang. In Grünberg und Schwiebus wird sie am stärksten betrieben. Nach diesen beiden Orten kommen Guhrau, Köben, Groß-Tschirne, und endlich Freistadt und Polkwitz. In allen diesen Städten verfertigt man auch Flanell und Moll. In Freistadt und Grünberg sind mehrere Strumpfstricker.

In Freistadt und Neusalz wird Trip; in Grünberg, Neusalz, Sprottau, Polkwitz werden Mesolane und andere Zeuge, in Sprottau auch seidene Zeuge, und in Neusalz Kattun, Cannevaß und bunte Leinwand gemacht.

Leinwand wird hin und wieder, besonders im Glogauischen und Freistädtischen, auf den Dörfern verfertigt, und nach Freistadt, Primkenau, Sprottau, Beuthen und Neustädtel auf die Märkte gebracht.

In Glogau sind 2 Wachsbleichen, eine Kattundruckerei, Tobacksfabriken, eine Gallmeibrennerei, und eine Barchent-Manufactur.

In Sprottau ist eine Tobackspinnerei; Plüsch und Velpel verfertigt man eben daselbst.

Zu Grünberg, Beuthen, Glogau werden Strohhüte geflochten.

Zu Freistadt, Glogau und Polkwitz wird viel Kraftmehl gemacht.

Zu Guhrau ist eine Pottaschsiederei.

Papiermühlen sind zu Glogau, Suckau, Primkenau und Krampe.

Zu Guhrau, Polkwitz und Sprottau sind Oehlschlägereien.

Zu Trebitsch sind 2 Pulvermühlen.

Zu Lauterbach, Mallmitz und Ober-Leschen sind Eisenhütten.

In Dittersdorf ist ein Kupferhammer.

Zu Kolzig und Grünwalde sind Glashütten.

In Glogau sind 2 Buchdruckereien.

Zu Grünberg und Sprottau sind Leinwanddruckereien.

Die Neusalzer und Glogauer Wagen und Meubles werden sehr gesucht.

In Neusalz werden Spitzen gemacht.

In Glogau und Neusalz sind Siegellackfabriken.

Das Beuthner Töpfergefäß wird sehr geschätzt.

In Beuthen ist ein Steinschneider.

In Neusalz, Beuthen, Glogau und Sprottau sind Holzarbeiter.

In Sprottau wohnt ein mathematischer, und in Guhrau ein musikalischer Instrumentenmacher.

In Glogau und Guhrau sind Orgelbauer.

In Sprottau und Polkwitz sind Tobackspfeifenkopfmacher.

In Neusalz und Beuthen wohnen Schiffbauer.

In Guhrau schneidet eine gewisse Rungen aus Papier Figuren en bas relief.

Dritter Abschnitt.

Politische Verfassung.

Gränzen.

Das unmittelbare Fürstenthum Glogau gränzt gegen Morgen an Süd-Preußen; gegen Mittag an das Fürstenthum Jauer; gegen Abend an das Fürstenthum Sagan und an das Herzogthum Crossen; gegen Mitternacht an das Herzogthum Crossen.

Größe.

Zimmermann *) giebt die Größe dieses Fürstenthums auf 93 Schlesische Quadrat-Meilen an. Nach Scheibels Berechnung ist es, Carolath mit eingeschlossen, 76, und nach Sack 84 geographische Quadrat-Meilen groß **).

Kreise.

Die sechs landräthlichen Kreise, in die das Fürstenthum eingetheilt ist, sind:

1) Der Glogauer Kreis;

2) Der Guhrauer Kreis;

*) Zimmermanns Beiträge zur Beschreibung von Schlesien, B. 10 S. 5.

**) Zimmermanns allgemeine Nachrichten von Schlesien, S. 3.

3) Der Sprottauer Kreis;
4) Der Freistädter Kreis;
5) Der Grünberger Kreis;
6) Der Schwiebuser Kreis.

Volksmenge.

In den Jahren 1791, 1793, 1794, 1795 und 1796 lebten in diesem Fürstenthume:

Nahmen der Kreise.	1791.	1793.	1794.	1795.	1796.
I. Im Glogauer Kreise.					
A. In den Städten:					
Glogau . . .	10075	10264	9991	9001	8666
Polkwitz . . .	1384	1204	1254	1252	1274
Schlawa . . .	790	790	812	668	651
B. Auf dem Lande.	48046	48230	48197	48199	48519
Summa	60295	60488	60254	59120	59110
II. Im Guhrauer Kreise.					
A. In den Städten:					
Guhrau. . . .	2416	2557	2611	2418	2486
Köben. . . .	915	828	733	756	771
Groß-Tschirne. .	943	920	851	850	870
B. Auf dem Lande .	16972	16315	16346	16563	16500
Summa	21246	20620	20541	20587	20627
III. Im Sprottauer Kr.					
A. In den Städten:					
Sprottau. . .	2181	2068	2081	2094	2126
Primkenau. . .	859	873	762	824	872
B. Auf dem Lande .	15195	15332	15310	14968	15057
Summa.	18235	18273	18153	17886	18055

Nahmen der Kreise.	1791.	1793.	1794.	1795.	1796.
IV. Im Freistädter Kreise.					
A. In den Städten:					
Freistadt . . .	2767	2655	2687	2676	2729
Neusalz . . .	1656	1667	1690	1611	1543
Neustädtel . .	810	816	913	896	826
Beuthen . . .	2471	2339	2374	2371	2447
B. Auf dem Lande .	24256	24327	24434	24023	23894
Summa	31960	31804	32098	31577	31439
V. Im Grünberger Kr.					
A. In den Städten:					
Grünberg . . .	6490	6126	6124	5937	6106
Wartenberg . .	643	647	655	632	641
B. Auf dem Lande .	21878	21996	22248	21653	21669
Summa	29011	28769	29027	28222	28416
VI. Im Schwiebuser Kr.					
A. In der Stadt Schwiebus .	2482	2571	2664	2744	2759
B. Auf dem Lande .	11112	11078	11038	10734	10588
Summa	13594	13649	13702	13478	13347
In den Städten .	36882	36325	36202	34730	34767
Auf dem Lande . .	137459	137278	137214	136551	136227
Summa	174341	173603	173416	171281	170994
Es kommen also, nimmt man nach Sack 84 Quadrat-Meilen an, auf jede Meile . .	2075	2066	2064	2039	2035

Sprache.

Man spricht durchgehends Deutsch, nur in dem Glogauer Kreise wird am rechten Ufer der Oder und in den Königlichen Amtsdörfern das sogenannte Wasserpolnische gesprochen.

Aeußere Verfassung.

Das Fürstenthum Glogau steht, in Ansehung der Justiz, unter der Ober-Amts-Regierung, und in Ansehung der Steuer und Contribution, unter der Krieges- und Domainen-Kammer zu Glogau, und gehört zum zweyten steuerräthlichen Departement (Glogauer Kammer), das in Glogau seinen Sitz hat: nur Guhrau und Röben gehören zum dritten Departement, das in Wohlau seinen Sitz hat.

Das ganze Fürstenthum gehört in Ansehung der Steuer zur zweiten Classe; nur der Freistädter und Schwiebuser Kreis gehören zum Theil zur vierten Classe.

In Absicht der Vieh-Assecuranz gehören alle Kreise zur dritten Societät, und nur der Guhrauer Kreis gehört zur zweiten.

In Ansehung des Zoll- und Accise-Wesens gehört das Fürstenthum zur Glogauer Direction.

Der Glogauer Kreis gehört zu den Salz-Factoreien Glogau, Neusalz und Kontop; der Guhrauer Kreis zu Herrnstadt und Köben; der Sprottauer Kreis zu Neusalz; der Freistädter Kreis zu Neusalz, Kontop und Grünberg; der Grünberger Kreis zu Grünberg, Neusalz und Kontop, und der Schwiebuser Kreis zu Schwiebus.

Der Adel und die Güter besitzenden Klöster machen mit dem Fürstenthum Sagan ein System aus.

Im Glogauer und Schwiebuser Kreise hat das in Glogau in Garnison liegende Infanterie-Regiment No. 57. seinen Canton. Im Grünberger, Guhrauer, Freistädter und Sprottauer Kreise hat das Dragoner-Regiment Nr. 11. seinen Canton.

Aeußere kirchliche Verfassung.

Im Guhrauer Kreise übersteigt die Anzahl der Katholiken die der Protestanten; in den andern Kreisen aber leben mehr Protestanten, als Katholiken. Folgende Tabelle zeigt die Kirchen und Klöster dieses Fürstenthums.

Nahmen der Kreise.	Kirchen.				Klöster.	
	In Städten.		Auf Dörfern.			
	Luther.	Kathol.	Luther.	Kathol.	Männliche	Weibliche
Glogauer Kreis. . . .	4	11	16	39	2	1
Guhrauer Kreis. . . .	4	6	2	8	—	—
Sprottauer Kreis. . .	2	3	5	11	—	1
Freistädter Kreis. . . .	2	7	6	21	1	—
Grünberger Kreis. . .	2	4	9	23	—	—
Schwiebuser Kreis. . .	1	3	5	35	—	—
Summa	15	34	43	137	3	3

In Glogau ist eine reformirte Kirche.

In Carolath ist eine reformirte Capelle.

In Neusalz ist ein Betsaal der Mährischen Brüder.

Im Guhrauer Kreise sind vier katholische Haus-Capellen.

Hochkirch, Annaberg, Wartenberg, die Frohnleichnamskirche bei Guhrau, und Waltersdorf im Sprottauischen sind Orte, wohin man wallfahrtet.

Die sämmtlichen Kirchensachen der Protestanten gehören unter das Ober-Consistorium zu Glogau.

Die Kirchen des Glogauer, Guhrauer, und einige des Freistädter Kreises (Beuthen, Bilawe, Carolath und Gruchwitz) gehören zur Kirchen-Inspection Glogau. Die Kirchen des Sprottauer, und die übrigen des Freistädter Kreises gehören zur Inspection Sprottau. Die Kirchen des Grünberger und Schwiebuser Kreises gehören zur Inspection Grünberg.

Von den katholischen Kirchen.

Die Archipresbyteriate gehören unter das Commissariat und Archidiaconat Glogau. Unter dem Archipresbyteriat

I. Glogau stehen die Kirchen zu

1) Glogau. Weltgeistlicher.
2) Jätschau. W.
3) Jacobskirch. W.
4) Klopschen. Augustiner aus Sagan.
5) Quaritz. W.
6) Gross-Kauer. W.
7) Brieg. W.
8) Kladau. W.
9) Rapsen. W.

II. Freistadt.

1) Freistadt. W.
2) Beuthen. W.
3) Neusalz. W.
4) Neustädtel. W.
5) Brunzelwalde. W.
6) Ober = Herzogswalde. W.
7) Milkau. W.
8) Groß = Bohrau. W.

III. Grünberg.

1) Grünberg. W.
2) Wartenberg. W.
3) Kleinitz. W.
4) Milzig. W.
5) Fürstenau. W.
6) Schweinitz. W.

IV. Guhrau.

1) Guhrau. W.
2) Groß = Tschirne. W.
3) Kraschen. W.
4) Schabenau. W.
5) Groß = Osten. W.
6) Seitsch. Cistercienser aus Leubus.

V. Hochkirch.

1) Hochkirch. W.
2) Rietschütz. W.
3) Gramschütz. W.
4) Groß = Logisch. W.
5) Quilitz. Augustiner aus Sagan.
6) Gläsersdorf. W.
7) Polkwitz. W.
8) Herbersdorf. W.

VI. Schlawa.

1) Schlawa. W.
2) Tschepplau. W.
3) Kolzig. W.
4) Liebenzig. W.
5) Kunzendorf. W.
6) Heinzendorf. W.

VII. Schwiebus.

1) Schwiebus. W.
2) Liebenau. W.
3) Möstichen. W.
4) Mühlbock. W.
5) Rentschen. W.
6) Schmarse. W.
7) Oppelwitz. Cistercienser aus Paradies.

VIII. Sprottau.

1) Sprottau. W.
2) Waltersdorf. W.
3) Primkenau. W.
4) Metschlau. W.

I.

Der Glogauer Kreis.

Der Glogauer Kreis gränzt gegen Morgen an Süd-Preußen, an den Guhrauer und Steinau-Raudtener Kreis; gegen Mittag an die Fürstenthümer Liegnitz und Wohlau; gegen Abend an den Sprottauer, Freistädter und Grünberger Kreis; gegen Mitternacht an Süd-Preußen und an den Grünberger Kreis.

Der Hauptfluß dieses Kreises ist die Oder, die hier die Bartsch, an der Gränze am rechten Ufer, und den Herzogograben, am linken Ufer, aufnimmt. Er enthält auf ungefähr 34 Quadrat-Meilen 3 Städte (2 Immediat- 1 Mediat-), 2 Marktflecken und 216 Dörfer, darunter 5 Colonien sind *).

A. Städte.

I. Immediat-Städte.

1. Glogau.

(Groß-Glogau.)

Glogau, die Hauptstadt des Fürstenthums und Kreisstadt, ist eine der ältesten Städte Schlesiens, liegt

---

*) Zimmermann giebt in den Beiträgen die Summe von 218 an, und in den allgemeinen Nachrichten 224. S. 34.

am linken Ufer der Oder in einer angenehmen und fruchtbaren Ebene, ist stark befestigt, und hängt durch eine hölzerne Brücke mit dem Dom, den ein Arm aus der Oder umfließt, und gleichsam eine Insel bildet, die einigermaßen befestiget ist, zusammen. Sie hat drei Thore: das Preußische, das Breslauer und das Oder-Thor.

I. An königlichen Gebäuden sind hier:

1) Das Schloß, in dessen erstem Stock die königliche Kriegs- und Domainen-Kammer ihre Sitzungen hält, und das Judicial- und Pupillar-Depositum, so wie die Kriegs- und Domainen-Casse befindlich ist. In dem dritten Stock befinden sich die Zimmer der Ober-Amts-Regierung und die, welche der in Schlesien dirigirende Minister bei seiner Anwesenheit bewohnt. In dem zweiten Stock sind die Königlichen und Prinzlichen Zimmer, so wie auch der Fürstensaal, in welchem sich die Portraits aller ehemahligen Herzoge von Glogau befinden.

2) Die Wohnung des Castellans.

3) Die Wohnung des Schloß-Amtmanns. Diese beiden befinden sich im Schloßhofe.

4) Sieben Proviant- und Magazin-Gebäude.

5) Die Caserne.

6) Das Zeughaus.

7) Fünf Pulver-Magazine.

8) Zwei Artillerie-Schuppen. } Auf dem Dome.

9) Ein Ponton-Schuppen. }

10) Fünf Accise-Häuser.

11) Sechs Wachthäuser unter den Thoren.

12) Das Festungsgefängniß (die Hornburg), für Adelige und distinguirte Bürgerliche.

II. An städtischen Gebäuden:

1) Das Rathhaus, ein unregelmäßiges Gebäude.

2) Die Wohnung des Commendanten.

3) Die Wohnung des Generals der Garnison.

4) Der Marstall.

5) Der Redouten- und Komödien-Saal, über den Fleischbänken.

6) Zwei Niederlagen für Kaufmannsgut.

7) Ein Lazareth für die Garnison.

8) Zwei Salz-Magazine.

9) Das Stockhaus.

10) Fünf Brau- und Malzhäuser.

11) Der Bauhof.

12) Das bürgerliche Schießhaus.

13) Ein Hospital bei den Dominicanern, in welches Personen beiderlei Geschlechts aufgenommen werden.

14) Ein Hospital auf dem Dom, bloß für Personen weiblichen Geschlechts.

III. An kirchlichen und Schulgebäuden:

1) Die katholische Stadtkirche St. Nicolaus, bei welcher ein Pfarrer und 3 Capelläne die gottesdienstlichen Handlungen verrichten.

2) Die Domkirche zu unserer lieben Frauen, jenseits der Oder, mit den dabei befindlichen Residenzen der Domherren. Das Dom-Capitel besteht aus 6 Prälaten (Probst, Custos, Dechant, Scho-

Scholasticus, Archidiaconus und Cantor,) 4 Residenten, 10 Nichtresidenten und 7 Vicarien. Bei der Domkirche sind noch

3) die St. Georgenkirche und

4) die St. Annenkirche, nahe an der Domkirche. In diesen beiden Kirchen wird kein Gottesdienst mehr gehalten, sondern es werden Mehltonnen und andere Vorräthe darin aufbewahrt.

5) Das Dominicaner-Kloster (6 Geistliche) nebst der Kirche St. Peter und Paul.

6) Das Franciscaner-Kloster (19 Mönche) nebst der Kirche St. Stanislai, Bischofs und Märtyrers.

7) Das fürstliche Jungfernstift des St. Claren-Ordens (19 Nonnen) nebst der Kirche zum heiligen Kreuz.

8) Das Collegium der Ex-Jesuiten nebst der Kirche und deren Gymnasium.

9) Die evangelisch-lutherische Kirche zum Schifflein Christi, an welcher 3 Prediger stehen; sie ist eine von den Friedenskirchen.

10) Die reformirte Kirche, an der ein Prediger mit dem Titel Hofprediger steht, und auch zugleich andere Orte von Zeit zu Zeit bereiset, um den Reformirten Communion zu halten.

11) Die Garnison-Kirche, die Friedrich Wilhelm II. aus dem Refectorio und der Apotheke der Jesuiten erbauet hat, nebst der Wohnung des Feldpredigers, Küsters und der Garnison-Schule. Sie

hat 11000 Thlr. gekostet, und die Ueberschrift:

MILITI PIO FRIDERICUS
GUILELMUS II. REX
BORUSSORUM, PATER
PATRIÆ OPTIMUS.
ANNO
MDCCLXXXIX.

12) 10 Pfarr- und Schulgebäude.

13) Die Jüdische Synagoge *).

IV. An bürgerlichen oder Privat-Häusern 789, davon 129 unter andern Gerichtsbarkeiten, als unter dem Magistrate, stehen.

Die hier befindlichen königlichen Aemter sind:

Die Ober-Amts-Regierung, nebst dem Consistorio und Pupillen-Collegio.

Das Criminal-Collegium.

Die Kriegs- und Domainen-Kammer, nebst der Kammer-Justiz-Deputation. Unter ihr stehen in Cameral-Sachen:

A. Die Immediat-Fürstenthümer: 1) Glogau, 2) Liegnitz, 3) Jauer, 4) Wohlau.

B. Die Mediat-Fürstenthümer: 1) Sagan, 2) Carolath.

C. Die freie Standesherrschaft Militsch.

D. Die Minderherrschaften: 1) Freyhahn, 2) Neuschloß, 3) Suhlau.

Das zweite steuerräthl. Departement, unter welchen

A. im Fürstenthume Glogau die Städte

*) Hoffentlich wird man mich doch nicht verketzern, daß ich diese unter diese Rubrik setze.

Beuthen an der Oder, Freistadt, Glogau, Grünberg, Neusalz, Neustädtel, Polkwitz, Primkenau, Schlawa, Schwiebus, Sprottau und Deutsch-Wartenberg.

B. Im Fürstenthume Sagan die Städte Sagan, Naumburg am Bober nnd Priebus stehen.

Der Kriegs- und Steuerrath wohnt aber gewöhnlich in Neusalz.

Die Accise- und Zoll-Direction über die unter der hiesigen Kammer stehenden Fürstenthümer und Herrschaften.

Das Collegium medicum.

Das Steueramt.

Das Salzamt.

Das Accise- und Zollamt.

Das königliche Schloßamt, unter welchem die Juden stehen, die in der Stadt in einer besondern Gasse (Judengasse) wohnen.

Das Inquisitions-Amt.

Die Haupt-Feuer-Societäts- und Servis-Casse.

Die Haupt-Manufactur-Casse.

Das Postamt.

Das Directorium der Landschaft der Fürstenthümer Glogau und Sagan.

Außer der Stadtschule ist auch eine andere gute Erziehungsanstalt hier; desgleichen auch eine Hebammenschule.

Die bürgerlichen Nahrungszweige sind: das Bierbrauen, wozu die Gerechtigkeit auf 422 Häusern haftet. Dieser Nahrungszweig ist ansehnlich, weil 34 Dörfer unter dem Bierzwange stehen, auch der Dom damit verlegt wird, und die Garnison und die vielen Fremden den Ausschrot vermehren. Der Handel besteht nicht nur in dem, der im Kleinen zur Comsumtion getrieben wird, sondern es sind hier auch einige Handlungshäuser, die ihren Handel im Großen treiben. Von dem Handlungswesen in Glogau sagt der Schlesische merkantilische Anzeiger (St. 9. S. 68. ff.): „Die Stadt Glogau ist als eine der ersten Schlesischen Festungen berühmt genug, aber in der Reihe unserer vaterländischen Handlungsplätze würde sie auf keinen sonderlichen Rang Anspruch zu machen berechtigt seyn. Obgleich ein Hauptstrom, die schiffbare Oder, nahe bei ihr vorüber fließt, und auch ihre sonstige Lage einladend für Handlung und Gewerbe ist, so konnten doch hier noch nie bedeutende, ins Große greifende Geschäfte Statt finden, und mit Nachdruck betrieben werden, und eben so wenig gelang es Manufacturen und Fabriken, den Künsten und der Industrie, in Glogau eine bleibende Stätte zu finden. Die Ursachen hiervon liegen zum Theil am Tage, theils sind sie auch in der innern Verfassung des Orts, in der Art seiner Bevölkerung und in den politischen Veränderungen unserer Zeit aufzusuchen.“ —

„Schon als Festung betrachtet konnte die Handlung in Glogau nicht gehörig einwurzeln, und sich in verschiedene blühende Zweige ausbreiten. Sie wurde öfters in ihrem besten Gedeihen gestört, und obgleich während des siebenjährigen Krieges ein sehr einträglicher Getreidehandel von Glogau aus nach Sachsen in Bewegung war, und auch das ehemahlige Polen (jetzt Süd-Preußen) vermöge der Nachbarschaft wichtige und lebendige Verbindungen mit Glogau unterhielt; so war doch diese Blüthe des Handels nur periodisch, und mehr den wiederhohlten, durch den Krieg veranlaßten Sperrungen der Geschäfte mit Breslau zuzuschreiben, als daß sie für das Daseyn einer wirklichen und für die Folge bestehenden Handlung hätte gelten können. Zu dieser Ursache aber gesellt sich noch die allzugeringe Entfernung der Hauptstadt."

„Breslau genießt mit Glogau, in Hinsicht auf Frachten und andere Unkosten bei Versendnng und Eingang der Güter, einerlei Vortheile; es giebt daselbst große Vorräthe von allen Artikeln, die theils zum täglichen Verkehr, theils auch zur Speculations-Handlung gehören: es ist daher kein Wunder, wenn bei einem so offenbaren Uebergewichte die Kleinhändler zu Glogau bessere Rechnung dabei finden, ihre Bedürfnisse aus Breslau zu verschreiben, als selbige aus andern Quellen herbeizuziehen. Ein Hauptgrund aber, der bei der Glogauer Handlung hervorleuchtenden Unvollkommenheit, scheint in der Natur der Bevölkerung zu liegen. — Sie besteht aus circa 9000 Civilpersonen, aus 1500 Köpfen des Militär-Standes und aus 1890 Juden; so daß sie etwa überhaupt 12000 Menschen beträgt. Unter den Civilisten findet man nicht mehr als etwa 22 große und kleine Kaufleute. Da nun diesen wenigen Christen ein Paar hundert Jüdische Familien gegenüberstehen, die sich alle vom Handel ernähren, und vom Handel ernähren müssen, weil diese bloß zum Handel verurtheilte Nation außer diesem einzigen Nahrungszweige nichts hat, womit sie sich und ihren Kindern das Leben fristen kann, so ist es sehr natürlich, daß die kleine Christenheit in Glogau von der legionenstarken Judenschaft überflügelt werden müsse. Aber auch diese Ueberflügelung würde allenfalls nur wenig zu bedeuten haben, denn es kommt in der Welt nicht immer auf die Quantität sondern auf die Qualität an, und ein einziges Goldstück kann mehr werth seyn, als tausend Kupferplatten. Allein, im Handlungswesen, wo regelmäßige Grundsätze und die eben so regelmäßigen Folgen derselben leicht durch eine unregelmäßige Handlungsweise entkräftet und zerrüttet werden können, spielt die Menge den Meister, und zernichtet die überdachtesten Entwürfe. Selbst große Jüdische Häuser, die gern ihre Geschäfte mit einer consequenten Ordnung betreiben möchten, vermögen es nicht, dem Unwesen, worunter auch sie leiden, zu steuern, weil dieses Unwesen zum Theil durch die Noth ihrer armen Glaubensgenossen veranlaßt wird; denn wo soll die Menge der mit einander wetteifernden Jüdischen Kleinhändler Brod hernehmen, wenn sie hungert, und muß nicht derjenige Theil aus ihr, den der Hunger am meisten drückt, unter dem Preise verkaufen, wenn er keinen Käufer findet, der seine Waare besser bezahlt? — Dieser Jüdische Wetteifer, diese Nothwendigkeit sich Nahrung und Kleider zu verschaffen, und der Drang, von dem sie begleitet wird, sind wahrscheinlich die Ursachen, welche das Hausiren in der Stadt und auf dem Lande, die Contrebande aus dem nicht weit entfernten Sachsen, den Wucher und andere kleine und große Unordnungen bei der Stadt Glogau einheimisch machen, und die besten Keime ihres Handlungswesens ersticken; alle diese Uebel können aber nicht eher gehoben werden, als bis man der Judenschaft eine größere Portion von den Rechten der Menschheit zugetheilt haben wird, und — dieß ist die Sache der Fürsten und Staatsmänner." —

„Auch die Verwandlung eines großen Stücks von Polen in eine Preußische Provinz, hat der Handlung der Glogauer eine veränderte Richtung gegeben; der Spielraum ist dadurch vergrößert worden: allein es gehört ein wenig Zeit dazu, ehe die Spieler es lernen werden, diesen Raum zu benutzen."

„Aus dem allen erhellet, daß die Stadt Glogau gar keinen Activ-Handel habe: denn das Getreide, welches aus Süd-Preußen dahin kommt, und theils in das Gebirge, theils aber auch über die benachbarte Gränze geht, ist ein bloßer Zwischenhandel, der nur dann bedeutend wird, wenn da und dort Mißwachs, Theurung und Noth vorhanden sind. Indessen sind doch einige ansehnliche christliche Handlungshäuser, die ansehnliche Geschäfte machen auch Jüdische Handlungshäuser sind durch Geld- und Wechselgeschäfte berühmt und reich geworden, und Glogau gehört immer unter die nahrhaftesten Städte in Schlesien. Wenn es wahr seyn sollte, daß der Luxus wirklich mit Handlung, Kunst und Industrie nahe befreundet ist, so haben wir die größte Hoffnung, daß sein Glanz sich bald über diese seine Angehörigen verbreiten und sie mächtig empor heben werde."

Die andern Nahrungszweige sind die erlernten Künste und Handwerke und nur äußerst geringer Ackerbau: denn das Stadtgebiet beträgt, außer den der Kämmerei zuständigen Vorwerksfeldern, nur etliche zwanzig Scheffel Aussaat.

Die im zweiten Abschnitte angezeigten Manufacturen und Fabriken, die königlichen Landes-Collegien, die Ober-Amts-Regierung, die Kriegs- und Domainen-Kammer, die andern königlichen Aemter, die Landschaft, und das zu dem allen gehörige Personale, der Dom, die halbjährigen Zahlungs-Termine bei der Landschaft, der durch sie von Zeit zu Zeit herbeigezogene zahlreiche Adel, die Garnison, die drei Jahrmärkte: 1) an Stanislaus, 2) Mariä Himmelfahrt und 3) St. Luciä, deren jeder 8 Tage steht; desgleichen die Getreidemärkte, Montags, Mittwochs und Freitags, tragen alle endlich das ihrige zum Besten der Nahrung der Glogauer Bürger bei.

Die Garnison besteht aus dem Infanterie-Regiment Nr. 57. ohne Grenadier, mit dem dritten Bataillon und Invaliden-Compagnie, und einer Compagnie Garnison-Artillerie.

Glogau wurde unter Anführung des Prinzen Leopold von Dessau 1741 den 9. März in der Nacht um 1 Uhr mit Sturm eingenommen, und seit dieser Zeit hat sich der Wohlstand dieser Stadt, die im siebenjährigen Kriege von Einfällen der Feinde, obgleich sie derselben sehr nahe kamen, und rings herum Städte und Dörfer plünderten und abbrannten, verschont geblieben, und obgleich ein ansehnlicher Theil derselben den 13. May

1758 abbrannte, von Zeit zu Zeit erhöhet, und die abgebrannten Gebäude sind durch die Mildthätigkeit Friedrichs des Einzigen, und Unterstützung der Feuer-Societät schöner und geschmackvoller wieder aufgebauet worden.

2. Polkwitz,

eine kleine rings herum mit Waldung umgebene, theils mit einer Mauer, theils mit Pallisaden eingeschlossene Stadt, hat drei Thore und enthält:

I. An städtischen Gebäuden:

1) Das Rathhaus.
2) Zwei städtische Officianten-Wohnungen.
3) Das Brauhaus und einige weniger beträcht. Gebäude.

II. An kirchlichen und Schulgebäuden:

1) Die katholische Pfarrkirche St. Michael, an der ein Parochus nebst einem Capellane die Sacra administriren.
2) Die Begräbnißkirche St. Anna vor der Stadt.
3) Die evangel. lutherische Kirche, an der ein Pastor stehet, und zu der sieben Dörfer eingefarret sind.
4) Vier Pfarr- und Schulhäuser.

III. An Privat- oder Bürgerhäusern:

In der Stadt	110	195.
In der Vorstadt	85	

Unter denen in der Vorstadt sind 12 Windmühlen.

Das erlernte Handwerk, der Ackerbau, der vorzüglich von einigen vorstädtischen Bürgern betrieben wird, das Bierbrauen (neun Kretschame, davon zwei in der Vorstadt, die andern auf den Dörfern sind, stehen unter dem Bierzwange), dazu die Gerechtigkeit auf 64 Häusern haftet, und einiger Consumtions-Handel, der von Kleinhändlern betrieben wird, sind die Nahrungszweige der Bürger.

Jahrmärkte sind fünf: 1) am Sonntage nach Lichtmeß, 2) am Montage nach Exaudi, 3) am Sonntage nach Margaretha, 4) am Sonntage vor Michaelis, 5) am Sonntage nach Martini. An jedem Jahrmarkte ist auch zugleich Viehmarkt. Sonnabends ist Wochenmarkt.

Königliche Aemter sind: das Postamt und das Accise- und Zollamt.

Die Garnison besteht aus einer Schwadron Dragoner, Regiments Nr. 2.

II. Die Mediat-Stadt Schlawa.

Schlawa, ein Majorat der gräflichen Familie von Fernemont, liegt nahe an der Gränze von Süd-Preußen, hat keine Mauern; an kirchlichen und städtischen Gebäuden befinden sich daselbst: 1) eine katholische Kirche, an der ein Parochus und ein Capellan die gottesdienstlichen Handlungen besorgen; 2) eine evangelische Kirche, an der ein Prediger steht; eingepfarrt sind eilf benachbarte Dörfer; 3) ein katholisches und 4) ein lutherisches Pfarrhaus; 5) eine katholische und 6) eine lutherische Schule; 7) das Stockhaus; 8) das Brauhaus und etliche andere kleine Gebäude.

Privat-Häuser sind: in der Stadt 83 } 103.
in der Vorstadt 20 }

Die bürgerlichen Nahrungszweige sind Ackerbau, das Bierbrauen (vier Kretschame stehen unter dem Bierzwange), ein kleiner Consumtions-Handel und das erlernte Handwerk. Ein Fünftel der Bürger sind Tuchmacher.

Das Accise-Amt ist das einzige königliche Amt, das sich hier befindet.

Jährlich sind vier Jahrmärkte: 1) Montags vor Fastnacht; 2) am Pfingstdienstage; 3) an Michaelis; 4) an Allerheiligen.

Die Garnison besteht aus einer Schwadron Husaren vom Regimente Nr. 8. und einer Invaliden-Compagnie.

B. Marktflecken,

die aber eigentlich zum Lande gehören.

1. Kuttlau.

Kuttlau, (Ober- und Nieder-Kuttlau), mit einem schönen dem Fürsten von Carolath gehörigen Schlosse, hat eine katholische Kirche, ein Pfarrhaus, ein lutherisches und ein katholisches Schulhaus, 3 Vorwerke, 2 Freigüter, 4 Kretschame, 31 Bauern, 30 Gärtner, 61 Häusler, 42 andere Häuser, 7 Windmühlen.

Jahrmärkte sind: 1) am Ostermontage; 2) an Mariä Heimsuchung; 3) an Hedwig.

2. Quaritz,

hat ein herrschaftliches Schloß, eine lutherische und eine katholische Kirche, eine lutherische und eine katholische Pfarrwohnung, 2 Schulhäuser, 5 Lehngüter, 1 Vorwerk, 46 Bauern, 21 Gärtner, 87 Häusler, 4 Kretschame und 7 Windmühlen. Man bauet hier viel Flachs, und es ist hier ein ansehnlicher Flachsmarkt.

Jahrmärkte sind: 1) Montags nach Reminiscere; 2) Montags vor Matthäus.

Dieser Ort ist ehedem durch eine viel Aufsehen erregende Gespenstergeschichte, die sich endlich in eine Marder-Familie auflösete, sehr bekannt geworden.

C. Dörfer.

Nahmen der Dörfer.	Oeffentliche Gebäude.					Herrschaftl. Schlösser u. Wohnhäuser.	Vorwerke.	Lehngüter.	Freigüter.	Scholtis. (rittrm.)	Bauern.
	Kirchen.		Schulen.		Pfarrhäuser.						
	Protest.	Kathol.	Protest.	Kathol.							
Altwasser	—	—	—	—	—	1	1	—	1	—	8
Andersdorf	—	—	—	—	—	1	1	—	—	—	—
Annaberg	—	1	—	—	1	—	—	—	—	—	—
Arnsdorf	—	—	—	—	—	1	1	—	—	—	—
Aufzug	—	—	—	—	—	—	1	—	—	—	—
Bäsau, 2 Anth.	—	—	—	—	—	—	1	—	—	—	—
Bansau	—	—	—	—	—	1	1	—	—	—	—
Baunau	—	—	—	—	—	1	1	—	1	—	—
Bautsch	—	—	1	—	—	—	—	—	1	—	23
Beichau	—	—	—	—	—	—	—	—	—	—	6
Beirkau	—	—	—	—	—	—	1	—	—	—	—
Beitnig	—	—	—	—	—	—	—	—	—	—	8
Beitsch	—	—	—	—	—	1	1	—	1	—	8
Bergvorwerk	—	—	—	—	—	—	1	—	—	—	—
Berndorf	—	—	—	—	—	—	—	—	—	—	—
Biegnitz	—	—	—	—	—	1	3	—	—	—	3
Böckei	—	—	—	—	—	—	1	—	—	—	—
Briege	—	1	1	1	2	1	1	—	8	—	6
Brostau, 1ter Anth.	—	1	1	1	—	—	—	—	1	—	30
Brostau, 2ter u. 3ter Anth.	—	—	—	—	—	—	—	—	—	—	4
Buchwald	1	—	1	—	1	—	—	—	—	—	12
Buchwald	—	—	—	—	—	—	1	—	—	—	—
Burkau	—	—	—	—	—	1	1	—	—	—	2
Cattersee	—	—	—	—	—	—	2	—	1	—	—
Dalkau	1	—	1	—	1	1	2	—	—	—	—
Dammer	—	—	—	—	—	1	—	—	—	—	5
Denkwitz	—	—	—	—	—	1	2	—	—	—	7
Doberwitz	—	—	—	—	—	—	1	—	1	—	10
Drogelwitz	—	—	—	—	—	1	1	—	2	—	3
Druse, 2 Anth.	—	—	—	—	—	—	1	—	—	—	3
Eichberge	—	—	—	—	—	—	1	—	—	—	—
Eisenmost	—	1	—	1	1	1	1	—	—	—	4
Ertelsmühle	—	—	—	—	—	—	—	—	—	—	—
Friedrichsdorf	—	—	—	—	—	—	1	—	—	—	—
Friedrichswalde, Colonie	—	—	—	—	—	—	—	—	—	—	—
Fröbel	—	—	—	—	—	—	—	—	1	—	13

…Häuser.	Andere Häuser	Mühlen. Wasser-	Mühlen. Wind-	Kretschame.	Herrschaft.*	Anmerkungen und Merkwürdigkeiten. * Pr. H. v. P. bedeutet Prinz Heinrich von Preußen. Pr. F. v. P. bedeutet Prinz Ferdinand von Preußen. F. Sch. v. C. bedeutet Fürst Schönaich von Carolath.
7	12	1	—	—	Adelig.	
2	6	—	—	1	desgl.	
7	--	—	—	1	desgl.	Die Kirche wird von Wallfahrtern besucht.
13	6	3	—	1	desgl.	
7	1	—	—	1	desgl.	Das Vorwerk heißt Crempine.
9	12	—	2	1	desgl.	
3	4	—	1	2	desgl.	Ein Kretscham heißt Neusorge.
4	12	—	1	1	desgl.	
4	10	—	—	1	Pr. H. v. P.	
13	11	—	—	1	Kämm. Glogau.	
2	1	1	—	1	Adelig.	Die Mühle und der Kretscham heißen die Juderei.
1	5	—	—	1	Kämm. Glogau.	
7	4	1	—	—	F. Sch. v. C.	Ein hierher gehöriges Försterhaus, ein Häusler und die Mühle heißen Jägerhaus.
3	6	—	—	—	Adelig.	
3	1	2	—	1	desgl.	
6	15	—	1	1	desgl.	Ein Vorwerk heißt Bergvorwerk.
5	3	—	—	—	desgl.	
4	17	2	—	2	desgl.	Hier ist ein Hospital. Hierher gehört Fährhaus und Lohmühle.
9	36	—	—	1	Kämm. Glogau.	
1	2	—	1	—	Domc. z. Glogau.	
1	2	—	—	1	Adelig.	Hierher gehört Neuheide.
2	—	—	—	1	F. Sch. v. C.	
7	6	—	1	—	Adelig.	
8	12	—	—	—	desgl.	Ein Vorwerk und acht Häusler heißen Josephshof.
4	14	—	—	1	desgl.	
6	6	1	—	—	Pr. H. v. P.	
1	13	1	1	1	Adelig.	
8	11	—	1	—	desgl.	
—	8	—	2	—	desgl.	
3	8	--	1	1	desgl.	Ein Häusler, der den 2ten Antheil ausmacht, heißt Pudel.
4	—	--	—	—	desgl.	
3	5	3	—	—	desgl.	
—	—	1	—	—	Domc. z. Glogau.	
4	—	—	—	—	Adelig.	
5	—	--	—	1	desgl.	
3	15	1	—	—	Bischof z. Breslau.	

Nahmen der Dörfer.	Oeffentl. Gebäude.					Herrschaftl. Schlösser und Wohnungen.	Vorwerk.	Lehngüter.	Freigüter.	Scholtis. (rittersm.)	Bauern.
	Kirchen.		Schulen.		Pfarrhäuser						
	Protest.	Kathol.	Protest.	Kathol.							
Gläsersdorf { Ober-	—	1	—	1	1	1	1	—	—	—	12
Gläsersdorf { Nieder-	—	—	1	—	—	1	5	—	—	—	23
Gleinitz	—	—	—	—	—	1	1	—	—	—	1
Glogischdorf, Colonie	—	—	—	—	—	—	—	—	—	—	—
Goihle	—	—	—	—	—	—	1	—	—	—	—
Görlitz	—	—	—	—	—	—	—	—	1	—	8
Golgowitz	—	—	—	—	—	1	1	—	—	—	—
Golschwitz	—	—	—	—	—	—	1	—	—	—	—
Grabisch { 1 Antheil	—	—	1	—	—	—	—	—	—	1	4
Grabisch { 2 Antheil	—	1	—	—	—	—	1	—	2	—	1
Gramschütz	1	1	1	1	2	1	2	—	—	—	36
Gräditz { Groß-	—	—	—	—	—	1	1	—	—	—	—
Gräditz { Klein- { 1 Anth.	—	—	—	—	—	1	1	—	—	—	4
Gräditz { Klein- { 1 Anth.	—	—	—	—	—	1	1	—	—	—	—
Gregersdorf	—	—	—	—	—	—	—	—	—	—	—
Greif	—	—	—	—	—	—	1	—	—	—	—
Grundmühle	—	—	—	—	—	—	—	—	—	—	—
Grünwald	—	—	—	—	—	—	1	—	—	—	—
Guhlau	—	1	1	1	—	—	1	—	—	—	28
Gühlichen	—	—	—	—	—	—	1	—	—	—	—
Gurkau	—	—	—	—	—	—	—	—	—	—	5
Gusitz	—	—	—	—	—	1	1	—	—	—	—
Gustau	—	—	—	—	—	1	1	—	—	—	7
Gusteutschel	—	—	—	—	—	—	—	—	—	—	14
Guttenstädt, Colonie	—	—	—	—	—	—	—	—	—	—	—
Hainbach	—	—	—	—	—	—	1	—	—	—	4
Hammer	—	—	—	—	—	—	1	—	—	—	—
Heidevorwerk	—	—	—	—	—	—	1	—	—	—	—
Heinzendorf	—	1	—	—	—	—	—	—	—	—	24
Herbersdorf	—	1	—	1	1	—	2	—	1	—	18
Hermsdorf	—	1	—	1	1	1	1	—	2	—	1
Herrndorf { Ober-	—	1	—	1	1	1	2	—	1	—	10
Herrndorf { Nieder-	1	—	1	—	1	1	2	—	1	—	8
Hochkirch	—	1	—	1	1	—	—	—	—	—	—
Höckricht	—	—	—	—	—	—	1	—	1	—	10

Häusler.	Andere Häuser.	Mühlen. Wasser=	Mühlen. Wind=	Kretschame.	Herrschaft.	Anmerkungen und Merkwürdigkeiten.
11	9	—	2	1	Adelig.	
40	20	—	3	—	desgl.	Die Mühlen, 1 Vorwerk u. 4 Häusler heißen Krickicht.
9	11	4	—	1	desgl.	Eine Mühle heißt die Taubenmühle
21	8	—	—	1	desgl.	
21	8	—	—	1	desgl.	
—	6	—	1	—	Dohmk. z. Glogaa.	
—	2	—	—	2	Adelig.	
—	3	—	—	—	desgl.	
2	1	—	1	—	Amt Glogau.	
2	2	—	—	1	Adelig.	
78	54	3	1	2	Pr. H. v. P.	Ein Vorwerk heißt Gränzvorwerk. Das hiesige Bier wird sehr geschätzt.
12	5	2	—	1	Adelig.	Eine Mühle h. die Golobachmühle.
16	21	—	2	1	Kämm. Glogau.	
—	—	—	—	—	Dohmk. z. Glogau.	
10	1	—	—	2	Adelig.	
1	3	—	—	—	desgl.	
—	—	1	—	—	Dohmk. z. Glogau.	
27	5	1	—	1	Adelig.	Dar Vorwerk heißt Karschvorwerk
21	29	—	4	1	Kämm. Glogau.	Hierher gehört auch die Glashütte mit 14 Häusern.
1	2	—	—	—	Adelig.	
—	3	—	2	1	Dohmk. z. Glogau.	
11	6	1	—	1	Adelig.	
17	15	1	1	1	desgl.	Die Wassermühle h. die Bergmühle.
3	—	—	—	1	Dohmk. z. Glogau.	
5	-	—	—	1	Adelig.	
11	12	4	—	1	Pr. F. v. P.	
26	1	2	—	1	Adrlig.	Hier sind die Oglischmühle, Mäusewinkel und Hammervorwerk eingeschlossen.
1	2	—	—	—	desgl.	
51	14	—	—	1	desgl.	
16	17	2	4	1	desgl.	
9	11	—	2	1	F. Sch. v. C.	
20	29	1	1	2	desgl.	
19	24	1	1	2	Adelig.	
26	2	—	—	2	Der Parochus.	In der Kirche befindet sich ein Marienbild, zu welchem viel gewallfahrtet wird, besonders am Trinitatis Feste u. am Feste Mariä Geburt.
13	13	—	2	1	Kämm. Glogau.	

Nahmen der Dörfer.	Oeffentl. Gebäude. Kirchen. Protest.	Oeffentl. Gebäude. Kirchen. Kathol.	Oeffentl. Gebäude. Schulen. Protest.	Oeffentl. Gebäude. Schulen. Kathol.	Pfarrhäuser.	Herrschaftl. Schlösser und Wohnhäuser.	Vorwerke.	Lehngüter.	Freigüter.	Scholtis. (ritterm.)	Bauern.	Gärtner.
Hünerey	—	—	—	—	—	1	1	—	—	—	—	6
Jakobskirch	1	1	1	1	3	1	2	—	—	—	2	11
Jätschine	—	—	—	—	—	—	1	—	—	—	—	—
Jårschau 1 Anth.	—	1	1	1	1	—	—	—	—	1	30	26
Jårschau 2 Anth.	—	—	—	—	—	—	—	—	1	—	—	—
Ilgowitz	—	—	—	—	—	—	—	—	—	—	—	4
Immersatt	—	—	—	—	—	—	1	—	—	—	—	12
Jüngfernmühle	—	—	—	—	—	—	—	—	—	—	—	—
Karitsch	—	—	—	—	—	—	—	—	—	—	—	9
Katschütz	—	—	—	—	—	1	1	—	—	—	—	7
Kauer Groß-	—	1	—	1	1	—	1	—	—	—	—	6
Kauer Klein-	—	—	—	—	—	1	1	—	—	—	7	7
Kladau 1 Anth.	—	1	1	1	2	—	—	—	1	—	21	—
Kladau 2 Anth.	—	—	—	—	—	—	—	—	1	—	—	—
Klautsch Ober-	—	—	—	—	—	—	—	—	—	—	4	4
Klautsch Nieder-	—	—	—	—	—	—	—	—	—	—	9	5
Kleinvorwerk	—	—	—	—	—	—	1	—	—	—	—	8
Klemnitz	—	—	—	—	—	—	2	—	—	—	8	11
Klopschen	—	1	—	1	1	—	—	1	—	—	30	12
Köhlerei	—	—	—	—	—	—	1	—	—	—	—	—
Köllmichen	—	—	—	—	—	1	1	—	—	—	9	10
Kolzig	1	1	1	1	2	1	2	—	—	—	9	
Kosel	—	—	1	—	—	1	1	—	—	—	18	
Kossadel	—	—	—	—	—	—	—	1	—	—	13	
Kosmelsmühle	—	—	—	—	—	—	—	—	—	—	—	—
Kottwitz	—	—	—	—	—	1	2	—	—	—	—	1
Kotzemeuschel	—	—	1	—	—	—	1	—	1	—	16	2
Kranz Alt-	—	—	—	—	—	1	3	—	2	—	13	1
Kranz Neu-	—	—	—	—	—	—	2	—	—	—	—	
Kreidelwitz	—	1	1	1	—	1	3	—	—	—	21	2
Krolkwitz	—	—	—	—	—	1	1	—	—	—	—	
Kropusch	—	—	—	—	—	—	1	—	—	—	—	
Kummernick	—	—	—	—	—	1	2	—	1	—	2	2
Kunzendorf	1	1	1	1	2	1	3	—	1	—	5	2
Kutschwitz 1 Adth.	—	—	—	—	—	—	—	—	1	—	—	-
Kutschwitz 2 Anth.	—	—	—	—	—	—	1	—	—	—	—	-
Laubegast	—	—	—	—	—	—	—	—	1	—	11	

Häusler.	Andere Häuser	Mühlen. Wasser:	Wind:	Kretschame.	Herrschaft.	Anmerkungen und Merkwürdigkeiten.
2	4	1	—	2	Adelig.	
18	14	1	1	1	desgl.	Das eine Vorwerk heißt Hintervorwerk. Zu der Kirche wird gewallfahrtet.
6	—	—	—	—	desgl.	
7	43	4	—	1	Kämm. Glogau.	
—	1	—	—	—	Dohmc. z Glogau.	
—	1	—	—	1	Das Fräuleinstift zu Rietschütz.	
2	6	—	—	—	Adelig.	Ist mit Wilkau verbunden.
—	—	1	—	—	Jungfst. z. Glogau.	
2	7	—	1	1	Adelig.	
5	4	—	1	1	desgl.	
6	7	3	—	1	desgl.	
4	8		1	1	desgl.	
11	32	2	1	2	desgl.	
—	—	—	—	—	Dohmc. z. Glogau.	
2	2	—	1	—	desgl.	
7	2	—	1	1	desgl.	
6	8	—	—	—	Kämm. Glogau.	
8	3	—	—	1	Adelig.	
50	25	—	4	1	Aug. Stift z. Sagan	
5	1	—	1	1	F. Sch. v. C.	
5	8	—	1	1	Adelig.	
49	17	—	1	2	desgl.	Hier ist eine Glashütte, und das eine Vorwerk heißt Neuvorwerk.
25	12	—	2	1	desgl.	
14	7	—	3	—	Dohmc. z. Glogau.	
—	—	1	—	—	Kämm. Glogau.	
3	12	—	1	—	Adelig.	
16	—	—	3	1	Amt Glogau.	
42	23	—	4	2	Adelig.	Ein Vorwerk heißt Schäfereivorwerk und eines Friedenfeld.
—	1	—	1	1	F. Sch. v. C.	Ein Vorwerk heißt Ratschvorwerk.
44	—	—	—	—	Adelig.	
5	5	1	1	1	desgl.	
1	—	—	—	—	desgl.	
5	10	2	—	1	desgl.	Das eine Vorwerk h. Ernstvorwerk, und die eine Mühle Eichmühle.
25	17	—	4	1	desgl.	
—	—	—	—	—	desgl.	
1	—	—	—	—	desgl.	
8	4	—	2	1	desgl.	Das Vorwerk heißt Eichvorwerk.

Nahmen der Dörfer.	Oeffentl. Gebäude. Kirchen. Protest.	Oeffentl. Gebäude. Kirchen. Kathol.	Oeffentl. Gebäude. Schulen. Protest.	Oeffentl. Gebäude. Schulen. Kathol.	Oeffentl. Gebäude. Pfarrhäuser.	Herrschaftl. Schlösser und Wohnhäuser.	Vorwerke.	Lehngüter.	Freigüter.	Scholtis. (ritterm.)	Bauern.	Gärtner.
Leipe	—	—	—	—	—	—	1	—	1	—	3	14
Lerchenberg	—	—	—	—	—	—	—	—	—	—	1	3
Leschkowitz	—	—	—	—	—	1	1	—	—	—	—	9
Leutbach	—	—	—	—	—	1	1	—	—	—	—	6
Liebenzig	1	1	1	1	2	1	3	—	—	—	10	12
Linden 1 Anth.	—	1	1	1	—	1	1	—	—	—	9	10
Linden 2 Anth.	—	—	—	—	—	1	1	—	—	—	9	14
Lipke	—	—	—	—	—	—	1	—	—	—	—	5
Logisch Groß-	—	1	—	1	1	—	3	—	—	—	11	18
Logisch Klein- 2 Anth.	—	—	—	—	—	1	—	—	1	—	5	16
Mahnau	—	—	—	—	—	1	2	—	—	—	—	11
Malschwitz	—	—	—	—	—	1	1	—	—	—	2	8
Mangelwitz	—	—	—	—	—	—	—	—	—	—	8	4
Merzdorf 1 Anth.	—	—	—	—	—	—	2	—	—	—	14	14
Merzdorf 2 Anth.	—	—	—	—	—	—	1	—	—	—	—	3
Meschkau	—	—	—	—	—	1	1	—	—	—	3	9
Modlau	—	—	—	—	—	1	1	—	—	—	4	6
Morgenstern	—	—	—	—	—	—	1	—	—	—	—	5
Moschwitz	—	—	—	—	—	—	—	—	—	—	8	12
Mülchau	—	—	—	—	—	1	1	—	—	—	—	6
Mürschau	—	—	—	—	—	—	1	—	—	—	4	2
Musternick	—	—	—	—	—	1	1	—	—	—	4	8
Nenkersdorf	—	—	—	—	—	1	1	—	—	—	8	13
Neudeck	—	—	—	—	—	—	1	—	—	—	—	14
Neudorf	—	—	—	—	—	—	1	—	1	—	15	8
Neuguth	1	—	1	—	1	1	1	—	—	—	—	12
Neuhammer 1 Anth.	—	—	—	—	—	—	—	—	—	—	—	23
Neuhammer 2 Anth.	—	—	—	—	—	—	—	—	—	—	—	7
Neuheide	—	—	—	—	—	—	—	—	—	—	—	—
Nilbau	—	1	1	1	1	—	—	—	1	—	29	9
Nostwitz	—	—	—	—	—	—	—	—	—	—	15	6
Oberau	—	—	—	—	—	—	1	—	—	—	—	3
Obisch Groß-	—	—	—	—	—	—	1	—	—	—	—	10
Obisch Klein-	—	—	—	—	—	1	1	—	—	—	—	8
Odervorwerk	—	—	—	—	—	—	1	—	—	—	—	—
Oppachvorwerk	—	—	—	—	—	—	1	—	—	—	—	—
Otterstadt, Neu-, Colonie	—	—	—	—	—	—	—	—	—	—	—	—
Parchau	—	1	—	1	2	1	4	—	1	—	20	17
Petersdorf	—	—	—	—	—	1	1	—	—	—	—	4

Häusler.	Andere Häuser.	Mühlen. Wasser.	Mühlen. Winde.	Kretschame.	Herrschaft.	Anmerkungen und Merkwürdigkeiten.
2	12	—	1	—	Adelig.	
14	5	—	1	1	Dohmc. z. Glogau.	
9	6	—	1	1	Adelig.	
2	3	—	1	1	desgl.	
36	6	—	2	2	F. Sch. v. C.	Ein Vorwerk heißt Teichvorwerk.
7	5	—	1	1	Adelig.	
10	4	—	6	1	desgl.	
12	—	—	—	1	desgl.	
3	28	—	1	1	desgl.	
13	3	—	2	1	desgl.	
3	6	—	1	2	desgl.	Ein Vorwerk h. Marjanenvorwerk.
12	7	1	—	1	desgl.	
11	9	1	—	1	desgl.	
12	7	—	2	1	desgl.	
1	2	—	1	—	desgl.	
7	12	—	1	1	desgl.	
6	7	—	1	1	desgl.	
—	—	—	—	—	desgl.	
3	12	—	—	1	Dohmc. z. Glogau.	
4	3	—	—	—	Adelig.	
5	5	—	—	1	desgl.	
10	10	4	—	1	desgl.	
11	11	—	1	1	F. Sch. v. C.	
2	3	1	—	1	Adelig.	
11	7	—	—	1	desgl.	
7	6	—	—	1	desgl.	
16	9	—	—	1	desgl.	
1	—	2	—	—	desgl.	
22	1	—	—	1	desgl.	
10	28	1	—	1	Kämm. Glogau.	
3	12	—	1	1	desgl.	
—	1	—	1	—	Jgstft. zu Glogau.	
1	2	—	1	—	} Pr. F. v. P.	Die Mühle heißt Feldmühle.
4	4	1	—	1	}	
3	—	—	—	—	Jgstft. zu Glogau.	
3	—	—	—	—	desgl.	
14	—	—	—	1	Adelig.	
34	44	1	3	2	desgl.	
7	1	—	—	1	desgl.	

Nahmen der Dörfer.	Oeffentl. Gebäude: Kirchen		Schulen			Herrschaftl. Schlösser und Wohnhäuser.	Vorwerke.	Lehngüter.	Freigüter.	Scholtis. (ritterm.)	Bauern.	Gärtner.
	Protest.	Kathol.	Protest.	Kathol.	Pfarrhäuser							
Pinguart	—	—	—	—	—	—	1	-	—	—	—	6
Polkwitz, Nieder- 1 Anth.	—	—	—	—	—	1	2	-	—	—	—	8
Polkwitz, Nieder- 2 Anth.	—	—	—	—	—	—	—	—	—	—	13	—
Porschütz	—	—	—	—	—	—	2	—	—	—	8	12
Pridomost 1 Anth.	—	—	1	—	—	1	2	1	—	—	12	34
Pridomost 2 Anth.	—	—	—	—	—	—	-	—	—	—	4	—
Pridomost 3 Anth.	—	—	—	—	—	—	—	—	3	—	4	—
Pudel	—	—	—	—	—	—	1	—	—	—	—	3
Pürschen	—	1	—	—	1	—	1	—	—	—	—	10
Pürschkau	—	—	—	—	—	1	3	—	—	—	6	26
Putschkau	—	—	—	—	—	1	1	—	—	—	—	19
Quilitz	—	1	—	1	1	—	—	1	—	—	33	17
Rabsen	—	1	—	1	1	—	—	—	—	—	8	8
Rädichen	—	—	—	—	—	—	—	—	1	—	13	4
Ransdorf	—	—	—	—	—	—	1	—	—	—	2	24
Rauschwitz 1 Anth.	—	—	—	—	—	—	—	—	—	—	2	4
Rauschwitz 2 Anth.	—	—	—	—	—	—	1	—	—	—	8	7
Reike	—	—	—	—	—	—	1	—	—	—	—	6
Rheinberg	—	—	—	—	—	—	1	—	—	—	—	9
Rettkau	—	—	1	—	—	1	2	—	1	—	8	15
Rietschütz	—	1	1	1	1	1	4	—	—	—	—	[illegible]
Sabel Alt-	—	—	—	—	—	1	1	—	—	—	—	9
Sabel Neu-	—	—	—	—	—	—	—	—	—	—	6	—
Sabinengrund	—	—	—	—	—	—	1	—	—	—	—	—
Saber	—	—	—	—	—	—	—	—	—	—	—	4
Salisch	—	—	—	—	—	1	2	—	3	—	6	6
Samitz	—	—	—	—	—	—	1	—	—	—	2	9
Schabitzen	—	—	—	—	—	1	2	—	—	—	4	15
Schlaberndorf, Neu- Colonie	—	—	—	—	—	—	—	—	—	—	—	—
Schlatzmann	—	—	—	—	—	1	1	—	1	—	3	3
Schlawa	—	—	—	—	—	1	—	—	—	—	10	4
Schlom	—	—	—	—	—	—	—	—	1	—	11	1
Schmarse 1 Anth.	—	—	—	—	—	—	—	—	—	—	2	2
Schmarse 2 Anth.	—	—	—	—	—	—	—	—	—	—	4	—
Schmarse 3 Anth.	—	—	—	—	—	—	—	—	1	—	6	7
Schönau	1	1	1	1	2	1	1	—	3	—	15	13
Schrapau Ober-	—	—	—	—	—	—	—	—	—	—	5	1
Schrapau Nieder-	—	—	—	—	—	—	—	—	—	-	5	8

Häusler.	Andere Häuser.	Mühlen Wasser.	Mühlen Wind.	Kretschame.	Herrschaft.	Anmerkungen und Merkwürdigkeiten.
5	1	1	—	—	Adelig.	Die Mühle heißt Konsinskimühle.
4	4	—	1	1	desgl.	
19	15	—	2	—	Kämm. Polkwitz.	
11	9	1	—	1	Fräuleinst zu Barschau.	
47	30	1	3	3	Amt Glogau	Ein Vorwerk heißt Wilhelmsaue.
1	2	—	—	—	Dohmc. z. Glogau.	
2	10	—	—	—	Adelig.	Das hiesige Bier ist sehr beliebt und wird an andere Orte verführt.
4	6	—	—	—	desgl.	
8	4	—	1	—	desgl.	Ist ein Wallfahrtsort.
24	8	—	2	1	desgl.	Ein Vorwerk heißt Ziegelvorwerk.
4	4	—	2	—	desgl.	
29	9	4	—	1	August. zu Sagan.	
12	15	—	1	1	Jgfstft. z. Glogau	
8	—	1	2	1	Adelig.	
2	15	1	1	1	desgl.	
2	—	2	—	1	Bisch. zu Breslau.	
3	25	4	—	2	Kämm. Glogau.	Eine Mühle ist eine Lohmühle und heißt nebst 1 Kretschm Bantichgarten.
5	7	1	—	1	Adelig	
—	4	—	—	1	desgl.	Das Vorwerk heißt Perschkevorwerk.
20	5	1	—	1	desgl.	
—	7	1	—	1	Adel. Fräuleinstift.	Sieh am Ende dieses Verzeichnisses.
2	4	1	—	—	Adelig.	Das eine Vorwerk heißt Teichvorwerk, und das andere Waldvorwerk.
8	2	—	—	1	Dohmc. z. Glogau.	
4	—	—	—	—	F. Sch. v. C.	
4	6	—	—	1	Adelig.	
6	8	—	1	1	desgl.	
6	10	1	—	1	desgl.	Die Mühle heißt Sandmühle.
7	10	—	2	2	Fräuleinst. zu Rietschütz.	
25	—	—	1	1	Adelig.	
4	5	—	1	1	desgl.	
15	7	—	4	—	desgl.	
3	17	—	1	1	desgl.	
—	3	—	—	—	Kämm. Glogau.	
—	2	—	—	—	Adelig.	
8	6	—	—	1	desgl.	
27	32	—	5	1	desgl.	
1	5	—	—	—	Kämm Glogau.	
3	5	—	—	1	Dohmc. z. Glogau.	

Nahmen der Dörfer.	Oeffentl Gebäude. Kirchen. Protest.	Kirchen. Kathol.	Schulen. Protest.	Schulen. Kathol.	Pfarrhäuser.	Herrschaftl. Schlösser u. Wohnhäuser.	Vorwerke.	Lehngüter.	Freigüter.	Scholtis. (ritterm.)	Bauern.	Gärtner.
Schrien	—	—	—	—	—	1	1	—	—	—	3	10
Schwein, Groß	—	—	—	—	—	1	1	—	—	—	3	9
Schwein, Klein	—	—	—	—	—	1	1	—	—	—	—	6
Schwusen	—	—	1	—	1	1	1	—	1	—	5	17
Seppau	—	—	—	—	—	1	1	—	—	—	—	9
Sieglitz	—	—	—	—	—	—	—	—	—	—	8	6
Simsen	—	1	—	1	1	1	3	—	—	—	12	20
Skeiden	—	—	—	—	—	—	2	—	—	—	—	18
Sophienwerk	—	—	—	—	—	—	1	—	—	—	—	3
Sperlingswinkel	—	—	—	—	—	—	1	—	—	—	—	6
Steinitz	—	—	—	—	—	—	1	—	—	—	—	—
Stranz, Alt-	1	1	1	1	2	1	2	—	—	-	19	7
Stranz, Neu-	—		—	—	—	—	1	—	—	—	—	13
Stumberg	—	—	—	—	—	1	1	—	—	—	6	6
Suckau	—	—	—	—	—	1	1	—	—	—	—	5
Tarnau	—	—	—	—	—	—	1	—	—	—	8	16
Tarnau, Deutsch-	—	—	—	—	—	—	1	—	—	—	4	8
Thamm	—	1	—	1	1	1	1	—	—	-	—	12
Thauer, Ober- und Nieder-	—	—	—	—	—	—	2	—	—	—	—	12
Töppendorf	—	—	—	—	—	1	3	—	—	—	—	15
Trebitsch	—	—	—	—	—	1	2	—	—	—	—	9
Tschepplau	1	1	1	1	2	1	5	—	3	—	43	39
Tschirne, Klein-	1	—	1	—	1	1	1	—	—	—	6	13
Tschirnitz	—	—	—	—	—	1	1	—	—	—	—	12
Tschopitz	—	—	—	—	—	—	—	—	—	—	13	13
Vicarey	—	—	-	—	—	—	1	—	—	—	—	6
Waldvorwerk	—	—	—	—	—	—	1	—	—	—	—	—
Weckelwitz	—	—	—	—	—	—	1	—	—	—	—	6
Weckeritz	—	—	—	—	—	—	1	—	—	—	—	—
Weichnitz	—	—	—	—	—	1	1	—	—	—	—	13
Weidisch	—	—	—	—	—	—	—	—	1	—	—	5
Weisholz	1	—	1	—	1	1	1	—	—	-	6	14
Wertschütz	—	—	1	—	—	1	1	—	—	—	—	9
Wiesau, 1 Anth.	1	—	1	—	—	1	1	—	-	—	9	17
Wiesau, 2 Anth.	—	—	—	—	—	—	—	—	—	—	—	—
Wilkau	—	1	1	1	1	1	1	—	—	—	6	10
Wilschau	—	—	—	—	—	—	1	—	—	—	1	8
Woischau	—	—	—	—	—	—	—	—	-	—	10	13
Wühleisen	—	—	—	—	—	—	—	—	—	—	—	—

Häusler.	Andere Häuser.	Mühlen. Wasser=	Mühlen. Wind=	Kretschame	Herrschaft.	Anmerkungen und Merkwürdigkeiten.
2	7	—	1	1	Adelig.	
8	4	—	1	1	desgl.	
1	5	—	—	—	desgl.	
17	18	—	2	1	desgl.	
7	8	3	—	1	desgl.	
—	7	—	—	1	Dohmc. z. Glogau.	
20	12	—	2	1	Pr. H. v. P.	Ein Vorwerk heißt Walddorf.
7	6	--	1	1	Adelig.	
—	—	—	—	—	desgl.	
14	5	—	1	1	desgl.	
7	1	—	—	—	desgl.	
44	14	2	3	1	desgl.	
19	4	—	1	1	desgl.	
5	10	2	—	1	desgl.	
6	7	2	—	1	Jgfstft. z. Glogau.	Hier ist eine Papiermühle.
3	4	3	—	—	Adelig.	Eine Mühle heißt die Krickmühle.
10	6	—	—	1	desgl.	
17	8	1	—	1	desgl.	
4	5	—	1	1	Pr. F. v. P.	
—	11	—	1	1	desgl.	Ein Vorwerk heißt Helenenvorwerk.
26	3	1	—	—	Adelig.	Hier sind 2 Pulvermühlen.
51	49	—	5	—	desgl.	Hier ist ein Hospital. Ein Vorwerk heißt Eichvorwerk, ein zweites Heidevorwerk, ein drittes Karlsfeld, das vierte Marienfeld.
22	18	1	1	1	desgl.	
20	7	—	—	—	desgl.	
20	—	—	2	1	Amt Glogau.	
22	3	—	2	1	F. Sch. v. C.	
17	—	—	—	—	Adelig.	
1	3	—	—	1	desgl.	
—	—	—	—	—	desgl.	
7	9	—	1	1	desgl.	
19	1	—	—	1	desgl.	
8	12	—	1	1	desgl.	
20	12	—	2	1	desgl.	
17	19	1	—	1	desgl.	
4	—	—	—	—	desgl.	
26	10	1	—	2	desgl.	
5	2	—	—	—	desgl.	
—	5	1	—	1	Bisch. zu Breslau.	
15	—	—	—	—	Adelig.	

Nahmen der Dörfer.	Oeffentl. Gebäude. Kirchen Protest	Oeffentl. Gebäude. Kirchen Kathol.	Oeffentl. Gebäude. Schulen Protest	Oeffentl. Gebäude. Schulen Kathol.	Pfarrhäuser.	Herrschaftl. Schlösser u. Wohnhäuser.	Vorwerke.	Lehngüter.	Freigüter.	Scholtis. (ritterm.)	Bauern,	Gärtner.
Würbitz Groß-, 2 Anth.	—	—	—	—	—	—	—	—	—	—	8	—
Würbitz Klein-	—	—	—	—	—	—	—	—	—	—	4	—
Würchland	—	—	—	—	—	1	1	—	1	—	3	16
Würchwitz	—	—	—	—	—	1	2	—	—	—	3	14
Zarkau 1 Anth.	—	—	—	—	—	—	1	—	—	—	—	4
Zarkau 2 Anth.	—	—	—	—	—	—	—	—	2	—	—	—
Zarkau 3 Anth.	—	—	—	—	—	1	1	—	—	—	—	—
Zauche	—	—	1	—	—	1	2	—	2	—	7	16
Zerbau	—	—	—	—	—	—	—	—	3	—	24	8
Ziebern	—	1	—	—	—	1	1	—	—	—	5	9
Zöbelwitz	—	—	—	—	—	1	1	—	—	—	—	9

Häusler.	Andere Häuser.	Mühlen. Wasser,	Mühlen. Wind.	Kretschame.	Herrschaft.	Anmerkungen und Merkwürdigkeiten.
5	8	1	—	1	Adelig.	
—	4	—	1	1	desgl.	
1	4	—	1	1	desgl.	
6	22	1	—	1	desgl.	
1	5	—	—	—	Jgfstft. z. Glogau.	Hier ist eine Lohmühle.
1	4	—	—	—	Kämm. Glogau.	
—	—	—	—	—	Adelig.	
18	13	—	1	1	desgl.	
18	38	—	1	1	Kämm. Glogau.	
5	13	1	—	1	Adelig.	
2	7	—	1	1	desgl.	

Rietschütz ist der Sitz des von Schmettowischen Fräuleinstifts, welches 1782, mit königlicher Bewilligung, die verwittwete Gräfinn von Schwerin, gebohrne Freyinn von Schmettow, auf ihre in diesem Kreise liegenden Güter Rietschütz, Ilgowitz und Schabitzen, errichtet hat.

Die Stifterinn bestimmte noch bei ihren Lebzeiten ihre Nichte, Amalie Ferdinandine Wilhelmine Gräfinn von Schmettow, aus dem Hause Pommerzig, zur Seniorinn oder Vorsteherinn des Stifts. Außer der Seniorinn, die die Usufructuaria der Güter ist, genießen noch vier Fräulein der Schmettowischen Familie, aus dem Hause Pommerzig, oder doch solche, deren Mütter oder Großmütter wenigstens aus diesem Hause abstammen, auf dem Schloße zu Rietschütz, nebst freier bequemer Wohnung, freie Kost, Licht, Beheizung, Wäsche, Bedienung rc., und zu Anschaffung der Kleidung und Wäsche jährlich 100 Thlr., und wenn sich der Fond vermehrt 150 bis 200 Thlr. Kein Fräulein katholischer Confession, und keine unter 12 Jahren wird in die Stiftung aufgenommen.

Geht die Seniorinn mit Tode ab, oder verheirathet sie sich, so wird das älteste Fräulein in ihre Stelle und in die Nutznießung eingesetzt.

Die Stiftsfräulein tragen ein graues Kleid mit beliebigen bunten Bändern, und an einem himmelblauen Bande ein grau-emaillirtes Kreuz mit doppelten spitzigen Ecken, auf dessen Brustschilde sich zwei gefaltene Hände mit der Ueberschrift befinden:

Voeux de Reconnoissance

Auf der Rückseite steht:

Pour la Famille de Schmettow
le 17. Ianvier 1782.

Zwischen den beiden obern Ecken sieht man zwei in einander geschlungene C.

II.

Der Guhrauer Kreis.

Der Guhrauer Kreis, meist Ebene, gränzt gegen Morgen und Mitternacht mit Süd-Preußen; gegen Mittag mit dem Fürstenthume Wohlau; gegen Abend mit dem Glogauer Kreise.

Die Oder, die Bartsch und der Gränzgraben (die Tschwirnerei) sind die beträchtlichsten Gewässer dieses Kreises, der auf 8 Quadrat-Meilen 1 Immediat-Stadt, 2 Mediat-Städte und 81 Dörfer, darunter 3 Colonien sind, enthält.

A. Städte.

I. Die Immediat-Stadt

Guhrau.

Guhrau, die Kreisstadt, liegt in einer angenehmen und sehr fruchtbaren Gegend, ist gegen Morgen,

Mittag und Mitternacht mit Wald umgeben, ist von einer dicken Mauer mit 10 Thürmen umschlossen, hat zwei Thore (das Glogauer und Polnische Thor) und zwei Pforten. Sie enthält

I. An kirchlichen und Schulgebäuden:

1) Die katholische Pfarrkirche St. Catharinä, ein sehenswürdiges Gebäude, an der, außer dem Pfarrer, noch zwei Capelläne die religiösen Handlungen verrichten. Eilf Dörfer sind eingepfarrt.

2) Die Kirche zum heiligen Kreuz.

3) Die Frohnleichnamskirche unweit der Stadt. Man geht aus der Stadt durch eine Allee, in welcher in gewissen Weiten 6 Capellen, die das Leiden Christi vorstellen, zu dieser Kirche, bei welcher eine heilige Steige ist, zu der am Tage Kreuzes-Erhöhung viele Wallfahrter kommen. Bei dieser Kirche ist auch eine Eremitage.

4) Die Kreuz- oder Bleichkirche, bei welcher der Kirchhof der Lutheraner ist.

5) Die evangelisch-lutherische Kirche, eine sehr schöne, nach dem neuesten Geschmacke erbauete Kirche, bei welcher 2 Prediger stehen, und zu der 19 Dörfer eingepfarrt sind.

6) Die 2 Wohnungen der lutherischen Prediger.

7) Das katholische Pfarrhaus.

8) Die katholische Schule.

II. An städtischen Gebäuden:

1) Ein Garnison-Lazareth, dazu die ehemahlige fürstliche Burg eingerichtet worden ist.

2) Ein altes baufälliges Hospital.

3) Zwei Malz- und Brau-Häuser.

4) Drei städtische Officianten-Häuser.

5) Das den Tuchmachern gehörige Zechhaus.

6) Die Scharfrichterei mit dem Gefängnisse, und noch etliche kleinere Gebäude.

III. Privat-Häuser:	in der Stadt	208
	in der Vorstadt	258
	Summa	466

und 62 Scheunen. Die Häuser in der Stadt sind alle mit Ziegeln gedeckt.

Königliche Aemter sind hier:

Das Steueramt.

Das Postamt und

das Accise- und Zollamt.

Die Nahrungszweige der Bürger sind: Ackerbau und Viehzucht; der Brauurbar, dazu die Gerechtigkeit auf 237 Häusern haftet (21 Dörfer müssen Stadtbier trinken), der aber nicht sehr beträchtlich ist; Consumtions-Handel, und Handel mit Butter und Käse nach dem Brandenburgischen, und die Versendung des auf den 54 bei der Stadt befindlichen Windmühlen gemachten Mehls, davon jährlich mehrere tausend Scheffel nach Berlin und Potsdam gehen. Unter den Handwerkern sind die Tuchmacher die zahlreichsten. Ehedem war die hiesige Tuch-Manufactur noch viel beträchtlicher, als jetzt. Unter den Künstlern befindet sich ein geschickter Orgelbauer und musikalischer Instrumentenmacher. Auch der Anbau des vielen Spargels, der hier gezogen und versendet wird, gewährt mehreren einigen Vortheil. Eine Pottaschsiederei ist vor 12 Jahren hier etablirt worden.

Jährlich sind drei Jahrmärkte: 1) Donnerstag vor Jacobi; 2) Donnerstags vor dem Palmsonntage, und 3) Donnerstags vor Hedwig.

Sonnabends ist Wochen- und Getreidemarkt.

Die Garnison besteht aus einer Schwadron Husaren vom Regimente Nr. 1.

Das Stadtwapen ist ein halbes Rad zwischen drei Thürmen.

Diese Stadt gehört, wie die beiden folgenden, unter das dritte steuerräthliche Departement, der Glogauer Kammer, das in Wohlau seinen Sitz hat.

1759, den 10ten October, wurde diese Stadt von den Oestreichern und Russen geplündert, und dann in Brand gesteckt, so daß auch nicht ein Haus stehen blieb. Friedrich II. machte diesem unglücklichen Orte, nach dem Hubertsburger Frieden, ein ansehnliches Geschenk. Mit diesem und der Feuer-Societäts-Hülfe ist sie nach und nach wieder aufgebauet worden. Die Häuser sind massiv, und Guhrau ist nun ein ganz artiges Städtchen.

II. Mediat-Stadte.

1. Köben.

eine kleine, offene, adelige Stadt, liegt nahe an der Oder, am linken Ufer, wo auch eine Fähre ist, und enthält:

I. An städtischen Gebäuden:
1) Das Rathhaus.
2) Zwei städtische Wohnhäuser.
3) Zwei Brauhäuser.
4) Fünf Salz-Factoreien und Niederlagsgebäude u. s. w.

II. An kirchlichen und Schulgebäuden:
1) Eine katholische Kirche, an der ein Pfarrer und zwei Capelläne die Sacra administriren.
2) Eine evangelisch-lutherische Kirche, bei welcher ein Prediger steht, und dazu 6 Dörfer eingepfarret sind.
3) Eine katholische und lutherische Schule.

III. Privat-Häuser sind:	in der Stadt	87
	in der Vorstadt	14
	Summa	101

Königliche Aemter sind:
Das Salzamt und
das Accise- und Zollamt.

Das erlernte Handwerk, der Ackerbau und die Viehzucht, das Bierbrauen sind die Nahrungszweige der Bürger, davon $\frac{1}{4}$ Tuchmacher sind. Der Consumtions-Handel ist von keinem Belange.

Jahrmärkte, mit denen zugleich auch Viehmarkt ist, sind: 1) am Palmsonntage; 2) an Jacobi; 3) an Simonis und Judä.

Die Garnison besteht aus 1 Escadron Husaren vom Regiment Nr. 1.

2. Groß-Tschirne.

liegt nahe an der Süd-Preußischen Gränze, und ist adelig. Sie enthält:

Eine katholische Kirche; eine evangelisch-lutherische Kirche, zu der 10 Dörfer eingepfarret sind (an beiden Kirchen ist ein Geistlicher); eine kleine evangelische Begräbnißkirche; das herrschaftliche Schloß; 5 Pfarr- und Schulhäuser; das Rathhaus; einige städtische Beamtenhäuser; ein Lazareth; ein Stockhaus, und Bürgerhäuser

in der Stadt	83
in der Vorstadt	20
Summa	103

Das Accise- und Zollamt ist das einzige königliche Amt.

Ein sehr geringer Consumtions-Handel, Ackerbau und Viehzucht, nebst dem erlernten Handwerke

(⅔ der

($\frac{2}{3}$ der Bürger sind Tuchmacher), sind die bürgerlichen Nahrungszweige.

Jahr- und zugleich Viehmärkte sind: 1) an Cantate; 2) am Tage Laurentii; 3) am Tage Martini.

Die Garnison besteht aus einer Schwadron Husaren vom Regimente Nr. 1.

Diese Stadt nebst den dazu gehörigen Gütern Ober Tschirne, Katschkau, Nieder-Ellguth, Sultau und Neusorge, hat der jetzige Besitzer, Herr von Lestwitz, wenn er ohne Erben sterben sollte, zu einem protestantischen Fräuleinstift bestimmt, auch allbereit 1778 von Friedrich II. und 1788 von Friedrich Wilhelm II. die Confirmation dazu erhalten.

B. Dörfer.

Nahmen der Dörfer.	Oeffentl. Gebäude. Kirchen. Protest.	Oeffentl. Gebäude. Kirchen. Kathol.	Oeffentl. Gebäude. Schulen. Protest.	Oeffentl. Gebäude. Schulen. Kathol.	Pfarrhäuser.	Herrschaftl. Schlösser u. Wohnhäuser.	Vorwerke.	Freigüter.	Freibauern.	Dienstbauern.	Freigärtner.	Dreschgärtner.
Birkendorf	—	—	1	—	—	1	2	—	—	2	3	8
Braunau	—	—	—	—	—	—	—	1	—	23	—	—
Brodelwitz	—	—	—	—	—	1	1	—	—	—	2	10
Conradswalde	—	—	—	1	1	1	2	—	—	3	4	16
Ellguth Ober- 1 Anth.	—	—	—	—	—	1	1	—	—	—	2	4
Ellguth Nieder- 2 Anth.	—	—	—	—	—	—	1	—	—	6	2	8
Friedrichsau, Colonie	—	—	—	—	—	—	—	—	—	—	20	—
Friedrichshuld, Colonie	—	—	—	—	—	—	—	—	—	—	7	—
Friedrichswaldau, Ober- Col.	—	—	—	—	—	—	—	—	—	—	8	—
Friedrichswaldau, Mittel- Col.	—	—	—	—	—	—	—	—	—	—	11	—
Friedrichswaldau, Nieder- Col.	—	—	—	—	—	—	—	—	—	—	11	—
Gabell	—	—	1	—	—	1	2	—	—	10	9	16
Geißbach	—	—	—	—	—	—	—	—	—	—	2	—
Giebse	—	—	—	—	—	—	—	—	—	—	6	—
Gleinig	—	1	—	1	1	1	2	—	—	10	14	13
Graben	—	—	1	—	—	—	2	—	—	5	7	13
Gühlau	—	—	—	—	—	—	1	—	—	7	3	8
Guhrau, Alt-	—	—	1	—	—	—	—	1	—	23	17	3
Gubren	—	1	—	1	1	1	1	—	—	11	10	12
Guckelitze	—	—	—	—	—	—	1	—	—	—	—	4
Heide Alt-	—	—	—	—	—	—	1	—	—	—	—	3
Heide Neu-	—	—	1	—	—	—	1	—	—	—	—	5
Heinzebortschen	—	—	—	—	—	—	1	—	—	7	6	9
Heinzendorf	1	—	1	—	1	—	2	—	—	29	9	7
Hockenau	—	—	—	—	—	—	1	—	—	—	—	4
Jastersheim	—	—	1	—	—	—	—	—	2	12	—	3
Ibsdorf	—	—	—	—	—	1	1	—	—	—	5	8
Johannsfeld, Colonie	—	—	—	—	—	—	—	—	—	—	9	—
Juppendorf	—	—	—	—	—	1	1	—	—	8	10	8
Kohlau	—	—	—	—	—	1	1	—	—	2	3	5
Kahrau	—	—	1	—	—	1	2	—	—	3	2	13
Kaltebortschen	—	—	1	—	—	1	1	—	—	2	5	8
Karutzen	—	—	1	—	—	—	—	1	—	19	—	2
Katschkau	—	—	1	—	—	—	1	—	—	19	12	4
Kittlau	—	—	—	—	—	—	1	—	—	—	2	7
Kloden, Groß-	—	—	—	—	—	1	1	—	—	—	3	10

Häusler.	Andre Häuser.	Mühlen. Wasser=	Mühlen. Wind=	Kretschame.	Colonistenhäuser.	Herrschaft.	Anmerkungen und Merkwürdigkeiten.
—	4	—	—	—	—	Adelig.	
28	20	—	5	—	—	Stift Leubus.	
6	4	—	1	—	—	Adelig.	
1	10	—	1	—	—	desgl.	
3	3	—	—	—	—	desgl.	
—	11	—	4	—	—	desgl.	
—	—	—	—	—	—	desgl.	
—	—	—	—	—	—	desgl.	
—	—	—	—	—	—	Kämm. Guhrau.	
—	—	—	—	—	—	desgl.	
—	—	—	—	—	—	desgl.	
—	13	—	4	—	—	Adelig.	
—	5	—	1	—	—	Kämm. Guhrau.	
—	—	—	1	—	—	Nonnenkl. z. Glogau	
2	2	—	4	—	—	Adelig.	
—	13	—	1	—	—	desgl.	
3	7	—	1	—	—	desgl.	
3	12	—	7	—	—	Kämm. Guhrau.	
17	8	—	2	—	—	Adelig.	
—	—	—	—	—	—	desgl.	
6	—	—	—	—	—	desgl.	
6	1	—	1	—	—	desgl.	
3	3	—	1	—	—	desgl.	
12	21	—	4	—	—	desgl.	
—	3	—	—	—	—	desgl.	
9	8	—	3	—	—	Kämm. Guhrau.	
3	4	—	1	—	—	Adelig.	
—	—	—	—	—	—	desgl.	
4	12	—	2	—	—	desgl.	
—	1	—	1	—	—	desgl.	
14	6	—	1	—	—	desgl.	Hierher gehört Waldhaus.
—	9	—	1	—	—	desgl	
9	8	—	—	—	—	Kämm. Guhrau.	
2	15	—	—	—	—	Adelig.	
—	1	—	—	—	—	desgl.	
2	4	—	1	—	—	desgl.	

Nahmen der Dörfer.	Oeffentl. Gebäude.					Herrschaftl. Schlösser u. Wohnhäuser.	Vorwerke.	Freigüter.	Freibauern.	Dienstbauern.	Freigärtner.	Dreschgärtner.
	Kirchen		Schulen.		Pfarrhäuser.							
	Protest.	Kathol.	Protest.	Kathol.								
Kloden, Klein-	—	—	—	—	—	1	1	—	—	—	3	6
Köben	—	—	—	—	—	1	2	—	—	—	2	12
Kohlhäuser	—	—	—	—	—	—	—	—	—	—	2	—
Kraschen	—	1	—	1	1	1	2	1	—	41	3	27
Langenau	—	—	—	—	—	—	—	—	—	—	17	—
Lanken	—	—	—	—	—	1	3	1	—	22	13	18
Leeskau	—	—	—	—	—	—	—	—	—	—	6	—
Logschen, Ober-	—	—	—	—	—	1	1	—	—	—	3	6
Logschen, Nieder-	—	—	—	—	—	1	1	—	—	—	4	5
Mechau, Ober	—	—	1	—	—	1	1	—	—	3	3	6
Mechau, Nieder-	—	—	—	—	—	1	1	—	—	—	5	8
Mühlgast	—	—	—	—	—	—	—	—	—	3	12	9
Narthen	—	—	1	—	—	1	2	—	—	10	10	14
Nechlau	—	—	—	—	—	1	1	—	—	2	6	8
Nerschütz	—	—	1	—	—	1	2	—	—	4	—	27
Neuguth	—	—	—	—	—	—	—	1	—	19	7	—
Neudörfel	—	—	—	—	—	—	—	—	—	—	16	—
Neusorge	—	—	—	—	—	—	1	—	—	—	3	6
Neuvorwerk	—	—	—	—	—	—	1	—	—	—	6	4
Neuvorwerk	—	—	—	—	—	—	1	—	—	—	—	—
Niebe	—	1	—	1	1	1	4	—	—	—	10	12
Nistitz	—	—	1	—	—	1	3	—	—	—	6	13
O[illegible]en, Groß-	—	1	—	1	1	1	1	—	—	7	15	11
O[illegible]en, Klein-	—	—	—	—	—	—	—	—	—	11	—	—
Polnischborischen	—	—	—	—	—	—	—	—	—	1	1	6
Rabenau	—	—	—	—	—	—	—	—	—	—	2	—
Radschütz	—	—	1	—	—	1	1	—	—	4	—	22
Raischen	—	—	1	—	—	1	1	—	—	—	12	8
Reichen	—	—	—	—	—	—	1	—	—	3	5	7
Ronicken	—	—	—	—	—	1	2	—	—	6	6	15
Salrschütz, 1 Anth.	—	—	—	—	—	—	—	—	—	5	—	—
Salrschütz, 2 Anth.	—	—	—	—	—	1	1	—	—	3	11	6
Sandhäuser, Colonie	—	—	—	—	—	—	—	—	—	—	7	—
Sandhügel	—	—	—	—	—	—	—	—	—	—	6	—
Schabenau	—	1	—	1	1	1	2	—	—	—	12	19
Schütrlau, Ober-	—	—	—	—	—	1	1	—	—	3	3	12
Schütrlau, Nieder-	—	—	1	—	—	—	1	—	—	11	6	13
Schlaubitz	—	—	—	—	—	—	—	—	2	16	10	—
Schleswitz	—	—	—	—	—	—	1	—	—	—	—	—

Häusler.	Andre Häuser.	Mühlen. Wasser=	Mühlen. Wind=	Kretschame	Colonisten=Häuser.	Herrschaft.	Anmerkungen und Merkwürdigkeiten.
—	3	—	1	—	—	Adelig.	
4	8	—	2	1	—	desgl.	
—	—	—	—	—	—	desgl.	
34	41	—	4	—	—	Noñenst. z. Glogau	
4	7	—	—	—	—	Stift Leubus.	
13	22	—	4	—	—	Adelig.	
2	—	—	—	—	—	desgl.	
12	3	—	1	—	—	desgl.	
1	1	—	1	—	—	desgl.	
2	4	—	—	—	—	desgl.	
—	3	—	2	—	—	desgl.	
—	2	—	—	—	—	desgl.	
4	17	—	3	—	—	desgl.	
1	4	—	—	—	—	desgl.	
2	7	1	1	—	—	desgl.	
2	10	—	3	—	—	Noñenst. z. Glogau	
2	1	—	—	—	—	Stift Leubus.	
—	2	—	1	—	—	Adelig.	
—	4	—	—	—	—	desgl.	
—	—	—	—	—	5	desgl.	
2	1	—	3	—	—	desgl.	Ein Vorwerk heißt Schwarzvorwerk.
1	4	1	2	—	—	desgl.	
—	1	—	1	—	—	desgl.	
—	1	—	—	—	—	desgl.	
1	4	1	2	—	—	desgl.	
—	—	—	—	—	—	desgl.	
3	8	1	1	—	—	desgl.	
1	—	—	—	—	—	desgl.	
2	5	—	1	—	—	desgl.	
2	6	—	2	1	—	desgl.	
—	2	—	1	—	—	Kämm. Guhrau.	
—	4	—	1	—	—	Adelig.	
—	—	—	—	—	—	desgl.	
—	1	—	—	—	—	desgl.	
4	11	—	1		—	desgl.	
6	4	—	1	—	—	desgl.	
1	15	—	1	1	—	desgl.	
10	17	—	5	—	—	Noñenst. z. Glogau	
—	—	—	—	—	—	Bisch. zu Breslau.	

Nahmen der Dörfer.	Oeffentliche Gebäude: Kirchen. Protest.	Kirchen. Cathol.	Schulen. Protest.	Schulen. Kathol.	Pfarrhäuser.	Herrschaftl. Schlösser u. Wohnungen.	Vorwerke.	Freigüter.	Freibauern.	Dienstbauern.	Freigärtner.	Dreschgärtner.
Schmögerle	—	—	—	—	—	1	1	—	—	—	3	7
Schützenvorwerk	—	—	—	—	—	—	1	—	—	—	—	—
Seitsch, Probstei	—	1	—	1	1	1	1	1	—	—	27	39
Seifersdorf	—	—	—	—	—	—	—	2	—	17	14	—
Sulkau	—	—	1	—	—	—	1	—	—	7	7	5
Stroppen	—	—	—	—	..	1	1	-	-	—	10	6
Tarpen	—	—	—	—	—	1	3	—	—	6	9	12
Thiervorwerk	—	—	—	—	—	—	1	—	—	—	—	2
Tschilesen	—	—	—	—	—	—	—	—	—	4	—	—
Tschirnau Ober-	—	—	1	—	—	1	1	...	—	18	—	15
Tschirnau Nieder-	—	—	—	—	—	1	2	—	—	18	16	24
Tschwirtschen	—	—	—	—	—	—	1	—	—	1	—	14
Wäldchen	—	—	—	—	—	—	—	—	—	—	—	—
Waldhäuser	—	—	—	—	—	—	—	—	—	—	6	—
Waldvorwerk	—	—	—	—	—	—	1	—	—	—	—	[illegible]
Weschkau	—	—	—	—	—	—	—	1	—	16	2	—
Wischütz	1	1	1	1	2	1	1	—	—	16	—	31
Zapplau	—	—	1	—	—	—	1	—	—	—	11	1[illegible]
Zeipern	—	—	—	1	—	1	1	—	—	3	11	[illegible]

Häusler.	Andere Häuser.	Mühlen. Wasser.	Mühlen. Wind.	Kretschame.	Colonisten Häuser.	Herrschaft.	Anmerkungen und Merkwürdigkeiten.
3	4	—	1	—	—	Adelig.	
—	—	—	—	—	—	desgl.	
27	33	—	7	—	—	Stift Leubus.	Hier ist ein Hospital.
6	17	—	4	—	—	desgl.	
2	5	—	2	—	—	Adelig.	
1	2	—	1	—	—	desgl.	
1	5	—	2	—		desgl.	
—	—	—	—	—	—	desgl.	
—	3	—	—	—	—	Kämm. Guhrau.	
20	27	—	7	—	—	Adelig.	
3	16	—	5	—	—	desgl.	
—	8	—	—	—	—	desgl.	
3	—	—	—	—	—	desgl.	
—	—	—	—	—	—	desgl.	
—	—	—	—	—	—	desgl.	
2	10	—	3	—	—	Stift Leubus.	
4	29	1	1	—	—	Adelig.	
14	9	—	2	—	—	desgl.	
2	9	—	1	—	—	Noñenst. z. Glogau	

III.

Der Sprottauer Kreis.

Der mehr ebene als bergige Sprottauer Kreis gränzt gegen Morgen an den Glogauer Kreis; gegen Mittag an das Fürstenthum Jauer, und zwar an den Bunzlauer Kreis; gegen Abend an das Fürstenthum Sagan; gegen Mitternacht an den Freistädter Kreis.

Er wird von dem Bober *), in welchen sich bei Sprottau die Sprottau **), am rechten Ufer, ergießt, und einigen kleinen Bächen bewässert, und enthält auf 11 Quadrat=Meilen 1 Immediat= und 1 Mediat=Stadt und 75 Dörfer, darunter 2 Colonien sind.

A. Städte.

1. Sprottau.

Die Immediat= und Kreisstadt Sprottau liegt in einer etwas sumpfigen Gegend am Bober und an der Sprottau, die sich, wie schon gesagt, hier mit

---

*) Sieh Th. 1. S. 1. Th. 2. S. 1.

**) Sieh oben S. 150.

einander vereinigen, ist mit einer Mauer umgeben, hat zwei Thore und eine Pforte, und enthält:

I. An städtischen Gebäuden:

1) Das Rathhaus.

2) Fünf Officianten-Wohnungen.

3) Vier Magazin-Gebäude.

4) Zwei Malz- und Brauhäuser.

5) Ein Hospital und noch verschiedene andere Gebäude.

II. An Kirchen- und Schulgebäuden:

1) Die katholische Parochial-Kirche, an der ein Parochus, der zugleich Stiftsprobst ist, und zwei Capelläne die Sacra besorgen.

2) Das Jungfernkloster, vom Orden St. Mariae Magdalenae de Pönitentia, (15 Nonnen) nebst der Kirche. Die Nonnen stehen unter einer Priorinn.

3) Die evangelisch-lutherische Kirche.

4) Fünf Pfarr- und Schulhäuser.

III. An Privat- oder bürgerlichen Häusern:

In der Stadt	229.
In der Vorstadt	102.
Summa .	331.

und 44 Scheunen.

Die hier befindlichen königlichen Aemter sind:

Das Steueramt.

Das Accise- und Zollamt.

Das Postamt.

Die Bürger nähren sich vom Ackerbau und Bierbrauen, dazu 132 Häuser berechtigt sind (22 Dörfer stehen unter dem Bierzwange), dem Consumtions-Handel und dem erlernten Handwerke oder Kunst. Die Tuchmacherzunft ist die ansehnlichste.

Jahrmärkte sind: 1) an Lichtmeß; 2) an Himmelfahrt; 3) an Michaelis. Zwei Tage vor dem Jahrmarkte ist jedesmahl Leinwandmarkt, und den Tag vorher Roß- und Viehmarkt.

Die Garnison besteht aus einer Escadron Dragoner vom Regimente Nr. 11.

2. Primkenau.

Die Mediat-Stadt Primkenau ist klein, und hat weder Mauer noch Thore, hat eine katholische und eine evangelische Kirche; 2 Pfarr- und 2 Schulhäuser; 2 Brauhäuser, ein Hospital, und

in der Stadt	116
in der Vorstadt	19
Summa .	135 Privat-Häuser.

Das Accise- und Zollamt.

Das erlernte Handwerk, der Ackerbau und die Viehzucht, das Bierbrauen, dazu 63 Häuser berechtigt sind, ein ganz geringer Consumtions-Handel sind die bürgerlichen Nahrungszweige.

Jährlich sind Jahrmärkte: 1) an Lätare; 2) an Mariae Himmelfahrt; 5) an Mariae Geburt; 4) am Tage Simonis und Judä. Zwei Tage vor jedem Jahrmarkte ist großer Leinwand- und den Tag vorher Viehmarkt.

Hier ist keine Garnison.

B. Dörfer.

Nahmen der Dörfer.	Oeffentliche Gebäude: Kirchen. Protest.	Kirchen. Kathol.	Schulen. Protest.	Schulen. Kathol.	Pfarrhäuser.	Herrschaftl. Schlösser u. Wohnungen.	Vorwerke.	Freigüter.	Freibauern.	Dienstbauern.	Freigärtner.	Dreschgärtner.
Armadebrunn	—	—	—	—	—	—	—	—	—	—	1	—
Bergvorwerk	—	—	—	—	—	—	1	—	—	—	—	1
Beyerhaus	—	—	—	—	—	—	—	—	—	—	—	—
Boberwitz	—	—	1	—	—	—	—	1	—	16	—	—
Dittersdorf	—	—	1	—	—	—	1	—	—	8	—	8
Ebersdorf Ober-	—	1	1	1	1	—	1	—	—	12	—	9
Ebersdorf Nieder-	—	—	—	—		—	—	1	—	17	—	11
Eckartswalde, Colonie	—	—	—	—	—	—	—	—	—	—	—	—
Eulau Klein-	—	—	—	—	—	—	1	—	—	2	—	11
Eulau Ober-	—	—	1	—	—	—	1	—	—	9	8	8
Eulau Nieder-	—	1	—	1	1	—	1	—	—	11	2	—
Giesmannsdorf Ober-	—	—	—	—	—	—	—	—	—	16	1	—
Giesmannsdorf Mittel-	1	1	1	1	3	—	2	—	4	15	—	—
Giesmannsdorf Nieder-	—	—	—	—	—	1	1	—	—	—	—	15
Gläsersdorf, Klein-	—	—	—	—	—	—	—	1	—	7	—	2
Harthau	—	1	—	1	1	1	1	—	—	16	—	24
Haselbach	—	—	—	—	—	—	1	—	—	—	—	6
Heinzendorf	—	—	—	—	—	—	—	—	—	6	—	3
Hirtendorf	—	—	—	—	—	—	1	—	—	3	7	6
Johnsdorf	—	—	—	—	—	—	1	—	—	11	—	13
Kaltdorf	—	—	—	—	—	—	1	—	—	—	—	6
Karpfreiß	—	—	—	—	—	—	—	—	—	—	—	6
Koberbrunn	—	—	—	—	—	—	—	—	—	—	—	—
Kortnitz	—	—	1	—	—	—	1	—	—	9	2	5
Krampf	—	—	1	—	—	1	1	4	—	8	—	4
Küpper, Groß- und Klein-	—	1	1	1	1	—	2	1	—	16	—	11
Kunichen	—	—	—	—	—	—	—	—	—	—	—	—
Langen	—	—	1	—	—	—	—	1	—	8	—	5
Langheinersdorf 1 Antheil	—	—	—	—	—	—	—	—	—	3	—	—
Langheinersdorf 2 Antheil	—	—	—	—	—	—	1	—	—	5	2	—
Langheinersdorf 3 Antheil	—	—	—	—	—	1	1	—	—	5	—	7
Langheinersdorf 4 Antheil	—	—	—	—	—	—	1	—	—	—	—	3
Langheinersdorf 5 Antheil	—	—	1	—	—	—	1	—	—	4	—	9
Langheinersdorf 6 Antheil	1	1	1	1	2	—	1	—	—	2	—	5
Langheinersdorf 7 Antheil	—	—	—	—	—	—	—	1	—	11	—	4
Langheinersdorf 8 Antheil	—	—	—	—	—	—	—	—	—	3	—	—

Häusler.	Andere Häuser.	Mühlen. Wasser-	Mühlen. Wind-	Kretschame.	Herrschaft.	Anmerkungen und Merkwürdigkeiten.
13	2	—	—	—	Hrsch. Primkenau.	
5	2	—	—	—	Noñkl z. Sprottau	
14	1	—	—	—	Hrsch. Primkenau.	
17	13	—	—	1	Kämm. Sprottau.	
9	12	2	—	1	desgl.	
9	12	—	—	—	desgl.	
16	20	—	—	—	Adelig.	
28	—	—	—	—	desgl.	
14	10	—	—	—	Herrsch. Malmitz.	
14	8	—	—	—	desgl	
17	12	1	—	—	Noñkl. z. Sprottau	
17	21	—	—	—	Fst Sch. v Carol	
8	34	—	—	—	Adelig.	
2	4	—	—	—	desgl.	
11	9	—	—	—	Hrsch. Primkenau	
13	46	—	1	1	Adelig.	
3	4	1	—	—	Hrsch. Primkenau	
11	8	—	—	—	desgl.	Hier ist auch eine ritterm. Scholtisei.
9	13	—	—	—	Noñkl. z. Sprottau	
22	12	—	—	—	Herrsch. Malmitz	
10	2	—	—	—	desgl.	Hierher gehört Eichel-Vorwerk und
15	5	1	—	—	Hrsch. Primkenau.	Seekretscham.
11	8	—	—	—	Herrsch. Malmitz.	
8	12	—	—	1	Noñkl z. Sprottau	
26	13	—	—	—	Hrsch. Primkenau	Hierher gehören die Gränzhäuser.
24	15	—	—	—	Kämm. Sprottau.	
25	1	—	—	1	Noñkl. z. Sprottau	
20	16	—	—	—	Hrsch. Primkenau.	
4	4	—	—	—	Noñkl. z. Sprottau	
1	7	—	—	—	Adelig.	
3	14	—	1	—	desgl.	Die Mühle heißt Wegemühle.
4	5	—	—	—	desgl.	
15	16	—	1	—	desgl.	
9	5	—	1	—	desgl.	
14	20	—	3	—	desgl.	
—	2	—	—	—	desgl.	Dieser Antheil liegt schon im Freistädter Kreise.

Nahmen der Dörfer.	Oeffentliche Gebäude. Kirchen. Protest.	Kathol.	Schulen. Protest.	Kathol.	Pfarrhäuser.	Herrschaftl. Schlösser u. Wohnhäuser.	Vorwerke.	Freigüter	Freibauern.	Dienstbauern.	Freigärtner.	Dreschgärtner.
Leschen, Ober- mit Einschluß Beierhaus, Waldhaus, Forsthaus	—	—	—	—	1	—	1	1	—	4	—	—
Leschen, Nieder-	1	1	1	—	1	—	1	—	—	6	—	12
Liebchau	—	—	1	—	—	—	—	1	—	10	—	8
Ludwigsdörfel	—	—	—	—	—	—	—	—	—	2	—	1
Merschlau 1 Anth.	—	1	1	1	2	1	2	—	—	19	3	11
Merschlau 2 Anth. Siebenhuben	—	—	—	—	—	—	—	—	—	4	—	—
Mallmitz	1	—	1	—	1	1	2	1	—	4	—	8
Mückendorf	—	—	—	—	—	—	—	1	—	6	--	—
Neidhardt	—	—	—	—	—	—	1	—	—	—	—	4
Neuvorwerk	—	—	—	—	—	—	1	—	—	—	—	6
Ottendorf	1	1	1	1	2	1	1	—	10	—	1	11
Petersdorf	—	—	1	—	—	—	1	1	—	6	—	12
Polkwitz, Klein-	—	—	—	—	—	—	—	—	—	5	—	—
Primkenau. Dominium	—	—	—	—	—	1	1	—	—	—	—	—
Reuthau	—	—	1	—	—	1	2	—	—	3	—	20
Schadendorf	—	—	1	—	—	—	—	1	--	5	—	8
Sprottischdorf	—	—	—	—	—	1	1	—	—	—	1	12
Sprottischwalde, Colonie	—	—	—	—	—	—	—	—	—	—		—
Sprottisch-Zauche	—	—	—	—	—	1	1	—	—	—	3	14
Stichhäuser	—	—	—	—	—	—	—	—	—	—	—	—
Ulbersdorf	—	—	—	—	—	—	2	—	—	7	—	14
Walddorf	—	—	—	—	—	—	1	—	—	—	—	6
Waltersdorf	—	1	—	1	2	—	—	1	—	39	9	—
Weißig	—	1	—	1	2	—	2	—	—	8	1	6
Wengeln	—	—	—	—	—	—	1	1	—	3	—	12
Wichelsdorf	—	—	1	—	—	1	—	—	—	12	—	9
Wolfersdorf	—	—	1	—	—	—	1	1	—	8	—	4
Zeisdorf	—	—	—	—	—	1	1	—	—	—	—	15
Zürkau	—	—	1	—	—	—	—	—	—	11	—	—
Zauche, s. Sprottisch-Zauche.												

Häusler.	Andre Häuser.	Mühlen. Wasser-	Wind-	Kretschame.	Herrschaft.	Anmerkungen und Merkwürdigkeiten.
31	6	1	—	—	Kämm. Sprottau.	Hier ist ein Eisenwerk, dazu 2 Beamten und 6 Bergmanns- und Hüttenhäuser gehören.
21	14	2	—	—	Noñkl z. Sprottau	
28	5	—	—	—	Herrsch. Mallmitz.	
2	2	—	—	—	Adelig.	Gehört zu Petersdorf.
17	37	—	—	—	desgl.	
4	5	—	—	—	desgl.	Gehört eigentlich nach Kalten-Brießnitz im Freistädter Kreise.
49	17	2	—	1	desgl.	Hierher gehören Seekretscham und Waldhaus
7	6	—	—	—	Kämm. Sprottau.	
6	4	—	—	—	Adelig.	Hierher gehören die Stichhäuser.
3	3	—	—	—	desgl.	
28	35	—	2	—	desgl.	Hier hat sich die Bauerschaft von den Frohndiensten losgekauft.
27	19	—	1	—	desgl.	
1	4	—	—	—	Herrsch. Mallmitz	
—	36	—	—	—	Adelig	
20	10	—	1	—	desgl.	
13	6	—	—	—	Herrsch. Mallmitz.	
10	9	1	—	—	Adelig.	
16	—	—	—	—	Kämm. Sprottau.	
7	7	—	1	—	Adelig.	
7	—	—	—	—	desgl.	
10	23	—	1	—	desgl.	
1	6	—	—	—	desgl.	
61	42	—	—	—	Domc. zu Glogau.	
—	24	2	1	—	Hrsch. Primkenau.	
16	10	1	—	—	Adelig.	
22	24	2	—	1	desgl.	
12	15	—	1	—	Hrsch. Primkenau.	
16	11	2	—	—	Adelig.	
23	4	—	—	—	Kämm. Sprottau.	

IV.

Der Freistädter Kreis

Der Freistädter Kreis, der auch das Fürstenthum Carolath, oder die ehemahlige Standesherrschaft Beuthen, mit in sich begreift, gränzt gegen Morgen mit dem Glogauer Kreise; gegen Mittag mit dem Sprottauer Kreise; gegen Abend mit dem Fürstenthume Sagan; gegen Mitternacht mit dem Grünberger Kreise.

Die Oder *), der Siegerfluß **) und die Rehlache ***), der Weißfurth †) und der Schwarzgraben ††) fließen in diesem Kreise, der auf 13 Quadrat-Meilen 2 Immediat-Städte, 2 Mediat-Städte und 83 Dörfer, darunter 2 Colonien sind, enthält.

A. Städte.

I. Immediat-Städte.

1. Freistadt

liegt zwischen Bergen, ist die Kreisstadt, hat starke Mauern und 4 Thore: das Glogauer, Crossener, das Saganische und das neue Thor, und enthält:

I. An städtischen Gebäuden:

1) Das Rathhaus.

2) Das Hospital zum heiligen Geist.

3) Das Hospital St. Laurentii.

4) Das Hospital St. Lazari.

5) Die

*) Sieh oben S. 143.
**) S. 147.
***) S. 145.
†) S. 147.
††) S. 148.

5) Die vier Malz- und Brauhäuser.

6) Das Schießhaus, und

7) vier Zoll- und Accise-Häuser, und

8) ein Wachthaus.

II. An kirchlichen und Schulgebäuden:

1) Die katholische Stadtpfarrkirche zur Mariä Reinigung, bei welcher ein Parochus die Sacra administrirt, und zu der 3 Dörfer eingepfarret sind.

2) Das Carmeliter-Kloster (10 Mönche) mit der Kirche.

3) Die heilige Geist-Kirche vor dem Saganer Thore.

4) Die St. Laurentii-Kirche. Beide stehen außer der Stadt. In die letztere wird am Tage Laurentii eine Procession aus der Stadtkirche geführt, und Gottesdienst gehalten.

5) Die evangelische Gnadenkirche zum Weinberge Christi, außer der Stadt. Drei Prediger besorgen die gottesdienstlichen Handlungen. Eingepfarret sind 22 Dörfer. Die Erlaubniß, zur Erbauung dieser Kirche, bei dem kaiserlichen Hofe zu erhalten, kostete, nebst dem Platze rc., 97915 Gulden.

6) Die katholische Pfarrwohnung.

7) Die Wohnungen der lutherischen Geistlichen und Kirchenbedienten.

8) Die katholische Stadtschule.

9) Die evangelische Stadtschule.

III. Bürgerliche Häuser sind:

In der Stadt 199 }
In den 3 Vorstädten 243 } 442 *).

Die königlichen Aemter sind:

Das Steueramt.

Das Accise- und Zollamt.

Das Postamt.

Die Bürger nähren sich (besonders die Vorstädter) vom Ackerbau, einigem Weinbau und Obstgarten-Nutzung (die Freistädter Birnen werden sehr geschätzt). Der Brauurbar ist zwar nicht mehr so beträchtlich, wie ehedem, indessen stehen doch noch 13 Dörfer unter dem Bierzwange. Der Handel ist bloß im Kleinen mit Spezereien und Zeugen. Die meisten Bürger nähren sich sonst von ihrer Kunst und Profession.

Jahrmärkte, davon jeder bei nahe 8 Tage dauert, sind: 1) Montags nach Invocavit; 2) Montags nach Trinitatis; 3) Montags vor Michaelis. Au jedem dieser Märkte ist zugleich ein sehr ansehnlicher Leinwand- und Viehmarkt. Besonders reisen viele aus dem Gebirge hin, um dort Pferde einzukaufen.

Dienstags und Freitags ist Wochen- und ein unbedeutender Getreidemarkt.

Die Garnison besteht aus einer Escadron Dragoner vom Regimente Nr. 11.

Das große Stadtwapen zeigt eine Mauer mit drei Thürmen, durch welche eine Pforte geht, und über der

*) Diese Summe ist aus Zimmermanns Beiträgen genommen. In den allgemeinen Nachrichten giebt er 476 Privat- und 49 öffentliche Gebäude an. Von den letztern in den Beiträgen nur 31.

Pforte der Buchstab M. Im kleinen Siegel befindet sich allein der Buchstab M.

1764, den 5ten May, brannten 263 Häuser ab. Friedrich II. schenkte zum Wiederaufbau 41000 Thlr.

2. Neusalz,

ein kleines, offenes, ziemlich gut gebauetes Städchen (die Mährischen Brüder konnten sich 1746 bloß unter der Bedingung hier ansiedeln, daß sie alle Häuser von zwei massiven Stockwerken aufbauen wollten), liegt an der Oder, und enthält:

Eine katholische Kirche; eine evangelisch-lutherische Kirche; ein Bethaus der Brüdergemeine; zwei Pfarrhäuser; zwei Schulhäuser; das Rathhaus; fünf Salz-Factorei-Gebäude: drei andere städtische Gebäude und nebst dem Brüder- und Schwesternhause 183 Privat-Häuser.

Die königlichen Aemter sind:

Das Salzamt.

Das Postamt.

Das Accise- und Zollamt.

Der Steuerrath des zweiten Departements der Glogauer Kammer *).

Außer den Manufacturen, deren hier vier sind, eine Kattun-, Cannevaß-, eine Leder- und Leinwand-Manufacturen, sind der Ackerbau, Handel im Kleinen, der Schiffbau, die Schifferei und das erlernte Handwerk oder Kunst die bürgerlichen Nahrungszweige.

*) Sieh oben S. 186.

Hier ist auch eine Mühlstein-Niederlage, die in die Mark versendet werden.

An Quasimodogeniti, Johannis Enthauptung und Elisabeth sind Jahr- und zugleich Viehmärkte. Mittwochs und Sonnabends ist Wochenmarkt.

II. Mediat-Städte.

1. Beuthen *)

eine der allerältesten, zum Fürstenthume Carolath gehörige offene Stadt, liegt in einer angenehmen und fruchtbaren Gegend an der Oder, am linken Ufer, hat außer der katholischen Pfarrkirche St. Stephan, bei der 1 Pfarrer und 1 Capellan den Gottesdienst besorgen; der evangelisch-lutherischen Kirche, an welcher zwei Prediger stehen; dem Rathhause; einem Hospital; Lazareth; zwei Malz- und Brau-Häusern, und einem Magazin, noch einige andere unbeträchtliche öffentliche Gebäude.

Privat-Häuser sind hier 366, davon stehen 4 in der Vorstadt.

Das Accise- und Zollamt ist das einzige königl. Amt.

Das erlernte Handwerk, der Ackerbau, den die meisten Bürger treiben, der Weinbau, auf den sich auch viele legen, das Bierbrauen, dazu die Gerechtigkeit auf 77 Häusern haftet, und ein kleiner Consumtions-Handel, sind die Nahrungszweige der hiesigen Bürger.

Jährlich sind vier Leinwand- und Garnmärkte, und vier Jahrmärkte: 1) am Sonntage Lätare; 2) an Johannis; 3) am Tage Bartholomäi; 4) am Tage Martini.

---

*) Zum Unterschiede der Stadt Beuthen in Ober-Schlesien nennt man diesen Ort Beuthen an der Oder, auch in Nieder-Schlesien.

An jedem ist den Tag vorher Viehmarkt. Montags und Donnerstags ist Wochenmarkt.

Die Garnison besteht aus einer Escadron Dragoner vom Regimente Nr. 2.

2. Neustädtel

eine offene, dem Fürsten von Sagan gehörige Stadt, liegt am Weißfurth, hat

eine katholische Pfarrkirche, bei der ein Pfarrer und ein Capellan die religiösen Handlungen besorgen; eine evangelisch-lutherische Kirche, an der ein Prediger stehet; eine katholische und eine evangelische Begräbnißkirche; zwei Pfarr- und zwei Schulhäuser; ein Rathhaus; ein Hospital; zwei Malz- und Brauhäuser; ein Magazin; fünf städtische Officianten-Häuser, und das Stockhaus.

Privat-Häuser sind:

In der Stadt	134	143
In der Vorstadt . . .	9	

Königliche Aemter sind hier:

Das Postamt.

Das Accise- und Zollamt.

Das erlernte Handwerk, der Ackerbau, den die meisten Bürger betreiben, der Brauurbar, dazu 120 Stellen die Gerechtigkeit haben, und ein kleiner Consumtions-Handel, sind die Quellen der bürgerlichen Nahrung.

Jahrmärkte sind: 1) Sonntag nach Georgi; Sonntag nach Aegidi; 3) Sonntag nach Galli. Bei jedem ist den Tag vorher Viehmarkt.

Garnison hat dieser Ort nicht.

B. Dörfer.

Nahmen der Dörfer.	Oeffentliche Gebäude. Kirchen. Protest.	Oeffentliche Gebäude. Kirchen. Kathol.	Oeffentliche Gebäude. Schulen. Protest.	Oeffentliche Gebäude. Schulen. Kathol.	Pfarrhäuser.	Herrschaftl. Schlösser u. Wohnhäuser.	Vorwerke.	Freigüter.	Freibauern.	Dienstbauern.	Freigärtner.	Dienstgärtner.
Bielave, Alt-	1	—	1	—	1	—	2	2	—	17	—	25
Bielave, Neu-	—	—	—	—	—	—	—	1	—	20	—	9
Bielitz	—	—	—	—	—	1	1	—	—	—	—	8
Bohrau, 1 Antheil	—	—	—	—	—	—	—	—	—	9	—	3
Bohrau, 2 Antheil	—	—	—	—	—	1	1	—	—	1	—	10
Bohrau, 3 Antheil	—	—	—	—	—	1	1	—	—	3	—	5
Bohrau, 4 Antheil	—	1	1	1	2	—	—	—	—	16	—	10
Bohrau, Hohen-	—	—	1	—	—	—	—	1	—	19	—	12
Bohrau, Windisch-	—	1	—	—	—	—	1	1	—	6	—	8
Briesnitz, Kalt-	—	1	—	1	1	1	2	1	—	4	—	28
Brunzelwalde	—	1	1	1	1	1	2	1	—	18	—	43
Buckwitz	—	1	—	—	—	—	1	1	—	6	—	17
Bullendorf	—	—	—	—	—	—	1	2	—	—	—	3
Carolath	1	—	1	—	1	1	1	1	—	—	—	—
Döring	—	—	—	—	—	1	1	—	—	2	—	5
Droseheide	—	—	1	—	—	1	1	—	—	13	—	4
Eiche	—	—	—	—	—	—	1	—	—	1	—	18
Erkelsdorf	—	—	—	—	—	—	1	1	—	25	—	3
Friedrichsruhe, Colonie	—	—	—	—	—	—	—	1	—	—	—	15
Fürstenau	—	1	—	1	1	—	—	—	15	—	—	—
Gabel, Alt	—	1	1	1	1	2	2	—	—	9	—	18
Gabel, Neu-	—	1	—	1	—	1	2	1	—	9	—	10
Gruchwitz, Alt- und Neu-	1	—	1	—	1	—	1	1	—	2	—	22
Hänchen	—	—	—	—	—	—	1	—	11	—	—	7
Hartmannsdorf	1	1	1	1	1	1	2	—	—	10	—	11
Heinzendorf	—	—	1	—	—	—	—	1	—	14	—	4
Herrnsdorf, Lang-	—	1	—	1	—	1	1	1	—	9	—	21
Herwigsdorf, Ober-	—	—	—	—	—	—	—	—	4	—	—	—
Herwigsdorf, Mittel-	—	—	—	—	—	1	2	—	—	6	—	18
Herwigsdorf, Nieder-	—	1	—	1	—	1	5	1	—	24	—	25
Herzogswalde	—	—	—	—	—	—	—	—	6	—	—	1
Herzogswalde, 1 Antheil	—	1	1	1	1	1	2	1	—	22	—	27
Herzogswalde, 2 Antheil	—	—	—	—	—	1	2	—	—	10	—	14
Herzogswalde, 3 Antheil	—	1	—	1	2	—	—	1	—	11	—	11
Herzogswalde, 4 Antheil	—	—	—	—	—	—	1	1	—	2	—	7
Heidau	—	—	1	—	—	1	1	—	—	9	—	10

Häusler.	Andere Häuser.	Mühlen. Wasser.	Mühlen. Wind.	Kretschame.	Colonistenhäuser.	Herrschaft. F. v. Sch. C. bedeutet Fürst Schönaich von Carolath.	Anmerkungen und Merkwürdigkeiten.
40	5	—	4	—	—	F. Sch. v. C.	Hierher gehört Landskron.
13	5	—	1	—	—	desgl.	
2	5	—	1	—	—	Adelig.	
2	—	—	—	—	—	Kämm. Freistadt.	
14	9	—	1	—	—	Adelig.	
9	2	—	—	2	—	desgl.	
13	14	1	1	2	—	desgl.	
16	9	—	2	—	—	F Sch. v. C.	
3	2	—	1	—	—	Adelig.	
14	8	2	2	—	—	desgl.	
31	22	2	4	2	—	desgl.	Hier ist ein Hospital.
12	5	2	1	—	—	Fst. Sch. v. C.	
6	4	—	1	—	—	Augusst. zu Sagan.	
47	20	—	1	1	—	Fst Sch. v. C.	Ist die Residenz des Fürsten. Hierher gehört Hammervorwerk.
3	—	—	1	—	—	Adelig.	
29	16	—	—	—	—	desgl.	
3	4	—	1	—	—	Fst. Sch. v. C.	
17	25	—	—	—	—	Adelig.	
5	—	1	—	—	12	desgl.	Gehört zu Neudorf.
9	4	—	1	1	—	desgl.	
13	11	—	2	2	—	desgl.	
27	14	—	2	—	—	desgl.	Ein Vorwerk heißt Heidevorwerk.
32	7	—	3	1	—	Fst. Sch. v. C.	
7	4	—	—	1	—	Adelig.	
31	9	—	1	1	—	— —	
20	5	—	1	1	—	Kämm. Freistadt.	
25	—	2	2	—	—	Adelig.	
—	—	—	—	—	—	Domc. z. Glogau.	
14	16	—	1	—	—	Adelig.	
34	—	1	2	1	—	desgl.	Hiermit ist Neudorf verbunden.
3	—	—	—	—	—	Domc. z. Glogau.	
38	22	4	—	1	—	Adelig.	
7	—	1	—	—	—	desgl.	
16	8	2	1	—	—	desgl.	
13	8	—	1	—	—	desgl.	
21	7	1	2	1	—	desgl.	

Nahmen der Dörfer.	Oeffentl. Gebäude: Kirchen. Protest.	Oeffentl. Gebäude: Kirchen. Kathol.	Oeffentl. Gebäude: Schulen. Protest.	Oeffentl. Gebäude: Schulen. Kathol.	Pfarrhäuser.	Herrschaftl. Schlösser und Wohnhäuser.	Vorwerke.	Freigüter.	Freibauern.	Dienstbauern.	Freigärtner.	Dienstgärtner.
Költsch	—	—	1	—	—	—	—	2	—	37	—	—
Kuhnau	—	—	—	—	—	—	—	1	—	7	—	—
Kussen	—	—	—	—	—	—	—	1	—	8	—	—
Lessendorf	—	—	1	—	—	1	1	—	—	11	—	12
Liebschütz	—	—	1	—	—	—	1	—	—	—	—	18
Lindau, 1 Antheil	—	—	—	—	—	—	—	—	3	—	—	—
Lindau, 2 Antheil	—	1	—	1	1	1	2	1	—	25	—	13
Lippen	—	1	1	—	—	—	1	1	—	18	—	28
Louisdorf	—	—	—	—	—	—	1	—	—	6	—	5
Milkau	—	1	—	1	1	1	3	1	—	9	—	19
Modritz	—	—	—	—	—	—	—	1	—	15	—	—
Nettschütz	—	—	—	—	—	—	1	—	—	3	—	8
Neusalz, Schloßgemeine	—	—	—	—	—	1	1	—	—	2	—	5
Niebusch	1	1	1	—	1	1	1	—	—	13	—	10
Pfaffendorf	—	—	—	—	—	—	—	—	—	4	—	3
Popschütz, Ober-	—	—	—	—	1	1	1	—	—	—	—	5
Popschütz, Mittel-	—	—	1	—	—	—	1	—	—	4	—	7
Popschütz, Nieder-	—	—	—	—	—	1	1	—	—	6	—	6
Pürben	—	—	—	—	—	—	1	—	—	7	—	8
Rauden	—	1	1	1	1	—	—	—	—	24	—	3
Reichenau	—	—	1	—	—	—	—	1	—	10	—	6
Reimberg	—	—	1	—	—	1	—	1	—	19	—	24
Reinshayn	—	—	1	—	—	—	2	2	—	3	—	31
Röhlau	—	—	—	—	—	—	—	2	—	9	—	5
Rohrwiese	—	—	—	—	—	—	1	—	—	13	—	6
Rosenthal	—	—	1	—	—	—	1	1	—	—	—	12
Schau, Alt-, 1 Antheil	—	—	1	—	—	—	1	—	—	1	—	7
Schau, Alt-, 2 Antheil	—	—	—	—	—	—	—	—	—	6	—	7
Schau, Alt-, 3 Antheil	—	—	—	—	—	—	1	—	—	5	—	4
Schau, Neu-	—	—	1	—	—	1	1	—	—	9	—	8
Scheibau	—	—	1	—	—	1	1	—	—	5	—	5
Seifersdorf, Ober-	—	—	—	—	—	—	2	1	—	5	—	12
Seifersdorf, Nieder-	—	—	—	—	—	1	1	—	—	9	—	12
Schönbrunn	—	—	—	—	—	—	1	—	—	—	—	—
Schönaiche	—	—	—	—	—	—	1	—	—	—	—	15
Siegersdorf, Ober-	—	—	1	—	—	—	2	—	—	10	—	29
Siegersdorf, Nieder-, 1 Ant.	—	—	—	—	—	1	2	—	—	8	—	12
Siegersdorf, Nieder-, 2 Ant.	—	—	1	—	—	1	2	—	—	8	—	20
Steinborn	—	—	—	—	1	—	2	—	—	—	—	8

Häusler.	Andere Häuser.	Mühlen. Wasser-	Wind-	Kretschame	Colonistenhäuser.	Herrschaft.	Anmerkungen und Merkwürdigkeiten.
37	5	—	1	—	—	Amt Neusalz.	
—	—	—	1	—	—	Fst. Sch. v. C.	
64	9	—	—	—	—	desgl	
17	8	—	—	1	—	Adelig.	
23	7	—	3	—	—	desgl.	
—	1	—	-	—	—	Domc. z. Glogau.	
23	7	4	—	2	—	Adelig.	
38	8	—	3	—	—	Fst. Sch. v. C.	Ist mit Marienthal verbunden.
9	3	—	—	1	—	Adelig	
14	4	3	—	—	-	Fst. Sch. v. C.	
29	4	—	1	—	—	Amt Neusalz.	
19	3	—	—	—	—	Adelig.	
2	—	—	—	—	—	Königl. Amt.	
21	14	1	1	1	—	Adelig.	
—	—	—	—	—	—	Fst Sch. v. C.	
5	2	2	—	1	—	Adelig. -	
4	3	2	—	1	—	desgl.	
5	7	1	1	1	—	desgl.	
22	1	1	—	—	—	desgl.	
14	12	—	1	—	—	Fst. Sch. v C.	
6	4	—	—	—	—	Kämm. Freistadt.	
41	7	—	2	—	—	Fst. Sch. v. C.	
15	7	2	2	—	—	desgl.	
5	5	1	1	1	—	desgl.	
20	—	—	1	—	—	Adelig.	
8	5	—	1	-	—	Fst Sch. v. C.	
7	4	--	—	1	—	Adelig.	Auf der Charte Tschor.
8	4	—	—	1	—	desgl.	
11	3	1	1	—	—	desgl.	
25	—	—	2	—	—	desgl.	
7	4	2	1	1	—	desgl.	
14	4	-	1	1	—	desgl.	Eines der Vorwerke heißt Sorgau.
7	5	—	1	1	—	desgl.	
12	3	—	—	—	—	desgl.	
1	2	—	—	—	-	Fst. Sch. v. C.	
24	10	2	2	—	—	Adelig.	
19	6	1	4	1	—	desgl.	
13	—	1	3	1	—	desgl.	
9	6	1	—	—	—	desgl.	

Nahmen der Dörfer.	Oeffentl. Gebäude. Kirchen. Protest.	Oeffentl. Gebäude. Kirchen. Kathol.	Oeffentl. Gebäude. Schulen. Protest.	Oeffentl. Gebäude. Schulen. Kathol.	Pfarrhäuser	Herrschaftl. Schlösser und Wohnungen.	Vorwerk.	Freigüter.	Freibauern.	Dienstbauern.	Freigärtner.	Dienstgärtner.
Streidelsdorf { 1 Antheil	—	—	—	—	—	1	1	—	—	11	—	12
Streidelsdorf { 2 Antheil	—	1	1	1	1	1	2	1	—	10	—	24
Suckau { 1 Antheil	—	—	—	—	—	—	—	1	—	5	—	3
Suckau { 2 Antheil	—	—	—	—	—	—	1	—	—	—	—	4
Tarnau, Polnisch=	—	—	1	—	—	—	—	1	—	3	—	11
Teichhof	—	—	—	—	—	—	1	—	—	—	—	6
Thiergarten	—	—	—	—	—	—	—	—	—	—	—	—
Tschiefer	—	—	1	—	—	—	—	1	—	17	—	—
Tschöplau	—	—	—	—	—	1	1	—	—	3	—	13
Wallwitz	—	—	—	—	—	1	1	—	—	6	—	7
Weichau	1	1	1	1	1	1	3	1	—	10	—	28
Zecklau, 3 Anth., Ober=	—	—	—	—	—	—	1	—	—	—	—	6
—— —— Mittel=	—	—	—	—	—	—	1	—	—	—	—	5
—— —— Nieder=	—	—	1	—	—	—	1	—	—	—	—	6
Zissendorf { 1 Anth.	—	—	—	—	—	—	—	—	—	3	—	1
Zissendorf { 2 Anth.	—	—	—	—	—	—	1	—	—	—	—	4
Zölling	—	1	1	1	1	—	—	2	—	12	—	20
Zyrus { Ober=	—	—	—	—	—	—	1	—	—	—	—	6
Zyrus { Nieder=	—	—	—	—	—	1	1	—	—	—	—	6

Häusler.	Andere Häuser.	Mühlen. Wasser-	Mühlen. Wind-	Kretschame.	Colonistenhäuser.	Herrschaft.	Anmerkungen und Merkwürdigkeiten.
13	4	—	1	1	—	Adelig.	
17	10	—	—	—	—	desgl.	
—	1	3	—	—	—	Fst. Sch. v. C.	
1	—	2	—	—	—	Adelig.	
14	1	—	1	—	—	Fst. Sch. v. C.	
4	3	1	—	—	—	Adelig.	
19	2	—	—	—	—	Kām. A. Neusalz.	
112	12	—	4	—	—	desgl.	Mit Einschluß der 10 Tschieferhäuser.
5	7	—	1	—	—	Adelig.	
12	5	—	1	1	—	desgl.	
26	6	1	3	—	—	desgl.	
3	2	—	—	—	—	} desgl.	
13	2	—	—	—	—	}	
7	2	—	—	—	—	desgl.	
2	—	—	—	—	—	Kämm. Freistadt.	
7	4	—	—	—	—	Adelig.	
16	12	—	2	1	—	desgl.	
6	4	—	—	—	—	desgl.	
1	4	—	—	—	—	desgl.	

V.

Der Grünberger Kreis.

Der Grünberger Kreis gränzt gegen Morgen mit dem Glogauer Kreise; gegen Mittag mit dem Freistädter Kreise; gegen Abend mit der Lausitz; gegen Mitternacht mit dem Herzogthume Crossen.

Die darin fließenden vorzüglichsten Gewässer sind die Oder *) und die Ochel **). Er enthält auf ungefähr 16 Quadrat-Meilen 1 Immediat-Stadt, 1 Mediat-Stadt, zwei Marktflecken und 64 Dörfer, darunter eine Colonie ist.

A. Städte.

I. Immediat-Städte.

Grünberg.

Die Kreisstadt Grünberg ist rings herum mit Bergen von mittlerer Höhe umgeben, mit einer Mauer umschlossen, hat drei Thore, und enthält:

I. An städtischen Gebäuden:

1) Das Rathhaus.
2) Vier Malz- und Brauhäuser.
3) Ein Proviant-Gebäude.
4) Zwei städtische Officianten-Wohnungen.
5) Vier Magazin-Häuser.
6) Neun Accise- und Zollhäuser.
7) Ein Wachthaus.

---

*) Sieh oben S. 143. **) S. 148.

8) Ein Kauf- oder Schmetter-Haus.

9) Ein Stockhaus.

10) Acht andere städtische Gebäude.

11) Ein Hospital.

II. An kirchlichen und Schulgebäuden:

1) Die katholische Stadt-Pfarrkirche, bei der ein Pfarrer und zwei Capelläne die religiösen Handlungen besorgen.

2) Die evangelisch-lutherische Kirche, an der zwei Prediger stehen.

3) Die katholische Begräbnißkirche.

4) Das katholische Pfarrhaus

5) Zwei lutherische Prediger-Wohnungen.

6) Die katholische Schule.

7) Die evangelische Stadtschule, die nur eine eigentliche Bürgerschule ist, an der drei Lehrer Unterricht ertheilen.

Außer dieser Schule ist hier auch eine Armenschule, wo für hundert und mehr Kinder aus einem bestimmten Fond das Schulgeld bezahlt wird, und die Kinder noch überdieß Bücher und Kleidungsstücke erhalten.

III. Privat-Häuser sind:

In der Stadt	131
In der Vorstadt	939
Vorwerke	28
Summa .	1098

Friedrich II. ließ hier zwei Manufactur-Gebäude aufführen, und schenkte sie an vier Manufacturisten.

In einem jeden dieser Gebäude sind 7 Wohnungen, so daß meistentheils einige 20 Familien darin wohnen.

Königliche Aemter sind hier:

Das Acciseamt.

Das Zollamt.

Das Steueramt.

Das Salzamt.

Das Postamt.

Außer dem Ackerbau, der nur meist von den Vorstädtern getrieben wird, dem Bierbrauen, dazu 53 Stellen die Gerechtigkeit haben (9 Dörfer stehen unter dem Bierzwange), der Handlung, die im Kleinen von verschiedenen Krämern, im Großen aber vorzüglich mit Tüchern von mehreren Häusern getrieben wird, und dem erlernten Handwerke oder irgend einer Kunst, sind die vorzüglichsten Nahrungszweige die Tuch-Manufactur und der Weinbau. Wie beträchtlich die Tuch-Manufactur dieser Stadt sei, erhellet daraus, daß auf ungefähr 500 Stühlen, von ungefähr sechsthalbhundert Meistern, zweihundert Gesellen, und 100 Lehrlingen, jährlich gegen 19000 Stück Tücher verfertigt, und theils im Lande selbst, theils nach Rußland, Süd- Ost- und West-Preußen, Frankfurt an der Oder, Leipzig und Breslau, abgesetzt werden. Die Sorten Tücher die hier gemacht werden sind: 1) Superfeine, 32 Ellen lang und $\frac{11}{4}$ breit; 2) desgleichen, von gleicher Länge, $\frac{10}{4}$ breit; 3) feine Viersiegler, 30 Ellen lang $\frac{8}{4}$ breit; 4) ordinäre Dreisiegler, 28 Ellen lang $\frac{8}{4}$ breit; 5) gemeine Zweisiegler, 28 Ellen lang $\frac{8}{4}$ breit. Die letztern drei Sorten werden am häufigsten gemacht. Ein wohleingerichtetes Schauamt, das aus einem Präses, zwei Fabriken-Inspectoren und einem Schauschreiber besteht, hat die Aufsicht, daß die Waare vorschriftsmäßig gemacht wird. Viersiegler sind solche Tücher, an welche im Schauamte vier, Dreisiegler, an welche drei, Zweisiegler, an welche zwei Siegel gehängt werden. Seit verschiedenen Jahren fängt man auch an, zu $\frac{11}{4}$ breiten Tüchern Spanische Wolle zu verarbeiten, und um recht gutes Garn zu erhalten, ist auch eine Spinnschule angelegt, der ein Spinnmeister vorsteht.

Von dem beträchtlichen Weinbau, der hier betrieben wird, so wie von dem Gewinn des Obstes, habe ich oben beim Pflanzenreiche *) schon geredet. Auch das Brauen des Weinessigs ist von ziemlicher Beträchtlichkeit. Wenn indessen Wein und Obst etliche Jahre hinter einander nicht gerathen, so alterirt dieser Mißwachs manche Familien gar sehr, so daß sie zu den öffentlichen Anstalten zur Unterstützung der Armen ihre Zuflucht nehmen müssen.

Jahrmärkte sind: 1) am Dreikönigtage; 2) am dritten Pfingstfeiertage; 3) am Tage Jacobi; 4) am Tage Michaelis. Wollmärkte sind: an den Montagen 1) vor Reminiscere; 1) vor Margarethe; 3) vor Martini.

Montags und Freitags ist Wochen- und Getreidemarkt.

Die Garnison besteht aus 2 Escadrons Dragoner vom Regimente Nr. 11.

---

*) S. 160.

II. Mediat-Stadt.

W a r t e n b e r g.

Diese offene, dem Fürsten von Sagan gehörige, kleine Stadt liegt an der Ochel, wird zum Unterschiede der Stadt Wartenberg in Ober-Schlesien Deutsch-Wartenberg oder Wartenberg an der Ochel genannt. Sie gehörte bis 1766 den Jesuiten, und enthält:

I. An kirchlichen und Schulgebäuden:

1) Eine katholische Pfarrkirche, an der ein Parochus und zwei Capelläne die Sacra administriren. Zu dem in dieser Kirche befindlichen wunderthätigen Marienbilde geschehen an bestimmten Festtagen Wallfahrten von mehrern Tausenden.

2) Eine evangelisch-lutherische Kirche, die erst 1790 von dem letztverstorbenen Herzoge von Curland errichtet worden, und dazu man die ehemahlige Jesuiten-Residenz eingerichtet hat.

3) Zwei Pfarrwohnungen.

4) Zwei Schulhäuser.

II. An städtischen Gebäuden:

1) Das Rathhaus.

2) Das Accise-Haus.

3) Das Brauhaus.

4) Eine städtische Officianten-Wohnung.

5) Das Stockhaus.

III. Bürgerliche Häuser:

In der Stadt	82
In der Vorstadt	33
Summa .	115.

Sie sind meistentheils von Holz.

König-

Königliche Aemter sind hier:

Das Postamt.

Das Accise- und Zollamt.

Ackerbau und Viehzucht, ein ganz kleiner Consumtions-Handel und das erlernte Handwerk sind die Nahrungszweige der Bürger.

Jahrmärkte sind: 1) am Sonntage Septuagesimä; 2) an Himmelfahrt; 3) an Mariä Geburt; 4) an Galli. Bei jedem ist zugleich Viehmarkt.

Dieses Städtchen ist ohne Garnison.

B. Marktflecken.

1. Saabor am Hammer,

dem Fürsten von Carolath gehörig, ein offener, kleiner Ort, enthält eine evangelisch-lutherische Kirche, 1 Pfarrhaus, 1 Schulhaus, 1 Vorwerk, 2 Kretschame, 54 Häuser. Die Einwohner nähren sich vom Ackerbau und von der Viehzucht.

Hier ist ein königliches Wasser-Zollamt.

Jahrmärkte sind: 1) am Sonntage Estomihi; 2) an Mariä Heimsuchung; 3) an Michaelis; 4) an Mariä Empfängniß.

2. Kontop,

ein kleiner, offener adeliger Ort, hat zwei herrschaftliche Wohnhäuser, zwei Wirthshäuser und 51 andere Häuser, deren Besitzer Ackerbau treiben.

Jahrmärkte sind: 1) an Philippi Jacobi; 2) an Mariä Geburt; 3) am Tage Andreä. An jedem ist zugleich Vieh- und Flachsmarkt.

Hier ist eine Filial-Salz-Factorei.

C. Dörfer:

Nahmen der Dörfer.	Oeffentl. Gebäude. Kirchen. Protest.	Oeffentl. Gebäude. Kirchen. Kathol.	Oeffentl. Gebäude. Schulen. Protest.	Oeffentl. Gebäude. Schulen. Kathol.	Pfarrhäuser.	Herrschaftl. Schlösser u. Wohnhäuser.	Vorwerke.	Lehngüter.	Dienstbauern.	Freigärtner.	Dienstgärtner.	Häusler.
Bobernig	—	—	1	1	—	—	1	—	41	—	—	37
Boyadel }	1	—	1	—	—	1	1	—	49	—	12	46
Boyadeler Fährhäuser }	—	—	—	—	—	—	—	—	—	—	-	17
Buchelsdorf	—	—	1	—	—	1	1	—	6	—	10	23
Cunersdorf	—	—	—	—	—	—	—	—	9	—	2	16
Dammerau	—	—	—	1	—	—	—	—	22	—	4	19
Dickstrauch-Vorwerk	—	—	—	—	—	—	1	—	—	—	—	6
Drentkau 1 Anth.	—	1	—	1	1	1	2	—	4	-	21	44
Drentkau 2 Anth.	—	—	—	—	—	1	1	—	2	—	2	5
Droschkau	—	1	—	1	1	—	—	—	18	—	11	20
Frieder-dorf	—	1	—	1	1	—	—	—	23	—	8	19
Güntersdorf	1	1	1	1	2	1	2	—	32	-	13	27
Hammer Ober-	—	—	—	—	—	—	1	—	—	—	14	7
Hammer Nieder-	—	—	—	—	—	1	1	—	—	—	6	7
Hawelze-Vorwerk.	—	—	—	—	—	—	1	—	—	—	16	9
Heinersdorf, Klein-	—	1	—	1	—	—	—	1	15	—	14	63
Heinrichau, Colonie	—	—	—	—	—	—	—	—	—	17	—	—
Janny-Vorwerk	—	—	1	—	—	—	1	—	—	—	—	22
Jonasberg	—	1	—	1	1	1	1	—	—	-	9	3
Karschin	—	—	1	—	—	1	1	—	-	—	11	23
Kern-Vorwerk	—	—	—	—	—	—	1	—	—	—	13	7
Kessel Deutsch-	—	1	—	1	1	1	2	—	10	—	12	23
Kessel Polnisch-	—	—	1	—	—	1	2	—	18	—	6	21
Kleinitz	—	1	—	1	1	1	2	-	48	—	18	61
Kontop, Dorf	1	1	—	1	2	1	2	—	15	—	19	6
Krampe	—	—	1	—	—	1	1	—	—	—	—	38
Kühnau	—	—	1	—	—	—	—	—	23	—	3	32
Külpenau	—	—	—	—	—	1	1	—	8	—	—	24
Läßichen	—	—	1	—	—	1	1	—	13	—	22	10
Lättnitz	1	1	—	1	2	1	2	—	16	—	10	30
Lausitz	—	1	—	1	—	—	1	—	18	—	18	32
Lawalde	—	1	—	1	—	—	1	—	8	—	18	17
Lessen Groß-	—	1	—	1	1	1	2	—	14	-	22	20
Lessen Wenig-	—	—	—	—	—	—	—	—	15	—	—	5
Loos	—	1	—	1	1	—	1	—	10	—	22	21

Andere Häuser.	Mühlen. Wasser.	Mühlen. Wind.	Kretschame.	Herrschaft.	Anmerkungen und Merkwürdigkeiten.
14	—	1	3	F. Sch. v. C.	
—	—	8	1	Adelig.	
1	—	—	—	Adelig.	
13	1	1	—	desgl.	
10	—	—	1	Herz. v. Sagan.	
4	—	2	—	Domc. z. Glogau.	
—	—	—	—	Adelig.	Gehört zu Boyadel.
23	5	—	—	desgl.	
2	—	—	—	desgl.	
21	4	—	—	F. Sch. v. C.	
27	—	1	—	Herz v. Sagan.	
46	2	—	1	Adelig.	
3	1	—	—	desgl.	
4	—	—	—	F. Sch. v. C.	
3	1	—	—	Adelig.	Gehört zu Kontop.
—	10	—	—	Nofikl. z. Sprottau	
—	—	—	—	Adelig.	Gehört zu Schloin.
5	—	—	—	desgl.	Gehört zu Polnisch-Kessel.
1	1	—	—	desgl.	
—	—	1	—	Herz. v. Sagan.	
5	—	1	—	Adelig.	Gehört zu Boyadel.
11	3	1	2	desgl.	Ein Vorwerk heißt Buschvorwerk und ein Kretscham Seekretscham.
—	—	2	—	desgl.	Ein Vorwerk heißt Kramper-Vorwerk.
12	—	3	—	Herz zu Sagan.	
15	1	3	—	Adelig.	
11	2	—	1	Kämm. Grünberg.	Hier sind zwei Papiermühlen.
5	—	—	—	desgl.	
18	2	—	—	Adelig.	Eine Mühle heißt die Bergmühle.
17	1	1	1	desgl.	
25	4	1	—	desgl.	Ein Vorwerk heißt Doberau-Vorwerk.
10	1	—	—	Kämm. Grünberg.	
10	4	—	—	Adelig	Eine Mühle heißt die Busch- und eine andere die Krampermühle.
28	1	1	3	desgl.	
5	1	—	1	desgl.	
14	1	1	—	F. Sch. v. C.	

Nahmen der Dörfer.	Oeffentl. Gebäude.					Herrschaftl. Schlösser und Wohnhäuser.	Vorwerke.	Lehngüter.	Dienstbauern.	Freigärtner.	Dienstgärtner.	Häusler.
	Kirchen.		Schulen.		Pfarrhäuser.							
	Protest.	Kathol.	Protest.	Kathol.								
Ludwigsthal	—	—	—	—	—	—	1	—	—	—	—	14
Mesche-Vorwerk	—	—	—	—	—	—	1	—	—	—	7	1
Milzig	—	1	1	1	1	—	1	—	18	—	18	36
Mühldörfel	—	—	—	—	—	—	—	—	—	—	3	11
Nittritz	—	1	—	1	1	—	1	—	55	—	7	36
Ochelhermsdorf Ober-	—	1	—	—	3	1	2	—	8	—	11	39
Ochelhermsdorf Mittel-	1	—	1	—	1	1	—	—	9	—	10	44
Pirnig und Fährhäuser	—	—	1	—	—	1	3	—	10	—	20	30
Plotow	—	—	1	—	—	1	1	—	10	—	18	26
Plotow	—	—	—	—	—	—	1	—	—	—	1	6
Polke-Vorwerk	—	—	—	—	—	—	1	—	—	—	6	1
Polaner-Vorwerk	—	—	—	—	—	—	1	—	—	—	—	9
Prittag	1	1	1	—	1	1	2	—	14	—	22	30
Saabor	—	1	—	—	—	1	—	—	14	—	15	26
Sattel-Vorwerk	—	—	—	—	—	—	1	—	—	—	—	12
Sawadau	1	—	1	—	—	—	—	—	22	—	25	22
Schafvorst	—	—	—	—	—	—	1	—	—	—	—	3
Scherkendorf	—	—	1	—	—	1	2	—	16	—	14	33
Schloin	—	1	—	1	1	1	1	—	8	—	9	35
Schuslawe-Vorwerk	—	—	—	—	—	—	1	—	—	—	—	11
Schusnovke-Vorwerk	—	—	—	—	—	—	1	—	—	—	—	4
Schwarnitz	—	—	1	—	—	1	1	—	13	—	21	36
Schweinitz 1 Anth.	1	1	1	1	2	1	2	—	17	—	17	49
Schweinitz 2 Anth.	—	—	—	—	—	1	1	—	13	—	6	57
Sedezin	—	—	—	—	—	—	1	—	—	—	—	14
Seedorf	—	—	—	—	—	—	1	—	10	—	7	4
Seifersholz	—	—	—	—	—	1	1	—	—	—	14	8
Striemene-Vorwerk	—	—	—	—	—	—	1	—	—	—	—	7
Waldvorwerk	—	—	—	—	—	—	1	—	—	—	—	6
Wartenberg-Vorwerk	—	—	—	—	—	1	1	—	—	—	5	—
Wittgenau	—	1	—	—	—	—	—	—	10	—	2	15
Woischke	—	—	—	—	—	—	1	—	—	—	—	15
Zaahn	—	—	1	—	—	—	1	—	14	—	6	11
Zauche	—	1	—	1	—	—	1	—	18	—	3	7

Andere Häuser.	Mühlen. Wasser-	Mühlen. Wind-	Kretschame.	Herrschaft.	Anmerkungen und Merkwürdigkeiten.
4	—	—	—	F. Sch. v. C.	
3	—	—	—	Adelig.	
10	—	2	—	desgl.	Das Vorwerk heißt Protzkevorwerk.
1	—	—	1	desgl.	
27	—	3	1	Herz. v. Sagan.	
26	3	—	—	Adelig.	Hiermit ist Thungarten vereinigt.
21	3	—	—	desgl.	Hierher gehört auch Waldhaus.
11	1	1	—	Fst. Sch. v. C.	Ein Vorwerk heißt das Wildbursche- und eines das Ziegelvorwerk. Auch gehören hierh. die Waldmühlhäuser.
9	2	—	—	Herz. v. Sagan.	
3	—	—	—	desgl.	
—	—	—	—	Adelig.	Gehört zu Boyadel.
2	—	—	—	desgl.	
31	3	—	—	desgl.	Ein Vorwerk heißt Waldvorwerk.
23	2	1	—	Fst. Sch. v. C.	Eine Mühle heißt die Gans- und die andere die Rabenmühle.
4	—	—	—	desgl.	Gehört zu Loos.
11	—	—	—	Kämm. Grünberg.	
—	—	—	—	Adelig.	
13	1	—	—	Herz. v. Sagan.	
14	4	—	1	Adelig.	
2	—	—	—	desgl.	
—	—	—	—	desgl.	
13	1	1	—	desgl.	Hierher gehört Gibitzvorwerk
31	3	—	1	desgl.	Dieser Antheil hat Marktgerechtigkeit.
29	5	—	2	desgl.	Hierher gehört Waldhaus.
—	—	—	—	Herz. v. Sagan.	
4	—	1	—	Adelig.	
6	—	—	1	desgl.	
—	—	—	—	desgl.	
2	—	—	—	desgl.	
16	1	—	—	Herz. v. Sagan.	
13	—	—	1	Kämm. Grünberg.	
2	—	—	—	desgl.	
7	—	—	—	Adelig.	
16	—	—	—	Herz. v. Sagan.	

VI.

Der Schwiebuser Kreis.

Der Schwiebuser Kreis liegt von Schlesien abgesondert; er gränzt gegen Morgen und Mitternacht mit Süd-Preußen; gegen Mittag und Abend mit dem Herzogthume Crossen.

Der Jordan, die faule Ober, der Rohrbach und noch ein unbenahmter Bach (Steinbach?) entstehen zwar in diesem Kreise; die erstern beiden fließen aber bald nach Süd-Preußen, und die letztern beiden ins Crossensche. Dieser Kreis enthält auf ungefähr 11 Quadrat-Meilen eine Immediat-Stadt, 2 Marktflecken und 56 Dörfer, darunter sind 5 Colonien.

A. Städte.

Die Immediat-Stadt

Schwiebus

ist die Kreisstadt, liegt etwas zwischen Sümpfen, ist mit einer Mauer und einem Wallgraben umgeben, hat drei Thore: das Kreuzthor, das Glogauer und das neue Thor, und enthält:

Das königliche Schloß.

I. An städtischen Gebäuden:

1) Das Rathhaus.

2) Das Brauhaus.

3) Die Salz-Factorei.

4) Zwei Hospitäler.

5 Drei- Zoll- und Accise-Häuser.

6) Ein Wachthaus.
7) Ein Magazin.
8) Sechs städtische Officianten-Häuser.
9) Das Stockhaus.

II. An kirchlichen und Schulgebäuden:

1) Die katholische Pfarrkirche, an der ein Parochus und zwei Capelläne die geistlichen Geschäfte verrichten.
2) Die St. Anna-Kirche auf dem Kirchhofe.
3) Die Capelle zur heiligen Dreieinigkeit.
4) Die evangelisch-lutherische Friedrichs-Kirche, bei der zwei Prediger stehen.
5) Die katholische Pfarrwohnung.
6) Die evangelische Prediger-Wohnung.
7) Die katholische Schule.
8) Die evangelische Schule.

IV. An Privat- oder Bürgerhäusern:

In der Stadt 128 }
In der Vorstadt 226 } 354, davon die meisten nur von Holz sind.

Königliche Aemter sind:

Das Steueramt.
Das Salzamt.
Das Accise- und
das Zollamt.

Bürgerliche Nahrungszweige sind: der Ackerbau, der sehr beträchtlich ist; das Bierbrauen, dazu 60 Häuser berechtigt und 11 Dörfer dem Bierzwange unterworfen sind; die Handlung, die theils mit Spezerei getrieben wird, aber nur unbeträchtlich ist, da hingegen die

Tuchhandlung von mehrerer Beträchtlichkeit ist. Die Tuchmacher machen daher unter den andern Handwerkern und Künstlern die grösseste Zahl aus; denn mehr als die Hälfte der Bürger sind Tuchmacher; man rechnet ihre Zahl gegen 300, die auf mehr als dritthalbhundert Stühlen arbeiten. Auch hier ist, wie in den andern Tuch-Manufactur-Städten, ein Tuch-Schau-Amt.

Jahrmärkte sind: 1) Montags nach Lätare; 2) Montags nach Exaudi; 3) Montags nach Bartholomäi; 4) Montags nach Francisci; 5) Montags nach dem ersten Advents-Sonntage.

Wollmärkte sind: 1) Montags nach Pfingsten; 2) Montags nach Simonis Judä.

Wochenmarkt ist Dienstags und Sonnabends.

Die Stadt ist ohne Garnison.

B. Marktflecken.

1. Liebenau,

ein offener, nahe am Pachlitz-See und an der Süd-Preußischen Gränze liegender, dem Stifte Paradies gehöriger Ort, hat eine katholische und eine evangelische Kirche, 2 Pfarrhäuser, 2 Schulen, 1 Wirthshaus, 51 Bauern, 40 Freihäusler, 1 Stockhaus, 3 Wassermühlen und 8 andere Häuser. Außer den wenigen Handwerkern ist Ackerbau die vorzüglichste Nahrung der Einwohner.

Jahrmärkte sind: 1) am Tage Georgi; 2) am Tage Johannis; 3) am Tage Galli.

2. Mühlbach,

dem Stifte Trebnitz gehörig, ist ein offener Ort, dessen Bewohner sich größtentheils vom Ackerbau nähren, und enthält: eine katholische und eine evangelisch-lutherische Mutterkirche, zwei Pfarr- und zwei Schulhäuser, drei Wirthshäuser, 30 dienstbare Bauern, 15 Freigärtner, 22 Freihäusler und 11 andere Häuser.

C. Dörfer.

Nahmen der Dörfer.	Oeffentl. Gebäude. Kirchen Protest.	Kirchen Cathol.	Schulen Protest.	Schulen Cathol.	Pfarrhäuser.	Herrschaftl. Schlösser u. Wohnhäuser.	Vorwerke.	Freigüter.	Dienstbauern.	Freigärtner.	Dienstgärtner.	Freihäusler.
Birkholz { 1 Antheil	—	1	—	1	1	1	1	—	8	2	7	—
Birkholz { 2 Antheil	—	—	—	—	—	—	—	—	11	—	—	4
Blankensee	—	—	—	—	—	—	1	—	—	1	4	8
Blankfeld	—	—	—	—	—	—	1	—	—	—	6	8
Dammer, Klein-	—	1	—	1	—	—	—	—	12	—	8	—
Dornau	—	1	—	1	1	—	—	2	16	4	—	2
Friedrichsfelde, Colonie	—	—	—	—	—	—	—	—	—	—	—	1[illegible]
Friedrichs-Läßichen, Colonie	—	—	—	—	—	—	—	—	—	—	—	1[illegible]
Friedrichstabor, Colonie	—	—	—	—	—	—	—	—	—	—	—	—
Friedrichswerder, Colonie	—	—	—	—	—	—	—	—	—	—	—	—
Goldbach	—	—	—	—	—	—	1	—	—	—	2	—
Grädiz	—	1	—	1	—	—	1	—	23	—	5	—
Hammer	—	—	—	—	—	—	1	—	—	—	5	
Heinersdorf.	—	—	—	—	—	1	1	—	—	—	11	—
Jehser	—	1	—	1	1	1	3	—	—	6	16	
Jordan.	—	—	—	—	—	—	1	—	—	—	10	2
Keltschen	—	1	—	—	—	—	1	—	7	1	—	—
Klippendorf, Colonie	—	—	—	—	—	—	—	—	—	—	—	—
Koppen	—	1	—	—	—	2	2	—	5	3	12	—
Kutschlau, (Kutschel)	—	1	1	1	1	1	2	—	20	—	13	—
Lanken	—	1	—	—	—	—	—	2	14	5	—	—
Läßichen.	—	1	—	1	—	1	4	—	—	—	11	
Leimnitz	—	1	—	1	1	—	1	1	29	—	9	—
Lugau	—	—	—	—	—	—	1	—	14	—	4	—
Merzdorf { 1 Antheil	—	—	—	—	—	1	1	—	3	5	6	—
Merzdorf { 2 Antheil	—	1	—	1	1	1	1	—	3	—	9	—
Mittwalde	—	1	1	1	1	—	—	—	20	11	1	
Möstichen { 1 Antheil	—	—	—	—	—	—	1	—	—	—	7	
Möstichen { 2 Antheil	—	1	1	1	1	1	3	—	—	5	18	

Häusler.	Andere Häuser.	Mühlen. Wasser=	Mühlen. Wind=	Kretschame.	Colonistenhäuser.	Herrschaft.	Anmerkungen und Merkwürdigkeiten.
3	1	—	—	1	—	Adelig.	Die in der Nähe dieses Dorfs
—	2	1	—	—	—	Der Probst z. Schwiebus	befindl. See heißt Ni;chl[illegible].
—	3	—	1	—	—	Stift Trebnitz als Pfandschilling.	Hier ist ein ansehnlicher vom Dorfe benannter See.
—	1	—	1	1	—	desgl.	
9	7	—	1	1	—	Adelig.	
—	3	—	—	1	—	Stift Trebnitz, Fundation.	
—	—	—	—	—	—	Adelig.	Gehört zu Rissen.
—	—	—	—	—	—	desgl.	Gehört zu Läßichen.
10	—	—	—	—	—	desgl.	Gehört zu Rackau.
20	—	—	—	—	—	desgl.	Gehört zu Wilkau.
—	2	—	—	—	—	Stift Trebnitz als Pfandschilling	
2	2	—	—	1	—	Abt Paradies, Tafelgut.	
—	1	—	—	1	—	Adelig.	
—	5	—	—	1	—	desgl.	
—	7	—	1	1	—	desgl.	
—	3	1	—	1	—	Stift Paradies.	
6	6	—	—	1	—	Adelig.	
10	—	—	—	—	—	desgl.	Gehört zu Rackau.
—	—	—	1	—	7	desgl.	
16	3	—	1	1	—	Stift Trebnitz, als Pfandschilling.	Hier ist der Trebach=See.
5	4	2	—	—	—	desgl. Fundation.	Hier ist der Lankener See.
—	5	—	1	1	—	Adelig.	
8	7	—	—	1	—	Stift Paradies.	
—	5	—	—	1	—	desgl.	
—	4	—	1	—	—	Adelig.	
—	1	—	1	1	—	desgl.	
—	3	—	—	1	—	Stift Trebnitz, Fundation.	Hier ist ein ansehnlicher See.
—	1	2	—	1	—	Adelig.	
—	9	1	—	—	—	desgl.	Hier ist der Pinn=See.

Nahmen der Dörfer.	Oeffentl. Gebäude: Kirchen: Protest.	Kirchen: Kathol.	Schulen: Protest.	Schulen: Kathol.	Pfarrhäuser	Herrschaftl. Schlösser und Wohnhäuser.	Vorwerke.	Freigüter.	Dienstbauern.	Freigärtner.	Dienstgärtner.	Freihäusler.
Muschten 1 Anth.	—	—	—	—	—	1	2	—	—	—	7	4
Muschten 2 Anth.	1	1	—	1	1	1	3	—	6	—	13	3
Muschten 3 Anth.	—	—	—	—	—	—	1	—	2	—	6	—
Neudörfel	—	1	—	—	—	1	2	—	11	—	8	11
Neuböschen	—	—	—	—	—	—	1	—	—	—	10	11
Niedewitz 1 Anth.	—	1	—	—	1	1	3	—	2	—	8	—
Niedewitz 2 Anth.	—	—	—	—	—	—	2	—	—	—	10	—
Ogerschütz	—	1	—	1	1	—	2	—	13	4	15	—
Oppelwitz 1 Anth.	—	1	—	1	2	—	—	—	17	3	—	7
Oppelwitz 2 Anth.	—	—	—	—	—	—	—	—	2	—	—	1
Puschvorwerk	—	—	—	—	—	—	1	—	—	—	—	—
Rackau 1 Anth.	—	—	—	1	—	1	1	—	—	2	6	—
Rackau 2 Anth.	—	1	—	—	1	—	1	—	—	1	11	4
Rentschen	—	1	1	1	2	—	—	2	27	—	6	5
Riegersdorf	—	1	—	1	—	—	—	—	19	—	—	—
Rietschütz 1 Anth.	—	—	—	—	—	—	—	—	11	—	—	—
Rietschütz 2 Anth.	—	1	1	1	1	—	1	—	9	1	6	—
Rinnersdorf	—	1	—	1	1	—	1	—	24	—	15	—
Rissen	—	1	—	1	—	1	1	—	—	3	9	—
Salkau	—	—	—	—	—	—	—	—	12	—	11	—
Schmarse	1	1	1	1	2	1	2	—	15	—	12	—
Schönfeld und Sawische	—	1	1	—	—	—	3	—	14	1	18	—
Schwiebuser Schloßgemeine	—	—	—	—	—	1	1	—	—	—	—	—
Skampe	—	1	1	1	1	—	—	—	35	1	11	—
Starpel und Grunwald	—	1	—	1	1	1	4	—	10	10	17	—
Steinbach	—	1	—	—	—	1	1	—	—	2	9	—
Stentsch 1 Anth.	—	—	—	—	—	—	1	—	10	—	16	—
Stentsch 2 Anth.	1	1	1	—	2	1	1	—	12	—	13	—
Ulbersdorf	—	1	1	1	1	—	—	1	23	1	6	—
Wallmersdorf	—	1	—	1	1	1	1	—	3	—	14	—
Wilkau	—	1	—	1	1	1	3	—	7	—	13	—
Witten	—	—	—	—	—	—	1	—	—	—	7	—
Wutschdorf 1 Anth.	—	1	—	—	—	1	2	—	—	2	6	—
Wutschdorf 2 Anth.	—	—	—	—	—	—	1	—	—	2	6	—

Häusler.	Andere Häuser.	Mühlen. Wasser-	Mühlen. Wind-	Keetschame	Colonistenhäuser.	Herrschaft.	Anmerkungen und Merkwürdigkeiten.
—	1	—	1	—	—	Adelig.	
—	10	—	1	1	—	desgl.	
—	2	—	1	—	—	desgl.	
—	6	—	1	2	—	Abt. Paradies, Tafelgut.	Hier ist der Engel- oder Gastsee.
—	5	—	—	1	—	desgl.	
4	4	—	—	—	—	Adelig.	
6	7	—	1	—	—	desgl.	
—	7	—	2	1	—	desgl.	
—	4	—	—	1	—	Abt. Paradies, Tafelgut.	
—	—	—	—	—	—	Adelig.	
—	1	—	—	—	—	Kämm. Schwiebus.	Hier ist der Probstsee.
2	3	—	1	—	—	Adelig.	
—	—	—	—	—	—	desgl.	
—	3	—	—	1	—	Stift Trebnitz, Fund.	
—	3	—	—	1	—	desgl.	
—	—	—	—	1	—	Adelig.	
4	5	2	—	—	—	desgl.	Hier ist der Rietschützer oder Schwiebuser Schloßsee.
3	3	—	—	—	—	Abt. Paradies, Tafelgut.	
—	—	—	—	1	10	Adelig.	
3	4	—	1	1	—	Kämm. Schwiebus.	
32	6	—	1	2	—	Adelig.	
9	4	—	1	1	—	Stift Trebnitz, Fund.	
—	4	—	—	—	—	Dass. als Pfandschill.	
23	9	3	—	1	—	Dass. Fundation.	
2	9	2	—	1	—	Adelig.	
1	11	—	1	1	—	desgl.	
7	19	1	1	1	—	desgl.	
17	14	—	1	1	—	desgl.	
13	3	—	—	1	—	Stift Trebnitz, Fund.	
9	4	—	1	—	—	Adelig.	
16	7	—	1	—	—	desgl.	Hier ist ein großer See.
—	1	1	—	—	—	desgl.	
4	2	—	1	1	—	desgl.	
1	4	—	—	—	—	desgl.	

Register.

G.

Q.

T.

U.

V.

W.

Z.

Geographische,
naturhistorische und technologische
Beschreibung
des
souverainen Herzogthums
Schlesien.

Von
Johann Adam Valentin Weigel,
Evangelisch-lutherischem Prediger, Mitgliede der Gesellschaft naturforschender Freunde in Berlin, der naturforschenden zu Halle, und der ökonomisch-patriotischen des Fürstenthums Schweidnitz.

Sechster Theil.
Die Fürstenthümer Sagan und Breslau.

Berlin, 1802.
In der Himburgischen Buchhandlung.

Vorrede.

So schmeichelhaft mir auch nur immer der Beifall seyn mag, den man bisher dieser Beschreibung Schlesiens geschenkt hat, so sehr bin ich auch überzeugt, daß ich als ein Einzelner nicht im Stande bin, meinen Gegenstand ganz zu erschöpfen. Ich beruhige mich aber damit, daß einsichtsvolle Leser mir zugestehen werden, daß dieses gänzliche Erschöpfen nicht das Werk eines einzigen Mannes seyn kann. Und wenn auch ein einziger Mann, mit allen nöthigen Kenntnissen ausgerüstet, seine ganze Lebenszeit, dreißig bis vierzig Jahre, darauf verwendete, so würden ihm doch immer noch Lücken auszufüllen übrig bleiben. Denn würde nicht, wenn er jetzt beschäftigt wäre, eine bestimmte Gegend zu untersuchen, sich in einer andern schon von ihm untersuchten, eine oder die andere Veränderung ereignen, ein Haus mehr gebauet, eine Manufactur oder Fabrike mehr errichtet, oder sonst eine neue Entdeckung gemacht werden? So sind z. B. seit der Erscheinung der beiden ersten Theile dieses Werkes, selbst in der Nähe meines Wohnortes, drei neue Gruben, bei Schmiedeberg Reders Glück, bei Haselbach die frohe Erwartung, bei Rothenzechau die rothe Zeche, und bei Gottesberg der ehemahlige metallische Bergbau aufgethan worden. Wäre es nicht der ungerechteste Tadel, wenn man mich beschuldigen wollte, diese Anzeige entweder aus Unwissenheit oder Nachlässigkeit nicht gemacht zu haben?

Ich sammle meine Nachrichten von Schlesien schon gegen dreißig Jahre, wie leicht ist es möglich, daß manches von dem, was ich vor mehreren Jahren gesammlet habe, nicht mehr so ist, wie ich es damahls fand. Ja, es kann sogar, während man schreibt, eine Veränderung vorgehen. So hatte ich zu Ende des vorigen Jahres unter den Breslauer Künstlern noch den Professor Thoul aufgeführet, und ehe ich mein Manuscript vollendete, starb er.

Billige und einsichtsvolle Leser werden mich also, wenn ich hier oder da einen Fehltritt thue, entschuldigen, noch mehr aber so gütig seyn, mir ihre Bemerkungen, Berichtigungen und neue Entdeckungen mitzutheilen. Ich werde gewiß ihre Güte mit dem lebhaftesten Danke erkennen.

Ich fühle es, man wird mich tadeln, daß ich bei der Stadt Breslau etwas weitläufiger bin, als bisher bei andern Städten. Ich kann gegen diesen Tadel zu meiner Entschuldigung oder Vertheidigung weiter nichts sagen, als daß ich es der Hauptstadt Schlesiens schuldig zu seyn erachtete.

Haselbach bei Landeshut in Schlesien, den 27sten Januar 1802.

Der Verfasser.

Inhalt.

Das mittelbare Fürstenthum Sagan.

Das unmittelbare Fürstenthum Breslau.

Das

Das mittelbare Fürstenthum Sagan.

Erster Abschnitt. Physikalische Beschaffenheit.

Gewässer.

In dem Fürstenthume Sagan strömen einige ansehnliche Gewässer, aber keines derselben entspringt, kleine Bäche abgerechnet, in dem Fürstenthume selbst. Die Neiße und die Tschirne kommen aus der Ober-Lausitz, die andern aus Schlesischen Fürstenthümern. Ich muß mich begnügen, nur die mir bekannt gewordenen anzuführen.

1. Der Bober

tritt, nachdem er einen Theil der Fürstenthümer Schweidnitz *), Jauer **) und Glogau ***) bewässert, und mehrere beträchtlichere und kleinere Gewässer, und in dem letztern, kurz vor seinem Eintritte in

*) Siehe Th. 1. S. 1.

**) Th. 2. S. 1.

***) Th. 5. S. 149.

dieses Fürstenthum, bei Sprottau die Sprottau *) aufgenommen hat, unter Malmitz in dieses Fürstenthum, und aus diesem in das Herzogthum Crossen, wo er unter Crossen sich in die Oder ausmündet. Er nimmt in diesem Fürstenthum in seinem Laufe auf:

* Am rechten Ufer:

1) Das Rückersdorfer Wasser. Es entspringt auf den Gründen dieses Dorfes, fließt durch dasselbe, nimmt, nachdem es durch Wittgendorf geflossen, in Kunzendorf den durch Küpper fließenden Bach, mit dem sich ein kleinerer vereinigt, auf.

2) Den Dittersbacher Bach, mit dem sich kurz vor seiner Ausmündung ein anderer unbenahmter Bach vereinigt.

3) Den Mäthnitzer Bach, zwischen Ober- und Nieder-Gorb.

4) Die Briesnitz **), oberhalb Naumburg bei der Probstey. Sie entspringt in dem Freistädter Kreise auf den Gründen von Herwigsdorf, fließt aber bald in das Saganische, bewässert die Dörfer Hertwigswalde, Wachsdorf, Ober- und Nieder-Briesnitz, und nimmt in ihrem Laufe auf:

† Am rechten Ufer:

a) Den Höllengraben; er kommt aus dem Freistädter Kreise von Weichau.

---

*) Sieh Th. 5. S. 150.

**) Sieh Th. 5. S. 152.

b) Den Merzdorfer Bach.

c) Einen unbenahmten Feldbach.

d) Den Reichenbacher Bach.

e) } Zwei Feldbäche.
f) }

†† Am linken Ufer:

g) Einen auf den Gründen von Rothau entstehenden Bach, mit dem sich auf der rechten Seite der Hirschfelder Bach und ein Feldbach, und auf der linken Seite der Schönbrunner Bach vereinigen.

h) Den Kalkreuther Bach.

i) Einen Bach, der aus dem Zusammenflusse der Wasser verschiedener Teiche auf den Gründen von Rengersdorf und Nieder-Gorb entsteht.

Alle diese Gewässer fließen mittelbar oder unmittelbar oberhalb Naumburg in den Bober; unterhalb Naumburg nimmt er an der Gränze noch drei unbenahmte Feldbäche, und schon im Crossenschen noch zwei, im Saganischen, auf den Gründen von Tschirkau entstehende, Bäche ohne Nahmen auf.

** Am linken Ufer:

5) Den Queis *). Er tritt aus dem Fürstenthume Jauer zwischen Lorzendorf und Zeisau in dieses Fürstenthum, und nimmt bis zu seiner Ausmündung in denselben am rechten Ufer bei

*) Siehe Th. 2. S. 6. ff.

Eisenberg einen Waldbach, mit dem sich noch ein anderer vereinigt, und am linken Ufer ebenfalls einen Waldbach unter Loos auf.

δ) Die Tschirna, bei Lüttröthe. Sie entspringt in der Ober-Lausitz bei Tschirna, fließt an der Saganischen and Lausitzer Gränze von Heiligensee bis Zehrbeutel. Hier tritt sie erst ganz in das Saganische, und nimmt in diesem Fürstenthum auf:

† Am rechten Ufer:

a) Einen Waldbach bei Seltenhayn (Seltenheim).

†† Am linken Ufer:

b) Die Ziva, die aus der Ober-Lausitz kommt, und Schlesien gar nicht betritt.

c) Das Halbauer Wasser. Es entspringt ebenfalls in der Ober-Lausitz, und strömt von Kliex bis Halbau immer an der Gränze, und mündet sich, nachdem es unter Halbau am linken Ufer mehrere im Priebuser Districte entstandene und mit einander vereinigte Bäche, Teich- und Sumpfwasser aufgenommen hat, in die Tschirna aus.

d) Den Kuhnauer Bach, mit dem sich noch der Wolfsdorfer vereinigt, bei Hermsdorf.

e) Einen unbenahmten, im Fürstenthume entstehenden Bach.

f) Einen dergleichen aus der Nieder Lausitz kurz vor ihrer Ausmündung in den Bober.

2. Die Neiße.

Sie kommt aus der Ober-Lausitz, fließt auf der Gränze hart an Priebus vorbei, und dann nur einen ganz kleinen District in Schlesien bei Patag, Jämnitz und durch Pechern. Von Schlesischen Gewässern nimmt sie auf:

die große Schrot, die auf den Gründen des Dorfes Ziebern entsteht, durch Ruppendorf und dann an der Gränze mit der Lausitz fließt, nun wieder eine kleine Strecke in das Fürstenthum tritt, und sich bei Gutschine (Gutschick) am rechten Ufer in die Neiße ausmündet. Sie nimmt in ihrem Laufe am rechten Ufer auf:

a) Den Reichenauer Bach, der aus mehreren zusammenfließenden Bächen entsteht.

b) Die kleine Schrot, bei Mühlbach, die ebenfalls aus dem Zusammenflusse mehrerer Bäche entsteht.

3. Der Fließ

bewässert nur zwei der in der Lausitz einzeln liegenden und zum Fürstenthume Sagan gehörigen kleinen Districte, und fällt selbst in der Lausitz in die Neiße.

Gewässer, die in diesem Fürstenthume entspringen, aber bald über die Gränze fließen, sind:

1) Die Ochel. *)

2) Der schwarze Graben. **)

---

*) Sieh Th. 5. S. 148. **) Sieh Th. 5. S. 148.

Seen giebt es in diesem Fürstenthume nicht, aber hin und wieder Teiche, deren man mittlere und kleine zählt:

im Saganer District	68
im Naumburger District	17
im Priebuser District	124
Summa	209.

Berge und Ebenen.

Dieses Fürstenthum ist ganz Ebene, und man findet, außer verschiedenen Hügeln und Anhöhen, im Naumburger Districte nur folgende Berge:

Den Rammelsberg, bei Paydnitz, an dessen Fuße der Bober vorbeiströmt. Hier soll vor Zeiten ein Schloß gestanden haben.

Den Stephansberg. Auf diesem ist ein dem Augustinerstifte in Sagan gehöriger Weinberg.

Den Guckelsberg, bei Sagan. Man hat hier Urnen ausgegraben.

Den Roseler Berg.

Den Schöneicher Berg.

Den Rottwitzer Berg, der aus Flötzkalk besteht. Man findet in der Gegend versteinerte Muscheln.

Der Boden dieses Fürstenthums ist sehr verschieden; man findet fetten, kalten, sandigen, steinigen. Dieser Verschiedenheit ungeachtet sind die Aernten, bei guter Düngung und Bearbeitung, so reichlich, daß die Bewohner des Fürstenthums noch einen ansehnlichen Vorrath in andere Gegenden ausführen können.

Waldungen.

Die ansehnlichsten Waldungen sind die Saganer Heide und die Wälder in der Gegend um Priebus und Freyenwalde.

Producte.

A. Das Thierreich.

Die Pferde und das Rindvieh sind vom Mittelschlage. Die Ackerarbeit wird meist mit Ochsen bestellt; und da verschiedene Gegenden Mangel am Heu leiden, so ist die Rindvieh-Nutzung nicht sehr beträchtlich. Die Schafzucht ist gut, und die Wolle von mittlerer Güte. Man bestrebt sich jedoch, hin und wieder durch Einführung Spanischer Stähre die Wolle zu veredeln. Die Pflege der Seidenwürmer hat man, so viel mir bekannt ist, noch nicht im Großen betrieben. Bienen werden hin und wieder gehalten, und ihre Nutzung ist so ziemlich beträchtlich.

Die Waldungen liefern alle Arten von Wildbret, und die Flüsse, Bäche und Teiche einiges Wassergeflügel, und für die Bewohner des Kreises die hinlänglichen Speisefische, Karpfen, Hechte ꝛc. Bei Sagan ist eine Fasanerie.

B. Das Pflanzenreich.

Die Waldungen liefern Laub- und Nadelholz; von letzterm besonders Kiefern, und die Saganer Heide schöne Eichen.

Man bauet die gewöhnlichen Getreide-Arten und Hülsenfrüchte, Kartoffeln, Flachs, Kohl und andere Küchenkräuter. Die Einwohner wenden viel Fleiß auf die Erziehung guter Obstbäume, und man findet hin und wieder die Straßen mit Obstbäumen bepflanzt. Um Sagan findet man auch etliche Weinberge. Der Heuschlag ist für den Bedarf nicht hinlänglich, man sucht jedoch diesem Mangel an Wiesewachs durch den Kleebau, besonders auf Dominien, abzuhelfen.

Unstreitig wohnen auch in diesem Fürstenthume mehrere seltnere Pflanzen. Ich selbst habe deshalb noch keine Untersuchungen in den verschiedenen Jahreszeiten anstellen, aber auch von niemand Nachricht erhalten können.

C. Mineralreich.

Außer gemeinem dichten Kalkstein mit versteinerten Muscheln, am Rottwitzer Berge, und Eisenstein, der bei Tschirndorf gegraben, und hier auch verschmolzen wird; und bei Heiligensee, der in Wehrau verschmolzen wird, sind mir bis jetzt keine Mineralien dieses Fürstenthums bekannt geworden.

Zweiter Abschnitt.

Manufacturen und Fabriken.

Unter den Manufacturen dieses Fürstenthums ist die stärkste die Tuch-Manufactur und die Tuch-Handlung in Sagan, die unter der Preußischen Regierung von Jahr zu Jahr blühender geworden ist.

Auch die Strumpfstrickerei ist hier von einigem Belange.

In Sagan ist eine Wachsbleiche.

Papiermühlen sind bei Sagan und bei Hermsdorf.

In Sagan und auf den umliegenden Dörfern ist die Leinwand-Manufactur von Beträchtlichkeit; vorzüglich verfertigt man hier viel roth- und weißgestreifte 5½ Viertel breite Leinwand, die meistentheils im Lande auf den Breslauer und Glogauer Märkten abgesetzt wird; desgleichen auch blau- und weißgestreifte, die in Süd-Preußen Absatz findet.

In Sagan werden Spitzen gewirkt, auch werden hier und in Naumburg viel leinene Bänder gemacht.

Bei Sagan und Puschvorwerk sind Bleichen, auf denen vorzüglich viel Garn gebleicht wird.

In Sagan und Naumburg sind Leinwand-, und am erstern Orte auch Kattun-Druckereien.

In Sagan sind zwei Buchdruckereien (eine davon ist die Hof-Buchdruckerei), ein Kupferhammer und eine Spiegelfabrik.

In Tschirndorf ist ein hoher Ofen zum Eisenschmelzen, und zwei Frischfeuer; in Neuhammer ist ein Luppenfeuer.

Bei Wiesau ist eine Glashütte, in welcher schönes Glas und Kronleuchter verfertigt werden.

In Naumburg wird dem Bunzlauer ähnliches Töpfergefäß gemacht.

In dem Fürstenthume sind überhaupt 10 Theeröfen und 1 Pottasch-Siederei.

Dritter Abschnitt.
Politische Verfassung.

Gränzen.

Das mittelbare Fürstenthum Sagan, ehedem dem fürstlichen Hause von Lobkowitz gehörig, 1786 an den letzten Herzog von Curland, Peter Byron, verkauft, und nun dessen Erben zuständig, gränzt gegen Morgen an das Fürstenthum Glogau; gegen Mittag an das Fürstenthum Jauer und an die Ober-Lausitz; gegen Abend an die Nieder-Lausitz, in der noch etliche kleine Districte und Dörfer liegen; gegen Mitternacht an das Herzogthum Crossen.

Größe.

Zimmermann *) und Scheibel geben die Größe dieses Fürstenthums auf zwanzig, und Sack **) giebt sie auf siebzehn Quadrat-Meilen an.

Kreise.

Ehedem war dieses Fürstenthum, das jetzt nur einen Kreis ausmacht, in drei Districte, den Naumburger, Saganer und Priebuser Kreis getheilt.

*) Zimmermanns Beiträge zur Beschreibung von Schlesien. Bd. 7. S. 8. Dessen allgemeine Nachrichten rc. S. 3.

**) Schlesische Provinzialbl. Jahrg. 1792. Decemb. S. 531.

Volksmenge.

In den Jahren 1791, 1793, 1794, 1795 und 1796 lebten:

	1791.	1793.	1794.	1795.	1796.
A. In den Städten:					
1) In Sagan .	3984	4063	4107	4098	4317
2) In Naumburg	574	530	553	571	511
3) In Priebus .	701	683	669	660	678
B. Auf dem Lande .	28225	28161	28652	27765	28119
Summa	33484	33437	33981	33094	33625
In den Städten .	5259	5276	5329	5329	5506
Auf dem Lande .	28225	28161	28652	27765	28119
Summa	33484	33437	33981	33094	33625
Nimmt man nach Sack 17 Quadrat-Meilen an, so kommen auf jede Meile	1969	1966	1998	1946	1977

Sprache.

Man spricht durchgehends Deutsch; jedoch ist der Dialekt in einigen Gegenden etwas weniges verschieden.

Aeußere Verfassung.

Die herzogliche Regierung steht, so wie die Gerichtsämter der Dominien, unter der Ober-Amtsregiegierung zu Glogau, und in Ansehung der Steuern und Contribution unter der Krieges- und Domainen-Kammer zu Glogau.

In Ansehung der Steuer gehört es zur zweiten Classe und zum zweiten steuerräthlichen (Glogauer) Departement, das jetzt in Neusalz seinen Sitz hat. In Ansehung der Vieh-Assecuranz gehört es zur dritten Societät.

In Ansehung des Zoll- und Accise-Wesens steht es unter der Direction zu Glogau.

Das Fürstenthum Sagan gehört theils zur Salz-Factorei Neusalz, theils zur Filial-Factorei Sagan.

Der Adel und das Stift in Sagan gehören zum Glogauer Landschafts-System.

Den Canton hat das Dragoner-Regiment Nr. 11.

Aeußere kirchliche Verfassung.

Die Religion ist untermengt, doch übersteigt die Zahl der Protestanten die der Katholiken. Folgende Tabelle zeigt die Zahl der Kirchen und Klöster.

Kirchen.				Klöster.	
In Städten.		Auf Dörfern.		Männliche.	Weibliche.
Luth.	Kath.	Luth.	Kath.		
3	7	6	37	1	—

Die sämmtlichen lutherischen Kirchen stehen unter der Kirchen-Inspection zu Sagan, und unter dem Consistorio zu Glogau.

Katholische Kirchen.

Die Archipresbyteriate, unter welchen die Kirchen dieses Fürstenthumes stehen, gehören unter das Archidiakonat und bischöfliche Commissariat Groß-Glogau.

I. Archipresbyteriat Glogau.

1) Briesnitz. Augustiner aus Sagan.
2) Dittersbach. Desgleichen.
3) Eckersdorf. Desgleichen.
4) Eisenberg. Weltgeistlicher.
5) Gräfenhayn. Augustiner aus Sagan.
6) Hartmannsdorf. Desgleichen.
7) Hartwigswaldau. Weltgeistlicher.
8) Neuwaldau. August. aus Sagan.
9) Schönbrunn. Desgleichen.

II. Archipresbyteriat Sprottau.

Hirschfeldau. Weltgeistlicher.

III. Archipresbyteriat Grünberg.

Kosel. Weltgeistlicher.

Das Fürstenthum Sagan macht nur einen einzigen landräthlichen Kreis aus, und enthält drei Städte, einen Marktflecken, und 132 *) Dörfer, unter denen zwei Colonien sind.

A. Die Städte.

1. Sagan.

Sagan, die Haupt- Residenz- und Kreisstadt dieses Fürstenthums, nicht weit vom Bober, ist mit starken Mauern und Graben umgeben, hat drei Thore, das Sprottauer-, Sorauer- und Hospital-Thor, eine Wasserpforte, und enthält außer

dem herzoglichen Schlosse,

der Kammer und Kanzlei;

I. An städtischen Gebäuden:

1) Das Rathhaus.

2) Das Hospital zu St. Anna.

3) Das Hospital zum H. Geist.

4) Das Hospital zum H. Kreuz. Alle drei Hospitäler sind außer den Ringmauern.

II. An Kirchen- und Schulgebäuden:

1) Die katholische Pfarr- und Stifts-Kirche bei dem Augustiner-Stifte (30 Can.), dem ein Abt **) vorsteht, an der die Canonici regulares

*) Zimmermann allgemeine Nachrichten S. 36. In den Beiträgen ꝛc. sind nur 124 angegeben.

**) Unter den Aebten dieses Stifts hat sich der Abt Felbinger besonders um die Schlesischen katholischen Schulen durch Lehr-Methode und Schulbücher verdient gemacht.

die Sacra administriren, und in der dabei befindlichen Trivial-Schule unterrichten.

Das Stift besitzt ansehnliche Güter: im Saganischen acht ganze Dörfer und zwei Antheile; im Glogauer Kreise zwei Dörfer; im Freistädter Kreise ein Dorf.

2) Die ehemahlige Jesuiter-Kirche, nebst dem Collegio und dem Gymnasio.

3) Die Kirche zum H. Geiste.

4) Die Kirche zu unserer lieben Frauen.

5) Die Kirche zum H. Kreuze. Diese drei Kirchen stehen außer der Stadt, und die gottesdienstlichen Handlungen werden zu bestimmten Zeiten von den Augustinern besorgt.

6) Die evangelisch-lutherische Kirche in der Vorstadt, an der zwei Prediger stehen, ist eine von den Gnadenkirchen, mit der dabei befindlichen Schule, an der vier Lehrer Unterricht ertheilen.

III. Privat-Häuser in der Stadt und in der Vorstadt sind 541. Scheunen zählt man 72.

Königliche Aemter sind hier:

das Salzamt;
das Postamt;
das Accise- und Zollamt;
das Steueramt.

Der Herzog hat seine eigene Regierung und Kammer.

Die Bürger nähren sich theils vom Ackerbau, theils vom Bierbrauen, wozu 224 Häuser die Gerech-

tigkeit

tigkeit besitzen (23 Dörfer sind dem Bierzwange unterworfen), dem Handel en Detail mit Spezereien und Schnittwaaren, und en Gros mit Tuch, Leinwand und Rigaer Leinsamen, und dem Handwerke oder Kunst. Unter den Handwerkern sind die Tuchmacher, Leinweweber und Strumpfstricker die zahlreichsten.

Jahrmärkte sind: 1) an Estomihi; 2) an Exaudi, 3) am Tage Laurentii; 4) am Tage Hedwig. Den Tag vorher ist jederzeit Viehmarkt.

Wollenmärkte sind: 1) an Trinitatis, und 2) an Michaelis.

Von den Wochenmärkten, Mittwochs und Sonnabends, ist der letztere wegen des vielen Getreides und Schweinviehes, das an diesem Tage hierher gebracht wird, der ansehnlichste.

Die Garnison besteht aus dem Stabe und einer Escadron Dragoner vom Regiment Nr. 11.

2. Priebus

liegt an der Neiße, und enthält:

Das Rathhaus.

Die katholische Pfarrkirche, an der ein Canonicus vom Augustinerstifte in Sagan die Parochialien verwaltet.

Die evangelisch-lutherische Kirche, an der ein Prediger stehet.

Die katholische, und

die evangelische Schule.

Privat-Häuser zählt man 140, und 48 Scheunen.

Die königlichen Aemter sind:

Das Accise- und Zollamt.

Das Postamt.

Der Ackerbau, das Bierbrauen, Handel en Detail, ganz unbedeutend, und das erlernte Handwerk nähren die Bürger.

Jahrmärkte sind im Februar, May, September und November; jedesmahl ist auch Roß- und Viehmarkt.

Hier ist keine Garnison.

3. Naumburg am Bober,

dem Fürsten von Carolath gehörig, ist ohne Mauern, liegt am Bober, hat gegen über das Sächsische Städtchen Christianenstadt, und hat, außer

dem Rathhause,
einer katholischen und
evangelisch-lutherischen Kirche,
den Schulen beider Confessionen,
dem auf einer Anhöhe liegenden Schlosse,
120 Bürgerhäuser.

Die königlichen Aemter sind:

Das Accise- und Zollamt.

Das Postamt.

Die bürgerlichen Nahrungen sind: Ackerbau, der Brauurbar, dazu 40 Häuser berechtiget sind, ein ganz geringer Consumtions-Handel, und das erlernte Handwerk.

Unter den Handwerkern sind die Tuchmacher und Töpfer die zahlreichsten. Es ist hier eine Band Manufactur.

Jahrmärkte sind: 1) am Palmsonntage, 2) an Johannis, 3) an Bartholomäi, 4) am 1sten Advent.

Garnison ist nicht hier.

B. Der Marktflecken

Freiwaldau

hat eine katholische und eine evangelische Kirche, zwei Schulen, ein Pfarrhaus, ein herrschaftliches Vorwerk, 24 Bauern, 55 Gärtner, 1 Gemeinhaus und 1 Wassermühle; ist ein adeliges Gut.

Jahrmärkte sind: 1) den Sonntag nach Pfingsten, 2) den Sonntag nach Laurentii.

C. Dörfer:

Nahmen der Dörfer.	Oeffentliche Gebäude. Kirchen. Protest.	Kirchen. Kathol.	Schulen. Protest.	Schulen. Kathol.	Pfarrhäuser.	Gemeinhäuser.	Herrschaftl. Schlösser u. Wohnhäuser.	Vorwerke.	Bauern.	Gärtner.	Häusler.
Ablaßbrunn	—	—	—	—	—	—	—	—	1	10	—
Altdorf	—	—	—	—	—	—	—	—	1	—	—
Altkirche	—	1	—	1	—	—	—	—	1	3	4
Annenvorwerk	—	—	—	—	—	—	—	1	—	2	—
Barge	—	—	—	—	—	—	—	1	—	10	5
Bloischdorf	—	1	—	—	1	—	—	1	1	10	—
Borgisdorf	—	—	—	—	—	—	1	1	5	13	—
Bogendorf, Groß-	—	—	—	—	—	—	—	1	—	12	4
Brennstadt (Bramst)	—	—	—	—	—	—	—	—	6	8	1
Briesnitz Ober-	—	1	—	1	1	1	—	—	27	33	6
Briesnitz Nieder-	—	—	—	—	—	—	—	1	9	23	5
Buchwald Ober-	—	1	—	—	—	—	—	1	2	19	2
Buchwald Nieder.	—	—	—	1	1	—	1	1	12	16	5
Buhrau	—	—	—	—	—	—	1	1	19	31	8
Deutschmachen	—	—	—	—	—	—	—	—	6	2	—
Diebau	—	—	—	—	—	—	—	1	2	4	—
Dittersbach 1 Anth.	—	1	1	1	1	—	1	3	27	41	14
Dittersbach 2 Anth.	—	—	—	—	—	—	—	—	7	3	—
Dober	—	—	—	—	—	—	—	1	6	14	3
Dobritsch, Groß-	—	—	—	—	—	1	1	2	1	20	5
Dobritsch, Klein- (Wüste-)	—	—	—	—	—	—	—	1	7	9	—
Dubrau	—	—	—	—	—	—	1	—	—	16	3
Eckersdorf 1 Anth.	—	—	—	—	—	—	—	1	—	6	—
Eckersdorf 2 Anth.	—	1	1	1	1	—	—	—	36	34	13
Eichvorwerk	—	—	—	—	—	—	—	1	—	—	—
Eisenberg	—	1	—	1	1	1	—	1	7	22	5
Fischendorf	—	—	—	—	—	—	—	—	4	4	1
Girbigsdorf 1 Anth.	—	—	—	—	—	—	—	1	—	7	—
Girbigsdorf 2 Anth.	—	—	—	—	—	—	—	1	7	30	6
Gladis-Gorb	—	—	—	—	—	—	—	1	—	18	8
Gorb Ober-	—	—	—	—	—	—	—	1	—	19	—
Gorb Nieder-	—	1	1	1	1	—	1	2	—	19	8
Gräfenhayn	—	1	1	1	1	—	—	1	49	35	8
Greisitz	—	—	—	1	—	—	—	1	—	13	1

Mühlen. Wasser=	Mühlen. Wind=	District.	Herrschaft.	Entfernung von Sagan. Meil	Anmerkungen und Merkwürdigkeiten. S. bedeutet den Saganer District. N. bedeutet den Naumburger District. P. bedeutet den Priebuser District.
—	—	S.	Kämm. Sprottau.	2¼	
—	—	S.	Kämmerei Sagan	¾	
1	—	S	desgleichen.	½	
—	—	S.	Hospital St. Anna zu Sagan.	—	
2	—	S	Adelig.	2	
—	—	S.	desgl.	1	
—	1	P.	desgl.	¾	
1	—	S.	desgl.	1½	
—	—	S	Kämmerei Sagan.	½	
1	—	S.	August. zu Sagan	2	
1	—	S.	desgl.	1¾	
—	—	S	Adelig.	1	
—	—	—	desgl.	—	
—	—	P.	desgl.	2¼	
—	—	S.	Stift zu Sagan.	½	
—	—	N.	desgl.	2	
2	—	S.	Adelig.	1	
—	—	—	Stift zu Sagan.	—	
—	—	S.	Adelig.	1½	Hierher gehören Pause und die Berghäuser
—	—	N.	desgl.	2½	Hierher gehört das Bauergut Karolath (Karlaten).
—	—	N.	desgl.	2¼	
—	—	P.	desgl.	4½	
—	—	S.	Herzoglich.	½	Hierher gehört Neuvorwerk.
—	—	—	Kämmerei Sagan.	—	
1	—	N.	F. Schön. v. Car.	3	
1	—	S.	Herzoglich.	1¼	
—	—	S.	Kämmerei Sagan.	¼	
—	—	S.	Adelig.	1¼	
2	—	—	desgl.	—	
—	—	S.	Herzoglich.	1½	
1	—	S.	Adelig.	2	
2	—	S.	desgl.	2	
—	1	P.	Stift zu Sagan.	3½	
—	—	S.	Adelig.	1	

Nahmen der Dörfer.	Oeffentliche Gebäude. Kirchen		Schulen				Herrschaftl. Schlösser u. Wohnhäuser.	Vorwerke.	Bauern.	Gärtner.	Häusler.
	Protest.	Kathol.	Protest.	Kathol.	Pfarrhäuser.	Gemeinhäuser					
Gutschine	—	—	—	—	—	—	—	—	—	—	4
Halbau (Kühzal)	—	—	—	—	—	—	—	—	1	13	1
Halbzeisdorf	—	—	—	—	—		—	—	8	1	1
Hannsdorf	—	—	—	—	—	—	1	1	—	10	—
Hartmannsdorf Ober-	—	—	—	—	—	—	—	1	22	11	1
Hartmannsdorf Nieder-	1	1	1	1	2	1	—	2	17	18	5
Heiligensee	—	—	—	—	—	—	—	—	—	15	1
Hermsdorf, bei Sagan	—	—	—	—	—	—	—	—	3	5	3
Hermsdorf, bei Priebus	—	—	—	—	—	—	—	1	—	12	2
Hertwigswalde (Herzogswalde, Hertschwalde)	1	1	1	1	2	2	1	4	29	53	10
Hirschfeldau 1 Anth.	—	—	—	—	—	—	—	—	7	5	1
Hirschfeldau 2 Anth.		—	—	—	—	—	1	2	9	17	8
Hirschfeldau 3 Anth.	—	—	—	—	—	—	1	1	3	13	3
Hirschfeldau 4 Anth.	—	1	1	1	1	1	1	3	6	21	11
Horlitz	—	—	—	—	—	—	—	—	—	2	—
Jämmlitz	—	—	—	—	—	1	—	1	5	10	5
Jamnig und Parag	—	—	—	—	—	—	—	2	—	10	3
Jenkendorf	—	—	—	—	—	—	—	1	9	17	1
Kalkreuth	—	1	—	1	—	—	—	—	12	11	3
Kleppen Alt-	—	—	1	—	—	1	—	—	9	22	10
Kleppen Neu-	—	—	—	—	—	1	—	—	8	12	—
Kliex	—	—	—	—	—	—	—	—	1	22	1
Kochsdorf	—	—	—	—	—	—	—	1	—	10	—
Kosel	—	1	1	1	1	3	—	—	30	24	10
Kothau, Klein-	—		—	—	—	—	—	1	5	5	4
Kottwitz	1	1	1	—	2	—	—	4	15	34	6
Krommlau	—	—	—	—	—	—	—	1	—	12	—
Küpper 1 Anth	—	—	—	—	—	—	—	—	8	1	2
Küpper 2 Anth.	—	1	1	1	1	—	—	1	16	15	4
Küpper 3 Anth.	—	—	—	—	—	—	—	1	2	18	8
Küpper 4 Anth.	—	—	—	—	—	—	—	1	—	10	—
Küpper 5 Anth.	—	—	—	—	—	—	—	—	2	1	—
Kunau	—	1	1	1	—	—	—	1	32	23	4
Kunzendorf, Ober-	—	1	1	1	1	—	1	2	15	26	5
Kunzendorf bei Naumburg	—	—	—	—	—	1	—	—	12	17	1
Lentschen	—	—	—	—	—	—	—	—	2	—	—
Leuthen	—	1	1	—	—	—	—	—	13	9	1
Liebsen	—	—	—	—	—	—	1	2	4	14	4

Mühlen. Wasser-	Mühlen. Wind-	District.	Herrschaft.	Entfernung von Sagan. Meil	Anmerkungen und Merkwürdigkeiten.
1	—	P.	Adelig.	5	Gehört zu Hermsdorf.
—	—	P.	desgl	2	
—	—	P.	F. Sch. v. C.	1½	
1	—	S.	Herzoglich.	1½	
—	—	P.	desgl.	2½	
1	—	P.	desgl.	2½	Hierher gehört Sinndorf.
—	—	P.	desgl.	2	Hier wird Eisenerz gegraben.
1	—	S.	desgl.	1	
2	—	P.	Adelig.	5	Hierher gehört Gutschine.
1	2	S.	Kämm. Sprottau.	2	
—	—	S.	Jgfst. zu Sprottau.	1½	
—	1	—	Semin. zu Sagan.	—	Hierher gehört das Vorwerk Sorau.
—	—	—	Adelig.	—	
—	3	—	desgl.	—	
—	—	P.	desgl.	7	Liegt in der Lausitz.
1	—	P.	desgl.	6½	Liegt in der Lausitz.
—	—	P.	Herzoglich.	5	
—	—	P.	desgl.	3½	
1	—	S.	Stift zu Sagan.	1½	
—	—	N.	Prost Naumburg.	3	
—	—	N	F. Sch. v. C.	—	
1	—	P.	Adelig.	2½	
1	—	P.	desgl.	5	
1	1	N.	F. Sch. v C.	4	
—	—	S.	Jgfst zu Sprottau.	3	
—	2	N	Adelig.	3	
—	—	P.	desgl.	6½	Liegt in der Lausitz.
—	—	S	Stift zu Sagan.	1	
—	—	S.	Semin. zu Sagan.	—	
—	—	—	Adelig.	—	
1	—	—	desgl.	—	
1	—	—	Kämm. Sprottau.	—	
1	—	P.	Adelig.	1½	
1	—	S.	desgl.	1¼	
—	—	N.	F. Sch. v. C.	4	
—	—	N.	Stift zu Sagan.	2½	
—	—	P.	Spital zu Sorau.	2¾	
—	1	P.	Adelig.	2	

Nahmen der Dörfer.	Oeffentliche Gebäude. Kirchen. Protest.	Kirchen. Kathol.	Schulen. Protest.	Schulen. Kathol.	Pfarrhäuser.	Gemeinhäuser.	Herrschaftl. Schlösser und Wohnhäuser.	Vorwerke.	Bauern.	Gärtner.	Häusler.
Lieskau	—	—	—	—	—	—	—	1	4	7	1
Loos	—	—	1	—	—	—	—	1	10	41	5
Lüttröthe	—	—	—	—	—	—	—	1	—	2	1
Märtniz (Medniz) 1 Anth.	—	1	—	1	1	—	—	—	10	24	3
Märtniz (Medniz) 2 Anth.	—	—	—	—	—	—	—	1	—	3	—
Mellendorf Ober-	—	—	—	—	—	—	—	1	2	10	1
Mellendorf Mittel-	—	—	—	—	—	—	—	—	—	2	—
Mellendorf Nieder-	—	—	—	—	—	—	—	1	—	6	—
Merzdorf, bei Sagan	—	1	—	—	—	—	—	—	11	4	2
Merzdorf, bei Priebus	—	—	—	—	—	—	—	—	15	4	2
Mühlbach	—	—	—	—	—	—	—	1	—	11	2
Naumburg, Probstei	—	1	—	—	—	—	1	1	—	1	1
Neudörfel, bei Mühlbach	—	—	—	—	—	—	—	1	—	4	—
Neudörfel, an der Tschirne	—	—	—	—	—	—	—	—	—	11	—
Neudörfel, bei Pechern	—	—	—	—	—	—	—	—	—	3	—
Neuhammer	—	—	—	—	—	—	—	1	4	2	—
Neuhaus	—	—	1	—	—	—	—	—	6	12	4
Neuhäuser Hammer	—	—	—	—	—	—	—	1	—	—	3
Neuwaldau	—	1	1	1	1	—	—	1	21	31	10
Nickelschmiede	—	—	1	—	—	—	—	—	—	18	2
Nimbsch	—	—	—	—	—	—	1	1	—	6	1
Paganz	—	—	—	—	—	—	—	1	3	5	—
Pechern	1	—	1	—	—	—	1	1	—	23	—
Petersdorf, Groß- 1 Anth.	—	1	—	1	1	—	—	—	9	7	2
Petersdorf, Groß- 2 Anth.	—	—	1	—	—	—	1	3	11	20	2
Petersdorf, bei Sagan	—	1	—	1	1	—	1	1	12	14	9
Peterswaldau	—	1	—	1	1	—	1	1	10	18	—
Polnischmachen	—	—	—	—	—	1	—	—	11	5	3
Poppowitz (Popß)	—	—	—	—	—	—	—	—	6	—	—
Poydritz, Alt-	—	1	—	—	—	1	—	1	1	9	2
Poydritz, Neu-, Colonie	—	—	—	—	—	—	—	—	—	10	—
Puschkau	—	—	—	—	—	—	—	1	13	13	3
Puschvorwerk	—	—	—	—	—	—	—	1	—	3	—
Qumälisch (Qualitsch)	—	—	—	—	—	—	—	1	—	13	3
Quolsdorf, bei Tschöppeln	—	—	—	—	—	—	—	—	9	4	2
Quolsdorf, bei Mellendorf	—	—	—	—	—	—	—	—	4	5	—
Rädel	—	—	—	—	—	—	—	—	—	9	4
Raußen	—	—	—	—	—	—	—	1	—	7	—

Mühlen. Wasser-	Mühlen. Wind-	District.	Herrschaft.	Entfernung von Sagan. Meil.	Anmerkungen und Merkwürdigkeiten.
—	1	P.	Adelig.	7	Liegt in der Lausitz.
1	—	S.	Herzoglich.	2	Hierher gehört Rothewasser-Schleife.
1	—	S.	Stift zu Sagan.	½	
2	—	S.	Herzoglich.	1	
—	—	—	Adelig.	—	
—	—	P.	Herzoglich.	3	
—	—	—	Adelig.	—	
—	—	—	Herzoglich.	—	
—	—	S.	Adelig.	½	
1	—	P.	desgl.	6	
—	—	P.	Herzoglich.	6	
—	—	N.	Stiftsprobst zu Naumburg.	3	
—	—	P.	Herzoglich.	6	
—	—	P.	desgl.	3½	
—	—	P.	Adelig.	5	
1	—	S.	Herzoglich.	2¼	Hier ist ein Luppenfeuer.
—	—	P.	desgl.	2½	
—	—	S.	Kämmerei Sagan.	—	
2	—	N	Stift Sagan.	2½	
—	—	P.	Herzoglich.	2	
—	—	S.	Adelig.	1½	
—	—	N.	desgl.	4	
1	—	P.	desgl.	5	
—	—	P.	Herzoglich.	4	
—	—	—	Adelig.	—	
—	1	S.	desgl.	1	
1	1	S.	desgl.	2½	
—	—	S.	Herzoglich.	½	
—	—	N	Probst z. Naumb.	2¼	
1	—	N.	} Adelig.	3½	
—	—	N.	} Adelig.	3½	
—	—	S.	Herzoglich.	1¼	
—	—	S.	Stift zu Sagan.	¼	
—	—	P.	Herzoglich.	2	
—	—	P.	F. Sch. v. C.	5½	
—	—	P.	Herzoglich.	3	
—	—	P.	Adelig.	2	
1	—	P.	Herzoglich.	3½	

Nahmen der Dörfer.	Oeffentliche Gebäude. Kirchen. Protest.	Oeffentliche Gebäude. Kirchen. Kathol.	Oeffentliche Gebäude. Schulen. Protest.	Oeffentliche Gebäude. Schulen. Kathol.	Oeffentliche Gebäude. Pfarrhäuser.	Oeffentliche Gebäude. Gemeinhäuser.	Herrschaftl. Schlösser u. Wohnhäuser.	Vorwerke.	Bauern.	Gärtner.	Häusler.
Reichenau, bei Priebus . .	—	1	—	1	1	—	—	1	12	16	2
Reichenau Ober- . . .	—	1	—	—	—	—	1	2	11	16	3
Reichenau Nieder- . .	—	—	1	—	1	1	1	1	11	18	6
Reichenbach	—	1	—	1	—	1	—	—	23	17	—
Rennersdorf	—	1	—	1	—	—	—	—	14	17	4
Reußenfeldau, Colonie . .	—	—	—	—	—	—	—	—	—	20	—
Rückersdorf	1	1	1	1	2	1	1	4	40	71	54
Ruppendorf	—	—	—	—	—	—	—	1	7	10	3
Saaz	—	—	—	—	—	—	—	1	4	13	—
Schönbrunn	—	1	—	1	1	1	1	2	30	55	15
Schöneiche	—	1	—	1	1	2	—	—	17	1	9
Schrothammer	—	—	—	—	—	—	—	—	—	2	—
Selten Groß-	—	1	—	1	1	—	—	1	21	16	10
Selten Klein-	—	—	-	—	—	—	—	1	8	10	2
Sich-dich für	—	—	—	—	—	—	—	1	—	14	3
Sylben (Silber)	—	—	—	—	—	1	—	—	12	7	—
Theuern	—	—	—	—	—	1	—	—	6	2	—
Tschernitz	—	—	—	—	—	1	1	1	6	11	—
Tschiebsdorf	—	—	—	—	—	1	—	—	15	17	4
Tschirkau	—	—	—	—	—	1	—	—	8	3	—
Tschirndorf	—	—	1	—	—	—	—	—	15	23	1
Tschöppeln	—	—	—	—	—	—	—	1	5	8	1
Wachsdorf	—	1	—	1	1	1	—	1	13	24	2
Wällisch	—	—	—	—	—	—	—	1	9	11	1
Wendischmusta	—	—	—	—	—	—	—	2	—	23	—
Wiesau	—	—	—	—	—	—	—	1	9	22	7
Wittgendorf	1	1	1	1	2	1	—	2	27	44	2
Wolfsdorf	—	—	—	—	—	—	—	—	10	5	1
Zedelsdorf	—	—	—	—	—	—	—	—	5	5	4
Zehrbeutel	—	—	—	—	—	—	—	—	1	—	—
Zeippau	—	—	—	—	—	1	—	1	—	10	16
Zeißau	—	—	—	—	—	—	—	1	2	10	1
Zeißau, bei Priebus . . .	—	—	—	—	—	—	—	2	9	18	—
Zessendorf	—	—	—	—	—	—	—	1	15	10	7
Ziebern	—	—	—	—	—	—	—	—	11	4	4

Mühlen. Wasser=	Mühlen. Wind=	District.	Herrschaft.	Entfernung von Sagan. Meil	Anmerkungen und Merkwürdigkeiten.
—	1	P.	Herzoglich	3	
—	—	N	Adelig.	4	
1	1	—	desgl.	—	
1	—	N.	Stift zu Sagan.	2¼	
—	1	S.	desgl.	1¾.	
—	—	S	} Adelig.	2	
1	4	S.		2	
1	—	P.	Herzoglich.	2¾	
1	—	P	Adelig.	1½	
—	—	S.	Stift zu Sagan.	1¼	
1	1	N.	Adelig	4	
1	—	P.	desgl	5	
—	—	P.	Herzoglich.	3¼	
—	—	P.	desgl.	3	
—	—	P.	desgl.	4	Hierher gehört Paß auf, Trau nicht, Wirstu besser.
—	—	S	desgl.	1½	
—	—	N.	Adelig.	3¼	
2	—	P.	desgl.	6½	
—	—	S.	Herzoglich.	1	
1	—	N	F. Sch. v. C.	4	
—	1	P	Herzoglich.	1½	Hierher gehört Seltenhayn. Hier ist ein hoher Ofen, zwei Frischfeuer und ein Eisenhammer.
1	—	P.	desgl.	5¼	
1	1	S.	Kämm. Sprottau.	2	
—	—	P.	Herzoglich.	6	
—	—	P.	Adelig.	5	
1	—	P.	Herzoglich.	2½	Hierher gehört Seedorf und der Nordkretscham.
1	2	S.	Kämm Sprottau	2	
—	—	P.	Herzoglich	1½	
—	—	N.	Probstei Naumb.	3	
—	—	P.	Herzoglich.	1½	
1	—	P.	desgl.	2½	
—	—	S.	desgl.	½	
—	—	P.	Adelig.	3	
—	—	P.	Herzoglich.	4	
—	—	P.	desgl.	2½	

Das unmittelbare Fürstenthum Breslau.

Erster Abschnitt.

Physikalische Beschaffenheit.

Gewässer.

In diesem Fürstenthume strömen mehrere beträchtliche Flüsse und Bäche. Ich zeige hier nur die wichtigsten und benahmten an.

† In dem Breslauer und Neumarkter Kreise:

A. Die Oder

ist der grösseste und einzige schiffbare Fluß dieses Fürstenthums. Sie tritt aus dem Ohlauer Kreise des Fürstenthums Brieg *) unter Ottag in dem zum Dominium Thiergarten gehörigen Walde in das Fürstenthum, fließt Breslau rechts, Auras und Dyhrenfurth links vorbei, macht von dem zum Dominium Pannwitz gehörigen Vorwerke Häseley bis unter Cranz die Gränze zwischen dem Breslauer und Neu-

*) S. Th. 3. S. 69.

markter Kreise, strömt dann zwischen dem letztern und dem Fürstenthume Wohlau fort, bis sie endlich oberhalb Maltsch an den Gränzen der Fürstenthümer Liegnitz und Wohlau das Fürstenthum Breslau ganz verläßt *). Sie theilt sich bei Breslau, nachdem sich schon unweit dem Sandthore, in der Neustadt bei der goldenen Brücke, ein kleiner Arm von ihr getrennt hat, der zwischen der Alt- und Neustadt hinfließt, die Matthiä-Stiftsmühle und das königliche Münzwerk treibt, und sich, nachdem er zwischen dem Sand- und Ziegelthore durch einen Bogen unter dem Hauptwalle, sich in die Stadt ergossen, bei der Kätzelkünst in die Ohlau ausmündet **), in drei Arme, die die Sand- (gewöhnlich den Sand) und Dohminsel bilden. Sie nimmt in diesem Fürstenthume auf:

A. am rechten Ufer:

1) Das Schwarzwasser (Mimiska) ***), das aus dem Ohlauer Kreise, durch den Halt Wansen herfließt, bei Langen.

2) Die alte Oder, eigentlich ein Arm der Oder, der durch Alt-Scheitnig fließt, und mit welchem sich

*) S. Th. 5. S. 1.

**) Ueber diesen Oderarm gehen drei Brücken: 1) Die Goldbrücke in der Neustadt. Sie steht auf Pfählen und ist gepflastert. 2) Die gute Graupenbrücke, ist gewölbt, verbindet die Neustadt mit der Altstadt. 3) Die Schwalbenbrücke, steht auf Pfählen und ist gepflastert.

***) S. Th. 3. S. 72.

das Schwarzwasser (die schwarze Ohlau), bei Neu-Scheitnig vereinigt. Es kommt aus dem Oelsnischen und tritt zwischen Klein-Weigelsdorf und Schwoitsch in den Breslauer Kreis.

3) Die Weyde, die einen großen Theil der Gränze zwischen dem Breslauer und Oelsnischen Fürstenthume macht, bei Häseley. Sie entspringt im Wartenbergischen, fällt unterhalb Eichgrund unweit Paulsdorf in das Fürstenthum Breslau, und zwar in den Namslauer Kreis, fließt Namslau rechts vorbei, verläßt diesen Kreis bei Damnig und strömt in das Fürstenthum Oels, tritt aber, nachdem sie am linken Ufer

die Kleineiche (den Gränzgraben) *), der durch Cranst fließt, und am rechten Ufer an der Gränze

die Schwiersa und

die Oelse, bei Glockschütz,

aufgenommen hat, bei Bischwitz (Pischkowitz) in den Breslauer Kreis.

4) Die kleine Lohe, bei Pannwitz. Sie kommt aus dem Oelsnischen, betritt das Fürstenthum bei Lohe, fließt durch Striese, Sponsberg und Hasenau.

5) Den Mähnitzgraben, oberhalb, und

6) den Hochgraben unterhalb Auras. Beide Gräben kommen aus dem Oelsnischen.

7) Den Tannwalder Bach, bei Reichwald.

*) S. Th. 3. S. 73.

B. Am linken Ufer:

8) Die Ohlau. Sie entspringt im Fürstenthume Münsterberg *), tritt bei Gerbelwitz aus dem Ohlauer Kreise des Fürstenthums Brieg in den Breslauer Kreis, wo sie bei Tschenitz, Althof, Schwentnig, Klein-Tschantsch, Zedlitz, Marienau (Morgenau) vorbei, durch die Ohlauer Vorstadt fließt, zwischen dem Ziegel- und Ohlauer-Thore durch einen im Hauptwalle gewölbten Bogen in die Stadt tritt, die sie in einem mehr als halben, jedoch unregelmäßigen, Zirkel durchläuft, die Siebenrademühle treibt, und endlich zwischen dem Kuttelhofe und dem Allerheiligen-Hospitale, mit dem Verluste ihres Nahmens, sich in die Oder ausmündet. Sie erhält, wie oben gesagt, Verstärkung, theils durch einen Oder-Canal, theils aber auch, noch vor ihrem Eintritte in die Stadt, unweit der Ueberfahrt und dem Ziegelthore, bei gutem Wasserstande durch kleine Ueberfallwehre.

Da die Ohlau im Sommer bisweilen zum Theil austrocknete, nnd dann einen faulen, schlammigen Geruch umher verbreitete, der noch durch andere Umstände verstärkt wurde, so ist sie, diesem Uebelstande abzuhelfen, 1794 und 95 geräumt, ihr Bett enger gefaßt, und die Ufer theils mit Faschinen bekleidet, theils ausgemauert worden **). Die Verbindung der Straßen wird durch

*) S. Th. 3. S. 1. S. 71.

**) Schles. Provinzialblätter. Jahrg. 1795. Mon. Oct. S. 319.

durch eilf Brücken und drei Steige unterhalten *). Sie nimmt von ihrem Eintritte bis zu ihrer Ausmündung im Breslauischen auf:

A. Die schwarze Lacke, am rechten Ufer.

B. Die Schelune, bei Klein-Tschantsch. Sie kommt aus dem Ohlauischen **).

9) Die Lohe, bei Masselwitz. Sie entspringt an der Gränze des Nimptschischen und Frankensteiner Kreises, tritt zwischen Groß-Tinz und Schönfeld in das Breslauische, wo sie in ihrem Laufe aufnimmt:

* Am rechten Ufer:

a) Die kleine Lohe, bei Bohrau. ***) Sie kommt aus dem Strehlenschen, und tritt zwischen Klein- und Deutsch-Lauden in den Breslauer Kreis.

b) Die Saroffka (Sanoffka), zwischen Rothsürben und Repplin. Sie entsteht im Ohlauer Kreise, tritt oberhalb Schliesa in das Fürstenthum Breslau, und nimmt bei Rothsürben, kurz vor ihrer Ausmündung

*) Brücken. a) mit gewölbten Bogen: 1) Die grüne Baumbrücke; 2) die Ohlauer Brücke; 3) die Schweidnitzer Brücke; 4) die Oberamtsbrücke; 5) die Reusche-Brücke; 6) die Nicolaibrücke; 7) die Allerheiligenbrücke. b) Auf Pfählen stehende: 8) die Kätzelbrücke; 9) die Hirschbrücke; 10) die neue Brücke; 11) die Siebenradebrücke. Steige: 1) der Christophoristeig; 2) der Dorotheensteig; 3) der Weißgärbersteig.

**) S. Th. 3. S. 73.

***) Siehe Th. 3. S. 72.

die Seline, die aus dem Ohlauer Kreise herfließt, auf:

** Am linken Ufer:

c) Die Gasche (Gaschinka) unter Groß-Machbern, und noch einige andere kleine Bäche.

10) Den Floßgraben, unter Groß-Masselwitz.

11) Die Weistritz (das Schweidnitzer Wasser), *) unterhalb Protsch. Sie kommt aus dem Schweidnitzer Fürstenthume, tritt unter Domanze in das Fürstenthum Breslau, und zwar in den Neumarkter Kreis, wo sie zwischen diesem und dem Breslauer Kreise zum Theil die Gränze macht. Sie strömt Lissa vorbei, und nimmt auf:

† Am rechten Ufer:

a) Das Schwarzwasser, **) unterhalb Krieblowitz.

b) Den Klein- und

c) den Groß-Schottgauer Bach, bei Sadewitz.

†† Am linken Ufer:

d) Das Strigauer Wasser (die Pöllnitz), bei Gohlau (zwischen Romberg und Schillermühle). ***) Es tritt bei Viehau in den Neumarkter Kreis, und nimmt

---

*) S. Th. 1. S. 4.

**) S. Th. 3. S. 73.

***) S. Th. 1. S. 4.

[* am linken Ufer auf:

α) das durch Jakobsdorf, Schebekirche, Zopkendorf fließende Wasser, unweit Schmellwitz.

β) Den Glanzbach, bei Klein-Gohlau.

** Am rechten Ufer:

γ) Die Tarne, bald nach seinem Eintritte in das Fürstenthum. Sie entspringt im Schweidnitzischen.

e) Den Landgraben, kurz vor ihrer Ausmündung in die Oder.

12) Das Neumarkter Wasser, bei Cameese an der Gränze des Breslauer, Liegnitzer und Wohlauer Fürstenthums. Es entsteht bei Polkendorf, strömt Neumarkt links vorbei, und nimmt außer einigen andern Bächen kurz vor seiner Ausmündung am rechten Ufer auf:

das Schwarzwasser, das sich aus den Teichen bei Nimkau sammelt.

†† In dem Namslauer Kreise.

Außer der schon oben angeführten Mimiska und der Weyde fließt in diesem Kreise noch

B. Die Stober, *)

die im Briegischen sich in die Oder ergießt.

Seen giebt es in diesem Fürstenthume nicht. Obgleich die Anzahl der Teiche sehr ansehnlich ist, so sind doch die wenigsten von beträchtlicher Größe. Man zählt überhaupt

*) S. Th. 3. S. 70.

Teiche:	große	mittlere	kleine	Summa
Im Breslauer Kreise: .	2	9	63	74
Im Neumarkter Kreise:	8	24	187	219
Im Namslauer Kreise: .	4	14	75	93
Summa	14	47	325	386

Berge und Ebenen.

Das ganze Fürstenthum Breslau ist Ebene, und die darin befindlichen Anhöhen verdienen kaum Berge genannt zu werden. Die ansehnlichsten sind:

Im Breslauer Kreise:

Die Anhöhe im Riemberger Walde. (der Wartenberg.)

Die Windmühlberge bei Höfchen, auf denen man eine schöne Aussicht ins Gebirge hat.

Der Fuchsberg bei Althof.

Die Anhöhen bei Bischwitz.

Der Heiligenberg (Krotkeberg, Capellenberg), bei Oswitz, mit einer Capelle, zu der im Sommer gewallfahrtet wird.

Im Neumarkter Kreise:

Der Lißner Berg.

Der Glanzberg, bei Sagschütz.

Der Pitschner Berg (Pitschka), bei Pitschen.

Der Kreuzberg, bei Krintsch.

Die Radlauer Berge, bei Radlau.

Außer diesen ist eine Kette von unbedeutenden Hügeln in der Gegend von Nimkau, Frobelwitz, Rackschütz, auch in der Gegend von Kanth siehet man mehrere kleine Berge, deren Nahmen, wenn sie welche haben, mir unbekannt sind.

Im Namslauer Kreise:

Der Kubisberg, bei Deutsch=Marchwitz.
Der Obischauer Berg (Obsterberg), bei Obischau.
Der Zeiskeberg, bei Namslau.
Der Böhmwitzer Berg, bei Böhmwitz.

Die Fruchtbarkeit des Bodens ist verschieden. Im Breslauer und Neumarkter Kreise ist er zum Getreidebau vortrefflich. Nur die Polnische Seite im Breslauer Kreise, wo man viel Sandland findet, und im Neumarkter Kreise, in den Gegenden an der Oder, an dem Schweidnitzer und Strigauer Wasser, die einen nassen und kalten Boden, hingegen sehr schönen Wiesewachs haben, machen eine Ausnahme. Man kann den Ertrag meistentheils über 5 Korn rechnen. Im Namslauer Kreise ist nur Mittelboden, ja an mehrern Orten nur Sand, und der Ertrag höchstens 4½ Korn.

Waldungen.

Die ansehnlichsten Waldungen sind im Namslauer Kreise, die andern beiden Kreise haben weniger Holz, so daß sie sowohl das nöthige Brenn= als auch das Bauholz aus benachbarten Gegenden, aus dem Ohlauer Kreise und aus der Gegend des Zobtenberges, ja sogar aus Ober=Schlesien, vermittelst der Flößung, zu ziehen genöthiget sind.

Im Breslauer Kreise haben Waldung die Dominien:

Althoff.
Auras.
Bischwitz.
Cranz.
Geichwitz.
Heinzendorf.
Jeltsch.
Kottwitz.
Lanisch.
Thiergarten &c.

Im Neumarkter Kreise:

Belkau.
Beylau.
Bockau.
Borganie.
Brandschütz.
Groß-Briese.
Frankenthal.
Gohlau.
Gossendorf.
Krampitz.
Leonhardwitz.
Nippern.
Groß-Peterwitz.
Pitschen.
Schmellwitz.
Ober-Stephansdorf.

Im Namslauer Kreise:

Bachowitz.
Bankwitz.
Belmsdorf.
Groß-Butschkau.
Dammer.
Droschkau.
Eckersdorf.
Gramschütz.
Hönigern.
Lorzendorf.
Minkowsky.
Polnisch-Marchwitz.
Nassadel.
Simmelwitz.
Skorischau.
Städtel.
Klein-Steinersdorf.
Sterzendorf.
Windisch-Marchwitz.

Producte.

A. Das Thierreich.

Im Breslauer und Neumarkter Kreise findet man, zwar nicht durchgängig, jedoch meistentheils, schöne große Pferde, nur auf der Polnischen Seite findet man hin und wieder kleine Pferde. Im Namslauer Kreise hingegen sind die Pferde nur von mittlerer Größe.

Im Breslauer und Neumarkter Kreise ist das Rindvieh, besonders auf den Dörfern am Schweidnitzer und Strigauer Wasser, an der Lohe und an der Oder, wo viel Wiesewachs ist, desgleichen auf den Kräutereien um Breslau von großem; im Namslauer Kreise hingegen nur von mittlerem Schlage.

Die Schafzucht ist, so wie auch die Wolle, nach Beschaffenheit der Trift verschieden, meistentheils eine Mittelwolle. Der Namslauer Kreis soll die feinste Wolle in ganz Schlesien liefern; man ist aber auch in den andern beiden Kreisen darauf bedacht, die Wolle durch Einführung Spanischer Stähre zu veredeln.

Seidenwürmer werden in Rosteublut und vorzüglich zu Dyhrenfurth gepflegt.

Die Bienenwartung ist nicht so beträchtlich, wie in mehrern andern Gegenden Schlesiens: im Namslauer Kreise ist sie jedoch, im Verhältniß gegen die andern beiden Kreise, am beträchtlichsten.

Die Waldungen liefern die gewöhnlichen Arten Wildbret, da dieselben jedoch nicht sehr groß sind, so ist es nicht hinlänglich; es wird daher viel aus andern Gegenden gezogen. Die Gewässer liefern an Geflügel:

wilde Aenten und Gänse, Wasserhühner rc.; an Fischen: Hechte, Karpfen, Perschken, Schleihen, Aalruppen, Karauschen, Welse, Lachse und Sander rc. Man zieht die Krebse aus der Weyde wegen ihres guten Geschmackes denen aus andern Gewässern vor.

Zu Dyhrenfurth, Kottwitz und Koberwitz sind Fasanerien.

In den Gegenden an der Oder lassen sich im Winter bisweilen Wölfe sehen.

B. Das Pflanzenreich.

Die Waldungen bestehen aus Laub- und Nadelholz. In den Wäldern an der Oder sieht man schöne Eichen, und im Namslauer Kreise auch Ahornbäume. Man bauet die gewöhnlichen Getreidearten und Hülsenfrüchte, Hirse, Heidekraut, Kartoffeln und Flachs. Auf die Erziehung guter Obstbäume wendet man hin und wieder viel Fleiß, und die Eigenthümer ziehen in obstreichen Jahren einen ansehnlichen Gewinn aus dem Absatze des Obstes in dem volkreichen Breslau.

Zu Dyhrenfurth, Viehau und Schadewinkel sind Weinberge.

Taback wird um Breslau, Auras und Neumarkt gebauet. In eben diesen Gegenden wird sehr viel Färberröthe gepflanzt, mit der in Breslau ein sehr ansehnlicher Handel (manche berechnen den Betrag auf 300,000 Rthlr., andere nur auf die Hälfte) ins Ausland, nach Holland, England, Italien, Rußland und ins Reich getrieben wird. Die Kräutereien um Neumarkt, vorzüglich aber die um Breslau, liefern außer denen, die noch in Gärten angebauet werden, alle Arten von Küchengewächsen in großer Menge. Man theilt diese Kräutereien in die große und kleine Kräuterei ein. Zu der großen Kräuterei gehören außer dem Anger vor dem Schweidnitzer Thore die Dörfer Neudorf, Lehmgruben, Huben, Gabitz, Höfgen und die Tschepine (Langgasse, ein Theil der Nicolai-Vorstadt). Zu der kleinen Kräuterei werden die Gemeinen Gräbschen, Kritlern, Kleinburg, Herdain und Dürr-Jentsch gezählt. Auf eben diesen Kräutereien wird auch einiger Anieß und Schwarzkümmel (Nigella sativa Linn.) angebauet *)

Auf einigen Dominien z. E. zu Dyhrenfurth bauet man Hopfen.

In einigen Gegenden, z. E. zu Groß-Nädlitz und Krichen, pflanzt man die Kartendistel (Dipsacus Fullonum L,)

In den Gegenden an der Oder, Lohe und Weyde, desgleichen an dem Schweidnitzer und Strigauer Wasser giebt es futterreiche Wiesen, die nicht nur für diese, sondern auch für futterarme Orte das benöthigte Heu liefern.

Nebst den gewöhnlichen Pflanzen liefert dieses Fürstenthum auch manche seltenere, die uns der vollendete Graf von Mattuschka und Herr D. Kröker in ihren

*) Die Anbauer dieser Küchengewächse werden Kräuter genannt. Sie unterschieden sich sonst durch eine eigene Kleidertracht von den übrigen Dorfbewohnern. Jetzt aber hat dieser Unterschied in der Kleidung so ziemlich aufgehört; aber doch unterscheiden sie sich noch durch ihren eigenthümlichen Dialekt.

Schlesischen Floren bekannt gemacht haben, und es ist nicht zu zweifeln, daß durch den fortgesetzten Fleiß der Herren Professoren Heide und Nickel, des Herrn Assessors Günther und des Herrn D. Kröker des Sohns *), bei seiner Rückkehr ins Vaterland, noch mehrere werden aufgefunden werden. Ich setze indessen das Verzeichniß der bisher aufgefundenen seltenern Pflanzen her.

Erste Classe. **)

Callitriche verna Lin. Um Domslau, Kundschütz, Morgenau und hinter Alt-Scheitnig in Wassergräben.

——— *autumnalis. L.* Bei Hundsfeld und Morgenau in Gräben.

Blitum capitatum. L. Zu Breslau auf der Dohminsel, im Matthesgarten, bei Kosel und Kammendorf.

---

*) Zu dieser Hoffnung berechtigt uns die Vorherverkündigung des jetzigen Professors der Botanik und Aufsehers des botanischen Gartens zu Halle, D. Curt Sprengel, in der Vorrede zu der Dissertation (Specimen inaugurale de plantarum Epidermide), die dieser hoffnungsvolle in die Fußstapfen seines Vaters tretende Sohn zur Erlangung der medicinischen Doctor-Würde (1800 d. 20. Oct.) vertheidigte. Er sagt: „Hic libellus, licet specimen est juvenilis ingenii et academicae diligentiae, tot tamen tantaque nova complectitur incrementa de fabrica plantarum, ut et celebratissimi nostri aevi auctores — discere non pauca possint — ut gratuler Silesiae optimis viris clarae, civem et medicum eximium — ut patri gratuler filium."

**) Ich bezeichne diejenigen Pflanzen, die ich auf Autorität des Herrn D. Kröker anführe, mit *K. Denn ich selbst habe nicht in allen, sondern nur in einigen Gegenden dieses Fürstenthums botanisirt.

Zweite Classe.

Circæa lutetiana. L. Bei Oswitz im Eichenwalde, auch im Lehrbeutler Walde.

Veronica spuria. L. Bei Lehrbeutel und Morgenau.

——— *maritima. L.* Auf dem Lißner und Oswitzer Berge, bei Morgenau und auf den Lehrbeutler Wiesen, an den Gräben vor dem Walde.

——— *longifolia. L.* Bei Groß=Nädlitz und Goldschmiede, desgleichen auf dem Lißner und Oswitzer Berge, bei Lehrbeutel, nicht häufig.

——— *spicata. L.* Auf dem Oswitzer und Lißner Berge; bei Groß=Nädlitz.

——— *hybrida. L.* Auf dem Pitschner Berge, bei Althof und Rosenthal gegen den Oswitzer Wald auf Dämmen.

——— *scutellata. L.* Bei Pirscham auf Wiesen; bei Oswitz und Treschen.

——— *prostrata. L.* Bei Ottwitz, Treschen und im Walde hinter Althof.

——— *austriaca?* Bei Märzdorf.

——— *latifolia. L.* Am Walde bei Oswitz.

——— *verna. L.* Auf der Wiese an der Oder im Wege nach Oswitz, an den Teichen vor Fischerau, bei Hundsfeld in sandigem Boden, und auf dem Lißner Berge.

Gratiola officinalis. L. Bei Pöpelwitz, Grüneiche, Polnisch=Neudorf, auf der Wiese bei der Rosenthaler Ziegelscheune.

Utricularia vulgaris. L. In der Weide bei Groß=Nädlitz und bei Schwoitsch.

Utricularia minor. Am letztern Orte eben daselbst.

Salvia pratensis. L. Hinter Oltaschin, am Wege nach Lohe, bei Koberwitz und Carlowitz.

Dritte Classe.

Gladiolus communis. L. Im Lehrbeutler und Oswitzer Walde.

Iris pseudacorus. L. In Wassergräben und in der schwarzen Ohlau.

— *Sibirica. L.* Auf Wiesen bei Schreibersdorf, Oswitz, Treschen und im Wilxener Walde.

Schoenus ferrugineus. L. Unweit Friedrichswalde auf dem Wege nach Hundsfeld.

Cyperus flavescens. L. In der vorigen Gegend.

Phalaris canariensis. L. In den Vorstädten um Breslau.

——— *oryzoides Schreb.* Auf der alten Oder-Insel. *

Panicum verticillatum. L. Zu Breslau beim Zwinger, desgleichen unter dem Grünzeuge und auf Stoppelfeldern.

——— *miliaceum. L.* An dem Ufer der Oder, der Lohe, und an den Dämmen der Weyde in Weigelsdorf.

Phleum nodosum. L. In Oswitz, im Treschner Walde, auf den Dämmen bei Carlowitz.

——— *arenarium. L.* Bei Carlowitz, auf Sandhügeln, unweit von den Wiesen.

Milium confertum. L. Auf dem Fuchsberge bei Althof.

Agrostis miliacea. L. *K.

——— *stolonifera. L.* Bei Breslau an Ackerrändern.

Agrostis minima. L. Im Garten des Dominikaner-Klosters.

Aira canescens. L. Auf dem Fuchsberge und im Walde bei Althof.

— *præcox. L.* Auf Wiesen bei Althof.

Poa compressa. L. Um Breslau hin und wieder auf Mauern und Dächern.

— *bulbosa. L.* Im Oswitzer Walde.

— *distans. L. (salina Polli)* Unter der Brücke zwischen den Wällen vor dem Schweidnitzer Thore zu Breslau. *K.

Briza eragrostis. L. Im bischöflichen Garten zu Alt-Scheitnig. *K.

Cynosurus durus. L. In Polnisch-Neudorf hinter dem vier Thürmegarten und bei Jäschkittel. *K.

Bromus purgans. L. Bei Borne. *K.

——— *asper. L.* Bei Leuthen.

——— *triflorus. L.* Im Oswitzer Walde und auf den Dämmen bei Morgenau.

——— *gracilis Weigelii.* Bei Wilxen am Walde.

Avena strigosa Retzii. Am Ufer der alten Oder.

——— *sesquitertia. L.* Bei Rosenthal an der alten Oder und bei Alt-Scheitnig. *K.

Arundo epigejos. L. Bei Morgenau hinter Märzdorf am Wege gen Ohlau.

——— *arenaria. L.* An sandigen Orten am Ufer der Flüsse.

Polycarpon tetraphyllum. L. In der Ohlauer Vorstadt und bei Pöpelwitz unter Küchenkräutern.

Vierte Classe.

Globularia vulgaris. L. Bei Friedewalde im Walde.

Dipsacus Fullonum. L. Bei Oswitz auf den Weinbergen, bei Lohe, und zu Breslau vor dem Nikkelsthore.

——— *laciniatus. L.* Bei Gräbschen an Wassergräben.

——— *pilosus. L.* Bei Schweinern an der Weyde. *K.

Scabiosa sylvatica. L. Auf dem Fuchsberge bei Althof. *K.

Asperula arvensis. L. Um Breslau.

——— *lævigata. L.* Auf dem Pitschenberge.

Galium glaucum. L. Bei Alt-Scheitnig.

Plantago altissima. L. Bei Höfgen und Neudorf. *K.

——— *Serraria. L.* Am Ufer der Oder und anderer Gewässer.

——— *Psyllium. L.* Bei Oswitz, Carlowitz und Friedewalde.

Alchemilla Aphanes. L. Auf Aeckern bei Oswitz und Carlowitz.

Cuscuta monogyna Vahl. (*lupuliformis Kroek.*) In dem Oswitzer und Althofer Walde; bei Pöpelwitz und Morgenau. *K.

Potamogeton densum. L. In der Oder. *K.

——— *marinum. L.* Bei Polnisch-Neudorf. *K.

——— *pectinatum. L.* In der Oder und Weyde.

——— *setaceum. L.* In stehenden Wassern bei Neu-Scheitnig.

Ruppia maritima. L. Bei Neudorf, an der alten Oder und an der Ohlau. *K.

Sagina erecta. L. Von Rosenthal aus rechts auf dem Damme hinter der alten Oder. *K.

Fünfte Classe.

Anchusa angustifolia. L. Bei Schalkau.

Pulmonaria angustifolia. L. Bei Groß-Nädlitz.

——— *maritima.* L. In den Oderwäldern *K.

Symphytum tuberosum. L. Bei Morgenau und vor dem Nicolai-Thor auf nassen Wiesen. *K.

Cerinthe major. L. Bei Domslau. *K.

——— *minor.* L. Bei Alt-Scheitnig und Krolkwitz *K.

Asperugo procumbens. L. Zu Breslau vor dem Ohlauer Thore, an den Wassergräben in der Gegend der Ohlau, auf den Wällen und vor dem Schweidnitzer Thore bei der sauren Ecke.

Echium violaceum. L. Auf dem Dohme zu Breslau. *K.

Hottonia palustris. L. In einer Lache bei Alt-Scheitnig, in einem Graben beim Vincenz-Vorwerke.

Lysimachia thyrsiflora. L. Bei Breslau in den Wassergräben der Vorstädte, bei Polnisch-Neudorf und Carlowitz; auf sumpfigen Wiesen bei Morgenau.

Campanula latifolia. L. Bei Pitschen.

——— *speculum.* L. Auf Aeckern bei Polnisch-Neudorf, Treschen, Althof und Pitschen.

Verbascum phoeniceum. L. Bei Koberwitz, Krolkwitz und Kniegnitz.

——— *blattaria.* L. Bei Bischwitz, Treschen und Pasterwitz.

Datura Strammonium. L. Zu Breslau auf dem Dohme.

——— *Tatula. L.* Auf dem Anger vor dem Schweidnitzer Thore.

Hyoscyamus albus. L. Zu Breslau beim bischöflichen Garten.

Physalis Alkekengi. L. Um Breslau an schattigen Orten unter Hecken.

Euonymus latifolius. L. Bei Dyhrenfurth in Hecken.

Ribes alpinum. L. Zu Treschen im Garten beim Wirthshause.

Thesium linophyllum. L. Bei Althof.

Chenopodium Botrys. L. Zu Breslau vor dem Ohlauer Thore.

Gentiana Pneumonanthe. L. Auf den Wiesen bei Oswitz; im Walde bei Wilxen und am Lißner Berge.

——— *ciliata. L.* Auf dem Pitschenberge.

Eryngium planum. L. Im Scheitniger Walde seitwärts Lehrbeutel an der alten Oder.

Hydrocotyle vulgaris. L. An Teich- und Tümpelrändern.

Astrantia minor. L. Bei Herrmannsdorf. *K.

Daucus muricatus. L. Bei Pirscham. *K.

Conium maculatum. L. Bei Oswitz.

Athamanta cervaria. L. Bei Höfgen und auf dem Oswitzer Capellenberge.

Peucedanum Alsaticum. L. Bei Neukirch. *K.

——— *Silaus. L.* Auf Wiesen.

Heracleum austriacum. L. In Brocke. *K.

——— *alpinum.* L. Bei Alt-Scheitnig.

Seseli glaucum. L. Bei Siebischau.

Seseli annuum. L. Bei Alt-Scheitnig, Oswitz und Treschen.

—— *Hippomarathrum. L.* Im Alt-Scheitniger Walde.

—— *venosum Hofmanni.* Im Schwoitscher und Lehrbeutler Walde.

Pimpinella magna. L. Bei Althof und Treschen.

Rhus typhina. L. Zu Krolkwitz und Krintsch in Hecken.

Alsine segetalis. Auf Getreidefeldern bei der Brücke zu Lissa. *K.

Corrigiola littoralis. L. Am Ufer der Oder und Ohlau.

Statice armeria. L. Bei Grüneiche.

Sechste Classe.

Allium Ampeloprasum. L. Bei Polnisch-Neudorf und Oswitz. *K.

—— *rotundum. L.* Bei Treschen, zu Breslau vor dem Oderthore, bei der Ziegelscheune auf den Wiesen.

—— *arenarium. L.* Zu Polnisch-Neudorf hinter dem vier Thürme-Garten

—— *Scorodaprasum. L.* Bei Breslau in Grasgärten.

—— *paniculatum. L.* Bei Morgenau auf den Dämmen; bei Scheitnig auf Wiesen. *K.

Anthericum ramosum. L. Auf Sandhügeln bei der alten Oder, zwischen Carlowitz und Polanowitz; auf dem Lißner Berge.

Convallaria verticillatum. L. Auf dem Fuchsberge bei Althof.

Convallaria polygonatum. L. Am letztern Orte und bei Schweinern.

Juncus squarrosus. L. Bei Wilxen im Walde.

—— *pilosus* (*vernalis Ehrh.*) L. Im Alt-Scheitniger Walde, und bei Polnisch-Neudorf.

Rumex maritimus. L. An feuchten Wassergräben der Vorstädte bei Breslau. *K.

Triglochin palustre. L. Bei Kosel, Gabitz, Pilsnitz, Pöpelwitz, zu Breslau vor dem Schweidnitzer Thore bei den Reiterställen.

Achte Classe.

Oenothera biennis. L. Am Strande der Ohlau, der Oder und des Schwarzwassers.

Epilobium angustifolium. L. Bei Treschen und Oswitz.

—— *latifolium.* L. Bei Lohe.

—— *montanum.* L. Bei Oswitz. *K.

Paris quadrifolia. L. Bei Lehrbeutel.

Adoxa moschatellina. L. Bei Treschen.

Elatine Hydropiper. L. In der Gegend der alten Oder.

—— *Alsinastrum.* L. Bei Oswitz.

Zehnte Classe.

Gypsophila fastigiata. L. Bei Lissa und Bischwitz an der Weyde. *K.

Dianthus superbus. L. Auf den Wiesen bei Neukirch. Beim Lißner Berge im Walde.

Cucubalus bacciferus. L. Bei Oswitz und Carlowitz.

—— *catholicus.* Bei Polnisch-Neudorf, desgleichen in der Nicolai-Vorstadt.

—— *Otites.* L. Auf dem Fuchsberge bei Althof, bei Oswitz und Carlowitz.

Silene quinque vulnera. L. Bei Breslau. *K.

—— *Armeria. L.* In Küchengärten.

Stellaria aquatica Poll. (*Stellaria Alsine Wild. Sp. pl. Lin. T. 2. p.* 713. Hierher gehört auch *Stellaria lateriflora Kroek. Fl. Sil. n.* 673.) Bei Breslau.

Sedum reflexum. L. Auf dem Fuchsberge bei Althof.

Eilfte Classe.

Lythrum hyssopifolia. L. Bei Carlowitz und Morgenau.

—— *Thymifolia. L.* Bei Friedewalde.

—— *austriacum Jacq.* Bei Althof, selten.

Euphorbia maculata f. punctata Kroek. (*Euphorbia degener f. sterilis*).

—— *falcata. L.* Bei Neukirch, Rosenthal und Koberwitz.

—— *Lathyris. L.* Hin und wieder in Küchen- und Baumgärten. *)

—— *Paralias. L.* An den Ufern der Oder und Ohlau.

—— *platyphyllos. L.* Bei Höfchen, Alt-Scheitnig, Treschen und Oswitz.

—— *Amygdaloides. L.* Bei der alten Oder.

—— *Characias. L.* An der Oder im Sande.

---

*) Der Same dieser Pflanze wird hin und wieder in Schlesien, wenigstens weiß ich es von dem Gebirge, unter dem Nahmen selbstwachsener Pillen, das Stück zu 1 Sgl, zum Verkauf herum getragen. Ein Mädchen von etlichen und zwanzig Jahren nahm zwei dieser Samen ein, und nur mit genauer Noth wurde sie vom Tode errettet. Sollte dieß nicht strenge verboten werden?

Zwölfte Classe.

Rosa eglanteria. L. Zu Dyhrenfurth.

—— *rubiginosa. L.* Bei Rosenthal in Hecken.

—— *cinnamomea. L.* Bei Klein-Tinz.

—— *pimpinellifolia. L.* Bei der alten Oder.

—— *gallica. L.* Bei Carlowitz, Oswitz und Morgenau.

—— *Halleri Kroek.* (*arvensis Lin. sylvestris Roth.*) Bei der alten Oder auf den Wällen seitwärts Rosenthal.

Potentilla rupestris. L. Bei Oswitz und Treschen im Walde.

——— *supina. L.* Zu Breslau vor dem Schweidnitzer Thore auf dem Glacis. Auf den Inseln der alten Oder.

——— *bifurca. L.* An der alten Oder und in Küchengärten vor dem Schweidnitzer Thore. *K.

——— *hirta. L.* Auf dem Capellenberge bei Oswitz. Bei Lohe an einem Wassergraben, desgleichen vor dem Sand- und Oder-Thore. *K.

——— *alba. L.* Bei Domslau, auf der Klein-Tinzer Gränze, nach Bettlern zu.

Geum rivale. L. Bei Gabitz.

Dreizehnte Classe.

Nymphaea lutea. / ——— *alba.* } In der Ohlau, Weyde und Lohe.

Nigella sativa. L. Wird um Breslau angebauet.

Anemone hepatica. L. Bei Zedlitz; im Leuthner Walde.

——— *patens. L.* Bei Auras.

Anemone pulsatilla. L. Bei Althof auf dem Fuchsberge.

——— *pratensis. L.* Am vorigen Orte, bei Groß-Nädlitz im Birkenwäldchen; bei Lilienthal und Lissa.

——— *Ranunculoides. L.* Bei Dyhrenfurth und Arnoldsmühle.

Thalictrum minus. Bei Althof auf dem Fuchsberge; auf den Wiesen bei Carlowitz.

——— *angustifolium.* Bei Bischwitz.

Adonis æstivalis. L.
——— *vernalis. L.* } Auf Saatfeldern.

——— *autumnalis. L.* Bei Polnisch-Neudorf.

Ranunculus Flammula. L. Bei Oswitz, Morgenau und Treschen auf Wiesen.

——— *reptans. L.* In Sümpfen und an Teichrändern.

——— *Lingua. L.* In der schwarzen Ohlau bei Morgenau.

——— *cassubicus. L.* In schattigen Wäldern. *K.

——— *Philonotis. (Sardous Cranz.)* Bei Breslau auf Aeckern und Viehweiden.

Isopyrum thalictroides. L. In den Wäldern bei Arnoldsmühle und Schalkau.

Vierzehnte Classe.

Ajuga Genevensis. L. Auf dem Oswitzer Capellenberge und bei Polnisch-Neudorf. *K.

Teucrium Scordium. L. An den Ufern der Lohe und schwarzen Ohlau; auch bei Neumarkt.

Nepeta Cataria. L. In den Vorstädten bei Breslau.

Mentha viridis. L. Bei Koberwitz.

—— *hirsuta. L.* } An Wassergräben und Flüssen.

—— *gentilis. L. (verticillata Cranz)*

Lamium lævigatum. L. In den Waldungen bei Arnoldsmühle und Schalkau. *K.

Galeopsis Galeobdolon. L. In den Wäldern bei Groß-Nädlitz, Oswitz und Treschen.

Ballota alba. L. In den Breslauer Vorstädten.

Leonurus Marrubiastrum. L. In Althof und Oswitz an Hecken und Zäunen.

Thymus Acinos. L. Zu Breslau vor dem Nickelsthore auf der Viehweide, bei Grüneiche in der Gegend der Kalkbrennerei. Bei Althof auf dem Fuchsberge, auf dem Oswitzer Capellenberge und an den Dämmen der alten Oder.

Scutellaria hastifolia. L. Bei Althof auf Wiesen. Am Wege nach Oswitz hinter der Ziegelscheune; bei Treschen und Hünern.

Prunella grandiflora. L. Bei Neukirch, bei Lissa auf Wiesen, am Pitschenberge.

—— *laciniata. L.* Bei Althof. (Ist nach Wildenow Abänderung der vorigen.)

Anthirrinum Elatine. L. Bei Treschen auf Getreidefeldern, bei Bischwitz an der Weyde und bei Brocke.

—— *spurium. L.* Auf den Feldern bei Althof, Höfchen und Treschen.

—— *arvense. L.* Bei Höfchen und Pöpelwitz, auf dem Pitschenberge.

—— *minus. L.*

Scrophularia aquatica. L. Bei Schwoitsch an der Wiyee. *K.

Digitalis lutea. L. Auf dem Lißner Berge und bei Schlanz.

Lindernia pyxidaria. L. (*Anagalloides procumbens Kroek.*) Auf der alten Oder-Insel bei Jeltsch hinter der ehemaligen Festung.

Linnæa borealis. L. In dem Walde bei Elend.

Limosella aquatica. L. Am Ufer der Oder.

——— *diandra.* Bei Jeltsch auf einer Insel der alten Oder. (*L. aquaticæ Var. β. Wild. Lin. Spec. pl. T. 3. p.* 342.

Orobanche lævis. L. (*cærulea Smith.*) Im Walde bei Treschen und auf dem Fuchsberge bei Althof.

——— *major.* L. Im Walde bei Treschen.

Funfzehnte Classe.

Isatis tinctoria L. Bei Cosel unter dem Getreide. *K.

Draba muralis. L. } Um Breslau ꝛc. auf alten
Lepidium ruderale. L. } Mauern.

——— *Iberis.* L. } Eben daselbst an We-
——— *graminifolium.* L. } gen und Acker-
rändern.

Iberis umbellata. L. Bei Breslau in Küchengärten. *K.

Alyssum montanum. L. Bei Rosenthal und auf der Kirchhofmauer zu Klein-Tinz.

——— *calycinum.* L. Bei Rosenthal am sandigen Ufer der Oder.

Cardamine impatiens. L. Bei Alt-Scheitnig im Walde.

——— *parviflora.* L. Bei Oswitz und Althof.

——— *amara.* L. Bei Dyhrenfurth auf Wiesen.

Sisymbrium tenuifolium. In den Vorstädten bei Breslau und an der alten Oder.

——— *Erucastrum Poll.* (*S. murale β.*) Bei der Breslauer Vorstadt Elbing. *K.

——— *arenosum. L.* An der Oder im Sande.

——— *valentinum. L.* Auf sandigen und trokkenen Getreidefeldern. *K.

——— *altissimum. L.* Bei dem Vincenz-Vorwerk in der Oder-Vorstadt von Breslau. *K.

——— *catholicum. L.* In den Breslauer Vorstädten an Zäunen und Hecken. *K.

——— *barbareae. L.* Bei Oswitz und Rosenthal.

——— *Irio. L.* Im Oswitzer Walde. *K.

Erysimum hieracifolium. L. Auf den Dämmen der Oder hinter den Holzstößen zu Breslau. Auf den Feldern beim Oswitzer Walde, desgleichen bei Jeltsch an der Oder.

Turritis hirsuta. L. Im Lehrbeutler Walde und an den Dämmen der alten Oder.

Sechzehnte Classe.

Geranium lucidum. L. Zu Breslau vor dem Schweidnitzer Thore auf den Wällen.

——— *sanguineum. L.* Auf dem Fuchsberge bei Althof.

——— *bohemicum. L.* In der Nicolai-Vorstadt auf der Tschepine an einem Wassergraben, gleich hinter dem neuen Kirchhofe.

——— *pusillum. L.* Unter den Hecken in Oswitz.

Althæa officinalis. L. Bei Grüneiche am Walde.

——— *hirsuta. L.* Bei der alten Oder. *K.

Malva mauritiana. L. Um Breslau, selten. *K.

——— *moschata.* Bei der alten Oder, auf den Feldern bei Polnisch-Neudorf, bei dem Oswitzer Walde gegen Rosenthal.

——— *crispa. L.* Vor dem Oderthore zu Breslau an einem Wassergraben beim Schießwerder, auch vor dem Schweidnitzer Thore.

Lavatera thuringiaca. Bei Höfchen, bei Bischwitz an der Weyde.

Siebzehnte Classe.

Fumaria capnoides. L. Bei Schweinern.

Ononis hircina. L. Auf nassen Wiesen und an Wassergrabenrändern.

Anthyllis vulneraria. L. Auf dem Lißner Berge und bei Morgenau.

Orobus vernus. L. Im Lehrbeutler Walde.

——— *niger. L.* Im Oswitzer und Treschner Walde.

Lathyrus Nissolia. L. Unter dem Getreide bei Treschen.

——— *tuberosus. L.* Bei Lilienthal und Treschen unter dem Getreide.

——— *palustris. L.* Bei Morgenau, Neukirch und Oswitz.

Vicia multiflora Leyseri. Zwischen Lissa und Goldschmiede im Walde. Bei Carlowitz auf Wiesen an der alten Oder; in Pöpelwitz unter Hecken.

Cytisus supinus. L. Auf dem Lißner Berge.

Astragalus glyciphyllos. L. Bei Treschen und im Lehrbeutler Walde.

Trifolium Ochroleucum. L. Bei Althof auf dem Fuchsberge.

——— *resupinatum. L.* Bei Gräbschen an einem Bache.

Lotus siliquosus. L. Bei Krittern und Goldschmiede auf Wiesen. Hinter Gräbschen zwischen den Kräutereien.

——— *maritimus. L.* Bei Neukirch auf nassen Wiesen.

Trigonella Foenum græcum. L. Auf ausgeworfenem Gartenlande um Breslau. *K.

Neunzehnte Classe.

Scorzonera humilis. L. Bei Althof; am Lißner Berge gegen Wilxen *K.

——— *graminifolia. L.* Auf dem Rosenthaler Damme links vor Carlowitz; zu Breslau zwischen dem Schweidnitzer und Nickelsthore auf dem Glacis, hinter den Reiterställen auf den lehmgrubenen Wiesen.

Apargia hastilis Jacq. Um Breslau auf feuchten Wiesen und bei Pitschen.

Lactuca scariola. L. In den Vorstädten um Breslau.

Hieracium præmorsum. L. Eben daselbst in Grasgärten.

——— *saxatile Jacq,* Auf den Dämmen im Althofer Walde.

——— *hirsutissimum Kroek.* Auf dem Elbing in der Oder-Vorstadt von Breslau im Pfarrgarten.

——— *sabaudum. L.* Bei Althof, zwischen Wilxen und dem Lißner Berge.

Hieracium glabrum Kroek. Im Treschner und Oswitzer Walde und auf Wiesen.

——— *Dioscoridis. L.* Bei Höfchen, Gabitz und Neudorf.

——— *pulchrum. L.* Bei Breslau auf dem Lehmdamme, unweit von dem Querdamme.

Crepis dubia Kroek. Bei Höfchen und Lehrbeutel.

——— *variabilis Kroek.* In Kniegnitz an Hecken und Zäunen.

Hyoseris minima. L. Bei Neukirch, Protsch und Wilxen.

Serratula coronata. L. Bei Alt-Scheitnig im Walde.

Carduus defloratus. L. Bei Gabitz und Wilxen.

Cnicus palustris Jacq. Bei Gräbschen.

——— *canus Jacq.* Bei Gabitz und Pitschen.

——— *tuberosus Jacq.* Bei Lohe, Damslau, Jordansmühl und Wiltschau; auf feuchten Wiesen bei Wasserjentsch.

——— *flavescens Jacp.* Bei Gabitz auf Wiesen.

Carlina acaulis. L. Auf dem Pitschenberge.

Eupatorium cannabinum. L. Bei Schwoitsch.

Artemisia maritima. L. Auf den Inseln der alten Oder.

Gnaphalium luteo album. L, Bei Schlanz und auf den Oder-Inseln.

Senecio squalidus? Bei Koberwitz, hinter Groß-Mochbern gen Cammelwitz zu auf einem Damme *K.

——— *Erucaefolius. L.* Zwischen Grüneiche und Bartheln am Wege.

——— *paludosus. L.* Bei Morgenau am Oder-Ufer. Vor dem Breslauer Oderthore an den Wiesen hinter der Ziegelscheune und bei Kniegnitz.

Inula squarrosa. L. Auf den Wiesen an der Oder. *K.

Chrysanthemum coronarium. L. Bei der alten Oder auf dem Hundsfelder Damm. *K.

Matricaria maritima. L. Bei der alten Oder, an Ackerrändern und auf Düngerhaufen in den Breslauer Vorstädten. *K.

Achillea magna. L. Bei Jäschkittel an Zäunen.

——— *odorata. L.* Um Breslau.

Filago pyramidata. L. Eben daselbst auf Aeckern. *K.

——— *gallica.* Eben daselbst. *K.

Viola mirabilis. L. Auf dem Pitschenberge. An der Weyde im Walde bei Schwoitsch.

Impatiens noli tangere. L. Zu Dyhrenfurth im Englischen Garten; im Schottwitzer Walde.

Zwanzigste Classe.

Orchis Morio. L. Im Lehrbeutler Walde.

——— *sambucina. L.* Auf dem Lißner Berge.

Ophrys nidus avis. L. Im Lehrbeutler Walde.

——— *spiralis. L.* Auf dem Pitschenberge.

Serapias latifolia. L. Im Lehrbeutler Walde.

Ein und zwanzigste Classe.

Sparganium erectum. L. An dem Ufer der Lohe.

Xanthium Strumarium. L. Zu Breslau vor dem Ohlauer Thore an der Stadtmauer.

Carex remota. L. Zu Pitschen im Busche bei den neun Teichen.

——— *saxatilis. L.* Am Oswitzer Weinberge.

——— *panicea, L.* Auf Wiesen an der Weyde.

——— *vesicaria. L.* Bei Polnisch-Neudorf an Wassergräben.

Drei und zwanzigste Classe.

Stratiotes Aloides. L. Zwischen der Krötenmühle und Morgenau auf einer sumpfigen Wiese.

Vier und zwanzigste Classe.

Salvinia natans. L. Vor Schwoitsch in der Weyde.

Obgleich mehrere Gattungen und Arten dieser Classe in diesem Fürstenthume zu finden seyn müssen: so kann ich doch, da ich bei der weiten Entfernung meines Wohnorts nicht selbst in allen Gegenden botanisiren konnte, nicht mehr, als diese einzige anführen.

C. Das Mineralreich.

Der mir bisher bekannt gewordenen Mineralien des Fürstenthums Breslau sind nur wenige.

Gemeiner Thon — Töpfer- und Leim-Thon wird an mehrern Orten gefunden, besonders merkwürdig ist ein aschgrauer, im Bruche würflichter Thon, der ehedem bei Nimkau, im Neumarkter Kreise, an dem äußersten Gehänge der sogenannten Radlauer Berge, wo sie gegen Norden in den sogenannten Olsche Bruch auslaufen, 1 — 2 Fuß mächtig, zwischen zwei Sandschichten, zum Decken des in die Formen gegossenen Zuckers in der Breslauer Raffinerie gegraben wurde. Jetzt wird, so viel ich weiß, hier nicht mehr zu diesem Behufe gegraben, sondern man zieht ihn aus dem Fürstenthume Liegnitz. *) Ein neuer Beweis, daß wir oft das aus fremden Gegenden ziehen, was wir doch in der Nähe haben. Auch bei Anlegung

*) Siehe Th. 5. S. 28. unter: Gemeinen Thon, weißlich.

der Breslauer Raffinerie ließ man eine Partie Deckerde aus Frankreich (die bekanntesten sind: die Terre de Bourdeaux und Terre de Briançon) über Hamburg kommen. Wir hatten das Isländische Moos häufig auf unserm Gebirge, und verschrieben es aus der Ferne. Lange Zeit zog man die Steine, womit der Schmelzofen in der Stückgießerei zu Breslau inwendig ausgesetzt ist, und auf welchen das Metall fließt, mit großen Kosten aus Linz, und wir hatten sie bei Polnisch-Hundorf im Hirschberger Kreise *). Nur fleißig untersucht, und wir machen in unserm an Natur-Producten so reichen Schlesien noch mehrere vortheilhafte Entdeckungen.

Walkererde, bei Neumarkt.

Faseriger Kalkstein, (Beinbruchstein, Osteocolla), bei **Dammer** und **Nassadel**, im Namslauer Kreise.

Mergel, bei **Borne** und **Tscheschen**, im Neumarkter Kreise. An letzterem Orte von weißer Farbe, geschmeidig wie Seife, eine halbe Elle mächtig, und durchaus mit allerlei großen Muscheln gemischt; von schwarzer Farbe, dem Torfe ähnlich, eine Viertelelle mächtig; von weißgrauer Farbe, ähnlich der Seifensieder-Asche, mit kleinen calcinirten Schnecken verschiedener Art. Diese Abänderungen in der Farbe liegen in der angeführten Ordnung auf einander.

Eisenstein, bei Belkau im Neumarkter Kreise.

Quarz-, **Kieselschiefer-** und **Granit-Geschiebe** hin und wieder, besonders in den Odergegenden.

---

*) Siehe Th. 2. S. 140.

In dem oben angeführten Mergelflötz bei Tscheschen hat man in einer Teufe von 11 Ellen einen ganz guten behauenen Balken, von einer nicht genau zu unterscheidenden Holzart, eine ziemliche Anzahl Tannenzapfen und große Türkische Haselnüsse mit einer steinernen Rinde umgeben, entdeckt. Etwas tiefer hat man acht große Knochen, die ohne Zweifel zu einem Elephantengerippe gehören, gefunden; andere Stücke sind theils aus Unbekanntschaft der Arbeiter zerschlagen, theils zerstreuet worden. Diese acht erhaltenen und zu näherer Untersuchung nach Breslau gebrachten Knochen sind alle, ihrer äußern Gestalt nach, noch sehr kenntlich. An verschiedenen Orten von der Verwesung angegriffen hat man, um die fernere Zerstörung zu verhindern, sie mit Oehl eingerieben, wodurch die Oberfläche etwas schwarz geworden ist. Die Knochen selbst waren:

1) Das zweite Halswirbelbein. Man bemerkt sehr deutlich die Spur des abgebrochenen Zahnfortsatzes (processus odontridei.) Der knorpelige Ueberzug fehlt an der untern Fläche dieses Knochens, so wie an den Gelenkhöhlen und Flächen aller übrigen gänzlich.

2) Ein Stück von dem Schulterblatte, welches ungefähr ein Drittel des Ganzen betragen mag. Der vordere obere, hier der untere Theil. Die zur Aufnahme des obern vordern Schenkelbeins bestimmte Gelenkhöhle ist länglich rund, und $12\frac{1}{2}$ Zoll lang, $7\frac{1}{2}$ Zoll breit. Die Gräthe des Schulterblatts ist 5 Zoll hoch, und in der Länge von 9 Zoll vorhanden.

3) Ein Theil des Beckens, nähmlich das Hüftbein der rechten Seite, mit der zur Aufnahme des hintern obern Schenkelbeins bestimmten Gelenkhöhle (der Pfanne.) Dieses Bein ist vorn gleich nach der bemerkten Gelenkhöhle, nach hinten aber vor der Einfügung ins heilige Bein abgebrochen.

4) Ein Theil des Kopfes des hintern Oberschenkels, welcher in die eben bemerkte Gelenkhöhle des Hüftbeins genau einpaßt.

5) Das untere Hinterschenkelbein (Tibia) der rechten Seite. Es ist $3\frac{1}{2}$ Zoll lang, oben im größten Durchmesser 13, unten 8 Zoll dick. Oben sind an demselben die zum Gelenke mit dem Oberschenkelbein, und unten die zur Verbindung mit den Knochen der Fußwurzel bestimmten Gelenkflächen deutlich zu bemerken. Dieses Bein ist 40 Pfund 8 Loth schwer.

6) Das untere Ende des Wadenbeins der rechten Seite, welches den äußern Knöchel bildet.

7) Das Knöchelbein. (Talus Astragalus.)

8) Das Fersenbein. (Calcaneus.) *)

Bei Flämischdorf und noch an einigen andern Orten des Neumarkter Kreises sind Torfgräbereien.

Bei

*) Schlesische Provinzialblätter 1798. Monat März. S. 257.

Bei Auras, Masselwitz, Polnisch-Neudorf, Ransern, Schöbekirche und Thaur hat man Urnen gefunden.

Bei Masselwitz ist eine mineralische Quelle, die auf Eisenvitriol benutzt wird.

Auf dem Zeiskeberg im Namslauer Kreise und in der Deutschen Vorstadt von Namslau sollen sich mineralische Quellen befinden, von denen ich aber nicht weiß, ob ihr Gehalt genau untersucht ist.

Zweiter Abschnitt.

Manufacturen, Fabriken und andere Industrie-Anstalten.

In den Landstädten des Fürstenthums Breslau findet man wenig Manufacturen und Fabriken: ihr eigentlicher Sitz ist in der Hauptstadt.

In Neumarkt und Auras wird zwar Tuch gemacht, aber der Betrieb dieser Manufactur ist an diesen beiden Orten nicht so beträchtlich, wie in Namslau. Am beträchtlichsten ist sie in Breslau, wo außer den geringern und mittlern Sorten in einer besondern Manufactur einiger Kaufleute ganz feine Tücher verfertigt werden.

Wollene Strümpfe und Handschuhe werden in Breslau theils gestrickt, theils gewirkt: man findet jedoch auch in andern Städten Strumpfstricker.

In Breslau, Neumarkt und Auras sind Tobacksspinnereien und Fabriken.

Oehlschlägereien sind:

a) Im Breslauer Kreise: zu Breslau 12, Cranst 2, Heinzendorf, Herrmannsdorf, Jäschkowitz, Jelline, Thiergarten.

b) Im Neumarkter Kreise: zu Bischdorf, Bockau, Camese, Ebersdorf, Jakobsdorf, Jänkwitz, Järschendorf, Kammendorf, Keulendorf, Kostenblut, Krintsch 2, Nippern, Schreibersdorf, Stephansdorf.

c) Im Namslauer Kreise: zu Namslau 2, Creuzendorf, Glausche 2, Städtel, Strehlitz, Wilkau.

Kraftmehl und Haarpuder werden in Breslau und Canth gemacht.

In Breslau und Dyhrenfurth sind Schriftgießereien. Die am ersteren Orte ist neuerdings errichtet, und in der letzteren werden nur Hebräische Schriften gegossen.

In Breslau sind vier Buchdruckereien.

1) Sel. D. Grasses Erben und Barth. Diese ist die älteste, und feiert 1802 ihr dreihundertjähriges Jubiläum. Sie ist nun durch Barth auch zum Notendrucke eingerichtet, hat auch einige auf Englische Art eingerichtete Pressen.

2) Die Wilhelm Gottlieb Kornsche ist neu errichtet.

3) Die Kreuzerische oder fürstbischöfliche Hof-Buchdruckerei.

4) Die Universitäts-Buchdruckerei.

Zu Dyhrenfurth ist eine Hebräische.

Zu Namslau und Ober-Wilkau werden hölzerne Tobackspfeifenköpfe geschnitten.

Zu Namslau wird viel Leinwand gemacht, und ein beträchtlicher Garnhandel getrieben.

Zu Dyhrenfurth ist eine Röthe- und Krapp-Mühle.

Zu Lilienthal ist eine Schwefel-Oehlhütte.

Zu Breslau, Auras und Groß-Butschkau sind Pottasch-Siedereien.

Bleichen sind: zu Auras, Marienau, Nippern, Tannwald, Wilxen.

Bei Grüneiche und Alt-Scheitnia sind Kalkbrennereien. Der Kalkstein kommt aus Ober-Schlesien

Ich habe bisher die Manufacturen und Fabriken, die man sowohl in als außerhalb Breslau findet, aufgeführt. Folgende Tabelle zeigt den Zustand derselben in **Breslau** vom Jahre $\frac{1800}{1801}$ an. Ich habe sie der gütigen Mittheilung des Herrn Kammer-Calculators Zimmermann, eines um Schlesiens Geographie und Statistik sehr verdienten Schriftstellers, zu verdanken.

Von denen mit * bezeichneten mangeln mir jedoch die genauern Nachrichten.

Die dem Ende der Tabelle angehängten Beilagen sind Erfüllung der Wünsche, die mehrere gegen mich geäußert haben.

Benennung der Fabrike oder des Geschäfts.	Anzahl der Stühle.	Anzahl od. anderer Werkstätte, Kessel, Bütten.	Anzahl der Arb[eiter] Meister.	Gesellen.	Lehrlinge.
Alaunflußsieder	8 Kessel.	—	1	—	—
Bandmanufactur. *					
Baumwollenspinnerei. Maschinen. *					
Berlinerblau, davon jährlich 15000 Pfd. geliefert werden können	—	—	1	—	—
Blau Tücheldrucken.	23 Drucktische.	25 Küppen.	7	15	11
Blei und Rothstift.	—	—	1	—	—
Bleiweiß, vom April an. Jährlich können 200 Centn. geliefert werden.	—	—	—	—	—
Brannweinbrennerei, (Distillateurs). Sieh Beilage A.	—	—	45	—	—
Kattun- und Zitzdruckereien, 8 christliche und 3 jüdische; davon sind: A. Vor dem Ohlauer Thore: 1. Die Ordelinische. 2. Die Alexander Ehrhard Klosesche. 3. Die Christian Maisonsche. 4. Die Carl Heinrich Schwarzische. 5. Die Michael Schweizerische. 6. Die Jtzig Mayer Liegnitzerische. 7. Die Frankesche. B. Im Bürgerwerder: 9. Die Johann Gottreu Försterische. C. Vor dem Sandthore, a. d. Bleiche: 10. Die Otto'sche. D. In der Stadt: 11. Die Löbel Moses Cassirerische.	Tische. 230 mit Einschluß der Einpaßtische.		—	102	352 Le[hr]linge, [Ar]beiter [und] Jung[en] zum S[trei]chen.

Betrag des Materials [un]d der Zuthat nach Maß und Gewicht.	Betrag der fabricirten Waaren.	
	Nach Stücken, Maß und Gewicht.	Zu Gelde gerechnet.
30 Faß Seifensiederlauge Stoß Holz. 00 Scheffel Steinkohlen.	1500 Centner.	2875 Rthlr.
0 Centn. Stärke. 5 — Harn und Blut. 8 — Pottasche. 5½ — Alaun. 4 — Vitriol.	3696 Pfund à 14 Sgr.	1724 Rthlr. 14 Sgr.
050 Schock Leinen. 450 Weben Kattun. 20 Pfund Indigo.	2050 Schock Leinen. 1450 Weben Kattun.	35550 Rthlr.
Centn. Bleierz. — Schwefel. — Antimonium. Pfund Colophonium. — Alaun. Centn. Rothstein. Stein venetian. Kreide.	94 Dutzend.	150 Rthlr.
0 Centn. Blei. 7 — Kreide. 0 Faß Essig.	50 Centner à 10 bis 13 Sgr.	536 Rthlr.
3884 Scheffel Weitzen. 1007 — Rocken.	11057 Eimer.	99480 Rthlr.
2455 Weben Kattun à 13, 15, 17, 20 Rthlr. 020 Stein Röthe u. Krapp. Das übrige, Material und Lohn, ist nicht zu bestimmen.	22455 Weben Kattun à 16, 18, 20, 24 Rthlr.	313390 Rthlr.

Benennung der Fabrike oder des Geschäfts.	Anzahl der Stühle	Anzahl od. anderer Werkstätte, Kessel, Butten.	Anzahl der Arbeite[r]: Meister.	Gesellen.	Lehrlinge.	Andere Ar[beiter]
Dosen lederne Rauch- und Schnupf-Tabaks- *						
Essigsiedereien. Wein-	—	—	2	—	—	—
Fischbeinreisser.	—	—	1	—	—	—
Gärber. Loh- und Roth-	—	—	16	18	1	—
Glasschleifer. *						
Glasschneider. *						
Gold- u. Silber-Manufactur, unechte	42	8 Spinnmühlen.	16	6	8	—
			Posamentierer, auß den Drahtziehern, Spinnern, Klöppeln in allem 98 Arbeit[er]			
Gold- und Silber-Manufactur, echte	20	10 bis 12 Werkstühle	—	—	—	[illegible]
Goldschläger.	—	—	4	2	1	—
Grünspanmacher.	—	—	1	—	—	—
Hutmacher.	—	—	38	22	6	—
Instrumentenmacher, mathematische. *						
——— musikalische. *						

Betrag des Materials und der Zuthat nach Maß und Gewicht.	Betrag der fabricirten Waaren. Nach Stücken, Maß und Gewicht.	Zu Gelde gerechnet.
00 Stein Rosinen.	1600 Eimer à 5 Rthlr.	8000 Rthlr.
0 Scheffel Steinkohlen.		
0 Pfund Wallfischrippen.	80 Pfund.	26 Rthlr.
00 Stück Amerikanische,	2000 Stück.	30000 Rthlr.
00 ordin Sohlleder	2000 —	18000 —
00 leichte Ochsenbrandsohlen.	2500 —	12500 —
00 Kuhleder.	4500 —	22500 —
000 Kalbleder.	10000 —	11000 —
00 Schaffelle	1800 —	1080 —
0 Centn. Knoppern.	Summa	95380 Rthlr.
nde 6600 Rthlr.		
0 Scheffel Kalk.		
Tonnen Thran.		
Stein Talk.		
0 Klaftern Holz.		
0 Scheffel Gersten Schrot.		
raht, Lahn, Seide, Garn Zwirn 4500 Rthlr.	Unbestimmt.	7000 Rthlr.
U n	b e s t i m	m t.
0 Ducaten Gold.	900 Buch.	2700 Rthlr.
Mark Silber.	1332 Buch.	888 —
	Summa	3588 Rthlr.
Centner Kupfer.	8000 Pfund.	
ıbestimmt.	12024 Stück.	10051 Rthlr.

Benennung der Fabrike oder des Geschäfts.	Anzahl der Stühle.	Anzahl od. anderer Werkstätte, Kessel, Bütten.	Anzahl der Arbeit… Meister.	Gesellen.	Lehrlinge.	Andere Ar…
Korduaner	—	—	4	4	1	–
Kraftmehl- oder Stärkmacher. .	—	—	5	—	—	–
Lakierfabrik. Sieh Beilage B. . .	—	—	—	—	—	–
Nähnadel-Fabrik. Sieh Beilage C.	—	—	18	13	4	–
Papiermüller.	—	—	1	7	1	–
Pergamentmacher.	—	—	4	—	—	–
Pommerische Spitzen. *						
Pfropfschneider.	—	—	1	—	—	–
Saffiangärber.	—	—	1	1	—	–

Betrag des Materials und der Zuthat nach Maß und Gewicht.	Betrag der fabricirten Waaren.	
	Nach Stücken, Maß und Gewicht.	Zu Gelde gerechnet.
o Ziegenfelle.	— — —	2266⅔ Rthlr.
o Kalbfelle.	— — —	5000 —
e 500 Rthlr.	Summa	7266⅔ Rthlr.
oppern 29 Rthlr.		
hmack 850 Rthlr.		
aun 3 Rthl.		
lk 150 Rthlr.		
ran 18 Tonnen.		
nöhl 150 Quart.		
lz 10 Stoß.		
4 Scheffel Weitzen.	895 Stein.	1194 Rthlr.
Centn. Papier maché.		
— rohe Eisenwaaren.		
— Englisch Zinn.		
Kisten Blech.		
pal und Bernstein 2 ꝛ 3 Centn.		
n- u. Terpenthinöhl 8 ꝛ 10 Ctr.		
o Centner Draht.	12 Millionen Stück.	7000 Rthlr.
o Centn. Lumpen à 1½ Rthlr.	9 Ballen Postpapier.	180 Rthlr.
	12 — groß Canzlei.	360 —
	20 — klein Canzlei.	400 —
	15 — groß Concept.	300 —
	20 — klein Concept.	220 —
	600 Schock Preßspäne.	1500 —
	12 Schock Papier maché.	72 —
	Summa	3032 Rthlr.
o Kalb- und Schaffelle.	600 Stück.	600 Rthlr.
Centn. Korkholz.	700,000 Stück.	4000 Rthl.
o Stück Bockhäute.	550 Stück.	916⅔ Rthl.
o — Schafleder.	250 —	291⅔ —
bis 6 Centner Galläpfel ꝛc.	Summa	1208⅓ Rthlr.

Benennung der Fabrike oder des Geschäfts.	Anzahl		Anzahl der Arbei[ter]			
	der Stühle.	od. anderer Werkstätte, Kessel, Bütten	Meister.	Gesellen.	Lehrlinge.	Andere Ar[beiter]
Salpetersiederei. * Scheidewasser.	—	—	3	—	—	
Schnallen. Compositions-, Dosen, Löffel ꝛc. *	—	—	1	—	—	
Schrotgießer.	—	—	2	--	—	
Seiden-Manufactur. Halb- . . .	10	—	1	—	—	
Seidenwirker.	25	—	8	16	5	
Siegellackmacher.	—	—	4	—	—	
Spiegel-Fabrik. S. Beilage D. .	—	—	1	—	—	
Steinschleifer. * Steinschneider. * Stöcke und Peitschen, Englische * Strumpfstricker.	—	—	72	7	1	4

Betrag des Materials und der Zuthat nach Maß und Gewicht.	Betrag der fabricirten Waaren. Nach Stücken, Maß und Gewicht.	Zu Gelde gerechnet.
Centn. Salpeter à 40 Rthlr. Ct. Vitriol à 3 Rthlr. 22 Sgr.	5220 Pfund à 15 Sgr.	2610 Rthlr.
o Centner Blei.	300 Centn. Schrot. 130 — Tuchblei. 70 — Tobacksblei.	4500 Rthlr.
o Pfund Seide. o — Engl. Baumwollen Garn. o Stück gebleicht leinen Garn.	Seide und Halbseide. Von Englisch Baumwollen Garn . . . . . Bunt gestreifte Leinwand.	5000 Rthlr. 2000 — 2000 —
	Summa	9000 Rthlr.
o Pfund Seide. o — Englisch baumwollen Garn zu Tüchern. Stück weißes leinen Garn zu Marly.	920 Stück Moreas à 8 Ellen. 52 Stück Marly à 60 Ellen. 6400 Ellen Flor. 3600 — Taffet. 360 Dutzend Tücher.	2760 Rthlr. 208 — 1280 — 2040 — 5760 —
	Summa	12048 Rthlr.
476 Pfund Schell- oder Gummi Lack 718 Pfund Zinnober. 878 — Colophonium. 730 — Terpenthin. 793 — Kreide.	5595 Pfund.	3228 Rthlr.
oo St. Glasscheiben à 10 Zoll. 12 Pfund Quecksilber. 80 — Zinnfolie.	1148 Dutzend von 2 - 10 Zoll.	2926 Rthl. 16 Sgr. 2 Gr.
1600 Stein Wolle.	4536 Dutzend Strümpfe. 1600 Paar Handschuhe.	27216 Rthlr. 400 —
	Summa	27616 Rthlr.

Benennung der Fabrike oder des Geschäfts.	Anzahl		Anzahl der Arbeite			
	der Stühle.	od. anderer Werkstätte, Kessel, Bütten.	Meister	Gesellen.	Lehrlinge.	Andere Ar
Strumpfwirker.	—	—	11	12	1	—
Tobacksfabriken	—	—	8	—	—	1
Tuchmacher.	125	—	168	85	18	—
Türkischgarnfärberei.	—	—	1	—	—	—
Wachsbleichen.	—	—	5	—	—	—
Wachsleinwand-Manufactur. *						
Zeugmacher, inclusive Beuteltuch-	10	—	5	7	—	—
Zeugmacher	—	—	8	13	—	—
Züchner. Von den Meistern arbeiten viele als Gesellen.	—	—	160	—	—	—
Zucker-Raffinerie. S. Beilage E.	—	—	--	64	10	—

Betrag des Materials und der Zuthat nach Maß und Gewicht.	Betrag der fabricirten Waaren.	
	Nach Stücken, Maß und Gewicht.	Zu Gelde gerechnet.
Stein zweischürige Wolle.	420 Dutzend wollene	4480 Rthlr.
— einschürige dito	20 — renische	288 —
— dito dito	300 Sack wollene Hosen.	900 —
Strähn lein. gebl. Garn.	20 Dutz. zwirn. Strümpfe.	176 —
	Summa	5844 Rthlr.
66 Ctn. Schlesische Blätter. 25 — märkische — 69 — ausländische —	Unbe	stimmt.
598 Stein weisse Wolle. 765 — Zwisten Wolle.	5645 Stück.	174150 Rthlr.
00 Pfund Baumwolle.	8000 Pfund Garn.	10000 Rthlr.
5 Stein Wachs à 8 Rthlr.	811 Stein nach Abzug von 1½ Pfund pro Stein.	10380 Rthlr. 24 Sgr.
65 Pfund gekämmelte Wolle Auf zwei Stück Beuteltuch ein Stein rohe Wolle, die sehr sortirt werden muß.	902 Stück im Durchschnitt à 10 Rthlr.	9020 Rthlr.
0 Stein Wolle.	Leichte wollene Waaren, Serge, Tamis, Soy, Berkan, Grisette, etwa 1232 Stück.	2875 Rthlr.
50 Schock Garn à 24, 32, 36 bis 40 Rthlr.	7000 Schock breite } 3500 — schmale } Bettüberzug und Zwelt Leinewand.	
— — —	— — —	500000 Rthlr.

Noch ist die Stückgießerei bemerkenswürdig, wegen der besondern Vorrichtung zum Bohren der Kanonen. Der Bohrer steht fest, aber die Kanone dreht und giebt sich selbst durch ihre Schwere den nöthigen Druck. Eine Erfindung des Stückgießers Krüger.

Beilage A.

Die gewöhnlichen Branntweinbrennereien sind in den Vorstädten, aber die Distillatoren der so berühmten Breslauer Liqueurs, deren nur 88 seyn dürfen, wohnen in der Stadt. Diese gebrannten Wasser, deren Arten folgendes Verzeichniß angiebt, werden häufig ins Ausland, sogar bis nach Persien, versandt.

Das Quart ohne Bouteille und Emballage.

Dopp. Alkermes	zu	11.	19.	27	Sgr.
— Angelica	–	11.	17.	23	—
— Anieß	–	11.	17.	23	—
Stark. Anieß	–	—	—	8	—
Dopp. Ananas	–	11.	17.	23	—
— Badian	–	11.	18.	25	—
— Ballwasser	–	11.	18.	25	—
— Blähungswasser	–	11.	19.	26	—
— Blauwasser	–	—	9.	18	—
— Brunnkresse	–	11.	17.	23	—
— Brustwasser	–	11.	19.	26	—
— Calmus	–	11.	17.	23	—
— Caneel	–	11.	20.	29	—
— Carfunkelwasser	–	11.	19	27	—
— Capucinerwasser	–	11.	20.	29	—
— Carmeliterwasser	–	11.	19.	26	—
— Cardamomenwasser	–	11.	19.	27	—

Dopp.	Chemnitzer Luftwasser	zu 11.	20.	29	Sgr.
—	Chocolate	– 11.	18.	25	—
—	Christophlet	– 11.	18.	25	—
—	Churfürstl. Magen	– 11.	19.	26	—
—	Citronen	– 11.	17.	23	—
—	Coffee	– 11.	18.	25	—
—	Couragewasser	– 11.	19.	26	—
—	Danziger Caneel	– 11.	20.	29	—
—	Englischer oder bitterer Kräuter-magen	– 11.	17.	23	—
—	Fenchel	– 11.	17.	23	—
—	Französischer Rossolis	– 11.	19.	26	—
—	Giftwasser	– —	8.	18	—
—	Goldwasser	– 11.	18.	27	—
—	Grüner Magen	– 11.	19.	26	—
—	Himbeeren	– 11.	17.	23	—
—	Hohlunderwasser	– —	—	5	—
—	Karbe oder Kümmel	– 11.	17.	23	—
Stark.	Kümmel	– —	—	8	—
Dopp.	Krambambuli	– 11.	19.	27	—
—	Kräuter Angelika	– 11.	19.	26	—
—	Krausemünze	– 11.	17.	23	—
—	Magen, rother und weißer	– 11.	17.	23	—
—	Marasquin	– 11.	18.	25	—
—	Mastix	– 11.	19.	26	—
—	Melissen	– 11.	18.	25	—
Stark.	Melissen	– —	—	8	—
Dopp.	Muskaten	– 11.	18.	25	—
—	Nelken, rother	– 11.	18.	25	—
—	— weißer	– 11.	19.	27	—
—	Orangeblüthe	– 11.	19.	26	—
—	Parfait amour	– 11.	19.	26	—
—	Persico	– 11.	18.	25	—
—	Pomeranzen, rother und weißer	– 11.	17.	23	—
—	Phisikona	– 11.	19.	27	—

Dopp. Ratafia, rother	. . . .	zu 11. 17. 23 Sgr.
— — weisser	. . . .	– 11. 19. 26 —
— Rosen	. . . .	– 11. 18. 24 —
— Rosenwasser	. . . .	– — — 5 —
— Rosmarin	. . . .	– 11. 17. 23 —
Stark. Rosmarin	. . . .	– — — 8 —
Dopp. Rossolis	. . . .	– 11. 20. 29 —
— Sechswöchner	. . . . . .	– — — 25 —
— Schlagwasser	. . . . . .	– — — 25 —
— Sellerie	. . . .	– 11. 17. 23 —
— Spiritus	. . . .	– — — 10 —
— Tannzapfen	. . . .	– 11. 18. 24 —
— Tausendgülden	. . . . . .	– — — 18 —
Stark. Tausendgülden	. . . . . .	– — — 8 —
Dopp. unreife Pomeranzen	. . .	– 11. 19. 26 —
— Vanille	. . . .	– 11. 18. 25 —
— Violen	. . . .	– 11. 18. 24 —
— Wachholder	. . . .	– 11. 17. 23 —
Stark Wachholder	. . . .	– 11. 17. 23 —
Dopp. Windwasser	. . . .	– 11. 18. 24 —
— Zimmtwasser	. . . . . .	– 1 Rthlr. 10 Sgr.

Beilage B.

Lackier-Fabrike. Die älteren beschäftigten sich bloß mit Verfertigung der Rauch- und Schnupf-Tobacksdosen von Papier maché und andern Dingen, z. E. Wagen 2c. Die neuerdings hier etablierte Lackier-Fabrik hingegen, die mit der Englischen und mit der Braunschweiger Fabrik wetteifert, verfertigt nach der neuesten Mode und im feinsten Geschmacke die schönsten größern Meublen und kleinern Sachen.

Ich erlaube mir, das Verzeichniß der Waaren, die sie liefert, aus dem mercantilischen Anzeiger Nr. 7. des Sinapius, der vielleicht außer Schlesien nicht so bekannt ist, wie er es verdient, herzusetzen, da diese Fabrik bis jetzt in Schlesien die einzige in ihrer Art ist. Die Artikel, die sie liefert, sind:

Schreib- und andere Schränke, mit Papier maché fournirt, und feinen Gemählden.

Dergleichen auf Mahagony-Art gebeizt, mit und ohne gemahlte Einlagsplatten.

Stühle und Sopha auf Mahagony-Art gebeizt und lackiert.

Dergleichen mit Einlageplatten.

Dergleichen mit Papier maché fournirt und feiner Mahlerei.

Spiegelrahmen auf Mahagony-Art gebeizt und lackiert.

Dergleichen mit Einlageplatten und Leisten.

Ofen- und Kamin-Schirme.

Aushängeschilde mit Rahmen.

Haus-Nummern.

Servanten mit Tellern.

Tische, ovale und viereckige mit Gallerie, von allen Größen, mit feiner und geringerer Mahlerei, auch mit bloßen Goldverzierungen, mit und ohne Gestell.

Dergleichen mit flachem Rande, eben so.

Dergleichen zum Spiel und Schreiben eingerichtet.

Dergleichen auf Mahagony-Art gebeizt und lackiert.

Dergleichen zu Winterblumen eingerichtet.

Toilett-, Näh- und Waschtische.

Dergleichen in die Ecken der Zimmer zu stellen, eingerichtet das Beschmutzen der Tapeten zu verhüten.

Einlageplatten, mit Gemählden, zu Schränken, Stühlen u. s. w., oval, rund und viereckig.

Kaffeebretter, oval, rund und viereckig, mit Gallerie oder flachem Rande, mit feiner oder geringerer Mahlerei, oder einfacher Verzierung, in allen Größen, von 8 bis 14 Zoll.

Thee-Maschinen, Vasen- und Cylinder-Form, mit Kohlenbecken, Spiritus-Lampen, oder eisernen Bolzen versehen, von allen Größen.

Punsch- und Koch-Maschinen, mit Kohlenbecken.
Thee-Kessel, mit Spiritus-Lampe.
Kaffee-Wärmer, mit Kohlenbecken.
Kaffee-Filtrier-Maschinen.
Kaffee-, Thee- und Milchkannen.
Zuckerdosen und Zuckerschalen.
Thee-Büchsen.
Thee-Kasten, mit Schloß.
Spühlkumpen.
Zuckerkasten, oval und viereckig, mit Schloß.
Zuckerzangen.
Kaffee-Büchsen.
Kaffee-Kasten, mit Schloß und Behältniß zum Thee und Zucker.
Dergleichen mit Behältniß zu Schreibe-Bedürfnissen.
Näh- und Reisekasten.
Rauchtobackskasten, von Blech und Papier maché.
Spiel-Marken-Kasten.
Kastenschreibzeuge.
Schreibzeuge von Blech, mit durchbrochenem Rande.
Dergleichen undurchbrochen von Papier maché oder Blech.
Dergleichen mit Wasserbehälter, um die Sprödigkeit und das Aufreißen der Federn zu verhüten.
Dergleichen mit Federbehälter von Papier maché.
Erinnerungstafeln, von Blech, um Einladungskarten daran zu stecken.
Thürbleche, um den Schmutz beim Angriffe zu verhüten.
Schwenkkessel.
Punsch-Terrinen.
Waschbecken, mit Kanne.
Seifenkugel-Behälter.
Nadelbüchsen.
Kronleuchter, mit Glasbehängen.
Dergleichen in Blumenform.

Wandleuchter, mit einfachen und doppelten Armen, auch mit Glasbehängen.

Postement-Armleuchter, mit Glas-Behängen.

Armleuchter, mit zwei und drei Armen.

Vasen-Tafelleuchter.

Dergleichen Spielleuchter.

Stangen-Tafelleuchter.

Dergleichen Spielleuchter.

Handleuchter.

Leuchter, mit Stange und Schirm zum Aufschieben, mit einem und zwei Armen.

Leuchter zum Aufziehen.

Wasser-Nachtleuchter.

Dergleichen zum Wachsnachtlicht.

Oekonomische Studier-Lampen.

Nachtlampen.

Dergleichen mit Mondschein-Transparents.

Wachsstockleuchter.

Dergleichen mit Feuerzeug.

Lichtscheren-Untersätze.

Lichtknechte, oder sogenannte Lichtsparer.

Lichtrosen, Lichtschirme und Lichtdämpfer.

Laternen.

Tafelaufsätze.

Vasen, mit doppeltem Deckel zu Blumen und Potpourris, von drei verschiedenen Größen, nähmlich von $9\frac{1}{2}$ — 13 und 15 Zoll, davon bilden fünf Stück einen Aufsatz.

Blumen-, Brod-, Frucht- und Messerkörbe.

Strickkörbe, von Blech und Papier maché.

Saladieren, mit Glasschalen.

Platmenagen, mit Gläsern zum Essig, Oehl ꝛc.

Bouteillen-Teller, von Papier maché oder Blech, zu einer auch zwei Bouteillen.

Gläserteller.

Messerbänke, einfarbig, mit Mahlerei und Devisen.

Messerbänke, dreieckige.
Salzfässer und Senfbehälter.
Weinbleche, an die Flaschen zu hängen.
Streuvasen, zum Zucker und Pfeffer.
Eierbecher, Eiersieder und Glasdeckel.
Stricknadelbehältniß, sogenannte Pistolets.
Strickhaken.
Steinkohlenbehälter, sogenannte Kanonen.
Spinnrocken-Näpfchen, und dergleichen Behälter.
Blumentöpfe.
Blumenkasten, unter die Spiegel zu stellen.
Spucknäpfe, ovale, runde und dreieckige.
Nachtgeschirr.
Rauchtobacksdosen, oval und viereckig, mit und ohne Sieb, von Blech oder Papier maché.
Schnupftobacksdosen, rund, oval und viereckig, mit und ohne Charnier, von allen Sorten und Größen, mit Mahlereien, Rahmen, Buchstaben, auch Aehnlichkeitsgemählden berühmter Personen.

Alle diese Waaren sind nebst mehrern andern, sowohl mit feiner als geringerer Mahlerei von Figuren, Landschaften, Blumen, Arabesken und andern Verzierungen in Farben, grau in grau, hetrurisch, auf Art des Wedgwood, blau und weiß, auch mit einfacher echter Vergoldung, oder Nachahmung verschiedener Steine, als Porphyr, Jaspiß, Lava, Malachit, Lapis lazuli, Marmor, auch verschiedener Holzarten zu haben.

Diese Fabrik lackiert auch auf Verlangen alle mögliche Meubles und Sachen von Zinn, Blech, Eisen, Papier maché, Holz u. s. w. Sie bessert ebenfalls feine Arbeiten, als z. B. Emaille-Uhrgehäuse, aus, und lackiert solche auf Emaille-Art und der Schildpadde ähnlich; sie lackiert überhaupt alles, was den Lack annimmt, und einer dergleichen Verschönerung fähig ist.

Die hochrothe Farbe, womit sie ihre großen Gefäße, als Thee-Maschinen, Vasen ꝛc. überzieht, erhält sie unmittelbar aus London von eben dem einzigen Arcanisten, der die Fabrik von Pantipool damit versieht.

Beilage C.

Die Nähnadel-Fabrik ist nach dem siebenjährigen Kriege von Schwobacher Nähnadlern mit königlicher Unterstützung angefangen worden. Ehedem wär der Absatz außer den königlichen Provinzen auch nach dem ehemahligen Polen sehr beträchtlich. Seitdem aber ein Theil dieses Reichs unter andere Oberherrschaft gekommen, hat sich der Absatz dahin merklich verringert. Die Nadeln, die man verfertigt, sind:

Rundöhrige, feine Schwobacher, das Tausend		14	Sgr.
Langöhrige, Spanische, das Tausend . . .		18	⸗
Viereckige, das Tausend		15	⸗
Schusternadeln, das Tausend . . .	1 Rthl.	—	⸗
Kürschnernadeln, das Tausend . . .	1 ⸗	—	⸗
Einbindenadeln, das Tausend . . .	2 ⸗	10	⸗
Rübennadeln, das Tausend	1 ⸗	5	⸗
Riemernadeln, das Tausend	1 ⸗	5	⸗
Stopf- und Tapetennadeln, das Tausend	1 ⸗	5	⸗
Knopfmachernadeln, das Tausend . .	1 ⸗	5	⸗
Bullion, feine, das Tausend . . .	5 ⸗	—	⸗

Beilage D.

Die Spiegel-Fabrik ist wie die vorige das einzige Etablissement dieser Art in Schlesien. Sie liefert außer den Nürnberger Spiegeln von 2 bis 10 Zoll Größe auch geschliffenes Fensterglas, schleift aufs neue, poliert und belegt alte stockfleckige Spiegel. Die verschiedenen Preise der Spiegel sind:

	Rthlr.	Sgr.
Das Dutzend Feldspiegel Nr. 00 kostet . .	1	4
Dergleichen kleinere — 0 — . .	—	26
dito dito — 1 — . .	—	20
dito dito — 2 — . .	—	17
dito dito — 3 — .	—	15
dito dito — 4 — . .	—	12
Dergleichen, grösseres Glas, Nr. 00 — . .	1	10
dito dito — 0 — . .	1	—
dito dito — 1 — . .	—	24
dito dito — 2 — . .	—	20
dito dito — 3 — . .	—	17
dito dito — 4 — . .	—	15
Dergleichen rothe Aufstellspiegel Nr. 00 kostet	1	15
dito dito — 0 —	1	6
dito dito — 1 —	1	—
dito dito — 2 —	—	26
dito dito — 3 —	—	22
Braune Stabspiegel, viereck. 10 Zoll, das Dutz.	9	24
dito dito 2/3 — —	5	18
dito dito 1/2 — —	4	—
dito dito 1/4 — —	2	12
dito dito 1/5 — —	2	—
dito dito 1/8 — —	1	15
Braune Stabsp. mit Aufsätz. 10 — —	10	—
dito dito 2/3 — —	6	—
dito dito 1/2 — —	4	10
dito dito 1/4 — —	2	18
dito dito 1/5 — —	2	12
dito dito 1/8 — —	1	18
Dergleichen abgekröpfte 10 — —	11	—
dito dito 2/3 — —	7	—
dito dito 1/2 — —	5	10
dito dito 1/4 — —	3	6
Schubspiegel, 10 Zoll, das Dutzend . . .	10	15
dito 2/3 — — . . .	6	24
dito 1/2 — — . . .	5	—
dito 1/4 — — . . .	3	—

	Rthlr.	Sgr.
Schubspiegel mit Leisten, 10 Zoll, das Dutzend	11	15
dito dito ⅔ — —	7	15
dito dito ½ — —	5	15
dito dito ¼ — —	3	15

Beilage E.

Die Zucker-Raffinerie befindet sich in der Ober-Vorstadt auf dem Bürgerwerder, ein vortreffliches Werk der Baukunst von Langhans. Sie erhielt ihr Privilegium 1771, nach mancherlei entgegengesetzten Schwierigkeiten, und 1772 wurde schon der Anfang mit dem Raffiniren gemacht. Der Fonds wurde von der Kaufmannschaft durch Actien zusammengebracht. Sie liefert Zucker von allen Gattungen.

Vielleicht thue ich manchem etwas überflüssiges, nicht in meinen Plan gehöriges, vielleicht aber auch manchem, besonders reisenden Künstler, einen Gefallen, wenn ich dem Abschnitte von den Manufacturen und Fabriken hier noch ein Verzeichniß der jetzt in Breslau lebenden Künstler aufführe. Ich gestehe es sehr gern, daß ich sie größtentheils aus Schummels Breslauer Almanach für den Anfang des neunzehnten Jahrhunderts ausziehe.

Bach, (Carl Daniel Friedrich) Hofrath, Professor und Vorsteher der Schlesischen Kunst- und Zeichenschule.

Barth, (Johann August) privilegirter Stadt-Buchdrucker; der erste, der in Breslau eine Notendruckerei errichtet hat.

Cramer, (Carl Gottlieb) Töpfermeister und Aeltester. Schummel in seinem Almanach sagt von ihm: (ich muß das Ganze abschreiben) „Wären alle Breslauische Künstler dem Publicum bereits so bekannt, wie dieser, so würde für den Almanach wenig zu thun übrig bleiben. Zimmermann *), Zöllner **) und Weiß ***), haben seiner bereits rühmlich und ausführlich genug gedacht. Es bleibt demnach nichts hinzuzusetzen, als daß das Modenjournal vom Jahre 1789 einen Cramerischen Ofen aufgenommen hat; dann aber, welches ungleich wichtiger ist, daß Cramer seit 98 einen jungen Mann zum Schwiegersohne angenommen hat, der die Stütze seines herannahenden Alters und der Fortsetzer seiner kunstreichen Töpferei zu werden verspricht. Er heißt Carl Reibestein und ist aus Schleiz gebürtig. Bei seinem Vater lernte er das Töpferhandwerk, bei einem Bildhauer sog er den Sinn für das Schöne ein; diesen bildete er auf seiner Wanderschaft in Dresden, Wien 2c. noch weiter aus, und seine gegenwärtigen Arbeiten in Cramers Werkstatt steigen an Vollkommenheit noch immer höher.“ Die Cramerischen Oefen werden bis nach Holland und Rußland versendet.

Echtler (Johann Peter), Stuckaturer. Die gute Zeichnung und seine Arbeit in seinen Festons, Rahmen und Basreliefs, vor allen Dingen aber seine Vasen und nachgeahmten Porphyr- und Marmorarten sind wegen ihrer Härte und Politur bewunderungswürdig,

*) Zimmermann Beiträge 2c. Th. 11. S. 431.

**) Zöllners Briefe über Schlesien Th. 1. S. 94.

***) Weiß Wanderungen Th. 1. S. 177.

und täuschen sogar das Auge des Kenners. Er liefert Abgüsse von den besten antiken Büsten und Statuen, selbst vom Laokoon, in der Original-Größe, und man findet in seinem Magazine die meisten fertig. Die beiden Figuren Tragödie und Komödie im Proscenium des neuen Theaters in Breslau sind von ihm. Auch seine Verzierungen der Zimmer haben große Vorzüge, davon man in dem von Friedrich dem Einzigen neu erbaueten Schlosse zu Potsdam und in verschiedenen Pallästen Berlins Beweise findet.

Endler (Friedrich Gottlob), ist der Erfinder, die Platten wie getuscht zu ätzen und der Englischen Manier mit einer Platte vielerlei Farben zu drucken. Er legte sich zuerst auf die Baukunst, verwechselte sie aber nachher mit dem Kupferstechen, worin er als Meister schon viele Beweise abgelegt hat. Außerdem hat er mehr als 300 Blätter in Schlesien wohnender Thiere aus allen Classen des Thierreichs für den Landschafts-Syndicus Börner zu einer Fauna Silesiaca gemahlt, die wir noch von diesem fleißigen Naturforscher zu erwarten haben. Endlers Gattinn ist nicht nur die treue Gefährtinn seines Lebens, sondern auch seiner Kunst. Ihr gehört eigentlich die Erfindung des Farbedrucks in Englischer Manier.

Friebőse (Martin Gottlieb), Professor der Physik und Mathematik bei der Friedrichs-Schule. Der erste, der nach dem Abt Felbiger mehrere (600) Wetterableiter in Schlesien errichtete.

Gräser (Johann Daniel), Rauchfangkehrer-Meister und Oberältester, Erfinder 1) der Nothleiter zu Menschenrettung bei Feuersbrünsten, dazu er durch das enge Breslauer Locale veranlaßt worden ist; 2) eines Luftschlauchs, um sich bei Feuersbrünsten gegen den erstickenden Rauch zu bewahren, indem man den Schlauch mit dem Mundstücke an den Kopf befestigt, indeß das andere Ende der atmosphärischen Luft zugekehrt ist.

Gräve (Gottlob), Oberfeuerwerker bei der Festungs-Artillerie, Verfertiger einer Planeten-Maschine und Sternkugel, macht schöne Gypsfiguren. Er formt, sagt Schummel, mit der einen Hand Gypsfiguren und mit der andern Welt-Systeme *).

Held (Johann Gottfried), königlicher Münz-Medailleur. Man hat von ihm mehrere schöne Medaillen, davon Schummel ein Verzeichniß liefert **).

Hirt (Christian Gottlieb), Königl. Bau-Inspector und Lehrer der höhern Architektur bei der Breslauer Bauschule, ein geschickter Mahler und Architekt.

Höcker (Adalbert Longin), treibt mehrere Zweige der Mahlerei.

Hoffmann (Johann Joseph), ein geschickter Bildhauer.

Jungnitz (Anton), Professor der Physik und Astronomie bei der Leopoldinischen Universität, verfertigt Elektrisir-Maschinen und meteorologische Instrumente.

Klingert (Carl Heinrich), königlicher Kammer-Mechanicus. Er hat 1) den Eudiometer seiner Voll-

---

*) Almanach Th. 1. S. 189.

**) A. a. O. S. 219.

kommenheit sehr nahe gebracht; 2) zur Entwickelung der Luft aus dem Wasser eine eigene Pumpe erfunden; 3) war der erste, der in Breslau künstliche Magnete *) erfand; 4) trägt für die Meßkunst die bisher nur auf Messing gewöhnlichen Gradeintheilungen auch auf Glas über **); 5) macht Spiegel-Teleskopen und Sextanten, in welchen er mit den Engländern wetteifert; 6) hat zur Erleichterung des Glasschleifens eine neue Maschine erfunden ***); 7) desgleichen eine Feilenhauer-Maschine †); 8) eine Maschine Schiffe in die Luft zu sprengen ††); 9) eine Taucher-Maschine, die er selbst in einer besondern Schrift beschrieben hat; 10) eine Laterne, deren Licht in allen Luftarten, in Bergwerken und Minen, oder da, wo sonst alle Lichter verlöschen, zwei bis drei Stunden dauert; 11) eine von der Gräserschen ganz verschiedene Feuerleiter; 12) zu der Galvanischen Säule, die er bald mit hundert ganzen Thalern nachmachte, hat er einige neue Vorrichtungen entdeckt. Einem Manne, der sich auf der Jagd den rechten Arm abgeschossen, hat er einen künstlichen Arm gemacht. Dieser Arm ist von Holz, die Hand von leichtem Messingblech; das Ganze ist lackiert und

*) Die Akademie der Wissenschaften in Berlin besitzt von ihm einen Magnet der 60 Pfund zieht.

**) Eben diese Akademie besitzt von ihm einen gläsernen Pariser Fuß und einen dergleichen Quadranten 1 Fuß im Radius.

***) Berlinsches Journal für Aufklärung, Band 4 St. 1.

†) Eben in diesem Journal Bd. 2. St. 1.

††) Von dieser Maschine ist bei ihm das Modell zu sehen, beschrieben ist sie noch nicht.

an den Hosenträger befestigt. Oben ist eine Art von Claviatur oder Klappenwerk wie bei den Flöten, welches die, in den Busen versteckte, gesunde Hand spielt und zum Theil zieht, worauf dann der Ellbogen, die Hand, jeder Finger und jedes Glied des Fingers seine natürliche Bewegung macht.

König (Anton Friedrich), königlicher Münz-Medailleur, ist auch Kupferstecher und verfertigt Brustbilder in Basrelief, in Gyps gegossen. Man hat sie auch zu Malapane in Eisen abgegossen.

Krause (Franz), ein sehr beliebter Mahler.

Müller (Ferdinand), ein Portrait-Mahler in Oehl- und Pastellfarben.

Rüttner, Töpfermeister, bildet aus Thon Statuen, Vasen, Basreliefs 2c., die sich durch Schönheit der Formen und Zeichnung empfehlen.

Scholze, ein geschickter Mechanicus, der auch in Kupfer sticht.

Thilo, ein geschickter Kupferstecher.

Reisenden Künstlern hoffe ich einen angenehmen Dienst zu erweisen, wenn ich nun auch noch die mir bekannt gewordenen vorzüglichsten

Kunstwerke,

die man zu Breslau in den Kirchen findet, hier anzeige.

A. Gemählde.

In der Domkirche.

Die zwölf Apostel von Meinardi.

Die Steinigung des Stephanus von Titian.

Der Fall Lucifers in der Kuppel der churfürstl. Capelle.

Ein Gemählde von Lucas Cranach, } in einer andern Capelle.
Ein Johannes der Täufer von Willmann, } in einer andern Capelle.

Die Glorie der Heiligen im Himmel, in der Elisabeth-Capelle, am Gewölbe der Kuppel, von Giacomo Spanzi.

In der Kreuzkirche.

Das Altarblatt am Hochaltar, welches den sterbenden Christus am Kreuze vorstellt.

In der Universitätskirche.

Das Gewölbe al fresco, von Rothmeier.

In der Capucinerkirche.

Das Altarblatt am Hochaltar. Es stellt die heilige Hedwig vor, wie sie vor einem Kreuze kniet und betet. Christus macht seinen rechten Arm vom Kreuze los, und giebt ihr den Segen. Das Bild soll Aehnlichkeit mit der wahren Gestalt der Heiligen haben.

In der Sandkirche.

Das Blatt am Hochaltar, welches den H. Augustin vorstellt.

In der Elisabethkirche.

Das Blatt am Hochaltar, von Willmann. Es stellt die Einsetzung des H. Abendmahls vor.

In der Nikolaikirche.

Scenen aus dem Leben Jesu, von Willmann.

In der Vincenzkirche.

Die Bekehrung Pauli, } Altarstücke von Willmann.
Die H. Hedwig, } Altarstücke von Willmann.
Der H. Vincenz, } Altarstücke von Willmann.

Die Geschichte des H. Vincenz, in dem Gewölbe, von Benda.

In der Kirche zu St. Bernhardin in der Neustadt.

Die so genannte Hedwigstafel mit sechzehn Feldern auf jedem Flügel. Jedes Feld enthält die Vorstellung einer Scene aus dem Leben der H. Hedwig.

B. Statuen, Altäre, Monumente.

In der Domkirche.

Der Hochaltar von Silber. Die Statuen, besonders die Hauptfigur, die H. Elisabeth, auf dem Altare und das Grabmahl des Stifters dieser Capelle.

Die Statuen in der churfürstlichen Capelle.

In der Sandkirche.

Der Hochaltar.

In der Elisabethkirche.

Das von Wolfische, das Rybische, das von Kraftheimische, das Kromeierische, das Bregerische, das Maierische, das Dudithische und das Brecherische Monument *).

In der Maria Magdalenenkirche.

Der Altar, die Kanzel, das Gegitter um den Taufstein, das Hessische, das Pastaluzische und Arzatische Monument.

*) Zimmermanns Beiträge Th. II. S. 187. f. sagen mehr von diesen Monumenten.

Dritter Abschnitt.

Politische Verfassung.

Gränzen.

Bei dem unmittelbaren Fürstenthume Breslau müssen, weil der Namslauer Kreis desselben von den andern Kreisen desselben abgesondert liegt, doppelte Gränzen angegeben werden.

A. Der Breslauer und Neumarkter Kreis gränzen gegen Morgen an die Fürstenthümer Brieg und Oels; gegen Mittag an die Fürstenthümer Brieg und Schweidnitz; gegen Abend an die Fürstenthümer Schweidnitz und Liegnitz; gegen Mitternacht an die Fürstenthümer Oels und Wohlau.

B. Der Namslauer Kreis gränzt gegen Morgen an den Kreuzburger Kreis des Fürstenthums Brieg, und zwar an das zum Fürstenthume Oels gehörige so genannte Konstädter Ländel, und an Süd-Preussen; gegen Mittag an das Fürstenthum Oppeln und an den Brieger Kreis; gegen Abend an den Brieger Kreis und das Fürstenthum Oels; gegen Mitternacht an die Standesherrschaft Wartenberg.

G r ö ß e.

Nach Zimmermann *) enthält das Fürstenthum Breslau 43, nach des Herrn Rectors Scheibel Berechnung 38, und nach der des Herrn Hofraths Sack **) 41 Quadrat=Meilen.

K r e i s e.

Die drei landräthlichen Kreise, in die das Fürstenthum Breslau eingetheilt wird, sind:

1) der Breslauer Kreis;

2) der Neumarkter Kreis;

3) der Namslauer Kreis.

Volks=

*) Beiträge zur Beschreibung von Schlesien, B. 11. S 8.

**) Zimmermann allgemeine Nachrichten von Schlesien. S. 3.

Volksmenge.

In den Jahren 1791, 1793, 1794, 1795, 1796 und 1800 lebten in diesem Fürstenthume:

	1791.	1793.	1794.	1795.	1796.	1800.
I. In dem Breslauer Kreise:						
A. In den Städten:						
1) In Breslau .	59715	60761	61962	55888	56680	59692
2) In Auras .	720	635	627	636	635	661
B. Auf dem Lande	46331	46970	47027	50730	50910	48279
Summa	106766	108366	109616	107254	108225	108632
II. Im Neumarkter Kr.						
A. In den Städten:						
1) In Neumarkt	1889	1946	1898	1875	1699	1936
2) In Canth .	906	921	997	864	947	967
B. Auf dem Lande	24437	24426	24301	24169	23824	25618
Summa	27232	27293	27196	26908	26470	28521
III. Im Namslauer Kr.						
A. In den Städten:						
1) In Namslau	2755	2567	2715	2581	2483	2594
2) In Reichthal	877	860	870	562	567	904
B. Auf dem Lande	17227	17118	16865	16861	16906	17663
Summa	20859	20545	20450	20004	19956	21161
In den Städten . .	66862	67690	69069	62406	63011	66754
Auf dem Lande . .	87995	88514	88193	91760	91640	91560
Summa	154857	156204	157262	154166	154651	158314
Nimmt man nach Sack 41 Quadrat-Meilen an, so kommen auf jede Meile . . .	3777	3809	3835	3760	3771	3861

Sprache.

Man spricht zwar überall Deutsch, jedoch wird im Breslauer Kreise, besonders jenseits der Oder, desgleichen auch im Namslauer Kreise vorzüglich viel Polnisch geredet, und in mehreren Dörfern, z. B. im Breslauer Kreise zu Cattern, Domslau, Großburg und jenseits der Oder zu Margarethe, Meleschwitz, Wüstendorf und Zündel auch Polnisch gepredigt.

Aeußere Verfassung.

Das Fürstenthum Breslau steht, in Ansehung der Justiz, unter der Breslauer Ober-Amtsregierung, und in Ansehung der Steuer und Contribution, unter der Kriegs- und Domainen-Kammer zu Breslau.

In Ansehung der Steuer gehört der Breslauer Kreis zur ersten Classe und die beiden andern zur zweiten Classe.

Die Stadt Breslau steht unmittelbar unter der Breslauer Kriegs- und Domainen-Kammer; die Städte Neumarkt, Auras und Canth gehören zum ersten steuerräthlichen Departement, das in Breslau seinen Sitz hat. Namslau und Reichthal hingegen zum vierten steuerräthlichen Departement, das in Namslau seinen Sitz hat.

In Ansehung der Vieh-Assecuranz gehört der Breslauer Kreis zur zweiten und die beiden andern Kreise zur ersten Societät.

In Ansehung des Accise- und Zollwesens gehört das ganze Fürstenthum zur Direction von Breslau.

Das ganze Fürstenthum gehört zur Salz-Factorei Breslau.

Der Adel und die Güter besitzende Geistlichkeit machen mit dem Fürstenthume Brieg ein System aus.

Im Breslauer und Namslauer Kreise hat ein in Breslau garnisonirendes und in dem Neumarkter Kreise das in Schweidnitz garnisonirende Infanterie-Regiment den Canton.

Aeußere kirchliche Verfassung.

Die Anzahl der Protestanten übersteigt die der Katholiken. Folgende Tabelle zeigt die Kirchen und Klöster dieses Fürstenthums.

Kreise.	Kirchen.				Klöster.	
	In Städt.		Auf Dörf			
	Luth.	Kath.	Luth.	Kath.	Mönche.	Nonnen.
Breslauer Kreis	13	13	10	40	9	5
Neumarkter Kreis ...	1	4	4	41	1	—
Namslauer Kreis	1	4	3	24	1	—
Summa	15	21	17	105	11	5

Die lutherischen Kirchen aller drei Kreise stehen unter der Breslauer Kirchen-Inspection.

Unter den lutherischen Kirchen des Breslauer Kreises sind auch die Kirchen beim Spital aller Heiligen, St. Hieronymi und zur H. Dreifaltigkeit, desgleichen die Zuchthauskirche mit begriffen.

In Breslau ist eine reformirte Kirche, ein Bethsaal der Herrnhuter, ein Bethsaal der Griechen und Russen.

In Jeltsch, Oswitz und Schiedlagwitz sind katholische Capellen.

Bei Oswitz ist auf einem Berge eine Capelle mit einem Marienbilde, wohin gewallfahrtet wird, desgleichen eine Einsiedelei.

In Breslau, Namslau, Dyhrenfurth und Städtel, haben die Juden Bethschulen, jedoch in Breslau nur in Privat-Häusern.

Von den katholischen Kirchen.

Die sämmtlichen Archipresbyteriate, unter denen die Parochi dieses Fürstenthums stehen, gehören unter das Archidiakonat zu Breslau.

Unter dem Archipresbyteriat

I. Bohrau, stehen die Kirchen zu

Bohrau. Weltgeistlicher.	Breslauer Kreis.
Deutschlauden. W.	
Prisselwitz. W.	
Rothsürben. W.	
Wangern. W.	
Wirwitz. W.	

II. Canth.

a) Im Neumarkter Kreise:

Canth. W.

Bockau. W.

Fürstenau. W.

Polsnitz. Prämonstratenser aus Breslau.

Sachwitz. W.

b) Im Breslauer Kreise:

Schosnitz. W.

III. Sirkwitz.

Kottwitz. W.

IV. Creuzendorf.

Kaulwitz. W.	Namslauer Kreis.
Lorzendorf. W.	
Reichthal. W.	
Schmograu. W.	
Wallendorf. W.	

V. Breslau zum H. Mauritius.

Cattern. W.	Breslauer Kreis.
Margareth. Aus dem Matthiasstift zu Breslau.	
Oltaschin. W.	
Klein-Tinz. August. aus Breslau.	

VI. Namslau.

Namslau. W.	Namslauer Kreis.
Bankwitz. W.	
Eckersdorf. W.	
Strehlitz. W.	

VII. Neumarkt.

Neumarkt. W.	Neumarkter Kreis.
Bischdorf. W.	
Camese. W.	
Gloschkau. W.	
Keulendorf. W.	
Kostenblut. Prämostratenser aus Breslau.	
Krintsch. W.	
Peicherwitz. W.	
Stephansdorf. W.	

VIII. Breslau zum H. Nicolaus.

a) Im Neumarkter Kreise:

Leuthen. W.

Lissa. W.

Nippern. W.

Wilxen. Cistercienser.

b) Im Breslauer Kreise:

Jäschkittel. W.

Malkwitz. W.

Neukirch. W.

I.

Der Breslauer Kreis.

Der Breslauer Kreis, der grösseste des Fürstenthums, gränzt gegen Morgen an die Fürstenthümer Brieg und Oels; gegen Mittag an die Fürstenthümer Brieg und Schweidnitz; gegen Abend an den Neumarkter und Wohlauer Kreis; gegen Mitternacht an das Fürstenthum Oels.

Er wird außer dem Hauptstrome des Fürstenthums, der Oder, die alle in diesem Kreise fließenden Gewässer aufnimmt,

auf der rechten Seite der Oder von der Mimioka (Schwarzwasser), der Weyde, der kleinen Lohe, dem Mähnitzgraben, dem Hochgraben und dem Tannwalder Bache, auf der linken Seite der Oder von der Ohlau, der Lohe, der kleinen Lohe (sie ist von der obigen verschieden), der Saroffka, bewässert.

Er enthält, auf ungefähr 20 Quadrat-Meilen, 2 Städte, Breslau und Auras, 2 Marktflecken, Bohrau und Dyhrnfurth, 229 Dörfer, 25 Antheile, mithin 254 Dörfer oder vielmehr Antheile.

A. Städte:

1. Breslau.

Breslau, Schlesiens und des Fürstenthums Breslau Haupt-, die dritte königliche Residenz-, Kreis- und Immediat-Stadt, liegt in einer großen Ebene am linken Ufer der Oder, etwa 20 Fuß über diesen Fluß, 388 Fuß über der Meeresfläche nach der Barometermessung des Hrn. von Grosdorf, unter 51° 6½′ Polhöhe, 34° 45′ der Länge, ist stark befestigt, der Sitz mehrerer Landes-Collegien; wird von der Ohlau umflossen, und in die Alt- und Neustadt eingetheilt; hat fünf ansehnliche, jede aus mehrern Plätzen und Gassen bestehende Vorstädte (die Sandvorstadt *), die Ohlauer Vorstadt **), die Schweidnitzer Vor-

*) Sie besteht aus folgenden Plätzen: 1) der Sandinsel, die ganz von der Oder umflossen ist; 2) den Bleichen, ebenfalls einer kleinen Insel; 3) dem Brigittenthal oder dem Springstern; 4) dem Dom, gleichfalls einer, mit der Sandinsel durch eine Brücke zusammenhängenden, Insel; 5) dem Hinter-Dom.

**) Enthält: 1) die Galgen- oder Klostergasse, 2) die Vorwerks- oder Weingasse, 3) die Kräutermühlgasse, 4) die Holzgasse, 5) die lange Gasse.

stadt*), die Nicolai-Vorstadt **), die Odervorstadt ***),) sechs Thore (das Ohlauer Thor, das Ziegelthor, das Sandthor, das Oderthor, das Nicolai-Thor, das Schweidnitzer Thor); sechs Pforten (die Matthias-Pforte, das Burgthor, die Fischerpforte, die Mühlpforte, das Thürmel, die Wasserpforte), und enthält außer drei großen Plätzen in 22 Hauptstraßen †), 34 mittleren ††)

*) Sie wird eingetheilt: 1) in den großen, 2) kleinen 3) neuen Anger, 4) das Freiheitsgässel.

**) Sie wird eingetheilt in 1) die Platzseite, 2) die Sandgasse, 3) die kurze Gasse, 4) die Fischer- oder Pfarrgasse mit der Nicolai-Kirche, 5) die Langgasse oder Tschopine, 6) die Schiffvogelsche Gasse.

***) Sie enthält: 1) den Mühlplatz, 2) den Bürgerwerder, ist eine Insel mit der Zucker-Raffinerie, den Packhof, die Salz- und Eisenniederlage, eine Leder-Fabrik, eine Caserne, einige Lustgärten und mehrere Privat-Häuser, 3) den Holz- oder Sauplatz, 4) die Kühgasse, 5) die Klingelgasse, 6) die Matz- oder Matthiasgasse, 7) den Ochsenplatz oder die Rosengasse, 8) die Viehweide, 9) den alten Schießwerder, 10) den Sandberg, den Schießberg, 12) die Buchhalterei, 13) den Leierdamm ꝛc. Sie ist sehr den Ueberschwemmungen der Oder ausgesetzt.

†) 1) Die Albrechtsgasse, 2) die Altbüssergasse, 3) die Bischofsgasse, 4) die breite Gasse, 5) die Carlsgasse, 6) die Herrengasse, 7) die Judengasse, 8) die Junkergasse, 9) die Kupferschmiedegasse, 10) die Sand- oder große Mahlergasse, 11) die Messergasse, 12) die Nicolai-Gasse, 13) die Odergasse, 14) die Ohlauer Gasse, 15) die Reuschegasse, 16) die Rittergasse, 17) der Roßmarkt, 18) die Schmiedebrücke, 19) die Schuhbrücke, 20) die Schweidnitzer Gasse, 21) die Taschengasse, 22) die Wind- oder Mühlgasse.

††) Die Antoniengasse, 2) die Bäckergasse, 3) die Brustgasse, 4) die Büttnergasse, 5) das Burgfeld, 6) die

und 22 kleinen Gassen *) mit Einschluß der Vorstädte:

I. An königlichen Gebäuden:

A. Civil-Gebäude:

1) Das königliche Palais.

2) Das Ober-Amtsregierungshaus.

3) Das Kriegs- und Domainen-Kammerhaus.

4) Das Kammer-Controlle-Haus.

5) Das Haupt-Manufactur-Cassen-Haus.

6) Das Haus der Charten- und Stämpelkammer.

Catterngasse, 7) die Engelsburg, 8) die alte Gärbergasse, 9) der Graben, 10) der alte Graben, 11) die Groschegasse, 12) die Graupegasse, 13) die gute Graupe, 14) die Harnischgasse, 15) der Hintermarkt, 16) der Hirsemarkt, 17) die Hummerei, 18) die Hund- (Hinter-) Häuser, 19) der Kützelberg, 20) die Klempnergasse, 21) der Kugelzipfel, 22) die kleine Mahlergasse, 23) die Mäntlergasse, 24) die neue Weltgasse, 25) die Ochsengasse, 26) die obere Pfarrgasse, 27) die untere Pfarrgasse, 28) die Polnische Gasse, 29) die Reifergasse, 30) die Rosengasse, 31) die Thalgasse, 32) die Weidegasse, 33) die Weißgärbergasse, 34) die Wurstgasse.

*) Das alte Galgengässel, 2) das Brüdergässel, 5) das Dorotheengässel, 4) das Eichhorngässel, 5) das Flederwischgässel, 6) das Küh- oder Veitsgässel, 7) das lange Holzgässel, 8) das Nadlergässel, 9) das Predigergässel, 10) das Rabbinergässel, 11) das Rittergässel, 12) das Sammt- (Weintrauben-) Gässel, 13) der Seitenbeutel, 14) das Sitzegässel, 15) der Sperlingsberg, 16) das Tannichgässel, 17) das Todtengässel in der Altstadt, 18) das Todtengässel in der Neustadt, 19) das Töpfergässel in der Altstadt, 20) das Töpfergässel in der Neustadt, 21) der Venusberg, 22) das Wanzegässel.

7) Das Ober-Proviant-Amtshaus, in welchem sich zugleich das Ober-Forstamt befindet.

8) Das Ober-Salzamtshaus.

9) Das Münzamtshaus.

10) Die Münze.

11. Das Ober-Accise- und Zollamtshaus.

12) Das Ober-Postamtshaus.

13—20) Accise- und Zollhäuser.

21) Die Salz-Factorei.

22) Die königl. Eisenniederlage. Beide letztern sind in der Odervorstadt auf dem Bürgerwerder.

B. Militär-Gebäude:

1—8) Acht Casernen, davon eine auf dem Bürgerwerder.

9—12) Vier Lazarethe, davon das für die Artillerie ebenfalls auf dem Bürgerwerder.

13—16) Vier Casematten.

17. Die Hauptwache auf dem Ringe.

18—32) Funfzehn Wachhäuser an den Thoren.

33. 34) Zwei Zeughäuser.

35—40) Sechs Proviant- und Magazin-Gebäude.

41) Die Bäckerei.

42) Die Stückgießerei.

43) Den Nickelstock, ein Gefängniß für Militär-Arrestanten.

II. An städtischen Gebäuden:

1) Das Rathhaus auf dem Ringe ist ein altes Gebäude, unter welchem der Schweidnitzer Keller.

2) Die Stadtwage.

3—4) Zwei Marställe.

5) Ein Magazin.

6) Das Stockhaus.

7) Die Leihbank.

8—10) Drei Wasserleitungshäuser.

11—28) Achtzehn Malzhäuser. (Sechs gehören dem Magistrat und zwölf der Kretschmarzunft.

29—57) Neun und zwanzig städtische Officianten-Häuser.

58. 59) Die Brod- und Schuhbänke.

60) Das Tuchhaus.

61) Den Packhof.

62) Die Kaufmannsbörse.

63) Die Zuckersiederei auf dem Bürgerwerder.

64) Den Kaufmannszwinger.

65) Das Bürgerschießhaus.

66) Das Komödienhaus.

67) Den Schlacht- oder Kuttelhof.

68 Das Landschaftshaus.

69) Das Gasthaus, Neu Berlin.

70. 71) Zwei Zollhäuser.

III. Kirchliche Gebäude.

A. Evangelisch-Lutherische:

a) Pfarrkirchen:

† In der Stadt.

1) Die Hauptkirche zu St. Elisabeth, an welcher das Ministerium aus dem Pastor, der seit der Preußischen Regierung zugleich Ober-Consistorial-Rath und auch Inspector

der Kirchen und Schulen ist *), dem Ecclesiastes, vier Diakonen und einem Lector bestehet. Die Kirche, ein altes Gothisches Gebäude, hat außer verschiedenen Grabmählern, die oben unter den Kunstwerken **) aufgeführt sind, nichts sehr merkwürdiges. Außer dem hier eingepfarrten Theil der Stadt, (die Parochial-Gränze ist die gerade Linie zwischen dem Burg- und Schweidnitzer Thore) sind von den Vorstädten noch eingepfarrt die Nicolai-Vorstädt, der Bürgerwerder und der Mühlplatz. Um Breslau herumliegende Dörfer aber, z. B. Gandau, Höfchen, Pöpelwitz, Kosel ꝛc. die sich zu dieser Kirche halten, sind nur Gäste.

2) Die Hauptkirche zu St. **Maria Magdalena**, an der ein Pastor, vier Diakonen und ein Lector die geistlichen Geschäfte verrichten. Die Kirche ist ebenfalls ein altes etwas dunkeles Gebäude. Die zwei daran befindlichen Thürme sind vermittelst einer gewölbten Brücke — gewiß die höchste in Schlesien — mit einander verbunden. Die besondern Merkwürdigkeiten sind oben bei den Kunstwerken ***)

---

*) Unter seine Inspection gehören sämmtliche Kirchen und Schulen des Fürstenthums Breslau, und außer diesen noch 1) im Militsch-Trachenberger Kreise die Kirchen: Groß-Bergen, Freihahn, Militsch, Prausnitz, Sulau, Trachenberg, Wirschkowitz. 2) Im Wartenbergischen die zu Wartenberg und Goschütz.

) Sieh oben S. 93. *) Sieh oben S. 94.

aufgeführt. Eingepfarrt ist der andere Theil der Stadt, und außer dem Schweidnitzer Anger noch einige um Breslau herumliegende Dörfer: Lehmgruben, Kleinburg, Gabitz ꝛc.

3) Die Hauptkirche zu St. Bernhardin in der Neustadt, an der ein Pastor, der zugleich Propst bei der H. Geistkirche ist, die aber nicht mehr existirt, zwei Diakonen und ein Lector stehen. Außer der oben unter den Kunstwerken angeführten Hedwigstafel *) enthält diese Kirche keine Merkwürdigkeiten. Nebst der ganzen Neustadt sind noch die Ohlauer Vorstadt, die Dörfer Marienau, Alt- und Neu-Scheitnig eingepfarrt.

†† In der Vorstadt.

4) Die Kirche zu den eilftausend Jungfrauen auf dem Elbing, an der ein Morgen- und ein Mittagsprediger stehen. Eingepfarrt sind die Odervorstadt und einige nahe gelegene Dörfer.

b) Filial-Kirchen:

† In der Stadt.

5) Die Kirche St. Barbara, an welcher ein Morgen- und ein Mittagsprediger stehen. In dieser Kirche wird auch für die Garnison von den Feldpredigern wechselsweise Gottesdienst gehalten.

6) Die Kirche St. Christophori, an der ein Prediger steht, welcher den Titel Polnischer

*) Sieh oben S. 94.

Pfarrer und Ecclesiast führt. Er predigt Vormittags Polnisch und Nachmittags Deutsch. Außer der Communion, die er den Polen hält, darf er in der Stadt keine geistlichen Handlungen verrichten.

†† In den Vorstädten.

7) Die Kirche St. Salvator steht innerhalb der Festungswerke vor dem Schweidnitzer Thore. Ein Morgen- und Mittagsprediger stehen an dieser Kirche. In dieser Kirche können aber nur die Actus ministeriales für die eigentlichen Kräuter von den dabei stehenden Predigern verrichtet werden. Nach Endigung des Civil-Gottesdienstes wird für das in den Vorstädten einquartierte Cürassier-Regiment von dem Feldprediger desselben Gottesverehrung gehalten.

8) Die neue Begräbnißkirche vor dem Nicolai Thore, in welcher nur Begräbnißreden gehalten werden.

Außer diesen bisher angeführten Kirchen sind noch vier, die man aber nur als Haus-Capellen ansehen kann. Es sind folgende:

9) Die Kirche bei dem Spitale aller Heiligen, an welcher ein Morgen- und ein Mittagsprediger stehen.

10) Die Kirche bei dem Spitale zur H. Dreifaltigkeit, an welcher ebenfalls ein Morgen- und ein Mittagsprediger stehen.

11) Die Kirche bei dem Spitale zu St. Hieronymi, an welcher ein Prediger stehet.

12) Die Zuchthauskirche, an der ebenfalls ein Prediger, der zugleich Katechet ist, stehet.

B. Die reformirte Kirche, an welcher zwei Prediger stehen, von welchen der erste Consistorial-Rath und Hofprediger ist.

C. Katholische Kirchen:

a) Pfarrkirchen:

† In der Stadt.

1) Die Corporis Christi-Kirche, die zur Malthesr-Ordens-Commende gehört. Diese Kirche, bei welcher ein Geistlicher aus dem Minoriten-Kloster die Seelsorge über sich hat, hat zwar das Parochial-Recht über den Kreuzhof und einige nahe liegende zur Commende gehörige Dörfer, Herdain, Höfchen, Huben, Münchwitz, Neudorf, Pleischwitz, Thauer, aber in der Stadt keine Jurisdiction *).

†† In den Vorstädten.

2) Die Kathedral-Kirche zu St. Johann, die auf der Dom-Insel steht, ist 1052, als das vorher in Schmograu und nachher zu Rützen gewesene Bisthum hierher verlegt ward, von dem Polnischen Könige Casimir II. erbauet worden. Sie ist aber, da

*) Die andern Parochial-Kirchen innerhalb der Stadt kommen unter den Klöstern vor.

sie nur von Holz war, 1148 niedergerissen und die gegenwärtige vom Bischofe Walther, nach dem Muster der Kathedral-Kirche zu Rom in 22 Jahren erbauet worden. Sie hat mehrere Capellen, in welchen, sowohl wie in der Kirche, mehrere Merkwürdigkeiten und Kunstwerke vorhanden sind, die ich, um nicht zu weitläufig zu werden, nicht anführen will *). Der Bischof führt zugleich den Titel: Fürst zu Neiße und Herzog zu Grottkau. Das Dom-Capitel besteht aus sieben infulirten Prälaten, fünf residirenden und sechzehn nicht residirenden Dom-Herren. Neun fundirte Vicarii mansionarii und sechs andere aus einer andern, der so genannten Lischianischen, Fundation bestimmte Vicarien besorgen das Chor. Der Prediger bei dieser Kirche ist jederzeit ein Capuciner. Ein Curatus, der gewöhnlich zugleich Vicarius ist, besorgt die Parochialien. Eingepfarrt sind: der größte Theil des Doms und der Hinter-Dom.

3) Die Collegiat-Kirche zum H. Kreuz, auf dem Dom, vom Herzoge Heinrich IV. 1290 in Form eines Kreuzes erbauet. Eigentlich

*) Mehrere Nachrichten von dieser Kirche findet man in Zimmermanns Beiträgen Bd. II, in Zöllners Briefen über Schlesien Th. I. und Weißens Wanderungen Th. I.

gentlich sind hier zwei Kirchen über einander erbauet. Denn unter der Kreuzkirche befindet sich noch, beinahe die Hälfte in die Erde gebauet, die Kirche (Crypta) des H. Bartholomäus, ein finsteres im dreißigjährigen Kriege von den Schweden verwüstetes Gebäude, in welches man auf einigen Stufen hinabsteigt; sie wird jetzt nicht mehr gebraucht. So finster diese untere Kirche ist, so hell und schön ist die obere. Der Erbauer dieser Kirche stiftete zugleich bei dieser Kirche 5 Prälaturen und 12 Canonicate, die er mit reichen Einkünften bedachte. Außer diesen sind bei dieser Kirche, vermöge der Lauderodanischen Fundation, noch zwei Vicarien, die mit den ordentlichen Mansionarien die Horas singen. In dieser Kirche wird Sonntags von einem Dominicaner Polnisch gepredigt.

4) Die Kirche St. Nicolai, in der Nicolai-Vorstadt, an der ein Pfarrer und zwei Capelläne die kirchlichen Verrichtungen besorgen. Auf den bei der Kirche befindlichen mit einer Mauer umgebenen Kirchhof, werden sowohl die eingepfarrten Katholiken dieser Vorstadt und einiger in der Nähe befindlichen Dörfer, als auch Lutheraner beerdiget.

5) Die Kirche St. Moritz steht in der Ohlauer Vorstadt. Die Katholiken dieser Vor-

stadt, ein Theil des Schweidnitzer Angers und der umliegenden Gegend sind hier eingepfarrt. Ein Prälat des Domstiftes ist hier Pfarrer, läßt aber die Parochial-Geschäfte durch einen Administrator besorgen.

6) Die St. Michaelis-Kirche steht vor dem Oderthore; zwei Geistliche, der eine als Pfarrer, der andere als Capellan, aus dem Vincentiner-Kloster besorgen die geistlichen Amtsgeschäfte. Eingepfarrt sind die Katholiken der Odervorstadt.

b) Filial-Kirchen.

† In der Stadt.

7) Die St. Agnes-Kirche, ein Filial von der St. Matthias-Kirche.

†† In den Vorstädten.

8) Die St Martini-Kirche, auf dem Dome, gehört dem Dom-Stifte.

9) Die St. Petri-Paul-Kirche, ebenfalls auf dem Dome, ist seit dem Brande 1791 eine Ruine.

10) Das St. Laurentii-Kirchel, auf dem Hinter-Dome, ist bloß eine Begräbnißkirche.

11) Die St. Annä-Kirche, auf dem Sande, ist Filial von der großen Sandkirche und ebenfalls eine Begräbnißkirche.

12) Das St. Aegidii-Kirchel steht auf dem Dome neben der Kathedral-Kirche, von welcher sie ein Filial ist.

D. Klöster.

a) Männliche:

* In der Stadt.

† Deren Kirchen Parochial- oder Curatial-Rechte haben.

1) Die Kirche und das Kloster St. Vincenz, Prämonstratenser-Ordens, nahe beim Sandthore, dem ein Abt vorsteht. Ein und dreißig Geistliche, davon aber mehrere außer dem Kloster auf Pfarreien leben. Dieses Stift besitzt ansehnliche Güter:

1. Im Breslauer Kreise: Althof, Barteln, Carlowitz, Fischerau, Gräbschen, Krieblowitz, Ottwitz an der Oder, Schottwitz, Schwentnig, Groß-Tschantsch, Waigwitz, Zedlitz.
2. Im Neumarkter Kreise: Kostenblut, Landau, Polsnitz, Sablath, Tschechen, Viehau.
3. Im Ohlauer Kreise: Daupe, Meilen, Stanowitz, Würben, Zottwitz.
4. Im Brieger Kreise: Hermsdorf und Mollwitz.
5. Im Strehler Kreise: Campen, Gurtsch.
6. Im Oelsnischen: Hundsfeld, Buschewitz, Dockern, Lossen, Pawelwitz, Sackerau.

2) Die Kirche und das Kloster St. Matthiä, Kreuzherren und Maltheser-Ordens mit dem rothen Stern, (33 Canonici) dem Kloster steht ein Abt vor. Es besitzt die Dörfer:

1. Im Breslauer Kreise: Cattern 1 Antheil, Knopfmühle, Margareth, Niederhof, Oberhof, Pirscham, Steinau, Tschechnitz, Wüstendorf, einen Theil von der Odervorstadt Elbing.

2. Im Ohlauer Kreise: Gräbelwitz, Merzdorf.

3. Im Kreuzburger Kreise: Kunau, Kunzendorf, Laskowitz.

4. Im Schweidnitzer Kreise: Michelsdorf.

5. Die Commenden Münsterberg und Neuhof.

3) Die Kirche und das Kloster St. Adelbert, Dominicaner-Ordens, (25 Geistliche) dem ein Prior vorsteht.

4) Die Kirche und das Kloster St. Dorotheä, Minoriten-Ordens St. Francisci, (21 Geistliche) dem Kloster steht ein Prior vor.

Jede dieser vier Kirchen hat ihre genau bestimmten Parochial-Gränzen in der Stadt.

†† Die keine Parochial-Rechte haben:

5) Die Kirche zum Nahmen Jesu und das Exjesuiter-Collegium.

6) Die Kirche und das Kloster St. Hedwig, Capuciner-Ordens, (19 Geistliche) dem ein Guardian vorsteht.

7) Die Kirche und das Kloster St. Antonii von Padua, Franciscaner-Ordens, (16 Geistliche) dem ein Guardian vorsteht. Ehedem wohnten sie in der Altstadt auf der Antonien-Gasse, seitdem sie aber ihr Kloster den Eli-

sabethinerinnen, deren Kloster sehr baufällig geworden war, abtreten mußten, wohnen sie in der Neustadt in dem ehemahligen Kloster der Elisabethinerinnen, welches sie sich auch wieder ganz artig eingerichtet haben.

** In den Vorstädten.

8) Die Kirche und das Kloster zu U. L. Frauen, *Canonici regulares Ordinis St. Augustini*, dem ein Abt vorsteht, (33 Canonici) steht auf dem Sande. Diese Kirche hat das Parochial-Recht über die Sandinsel und die Bleichen. Die Parochial-Geschäfte besorgt ein Curatus, der ein Conventual des Klosters ist. Dieses Stift besitzt ansehnliche Güter:

1. Im Breslauer Kreise: Broke Gabitz, Höfchen, Klein-Mochbern, Carowane, Klein-Tinz, Buchwitz, Jerasselwitz, Zweihof, Marien-Cranst, Lehrbeutel.
2. Im Schweidnitzer Kreise: Klein-Bielau, Kaltenbrunn, Marxdorf, Guhlau, Krotzel Colonie, Qualkau, Seiferdau, Silsterwitz, Stechlitz, Striegelmühle, Ströbel, Tampadel, Wierischau, Zobten Stadt, Zobten oder Gurkau Probstei.
3. Im Wohlauer Kreise: Groß- und Klein-Kreidel.
4. Im Oelsnischen Kreise: Klein-Oels, Kunnersdorf, Süßerwinkel.
5. Im Ohlauer Kreise: Jönkau, Saulwitz, Schockwitz.

9) Das Kloster und die Kirche der barmherzigen Brüder, deren 24 sind, vor dem Ohlauer Thore. Die Anzahl der Krankenbetten, die in einem gewölbten Saale im untern Stockwerke stehen, ist 49, worunter 27 für Protestanten. Die Brüder sind gelernte Chirurgi, die Priester, deren immer nur etliche in jedem dieser Klöster sind, lesen bloß Messe, hören die Krankenbeichte, geben ihnen das Abendmahl und stehen den Sterbenden bei. Dem Kloster steht ein Prior vor. Die Kirche hat keine Parochial-Jurisdiction.

b) Weibliche oder Nonnenklöster.

† In der Stadt.

10) Die Kirche und das Kloster St. Catharinä (Katternkloster), Dominicaner-Ordens, (19 Nonnen) dem eine Priorinn vorsteht. Die Dominicaner besorgen die gottesdienstlichen Handlungen. Es besitzt die Dörfer:

1. Im Breslauer Kreise: Duckwitz, Lorankwitz, Oderwitz, Polnisch-Peterwitz 1 Antheil, Schmortsch, Woischwitz.
2. Im Oelsnischen: Glockschütz.
3. Im Nimptscher Kreise: Jäschwitz.

11) Die Kirche und das Kloster St. Claræ, St. Franciscaner-Ordens Minoriten (21 Nonnen), ein fürstliches Stift, gestiftet von der Wittwe des in der Tartarschlacht erschlagenen Herzogs Heinrichs II, Herzoginn Anna, deren Grabmahl sich in der Kirche befindet, dem eine Aebtissinn vorsteht. Den Gottesdienst besorgen

die Minoriten. Dieses Stift besitzt die Güter:

1. Im Breslauer Kreise: Cranst 1 Antheil, Kriptau, Polnisch-Kniegnitz, Neukirch, Groß-Oldern, Oswitz, Polnisch-Peterwitz, Prisselwitz.
2. Im Neumarkter Kreise: Guckowitz, Rippern, Stöschwitz.
3. Im Nimptscher Kreise: Naselwitz, Wischkowitz.

12) Das Urseliner-Kloster (23 Nonnen), dem eine Oberinn vorsteht, hat keine Kirche, sondern nur einen zu den Gottesverehrungen eingerichteten Saal. Diese Nonnen geben den Mädchen Unterricht im Lesen, Schreiben, Nähen, Zeichnen, Sticken und Stricken ꝛc. Ihre Schule wird sowohl von katholischen als protestantischen Kindern besucht. Sie nehmen auch Kinder in Pension.

13) Die Kirche und das Kloster der Elisabethinerinnen, vom Orden der stricten Observanz St. Francisci, (24 Nonnen). Sie wohnten, wie oben bei dem Franciscaner-Kloster erwähnt worden, ehedem in der Neustadt, seitdem ihnen aber, auf königlichen Befehl, die Franciscaner ihr Kloster abtreten mußten, wohnen sie in der Altstadt. Sie tragen braune Kleider und beschäftigen sich mit der Pflege kranker Personen weiblichen Geschlechtes. Dem Kloster stehet eine Oberinn vor. In das Krankenzimmer dürfen nur der Doctor, Wundarzt und Capellan kom-

men. Sie haben eine eigene Apotheke und verkaufen eine eigene Art Pillen, die hin und wieder sehr gebraucht werden.

†† In der Odervorstadt.

14) Das Kloster und die Kirche St. Jacob auf dem Sande. Die Nonnen sind Canonissinnen vom Orden St. Augustini (16 Nonnen), denen eine Oberinn vorsteht. Den Gottesdienst besorgt ein Geistlicher aus dem Stifte zu U. L. Frauen. Kloster und Kirche, die 1791 bei dem großen Brande gelitten hatten, sind durch eine ansehnliche königliche Unterstützung wieder erbauet.

IV. Schulanstalten:

A. Protestantische:

1) Das Gymnasium zu St. Elisabeth, an welchem ein Rector, Prorector, die zugleich Professoren sind, verschiedene andere Professoren und Lehrer seit der bessern unter dem verewigten Rector Lieberkühn (1785) gemachten Einrichtung Unterricht in den alten und von den lebenden Sprachen, in der Französischen und Polnischen, so wie in andern Wissenschaften ertheilen.

2) Das Real-Gymnasium zu St. Maria Magdalena, an welchem, wie bei dem vorhergehenden, außer dem Rector, Prorector, verschiedenen Professoren noch mehrere andere Lehrer stehen, erfuhr schon früher, als das zu St. Elisabeth, eine Umänderung, indem es (1766) zum Theil nach dem Muster der Berliner Real-Schule eingerichtet wurde. Eine neue Veränderung

erfolgte 1790, da man die zu vielen Lehrstunden verminderte, neue Lehrbücher einführte und das Ganze nach den Sprachen und Wissenschaften, wie bei Elisabeth, ordnete. Mit dem Gymnasio ist zugleich eine Jungfernschule verbunden, in welcher eine Gouvernantinn und etliche andere Lehrerinnen im Nähen, Stricken, Sticken, und etliche Lehrer im Deutschen, Französischen, im Rechnen, Schreiben, Zeichnen, in der Religion, Erdbeschreibung und Naturgeschichte unterrichten *).

3) Die Schule bei St. Bernhardin in der Neustadt (die Heiligegeistschule) ist eine Trivial-Schule, an welcher ein Rector und drei andere Lehrer den Unterricht besorgen.

4) Die Schule bei eilftausend Jungfrauen.

5) Die reformirte Friedrichs- oder Real-Schule, mit welcher eine Pensions-Anstalt verbunden ist. Den Unterricht besorgen außer drei Professoren verschiedene ordentliche und außerordentliche Lehrer.

Nebst diesen öffentlichen gelehrten und Real-Schulen sind, sowohl in der Stadt als in den Vorstädten, mehrere öffentliche Deutsche Schulen in Privat-Häusern; davon gehören sieben in die Elisabeth-, fünf in die Maria Magdalena-, eine in die Berhardini-Parochie, und neun sind in den Vorstädten. Nur die 1783

*) Ehedem war mit diesem Gymnasio noch eine männliche Pensions-Anstalt verknüpft, die aber seit 1791 wieder eingegangen ist.

von dem Stadtzimmermeister Pfeiffer in der Neustadt auf 30 Knaben und 30 Mädchen gestiftete Armenschule, an welcher drei Lehrer arbeiten, ist ein besonderes öffentliches Gebäude.

Die hier in Garnison liegenden zwei Infanterie-Regimenter, ein Cürassier- und ein Artillerie-Regiment haben für die Kinder vom Militär jedes eine eigene und zwar Industrie-Schule.

Von den andern männlichen und weiblichen Privat-Erziehungs- und Pensions-Anstalten Breslaus schweige ich, theils weil sie nicht beständig sind, theils aber, weil mir ihre Anzahl nicht bekannt ist. Gegenwärtig ist das Oelsnerische Institut in einem vorzüglich guten Rufe.

B. Katholische.

1) Die Universität, 1702 vom Kaiser Leopold I. gestiftet, war bis zur Aufhebung des Jesuiter-Ordens unter der Aufsicht der Glieder dieses Ordens. Als dieser Orden auch in den Preußischen Staaten aufgehoben wurde, besorgten sie noch fernerhin, unter dem Nahmen: Priester des königlichen Schul-Instituts den Unterricht, sowohl der Universität, die, ihrer Stiftung gemäß, nur zwei Facultäten, die philosophische und theologische hat, als auch des damit verbundenen Gymnasiums. Schon 1774 wurde unter Friedrich dem Einzigen, mit beiden, so wie mit den sämmtlichen katholischen Gymnasien eine Verbesserung vorgenommen, die eine bessere Ordnung und einen erweiterten Kreis des Unterrichts

zum Zweck hatte. Friedrich Wilhelm III, der seit dem Anfange seiner Regierung es auch einen vorzüglichen Gegenstand seiner väterlichen Sorgfalt für das Beste der seinem Scepter untergebenen Staaten hat seyn lassen, die Erziehung und den Unterricht der heranwachsenden Staatsbürger durch Befehle, Ermahnungen und Ermunterungen besser und zweckmäßiger zu machen, war es vorbehalten, nicht nur die Universität Breslau und das damit verknüpfte Gymnasium, sondern auch die sämmtlichen katholischen Stadt- und Landschulen (1800) umzubilden, und ihnen eine den Bedürfnissen unserer Zeit mehr angemessene Einrichtung zu geben, die denn nun auch, so weit es menschliche Anstalten erlauben, die in der Folge noch immer Verbesserungen, nach dem Genius der Zeiten, erfordern, durch Se. Excellenz den dirigirenden Minister in Schlesien, Herrn Grafen von Hoym, erfolgt ist. Das Ganze hier zu beschreiben, würde die mir vorgeschriebenen Gränzen überschreiten *);

*) Ich muß hier bemerken, daß die Residenz der Jesuiten in Brieg, die den Gottesdienst in der dasigen Jesuiter-Kirche besorgten, so wie die in Liegnitz aufgehoben worden, und daß die Einkünfte derselben zu Verbesserung der Lehrer an den Schulen verwendet werden. Auch die großen und weitläufigen Seminarien-Gebäude sollen, so viel es die Bequemlichkeit der Lehrer und Schüler verstattet, ins Enge gezogen, der überflüssige Raum aber zu Staatsbedürfnissen überlassen und dadurch die Baukosten verringert werden. So ist z. B. zu Schweidnitz die Hälfte des Collegiums allbereits (1801) zu einem Vagabunden- oder Corrections-Hause eingeweihet worden.

ich schränke mich also bloß auf das ein, was meinen gegenwärtigen Gegenstand, die Breslauer katholische Universität und das damit verknüpfte Gymnasium betrifft. Ich habe oben schon gesagt, daß der Unterricht auf der Universität und dem Gymnasio von den Weltpriestern des königlichen Schulen-Instituts bisher besorgt worden ist, die alle in dem ehemahligen Jesuiter-Collegio beisammen wohnten. Durch das königliche Reglement (1800. den 26 Jul.) ist 1) die bisher unter dem Nahmen Priester des königlichen Schulen-Instituts bestehende Corporation aufgehoben; 2) jeder Professor ist ein für sich allein bestehender Diener des Staats; 3) das Corporations-Vermögen ein Eigenthum des Staats, aber auf ewige Zeiten dem katholischen Schul-Fonds zugesichert; 4) geistlicher Stand auf der Universität und den Gymnasien nicht mehr nöthig, und Verlassung des gemeinschaftlichen Zusammenlebens unter gewissen Umständen erlaubt. Dadurch wird also der klösterliche Anstrich, den das Institut, auch seit der Aufhebung des Ordens, noch immer hatte, völlig verwischt, und etabliert für die katholische Pädagogik einen Mittelpunct in Schlesien. Der öffentlich bekannt gemachte Studienplan, der von den Mitgliedern der Direction, die aus zwei Kriegesräthen der Breslauer Kammer, dem Schul-Director, zwei Mitgliedern des Schul-Instituts und zwei von dem Fürst-Bischofe, letztere die Diöcesan-Rechte und besonders in Absicht der niedern Schulen wahrzunehmen (dieses Collegium steht unmittelbar unter dem Schlesischen Finanz-Ministerio), bestehet, schreibt die Wissenschaften und die Art vor, wie sie gelehret werden sollen. Die zwei untersten Classen des Gymnasiums sind Vorbereitungs-Classen — eigentlich Bürgerschule — die vier obern aber sind dem gelehrten Unterrichte bestimmt, der alles begreift, was unsere heutigen Zeiten erfordern, fremde Sprachen, Deutsche Sprache und Litteratur, Zeichnen 2c. Statt vier Stunden werden täglich sechs gegeben. Ein Professor ertheilt durch alle Classen in einer oder den damit verwandten Wissenschaften Unterricht, und die Schüler werden, eben so wie in den Gymnasien zu St. Elisabeth und Maria Magdalena, nach ihren Fortschritten in einzelnen Wissenschaften geordnet, durch diese Anordnung ist die Arbeit der Lehrer, da man nicht mehrere angesetzt hat, vermehrt, aber auch ihr Gehalt ungefähr um den vierten Theil erhöhet worden. Das Schlesische Schul-Institut ist also nicht mehr Congregation, die als solche eigenes Vermögen und eigene Gerechtsame hat; nicht mehr Patron einiger Pfarrkirchen — deren Patronat-Recht hat der König übernommen — es ist eine Gesellschaft von geistlichen und weltlichen Lehrern der Jugend, die nur durch diesen gemeinschaftlichen Zweck verbunden, und deren übrige Vereinigung außerwesentlich ist. Hier sollen künftige Seelsorger und Geschäftsmänner für das bürgerliche Leben gebildet werden; selbst Ordensleute müssen die Universität besuchen, und sich um eine akademische Würde bewerben. Den Rechten keines Einzelnen ist dabei zu nahe getreten, die Lehrer sind vielmehr in eine bessere und freiere Lage versetzt worden, und der Beifall selbst der bisherigen Lehrer bürgt für die Güte der Reform. Ich habe mich mit Vorbedacht über diesen Gegenstand etwas weitläufiger verbreitet, und vorstehende Skizze nach einem Aufsatze in den Provinzialblättern (1801 Mon. Octob.) hergesetzt, um auch auswärtige mit dieser nützlichen Reform bekannter zu machen. Nicht allein für die Universität und Gymnasien, sondern auch für die niedern Stadt- und Landschulen ist wohlthätig gesorgt. Ich erlaube mir, was in dieser Hinsicht bisher geschehen ist, in einer Anmerkung herzusetzen *).

*) Für die niedern Stadt- und Landschulen hat der König (1801, den 18. Mai) ein besonderes Reglement erlassen, dessen wesentlicher Inhalt ist: alle Gymnasien oder gelehrte so genannte Lateinische Schulen in Städten, in Stiftern und Klöstern, außer denen zu Breslau, Neiße, Oppeln, Glatz, Glogau und Sagan hören auf; zu Schullehrern sollen nur die bestellt werden, welche in den von der Schul-Direction angelegten Schullehrer-Seminarien zu Breslau, Sagan, und in dem von dem Stifte Grüssau auf eigne Kosten etablierten (ein viertes, das für denjenigen Theil Schlesiens bestimmt ist, wo Polnisch die Hauptsprache ist, und wo man nebenbei die Cultur der Deutschen Sprache beab-

Das Universitäts-Gebäude, welches der Stifter der Universität hat erbauen lassen (der Bau des einen Flügels ist unterblieben) ist eines der schönsten Gebäude in Breslau. Das Ganze besteht nach der Länge hin aus zwei ungleichen Theilen. Die eine Abtheilung besteht aus drei, die andere aus vier Stockwerken. Beide Abtheilungen sind durch den ehemahls so genannten mathematischen Thurm mit einander verbunden. Die Bestimmung dieses Thurmes war, Aufbewahrung der Instrumente der praktischen Mathematik. Jetzt ist er von dem Hrn. Professor

---

sichtigt, soll an einem noch zu erwählenden Orte angelegt werden) gebildet wurden; wo eine Gemeine vermischter Religion zu arm ist, zwei Schulmeister, einen für jede Glaubens-Partei, zu halten, soll nur einer seyn, der Religions-Unterricht für die andere Partei aber von ihrem Pfarrer besorgt werden; in Absicht des Gehalts der neu zu bestimmenden Schullehrer auf dem Lande ist ein Minimum festgesetzt; er muß wenigstens haben 50 Rthlr. baar Geld, 15 Scheffel Getreide zum Deputat und Feuerung ꝛc. Kein Schulgeld mehr. Zu diesem Gehalte trägt die Herrschaft ein Drittel, die Gemeine aber zwei Drittel bei; das Geld wird nicht unmittelbar an den Schulmeister, sondern mit den Steuern bezahlt, und dieser erhält es aus dem Steueramte. Kein Schullehrer soll sich aber auch mit andern Sachen, Ackerbau, Handwerk, oder gar damit abgeben, Musik beym Tanze zu machen.

Der Herr Fürst-Bischof bestellt Schul-Inspectoren für jeden Kreis — nicht nothwendig wie bisher die Erzpriester — und diese bekommen eine kleine Belohnung von den Schulen und Kirchen für ihre Aufsicht. Unter der Schul-Direction steht alles Pädagogische: Wahl der Lehrbücher, Vorschrift der Lehr-Methode, Aufsicht auf deren Befolgung, Bestrafung der Uebertretung. Alles andere, was die Schulen angeht, steht wie bisher

Jungnitz *), Hells Schüler, seit 1790 zu einer Sternwarte umgeschaffen und mit den nöthigen Instrumenten versehen. Die Abtheilung von drei Stockwerken enthält drei große Säle, von welchen der im mittlern Stocke der Disputations- oder Promotions-Saal (Aula Leopoldina) ist, dessen al Fresco gemahlte Decke manche einzelne Schönheit enthält, und überhaupt, wegen der vielen Verzierungen, gut ins Auge fällt. Der ehemahlige dramatische Saal (Auditorium comicum) ist verschlossen und gänzlich unbrauchbar.

---

unter der königl. Kammer und fürstbischöflichen Schul-Commission.

Es sollen nur tüchtige Schullehrer angesetzt, aber auch wenigstens nothdürftig und von den unbilligen Weigerungen der Beitragenden unabhängig unterhalten werden.

Dem königl. Reglement gemäß beschäftigt sich die Schul-Direction mit Anfertigung zweckmäßiger Lehrbücher, davon einige, 1) Kurze Uebersicht der wichtigsten Landes-Polizei-Gesetze und der Landesverfassung 2c. 2) Historisch-statistisches Handbuch von Schlesien 2c., schon fertig, die andern aber noch unter der Feder sind. Bei der Ausgabe dieser Lehrbücher wird auf den möglichst wohlfeilen Preis gesehen werden.

Der Lehr-Cursus in den Seminarien ist auf sechs Monath festgesetzt. Da Armuth der dem Schulstande sich widmenden jungen Leute gewöhnlich ein Haupthinderniß der längeren Besuchung des Seminarii ist, so ist in jedem Seminario eine Anzahl pensionirter Präparanten, von denen jeder während der Zeit des Unterrichtes monathlich zwei Rthlr. aus der Hauptschul-Casse, nebst Wohnung und Heizung erhält.

*) Sieh Schummels Almanach, Th. 1. S. 276. ff.

bar. Der Saal im untern Stocke wird zu Aufbewahrung von Montirungsstücken genutzt. Ferner ist in dieser Abtheilung die Universitäts-Buchdruckerei mit den dazu nöthigen Gemächern. Die andere Abtheilung von vier Stockwerken, die durch einen Thurm, unter welchem das Kaiserthor durchgeht, wieder in zwei Theile getheilt wird, enthält eine kleine Kirche (Oratorium), in welcher an Sonn- und Festtagen für die Studierenden Gottesverehrungen gehalten werden, die theologischen und philosophischen Hörsäle, die Classen des Gymnasiums und die Zimmer der Professoren. Mit der Universität ist noch verbunden:

Die Pensions-Anstalt oder das Convict zu St. Joseph.

ein schönes Gebäude, in dessen unterstem Stocke die königliche Bank ist. In den obern zwei Stockwerken wohnen unter Aufsicht von zwei Vorgesetzten adelige Studierende, die seit 1790 eine eigene Uniform tragen, die in einem hellblauen Rocke mit rosenfarbenen Unterfutter, Rabatten und Aufschlägen, einem stehenden Kragen, silbernen Litzen, weißen Unterkleidern nebst stählernem Degen bestehet. Außer den Wissenschaften können sie auch, aber auf ihre Kosten, tanzen, reiten und fechten lernen.

2) Die Schule auf dem Dome, mit welcher zugleich das Seminarium für die niedern Schu-

len in den Städten und auf dem Lande verbunden ist.

3) Die Schule im Vincentiner-Kloster, die erst 1798 errichtet worden ist.

4) Die Schule bei der Stiftskirche U. L. Frauen auf dem Sande.

5) Die Schule bei der Nicolai-Kirche, in der Nicolai-Vorstadt.

6) Die Schule bei dem fürstlichen Hospitale St. Matthiä.

7) Die Schule bei der Kirche St. Mauritz in der Ohlauer Vorstadt.

8) Die Schule bei der Kirche St. Michaelis, auf dem Elbing in der Odervorstadt.

9) Die Schule bei den Dominicanern.

10) Die Schule bei den Minoriten.

11) Die Schule zum H. Kreuze auf dem Dome.

12) Die Industrie-Schule auf dem Elbing vor dem Oderthore, gestiftet von dem gelehrten und verdienstvollen Hrn. Director Zeplichal, (die erste in Schlesien) in welcher die Kinder außer den gewöhnlichen Schulbeschäftigungen zum Zupfen, Spinnen, Klöppeln, Stricken, Nähen und Gartenbau angehalten werden. Nebst dem, was Zeplichal aus eigenen Mitteln zu Gründung dieser nützlichen Anstalt aufgeopfert hat, ist er auch von dem Hrn. Prälaten des Sandstiftes, der Patron der Schule ist, und dem Parochus bei der Michaelis-Kirche unterstützt worden. Letzterer schenkte zum Unterrichte im

Gartenbau einen ansehnlichen Theil seines Gartens *).

13) Die Schule bei den Urselinerinnen, deren ich schon oben bei dem Kloster gedacht habe, ist wohl nur als eine Privat-Anstalt anzusehen.

C. Jüdische,

Es sind zwar verschiedene jüdische Schulen in Privat-Häusern, die Hauptanstalt zum Unterrichte der Judenkinder ist die 1791 feierlich eröffnete und eingeweihete

Wilhelms-Schule.

in welcher die Kinder von zwei Oberlehrern — der erste ist Professor — drei Unterlehrern, drei Sprach-, Schreib- und Zeichenmeistern in der allgemeinen Religion und im Talmud, in der Hebräischen, Deutschen, Französischen und Polnischen Sprache, im Schreiben und Rechnen, in der Erdbeschreibung, Natur- und Weltgeschichte, etwas Naturlehre durch Experimente und im Zeichnen unterrichtet werden.

Das Schul-Collegium dieser unter der königlichen Krieges- und Domainen-Kammer stehenden Anstalt besteht aus jüdischen und christlichen Mitgliedern.

* * *

Mit diesen bisher aufgezählten höhern und niedern Schulen verbinde ich bald noch folgende Vorbereitungs-,

*) Eine genaue Beschreibung dieser wohlthätigen Anstalt hat Hr. Milau herausgegeben.

Uebungs- und Unterrichts-Anstalten, davon sich jedoch nur die erste in einem eigenen Gebäude befindet.

1. Das Alumnat auf dem Dome,
(Collegium Clericorum.)

in welches alle diejenigen, die Weltpriester in der bischöflichen Diöces werden wollen, ehe sie die zweite Weihe erhalten, gehen müssen. Die Alumnen werden in Commensales und Fundatisten eingetheilt.

Die Commensales bleiben nur ein halbes Jahr im Alumnat, und werden binnen dieser Zeit zu Priestern geweiht, nachher aber von dem Vicariate als Capelläne angestellt. Sie bezahlen bei ihrer Aufnahme für Kost und Wohnung 50 Rthlr. sonst aber nichts.

Die Fundatisten müssen zwei bis drei Jahre bleiben, werden aber in der Kleidung, Wohnung und allen andern Bedürfnissen frei gehalten, müssen aber wöchentlich, so lange sie leben, für die Fundatoren zwei Messen lesen *).

Beide Arten Alumnen tragen schwarze tuchene Reverenden und einen tuchenen Mantel (Schamarre), der, um die Arme durchzustecken, auf den Seiten Oeffnungen hat, und auf den Schultern hängen lange Flügel herab. Die Commensales haben auf den Reverenden schwarze, die Fundatisten hingegen bunte Aufschläge, an welchen man sogleich erkennen kann, zu welcher Fundation sie gehören. So haben die bischöf-

*) Sie werden jedoch auch bisweilen, wenn ihre Stellen zu arm sind, um desto mehr Stipendien annehmen zu können, auf ihre Bitte, von dieser Pflicht dispensirt.

lichen Fundatisten (10—12) rothe Aufschläge, die von der ungenannten Fundation (4) ebenfalls rothe Aufschläge von einem andern Roth, die von der Frankenbergischen Fundation (2—3) violettblaue Aufschläge; die Baforianischen Fundatisten (Utraquisten oder Oberschlesier, die der Deutschen und Polnischen Sprache mächtig sind, (3) haben gelbe, und die Hatzfeldischen (3—4) haben weiße Aufschläge.

Das drei Stockwerk hohe massive Haus hinter dem Bischofshofe ist für alle Bedürfnisse gut angelegt.

Ein Domherr führt im Nahmen des Bischofs und des Dom-Capitels, von welchem die Aufnahme der Fundatisten abhängt, das Directorium. Die Aufsicht im Hause und den Unterricht besorgen drei Weltpriester.

1) Der Rector besorgt das litterarische Fach, ordnet die Studien, hat den Vorsitz bei den theologischen Uebungen und examinirt die Abgehenden.

2) Der Pater spiritualis (Spiritual) hat die Aufsicht über die Pietät und Sitten der Alumnen.

3) Der Pater Minister, der das ökonomische Wesen besorgt, die Rechnungen führt und die Aufsicht über die Hausbedienten hat, unterrichtet die Alumnen, die hier ihre Studien vollenden, sich in der im Beichtstuhl nöthigen Casual-Moral und im Predigen üben, nach dem Römischen Ritual in Administrirung der Sacramente und andern kirchlichen Ceremonien.

2. Das Stadtschulen-Seminarium.

Friedrich Wilhelm II. setzte bald in den erstern Jahren seiner Regierung eine beträchtliche Summe für das Ober-Schul-Collegium aus. Von dieser Summe erhielt Schlesien 3000 Rthlr. Die Verwaltung dieser Summe und die Direction des Schlesischen protestantischen Schulwesens wurde dem Herrn Chef-Präsidenten von Seydlitz übertragen. Dieß war seinen unabläßlichen Bemühungen, das Schlesische Schulwesen immer mehr zu verbessern, eine erwünschte Veranlassung, dieses Institut (1789) zu eröffnen, dessen Zweck ist, Candidaten, die sich dem Schulstande widmen, zu ihrem Amte, (vorzüglich zu Lehrern in Bürgerschulen) recht zweckmäßig vorzubereiten, und sie in der Methode zu üben. Den ersten Zweck, Vorbereitung zu ihrem künftigen Lehramte, zu erreichen, erhalten sie Unterricht in der Art, Religion (Volks-Religion) auf eine gemeinfaßliche Weise vorzutragen; in den einem Staatsbürger nöthigen Kenntnissen von der Verfassung seines Vaterlandes (dieß ist die so genannte Bürger-Lection), dazu Herr Prorector Schummel den Plan entworfen hat *); in der reinen und angewendeten Ma-

*) Dieser Plan ist zwar schon in Hrn. Zöllners Briefen über Schlesien, Th. 1 S. 105. ff., abgedruckt, dessen ungeachtet (ich werde vielleicht darob getadelt werden: ich denke aber, das Gute kann nicht oft genug bekannt gemacht werden) setze ich ihn noch einmahl her. Ich selbst habe seit zwanzig Jahren eine solche Lection in die meiner Aufsicht anvertrauten Schulen, mutatis mutandis, eingeführt, und bin durch die Erfahrung von dem Nutzen derselben überzeugt. Der Schummelsche Plan ist folgender:

1. Allgemeine Begriffe vom Staate.
2. Besonders vom Preußischen Staate.
   a) Sorge des Preußischen Staates für Vertheidigung gegen auswärtige Feinde: Militär. Also unsere Armee überhaupt — Schlesische Armee — Ober-Krieges-Collegium

thematik, Naturlehre und Naturgeschichte, in so weit der Bürger Gebrauch davon machen kann; in der Kenntniß des menschlichen Körpers; in den zum Lesen

---

und Inspecteurs — Festungen — Canton-Einrichtung und Exemtion vom Militär, nach dem Inhalte der hieher gehörigen Gesetze — Pflichten des Bürgerstandes gegen die stehende Armee — Edict wegen Beleidigung der Militär-Personen von den Civilisten — Desertions-Edict — Edict keinem Soldaten zu borgen — Servis-Einrichtung ꝛc.

b) Sorge des Preußischen Staats für Beschützung von Innen durch Justiz ꝛc.

α) Richter — Stufenleiter vom Großkanzler bis zum geringsten Gerichtshalter - Sprengel der drei Ober-Amtsregierungen in Schlesien ꝛc.

β) Gesetze — Auszug aus dem neuen Gesetzbuche, besonders aus den Criminal-Gesetzen.

γ) Proceß-Ordnung — das Wichtigste daraus, z. B. das Schwören ins Armenrecht — Instanzen — Sühne — Strafe des frevelhaften Läugnens vor Gericht — Strafe der Bestechung der Justiz-Bedienten — Verpflichtung Beweiszeuge zu seyn ꝛc.

c) Sorge des Preußischen Staates für das positive allgemeine Wohl: Polizey im weitläufigsten Verstande:

α) Werkzeuge dazu, besonders die beiden Kammern in Breslau und Glogau — Commissarien derselben, vornehmlich Krieges- und Steuerräthe, Landräthe ꝛc.

β) Geschäfte: Kammer-Justiz und eigentliche Polizey: diese unter vier Rubriken

1) Polizey der Gesundheit, folglich Collegium medicum et Sanitatis. General-Medicinal-Ordnung für Schlesien von 1744. — Theatrum anatomicum — Hebammenschulen — Polizey gegen schädliche Thiere, Wölfe, tolle Hunde ꝛc. Polizey in Rücksicht auf das Pflanzen- und Mineral-Reich, z. B. Edict wegen Verzinnung kupferner Gefäße — Wein- und Bierverfäl-

der alten Schriftstellen nöthigen Hülfskenntnissen; im Zeichnen, so weit es einem Lehrer in einer Bürgerschule nützlich ist. Den zweiten Zweck, gute Methode sich eigen zn machen, zu erreichen, ist eine kleine Schule mit dem Seminarium verbunden, in welcher sich die Candidaten im Lehren üben. Der Unterricht in dieser Schule verbreitet sich über richtiges Lesen (Declamation), Deutsche, Lateinische und Französische Sprache, Natur- und Weltgeschichte, Geographie und Mathematik.

Im Anfange dauerte der Aufenthalt der Candidaten nur ein Jahr. Jetzt ist die Einrichtung getroffen, daß sie länger bleiben und die Ansetzung bei einer Schule abwarten können. Diejenigen, die am nervo rerum gerendarum leiden, erhalten aus den Fonds einige Unterstützung.

3. Das Landschulen-Seminarium,

ist älter, als das vorige, und steht ebenfalls unter dem Herrn Chef-Präsidenten von Seydlitz. In dieses müssen alle diejenigen auf eine bestimmte Zeit (4 — 8 Mo-

---

schung rc. Polizey des Wassers, der Luft, des Feuers.

2) Polizey der Industrie: der Production, der Verfeinerung, des Handels, Armen-, Bettel-, Vagabunden-Polizey, Polizey der Vergnügungen.

3) Polizey der Aufklärung — Schulen und Privat-Erziehung.

4) Policey der Moralität: Religion, Geistlichkeit, Toleranz, Conventikel rc.

d) Letzte Sorge des Staates für Auftreibung der zu den drei vorigen Stücken erforderlichen Kosten: Finanzen, folglich Auflagen, besonders Accise, bürgerliche Lasten rc.

nathe) eintreten, die als Schullehrer oder Gehülfen eines Landschullehrers (Adjuvant oder Adjunctus) versorgt werden wollen. Hier werden die Präparanden von verschiedenen Lehrern ebenfalls, sowohl in den ihnen nöthigen Kenntnissen und Fertigkeiten, als auch in der Methode von verschiedenen Lehrern unterwiesen. Die Dürftigen erhalten auch in dieser Anstalt einige Unterstützung.

4. Die chirurgische Schule,

in welcher angehenden Wundärzten von einigen Aerzten Collegien gelesen werden.

5. Die Hebammenschule.

In dieser werden die Hebammen eines Theils von Schlesien von einem dazu bestimmten Lehrer (jetzt Hr. Dr. Morgenbesser) zu den Geschäften ihres Amtes vorbereitet.

6. Die Provinzial-Kunstschule,

ist 1792 eröffnet worden. Ihr Zweck ist den Lehrburschen und Gesellen solcher Manufacturisten, Fabrikanten und Handwerker, als Bildhauern, Bortenwirkern, Bossirern in Gyps und Wachs, Conditoren, Kattundruckern, Damastwebern, Drechslern, Florwebern, Formschneidern, Gelbgießern, Goldschmieden, Gürtlern, Klempnern, Kupferschmieden, Maurern, Rothgießern, Seidenwebern, Spitzen-Manufacturisten, Steinmetzern, Stickern, Stukkaturern, Stuhl- und Stellmachern, Tapetenmachern, Tischlern, Töpfern, Zinngießern und Zimmerleuten, die zu ihrem Metier des Unterrichts im Zeichnen, Modelliren, oder in der Geometrie, Symmetrie und Architektur bedürfen, hierin bessere Kenntnisse und Handgriffe beizubringen. Zu Schülern dieser Anstalt, deren Zahl auf achtzig festgesetzt ist, werden nur solche Lehrburschen aufgenommen, die schon einige Jahre in der Lehre gestanden, oder vor ihrer Aufnahme schon Unterricht im Zeichnen gehabt haben, oder Meistersöhne sind. Bei der Aufnahme der Gesellen wird vorzüglich auf Landeskinder, gute Sitten, Fähigkeiten und Fleiß Rücksicht genommen. Die Zöglinge erhalten wöchentlich an drei Tagen, jedes Mahl zwei Stunden Nachmittags unentgeldlich Unterricht im Zeichnen von Umrissen, Formen, Büsten, Gefäßen rc., je nachdem es das Metier, dem sie sich widmen, erfordert. Diejenigen, die in der Woche von ihren Geschäften nicht abkommen können, erhalten diesen Unterricht Sonntags, nach geendigtem Gottesdienste, ebenfalls in zwei Stunden. Der erste Vorsteher dieser Anstalt ist gegenwärtig der Hr. Hofrath und Professor Bach *).

7. Die Provinzial-Bauschule,

die 1800 eröffnet worden ist. Ihr Zweck ist angehende Architekten für den Unterricht der Berliner Bau-Akademie vorzubereiten; Handwerker aber, deren Profession in das Baufach einschlägt, in den dazu gehörigen Kenntnissen auszubilden. Die Zöglinge erhalten unentgeldlich wöchentlich an vier Tagen Unterricht in der reinen und angewendeten Mathematik; im Feldmessen

---

*) Schummels Almanach, Th. 1. S. 8.

mit dem was dazu gehört, und im Planzeichnen; in der ökonomischen Baukunst; in der höhern Baukunst; im Bossiren in Thon.

Alle diese Vorbereitungs-Anstalten, das Seminarium auf dem Dome Nr. 1. ausgenommen, sind theils in Privat-Gebäuden, theils in Klöstern.

Sollte ich wohl irren, wenn ich glaube, daß hier ein schicklicher Ort sey, eine ganz kurze Nachricht oder vielmehr nur ein Verzeichniß von den öffentlichen Bibliotheken, Münz-, Kunst- und Naturalien-Sammlungen, die mir bekannt geworden sind, einzuschalten?

Bibliotheken.

1) Die Rhedigerische Bibliothek, auf der Sacristei der Elisabeths-Kirche, die nachher durch mehrere dazu geschenkte Büchersammlungen vermehret worden ist, wird Mittwochs und Sonnabends von 2 — 4 Uhr geöffnet. Sie soll gegen 20000 Bände, ohne 500 Bände Handschriften, enthalten *).

2) Die Bibliothek bei der Maria-Magdalena-Kirche wird Dienstags und Freitags von 2 — 4 Uhr geöffnet.

3) Die Bibliothek bei St. Bernhardin in der Neustadt wird Montags und Donnerstags in eben jenen Stunden geöffnet.

4) Die dem Capitel gehörige Bibliothek auf dem Dome enthält viele in der Druckerei de propaganda herausgekommene Bücher.

---

*) Eine weitläufigere Beschreibung dieser Bibliothek giebt Zöllner in den Briefen über Schlesien, Th. 1. S. 135. ff.

5) Die Bibliothek bei der Universität.

6) Die Bibliothek im Dominicaner-Kloster enthält viele Handschriften.

7) Die Bibliothek im Stifte zu U. L. Frauen enthält ebenfalls viele Manuscripte, desgleichen auch

8) die Bibliothek bei der Corporis Christi Kirche.

9) Die Bibliothek bei dem Vincentiner-Kloster.

10) Die Bibliothek im Kloster St. Matthiä.

11) Die Bibliothek bei der Real-Schule zu Maria Magdalena.

12) Die Bibliothek bei der Friedrichs-Schule.

13) Die Bibliothek auf der Krieges- und Domänen-Kammer.

14) Die Bibliothek des Ober-Bergamts.

Münzsammlungen, sind:

1) Auf der Rhedigerischen, und

2) Maria-Magdalena-Bibliothek.

3) Bei der Real-Schule zu Maria Magdalena.

4) Bei der Friedrichs-Schule.

5) Auf dem Rathhause bei der ersten Kämmerei-Casse.

Kunstsammlungen.

1) Auf der Rhedigerischen Bibliothek, unter andern eine große Menge Kupferstiche.

2) Auf der Bibliothek, und

3) bei der Real-Schule zu Maria Magdalena Kupferstiche und Gemählde.

4) Bei der Friedrichs-Schule Modelle nebst physikalischen und mathematischen Instrumenten.

5) Auf der Krieges- und Domänen-Kammer sind

Modelle, unter andern auch das Riesengebirge von dem bekannten Kahl in Steinseifen von Holz ausgeschnitten.

Naturalien-Sammlungen.

Auf der Rhedigerischen Bibliothek, bei den Gymnasien zu Elisabeth und Maria Magdalena sind Conchylien- und Mineralien-Sammlungen, bei der Friedrichs-Schule und auf dem Ober-Bergamte Mineralien. Zu der letztern ist nun auch die Sammlung des Herrn Grafen von Reeder, als ein Geschenk hinzu gekommen.

Außer diesen hier angeführten findet man noch mehrere Privat-Sammlungen, die ich nicht anführe, theils weil ich sie nicht alle kennen kann, theils weil sie nicht bleibend sind, sondern, wenigstens nach dem Tode des jetzigen Besitzers, in andere Hände und oft von dem Orte selbst wegkommen.

V. Hospitäler.

Breslau zeichnet sich gewiß vor vielen Städten durch milde Stiftungen für Arme, Nothleidende, Betagte und Kranke aus. Ich führe hier nur die vorzüglichsten und bekanntesten an, dazu eigene Gebäude gewidmet sind.

A. Protestantische.

a) Für Erwachsene:

1) Das Krankenhaus zu aller Heiligen, in welches alle Arten Kranke ohne Unterschied der Confession und des Geschlechts gegen Erle-

gung von 1 Rthlr. 2 Sgr. zum Begräbnisse, die sie aber, wenn sie wieder gesund werden, zurück erhalten, aufgenommen, und daselbst mit Medicin und Kost erhalten werden. Da das alte Gebäude in mehrern Hinsichten nicht ganz zweckmäßig eingerichtet war, so ist solches jetzt durch milde Beiträge der Bewohner Breslaus neu erbauet und 1801, den 13. Nov., feierlich eingeweihet worden. Es besitzt nicht nur einen ansehnlichen Fonds an Capitalien, sondern auch die Dörfer: Domslau, Peiskerwitz und Protsch. Bei diesem Hospitale stehen zwei Prediger, die an den Wochentagen Gebeth halten und Sonntags Vor- und Nachmittag predigen. Mit dieser Anstalt steht gewissermaßen in Verbindung

2) das Krankenhaus: der Hiob, in welches diejenigen Personen gebracht werden, die sich durch ihre Ausschweifungen in Befriedigung einer gewissen Leidenschaft eine ansteckende Krankheit zugezogen haben, und hier, wo möglich, geheilt werden.

3) Das Hospital zur H. Dreifaltigkeit. In dieses nimmt man nicht allein wirklich Arme auf, sondern auch andere Personen, die sich, um ihre letztern Lebensjahre in Ruhe zu durchleben, gegen Erlegung einer gewissen Summe einkaufen. Diese werden aber, je nachdem auch die Summe ihrer Einkaufsgelder ist, besser als die andern, die als Arme auf-

genommen werden, gehalten. Diesem Hospitale gehören die Dörfer: Kleinburg, Klettendorf, Krittern, Schwoitsch und eine Mühle auf der Sandinsel. In einer nahe dabei befindlichen kleinen Kirche wird von den beiden hier angestellten Predigern Sonntags Vor- und Nachmittags Gottesdienst gehalten. Bei diesem Hospitale befindet sich noch eine besondere Stiftung, die so genannte

4) Selenkische Fundation, die ein Breslauer Kaufmann, Johann Gottfried Selenko, noch bei seinen Lebzeiten gestiftet hat. Er ließ dazu ein eigenes drei Stockwerk hohes massives Haus bauen, das 1777 zu seinem wohlthätigen Zwecke, durch Unglücksfälle verarmten Kaufleuten das nöthige Unterkommen zu verschaffen, eingeweihet wurde. Sie bekommen hier freie Wohnung und eine Unterstützung an Gelde, wovon sie sich die übrigen Bedürfnisse des Lebens anschaffen können.

5) Das Hospital zu St. Hieronymi, in welchem acht Manns- und acht Weibspersonen unterhalten werden. Auch hier ist eine kleine Kirche, an welcher ein Prediger steht, der zugleich die Aufsicht über das Hospital und die Choralisten hat, deren hier eine bestimmte Anzahl freie Wohnung und freien Tisch genießen. Er predigt Sonntags Vormittags, und Nachmittags hält er Catechismus-Lehre.

6) Das Hospital zum H. Geist in der Neu-

stadt, in welchem zehn Hospitaliten unterhalten und die Choralisten bei der Kirche St. Bernhardin gespeiset werden. Diesem Hospitale gehört das Gut Sambowitz.

7) Das Hospital zu St. Bernhardin, in welchem alte elende Männer und Weiber unterhalten werden.

8) Das Hospital bei der Kirche zu den eilftausend Jungfrauen, in welchem etwa dreißig arme Weibspersonen unterhalten werden.

9) Das Armen- und Arbeitshaus ist eine doppelte in einem Gebäude befindliche Anstalt. Das Armenhaus ist eine neue Stiftung (1789) zur Unterstützung und nothdürftigen Verpflegung armer Leute. In das Arbeitshaus werden solche, die etwas verbrochen haben, Vagabunden und liederliches Gesindel gebracht und zur Arbeit angehalten. In diesem Hause befindet sich eine Kirche, bei welcher ein besonderer Prediger angesetzt ist.

10) Das reformirte Armenhaus steht auf dem Kirchhofe der Reformirten vor dem Nicolai-Thore.

b) Für Kinder:

11) Das Hospital zum H. Grabe, welches auf Veranstaltung des Kaufmannes Andreas Krischke ganz neu und zweckmäßiger (1789—1791) erbauet worden ist. In dieser Anstalt werden arme Kinder von ihrem sechsten Jahre an

an erzogen und mit allen Lebensbedürfnissen versorgt, so lange bis die Knaben ein Handwerk erlernen und die Mädchen in Dienste treten können. Sie stehen unter der Aufsicht eines eigenen im Hause wohnenden Lehrers *).

12) Das Kinder-Hospital in der Neustadt, das der Rathsherr Johann Christian Hickert, der selbst als ein armer Knabe hier erzogen worden ist, weil das alte Gebäude schadhaft war, (1787) auf eigene Kosten neu erbauet hat. Es ist nur für Kinder ehelicher Geburt bestimmt. Die Kinder erhalten die nöthige Verpflegung und Unterricht bis sie ein Handwerk erlernen können.

13) Das Kinder-Hospital zur Ehrenpforte in der Neustadt, das ebenfalls der Rathsherr Hickert auf eigene Kosten (1801) mit einem Aufwande von 16000 Rthlr. hat erbauen lassen. Zur Unterhaltung hat er einen Fond von 12600 Rthlr. und zur Ausstattung der hier erzogenen Mädchen 1000 Rthlr., davon jede 50 Rthlr. erhält, angewiesen, mit dem Vorbehalte, das Institut nach Umständen noch weiter zu dotiren. Der Zweck dieser Anstalt ist, sowohl Mädchen bis zu der Zeit, wo sie Dienste suchen, oder sich selbst versorgen können, als auch kleine hülfsbedürftige Kinder

*) Nähere Nachricht von dieser Anstalt findet man in den Provinzial-Blättern Jahrg. 1801, Mon. Dec. S. 509.

beiderlei Geschlechtes zu erziehen. Die kleinen Kinder bleiben bis zu sechs Jahren unter den Händen ihrer Pflegemutter; die Mädchen gehen sodann in die Erziehungsanstalt über, die Knaben werden in das Neustädter Hospital gebracht.

B. Katholische.

a) Für Erwachsene:

14) Das Hospital zu St. Elisabeth, von der Wittwe Heinrichs II. und ihren Söhnen gestiftet. Es befindet sich nahe bei dem Matthiä-Kloster, mit dem es in Verbindung stehet, und erhält 4 Manns- und bis 28 Weibs-Personen. Außer diesen erhalten noch arme Studenten, die als Musiker, Ministranten und Pulsanten beim Stifte angestellt sind, und auch andere arme Studierende freie Wohnung, Licht und Heizung. Die erstern haben auch freien Tisch.

15) Das Hospital St. Lazari, in welchem 14 alte Männer verpflegt werden.

b) Für Kinder:

16) Das churfürstliche Waisenhaus, von dem Churfürsten zu Maynz und Bischof zu Breslau 1715 gestiftet, in welchem 16 männliche und eben so viel weibliche adelige Waisen, unter der Aufsicht eines Hofmeisters, der zugleich ihr Lehrer ist, und einer Gouvernante, die die Wirthschaft besorgt und die Fräulein in weiblichen Arbeiten unterrichtet, bis zu

einer bestimmten Zeit erzogen und mit allen Bedürfnissen versorgt werden.

17) Das Hospital zur schmerzhaften Mutter Gottes, von den vorigen gestiftet, in welchem 30 Knaben und 30 Mädchen, bis erstere eine Lebensart erwählen und letztere in Dienste treten können, erzogen werden.

C. Jüdische:

18) Das Lazareth, in welchem arme kranke Juden mit Arzenei und andern Nothdürftigkeiten versorgt werden.

19) Das Quartier für reisende Betteljuden, die hier außer der Herberge noch einige andere Unterstützung erhalten *).

---

*) Dieß wären also die wohlthätigen Anstalten Breslaus zur Unterstützung der Armen, Nothleidenden und Kranken, dazu besondere Gebäude errichtet sind. Nächst diesen sind noch mehrere andere Anstalten, ohne besondere Gebäude. Dergleichen sind:

Die Tharoultsche Fundation und die in neuern Zeiten von einigen Aerzten errichtete Anstalt, arme Kranke, Erwachsene und Kinder, je nachdem es die Umstände erfordern, mit dem Beistande eines Arztes oder Chirurgi und den nöthigen Arzeneimitteln zu versorgen.

Die jüdische Brüderschaft der Alten und die Gesellschaft der Brüder haben den Zweck, die Kranken zu warten und ihnen Handreichung zu thun.

Außer dem aus 2 Magistrats-Personen und 48 Bürgern bestehenden Allmosenamte, welches nebst dem gewöhnlichen Fonds noch die Interessen von eilf Legaten bezieht und vertheilt, existiren noch acht Legate, davon die Interessen an die Kirchen, an Prediger, Lehrer an den Gymnasien, an Schüler zu Büchern und Schulgeld, an Prediger-, Schullehrer- und andere Wittwen,

VI. Wohnungen der Geistlichen und Kirchenbedienten.

A. Protestantische:

1) Bei St. Elisabeth,

6 Wohnungen der Prediger.
6 ——— der Kirchenbedienten.

2) Bei Maria Magdalena:

5 Wohnungen der Prediger.
5 ——— der Kirchenbedienten.

3) Bei St. Bernhardin:

3 Wohnungen der Prediger.
3 ——— der Kirchenbedienten.

4) Bei den eilftausend Jungfrauen:

2 Wohnungen der Prediger.
1 Wohnung des Kirchenbedienten.

---

an Arme bestimmter Familien, an Hausarme, an arme Handwerksleute (nur allein aus der Krullischen Stiftung, die 1801 ihren Anfang nahm, werden jährlich an 24 arme Handwerksleute, Meister und deren Wittwen, die das Handwerk ihres Mannes fortsetzen, aus 34 Zünften 1000 Rthlr in bestimmten Ratis zu 50, 40, 35 Rthlr. vertheilt), an Arme zu ihrer Ausstattung und an die Hospitaliten ausgespendet werden.

Zu diesen milden Stiftungen kommen noch 54 Stipendien für Studierende, ferner das Institut der Kaufmannsdiener, der Lohn- und herrschaftlichen Bedienten, conditionlose oder kranke Personen ihres Standes zu unterstützen, und noch mehrere andere dergleichen wohlthätige Institute, die ich nicht alle kennen und anführen kann.

5) Bei St. Barbara:

2 Wohnungen der Prediger.

1 Wohnung des Kirchenbedienten.

6) Bei St. Christophori:

1 Wohnung des Predigers.

1 ——— des Kirchenbedienten.

7) Bei St. Salvator:

1 Wohnung des Predigers.

1 ——— des Kirchenbedienten.

8) Bei der reformirten Kirche:

1 Predigerwohnung.

B. Katholische.

1) Auf dem Dome:

Die Residenz des Bischofs.

18 Curien der Domherren.

2) Bei St. Nicolai:

2 Parochial-Wohnungen.

3) Bei St: Mauritz.

2 Parochial-Wohnungen.

4) Bei St. Michaelis:

3 Parochial-Wohnungen.

Ueberhaupt 64 Wohnungen.

VII. Besondere Wohnungen einiger Lehrer an den Gymnasien:

1) Bei St. Elisabeth . . . . 2.

2) Bei Maria Magdalena, mit Einschluß der Jungfernschule . . . . . . 3.

Summa 5.

VIII. Privat-Häuser:	Einzelne Häuser.	Summa.
A. In der Stadt:		
1) Unter Jurisdiction des Magistrats	1953	
2) In den Klösterhöfen und andere, die nicht unter dem Magistrat stehen	50	2003
B. In den Vorstädten:		
1) In der Sandvorstadt:		
Auf dem Sande	54	
Auf den Bleichen	14	
Auf dem Brigittenthale . . .	14	
" " Dome	40	
" " Hinter-Dome . . .	89	
" der Archidiakonat-Jurisdiction	28	
In Neu-Scheitnig	54	293
2) In der Ohlauer Vorstadt:		
Auf der Hintergasse	9	
" " Weingasse	68	
" " Wallgasse	38	
" " Archidiakonat-Jurisdiction	22	137
3) Vor dem Ziegelthore . . .	1	1
4) In der Schweidnitzer Vorstadt:		
Auf dem großen Anger	24	
Auf dem kleinen Anger	20	
" " neuen Anger	14	
Im Freiheitsgässel	12	70
5) In der Odervorstadt:		
Auf der Stadt-Jurisdiction . .	10	
" " Jurisdict. des Matthiässtifts	21	
" " " " Vincenzstifts	91	
" " Klingelgasse	15	
" " Rosengasse	19	
" " Viehweide	12	
Latus	168	2504

	Einzeln. Häuser	Summa.
Transport	168	2504
Auf der Kühgasse	29	
" dem alten Schießwerder . .	3	
" " Sandberge	66	
" " Schießberge	6	
" der Buchhalterei	8	
" " Matthiasgasse . . .	24	
" dem Leindamme	25	
Hinter den drei Brücken . . .	3	
Ueber der alten Oder	7	
Hinter den eilftausend Jungfrauen	2	
Im Bürgerwerder	43	384
6) In der Nicolai-Vorstadt:		
Auf der Sandgasse	76	
" " Fischergasse	10	
" " kurzen Gasse	17	
" " Tschepine	35	
" " Schiffvogelschen Gasse .	24	
" " Platzseite	6	
" dem Stadtgute	4	172
		3060
Oeffentliche Gebäude	—	278
Summa	—	3338 *)
Scheunen	—	228
Einzelne Stallungen	—	829
Summa überhaupt	—	4395

*) Zimmermann giebt in den Beiträgen Th. 11. S. 65. und in den allgemeinen Nachrichten S. 9. 3374 Gebäude an. Meine Summe ist 36 geringer. Diese Differenz entsteht wahrscheinlich

Unter den Privat-Gebäuden sind:

10 Wassermahlmühlen.

1 Papiermühle.

---

durch einen Druckfehler S. 63. der Beiträge, wo Zeile 2 von unten statt 173 nur 137 stehen sollte.

Ich habe oben in der Tabelle der Volksmenge S. 97. die Bevölkerung der Stadt Breslau, nach den Schles. Provinzial-Blättern auf 59,692 angegeben. Die Gewerbs- und Handlungs-Zeitung Nr. 1. giebt sie folgendergestalt an:

Christliche Personen in der Stadt	36618
in den Vorstädten . . .	14837
Summa	51455
Juden	2844
Summa	54299
Garnison mit Weibern und Kindern mit Einschluß der Beurlaubten	10321
Ueberhaupt	64620

Nach einer in oben genannter Zeitung befindlichen Berechnung wird jährlich consumirt:

	Maß, Gewicht 2c.	Quantität	Werth nach Mittelpreisen. Rthlr.
1) An Getreide:			
Weizen für Bäcker . . .	Scheffel	54000	
Rocken	—	160000	
Gerste	—	2000	
Hafer	—	80000	
Branntweinschrot . . .	—	40000	
Malz zum Brauen . . .	—	94000	1000000
2) An Schlachtvieh.			
Ochsen und Kühe	Stück	6700	
Schweine	—	15000	
Kälber	—	28000	
Schafe und Schöpse . . .	—	48000	400000
		Summa	1400000

3 Walkmühlen.

1 Schleifmühle.

	Maß, Gewicht ꝛc.	Quantität.	Werth ꝛc. Rthlr.
Transport	. . .	. . .	1400000
3) An andern Victualien.			
Rehe und Hirsche	Stück	400	
Hasen	—	5000	
Wilde Schweine	—	100	
Großvögel	—	50000	
Gänse	—	70000	
Aenten und Hühner . . .	—	50000	
Austern	—	100000	
Verschiedene Fische . . .	—	100000	
Krebse	Schock	45000	
Butter	Pfund	500000	
Kartoffeln	Scheffel	100000	
Salz	—	30000	
Häringe und eingesalzene Fische	Tonnen	2000	
Weine	Eimer.	7000	
Zucker und Syrup	Pfund	1500000	
Kaffee	—	700000	
Cichorien und andere Surrogate	—	400000	1250000
Allerhand Grünzeug, Gemüse, Eier, Obst, Oehl und andere Kleinigkeiten	. . .	. . .	500000
4) An Brenn-Materialien.			
Wachs- und Talglichte . .	Pfund	100000	
Gebund-Holz	Schock	40000	
Torf	—	20000	
Brennholz	Klafter	110000	
Steinkohlen	Scheffel	100000	500000
Die Consumtion beträgt also			
jährlich	. . .	. . .	3650000
monathlich	. . .	. . .	304166⅔
täglich	. . .	. . .	10000
stündlich	. . .	. . .	416⅔

2 Lohmühlen.

1 Spiegelglas-Schleifmühle.

3 Windmühlen.

Die hier befindlichen Collegien und Aemter sind:

A. Königliche:

Die Ober-Amtsregierung, nebst dem Consistorio und Pupillen-Collegio. Unter ihr stehen

1) die Immediat-Fürstenthümer Breslau, Brieg, Jauer, Schweidnitz, Münsterberg.

2) Die Mediat-Fürstenthümer Oels, Trachenberg.

3) Die Standesherrschaften Goschütz, Militsch, Wartenberg.

4) Die Grafschaft Glatz.

Das Criminal-Collegium.

Die Kriegs- und Domänen-Kammer, nebst der Kammer-Justiz-Deputation. Hierher gehören: 1) die Domänen-Casse, 2) die Kriegs-Casse, 3) die Ober-Salz-Casse, 4) die Haupt-Manufactur-Casse, 5) die Servis-Casse, 6) die Feuer-Societäts-Casse, 7) die katholische Schulen-Administrations-Casse. Unter ihr stehen in Kameral-Sachen:

A) Die Stadt Breslau unmittelbar.

B) Die Immediat-Fürstenthümer:

1) Breslau, 2) Brieg, 3) Münsterberg, 4) Oppeln, 5) Ratibor, 6) Schweidnitz.

C) Die Mediat-Fürstenthümer: 1) Neiße, 2) Oels.

D) Die Standesherrschaften: 1) Beuthen, 2) Goschütz, 3) Plesse, 4) Wartenberg.

E) Die Grafschaft Glatz.

F) Der aus dem Preußischen Antheil an den Fürstenthümern Jägerndorf und Troppau und dem Katscher District bestehende Leobschützer Kreis.

Das erste steuerräthliche Departement, unter welchem

A) im Fürstenthume Breslau, die Städte Auras, Canth und Neumarkt;

B) im Fürstenthume Brieg, die Stadt Ohlau, und

C) im Fürstenthume Oels, die Stadt Hundsfeld, stehen.

Der Kriegs- und Steuerrath.

Die Accise- und Zoll-Direction, unter der folgende Städte stehen:

Im Fürstenthume Breslau: Auras, Breslau, Canth, Neumarkt, Namslau, Reichthal.

Im Fürstenthume Schweidnitz: Bolkenhayn, Friedland, Freiburg, Gottesberg, Hohenfriedeberg, Landeshut, Liebau, Reichenbach, Schömberg, Schweidnitz, Striegau, Waldenburg, Zobten.

Im Fürstenthume Münsterberg: Frankenstein, Wartha.

Im Fürstenthume Brieg: Konstadt, Kreuzburg, Pitschen, Reichenstein, Silberberg.

Im Fürstenthume Oppeln: Landsberg, Rosenberg.

Im Fürstenthume Oels: Bernstadt, Hundsfeld, Juliusburg, Medzibor, Oels, Stroppen, Trebnitz.

In der Grafschaft Glatz: Glatz, Habelschwerdt, Landeck, Lewin, Mittelwalde, Neurode, Reinerz, Wilhelmsthal, Wünschelburg.

In der Standesherrschaft Goschütz: Festenberg.

In der Standesherrschaft Wartenberg: Wartenberg.

Das Accise- und Zollamt.

Das Accise- und Zoll-Provinzial-Gericht.

Das Steueramt.

Die Salz-Factorei.

Das Ober-Bergamt.

Das Ober-Postamt.

Das Ober-Proviantamt.

Das Ober-Forstamt.

Das Fiscal-Amt.

Die Stämpelkammer.

Die königliche Bank.

Das Münzamt.

Das Collegium medicum.

Das Commerz-Conferenz-Collegium.

Die Schlesische Haupt-Landschafts-Commission und Landschafts-Casse.

Das Directorium der Landschaft der Fürstenthümer Breslau und Brieg.

Das Addreß-Comtoir.

B. Bischöfliche.

Das apostolische Vicariat-Amt.

Das Ober-Consistorium des Bisthums Breslau ist erst neu (1801) errichtet. Damit die katholischen Unterthanen in Schlesien in Zukunft der Weitläufigkeit überhoben seyn mögen, in ihren Rechtsangelegenheiten geistlicher Jurisdiction, sobald diese zur zweiten oder dritten Instanz gediehen, in jedem einzelnen Falle die Delegation dieser Instanzen bei dem päbstlichen Stuhle nachzusuchen, so ist ein besonderes Appellations-Gericht, an welches die Sachen geistlicher Gerichtsbarkeit der Diöces des Bisthums Breslau, in so fern diese in den Königlichen Staaten ist, in zweiter Instanz, und ein Prosynodal-Gericht, an welches die Sachen in dritter Instanz gelangen sollen, von Sr. Majestät dem Könige angeordnet, und durch ein päbstliches Breve bestätiget, und demselben obige Benennung beigelegt worden. Das Appellations-Gericht besteht aus einem Präsidenten, zwei geistlichen und drei weltlichen Räthen. Das Prosynodal-Gericht besteht aus einem Präsidenten, drei geistlichen und zwei weltlichen Räthen. Außer diesen Personen ist noch ein Official oder Ober-Präsident angeordnet.

Das bischöfliche Consistorium.

Das Hofrichteramt.

Das Dom-Capitular-Vogteiamt,

Die Nahrungszweige der Breslauer sind: die Handlung. Breslau hat unter den Handlungsstädten

Deutschlands gewiß einen ansehnlichen Rang. Die Anzahl der in die große Handlungsinnung recipirten Kaufleute, theils Banquiers, theils derer, die die Handlung en gros, oder en détail, oder in beiden zugleich treiben, belief sich 1800 auf 326; die der Reichkrämer, die eine besondere Innung ausmachen, und ihre Waaren nicht selbst verschreiben dürfen, sondern sie von den Grossisten kaufen müssen, auf 56. Dazu kommen noch 100 sogenannte Partkrämer *), die auch eine eigene Innung ausmachen, desgleichen die Leinwandreiser **), Fisch-, Salz-, Holz-, Victualien- und Kleidungshändler. Man will annehmen, daß die Hälfte der Einwohner Breslaus von der Handlung lebe.

Die Einfuhre besteht in reichen Zeugen, Pelzwerk, Juchten und anderem Leder, Häringen und anderen gesalzenen und trockenen Fischen, Talg, Wolle, rohen Fellen, kameelhaarenen Waaren, Spezerei-, Apotheker- und Färbewaaren, Zucker, Syrup, Kaffee, Taback, Thee, Früchten, Baum-, Hanf- und Rüböhl, Thran, Baumwolle, baumwollenem Garn, Türkischem und anderem, Weinen, Pott- und Waidasche, Hanf, Flachs, Zwirn, gebleichten Garnen, ganz und halbsei-

*) Sie handeln mit Meubeln, Kattun, wollenen, baumwollenen und seidenen Mützen, Strümpfen, Handschuhen, Spitzen, Stöcken, Pfeifenröhren und Galanterie-Waaren, entweder in Gewölben oder in Bauden auf dem Markte.

**) Ihre Waaren sind alle Sorten von Leinwand, leinenen, baumwollenen, ganz und halbseidenen Tüchern. Sie haben in besondern Bauden feil.

denen Zeugen, wollenen und baumwollenen Waaren, Stahl- und anderen Metallarbeiten, Galanterie-Waaren, Juwelen, Glaswaaren, Spiegeln, Kupfer, Zinn, goldenen und silbernen Tressen und Spitzen, Porzellan und Fayance ꝛc.

Die Ausfuhre an inländischen Waaren besteht in weißer, roher, gezogener und bunter Leinwand, Schleier, Kattun, Nutz- und Brennholz, Arsenik, Gallmey, Pulver, Blei, rohem Wachs und dergleichen Lichtern, wollenen und halbleinenen Zeugen, Tuch, Gold- und Silbertressen und Spitzen, Eisen- und Stahlwaaren, Kupfer, Messing, Blech, Drath, Pelzwerk, Leder, Zwirn, Röthe, Drechsler- und Tischlerarbeit, Fayance, Breslauer Liqueur ꝛc. *).

Die andern Nahrungszweige sind die erlernten Künste und Handwerke. Letztere sind in 75 Zünften vereinigt, unter denen die der Bäcker, Böttcher, Destillatoren, Fleischer, Gold- und Silberarbeiter, Kretschmar, Kürschner, Leinweber, Schneider, Schuhmacher, Strumpfstricker, Tischler und Tuchmacher die zahlreichsten sind.

Die im zweiten Abschnitte angeführten Manufacturen und Fabriken, die königlichen Landes-Collegien, die andern königlichen Aemter, der Magistrat, die Landschaft und das zu diesen Collegien und Aemtern gehö-

*) Mehrere Nachrichten von Breslaus Handlung findet man in Zimmermanns Beiträgen Th. II. S. 318, in Zöllners Briefen über Schlesien, Th. I. S 127. f. 144. ff., in Sinapius merkantilischem Anzeiger und in der seit Anfang dieses Jahres herauskommenden Schlesischen Gewerbs- und Handlungszeitung.

rige Personale, die halbjährigen Zahlungs-Termine bei der Landschaft, der zahlreiche Adel, der von Zeit zu Zeit durch dieselben herbeigezogen wird, und mehrere, die den Winter hindurch hier wohnen, der Dom und die übrigen Geistlichen, die zahlreiche Garnison, die vier Märkte oder Messen, 1) an Mitfasten, 2) an Johannis, 3) an Mariä Geburt, 4) an Elisabeth, die zwei Wollen-, die fünf Vieh-, die Getreide- und Wochenmärkte, die vielen Reisenden tragen alle das Ihrige zum Besten der Breslauer Bürger bei.

Die Garnison besteht aus den Infanterie-Regimentern Nr. 29. und 32. mit den Grenadieren, dem dritten Musketier-Bataillon, dem Füselier-Bataillon Nr. 10, dem Regimente Cürassier Nr. 1, dem zweiten Artillerie-Regimente, einer Compagnie reitender und einer Compagnie Garnison-Artillerie.

Die städtische Kämmerei hat außer den gewöhnlichen städtischen Revenüen, die sehr ansehnlich sind, noch die Einkünfte von folgenden Dörfern:

1) Im Breslauer Kreise: Alt-Scheitnig, Cawallen, Damsdorf, Friedewalde, Hasenau, Hausen, Jäckel, Klein-Nädlitz, Lehmgruben, Marienau, Michelwitz, Nieder-Tschammendorf, Ransern, Riemberg, Vogtswalde.

2) Im Neumarkter Kreise: Das Burglehn zu Neumarkt, Jänkwitz, Jäschkendorf, Kammendorf, Kobelnick, Krampitz, Nieder-Stephansdorf.

3) Im Namslauer Kreise: Strehlitz, ein Antheil nebst dem Vorwerke Brode.

Nebst

Nebst diesen stehen noch in den Vorstädten unter magistratualischer Jurisdiction, der große, kleine und neue Schweidnitzer Anger; in der Odervorstadt der Elbing, und sechs Häuser auf dem Sande, Klein-Kletschkau; vor dem Nicolai-Thore das Wirthshaus der Wallfisch und noch ein anderes Haus.

2. Auras.

Diese offene, von 1744 bis 1790, Sr. Königl. Höheit dem Prinzen Heinrich von Preußen, seitdem aber dem Herrn von Koschützky gehörige Stadt liegt an der Oder, am rechten Ufer, und enthält:

I. An städtischen Gebäuden:

1) Das Rathhaus.

2) Das Hospital.

3. 4) Zwei andere Gebäude.

II. An kirchlichen und Schulgebäuden:

1) Eine katholische Pfarrkirche, an der ein Parochus steht.

2) Eine evangelisch-lutherische Kirche, an der ein Pastor und Mittagsprediger, welcher zugleich Rector an der Schule ist, die religiösen Handlungen besorgen.

3) Das katholische Pfarrhaus.

4) Die lutherische Prediger-Wohnung.

5) Die katholische Schule.

6) Die lutherische Schule.

III. Bürgerliche Häuser sind 76.

Ein geringer Consumtions-Handel, den theils Christen, theils hier wohnende Juden betreiben, Ackerbau (man baut viel Tobak) und das erlernte Handwerk, darunter mehrere Tuchmacher und Tobaksspinner, sind die Nahrungszweige der Bürger.

Königliche Aemter sind hier zwei: das Accise- und Zollamt, und das Juden-Toleranz-Amt.

Jahrmärkte sind vier: 1) am Sontage Sexagesimä; 2) am Sonntage nach Himmelfahrt; 3) am Sonntage nach Mariä Himmelfahrt; 4 am Sonntage vor Andreas. An den Jahrmärkten 2 und 3 ist zugleich Viehmarkt.

Die Garnison besteht aus 1 Escadron Husaren.

Von dem Dominio sieh unter den Dörfern: Aurasser Fischergasse.

B. Marktflecken.

1. Bohrau.

Dem Grafen Sandrasky gehörig; ein offener, kleiner Ort, liegt am Ufer der Lohe, enthält eine katholische und eine evangelisch-lutherische Kirche, 3 Pfarr- und 2 Schulhäuser, ein herrschaftliches Schloß, und einige dazu gehörige Häuser, eine Wassermühle, einen Kretscham, 25 Freihäuser, 6 Dreschgärtner und 14 andere Häuser. Unter den Einwohnern sind mehrere Handwerksleute, darunter die Kürschner die zahlreichern sind.

Jahrmärkte sind: 1) am heil. Dreikönigstage; 2) an Himmelfahrt; 3) an Michaelis; 4) am Andreastage.

2. Dyhrenfurth,

nahe am rechten Ufer der Oder, ein offener adeliger Ort, bei welchem eine Oderfähre, hat ein herrschaftliches Schloß, mit einem der schönsten Englischen Gärten Schlesiens, in welchem ein Weinberg, eine Maulbeer-Plantage zur Zucht der Seidenwürmer, der Judenkirchhof, ein Kaffeehaus, ein Spital, und eine Fasanerie sich befinden. Es sind hier eine evangelisch-lutherische Kirche, eine katholische und eine lutherische Schule, eine Einsiedelei, eine jüdische Bethschule, eine Hebräische Buchdruckerei und Schriftgießerei, ein Vorwerk, zwei Wirthshäuser, 6 Frei- und 7 Dreschgärtner, 63 Häusler und 19 andere Häuser, deren Besitzer sich theils von ihrem Handwerke, theils vom Ackerbau und einem kleinen Consumtions-Handel nähren. Man verfertigt hier sehr gutes Töpfergefäß, wozu der Thon zu Klein-Pogel, im Wohlauer Kreise, Liegnitzer Fürstenthums, gegraben wird.

Jährlich sind vier Jahrmärkte: 1) an Lichtmeß; 2) am Tage Georgi; 3) an Mariä Heimsuchung; 4) am Tage Hedwig.

C. Dörfer.

Nahmen der Dörfer.	Oeffentl. Gebäude. Kirchen. Protest.	Oeffentl. Gebäude. Kirchen. Kathol.	Oeffentl. Gebäude. Schulen Protest.	Oeffentl. Gebäude. Schulen Kathol.	Pfarrhäuser.	Herrschaftl. Schlösser u. Wohnhäuser.	Vorwerke.	Scholtiseien.	Freigüter.	Bauern.	Freigärtner.	Hofegärtner.
Albrechtsdorf	—	—	—	—	—	1	1	—	—	3	11	12
Althof, (Dürr-)	—	—	—	—	—	1	1	—	—	—	—	6
Althof, (Leubus-)	—	—	—	—	—	—	—	—	—	—	18	—
Althof	—	—	—	1	—	1	1	—	—	—	6	6
Arnoldsmühle	—	—	—	—	—	1	1	—	—	—	7	4
Aurasser Fischergasse	—	—	—	—	—	1	1	—	—	—	25	9
Barteln, (Ochsenstall)	—	—	—	—	—	—	1	—	—	—	—	—
Babra	—	—	—	—	—	1	1	—	—	—	—	5
Barotswitz	—	—	—		—	1	1	—	—	—	—	9
Baumgarten	—	—	—	—	—	1	1	—	—	—	—	9
Beckern	—	—	—	1	—	—	1	—	—	19	10	9
Benkwitz	—	—	—	—	—	1	1	—	—	—	6	6
Bettlern	—	1	—	1	1	1	1	—	—	—	8	28
Bischwitz an der Weyde	—	—	—	1	—	1	1	—	—	—	12	14
Bischwitz am Berge	—	—	—	—	—	—	—	—	3	—	—	12
Blankenau	—	—	—	—	—	1	1	—	—	—	—	6
Bleichvorwerke	—	—	—	—	—	—	1	—	—	—	—	—
Bogenau	—	—	—	—	—	—	1	-	—	8	8	9
Boqschütz	—	—	—	—	—	—	1	-	—	—	4	7
Boguslawitz	—	—	—	—	—	—	—	—	1	3	4	6
Briese Groß-	—	—	1	—	—	—	—	—	1	5	5	3
Briese Klein-	—	—	—	—	—	1	1	—	—	—	6	10
Brocke	—	—	—	1	—	1	1	—	—	5	11	8
Buchwitz	—	—	—	1	—	—	—	—	1	5	3	—
Cammelwitz	—	—	—	—	—	—	—	—	1	—	2	—
Carlowitz	—	—	—	—	—	—	1	—	—	—	1	7
Carowane	—	—	—	1	—	—	—	—	—	7	3	—
Cattern 1 Antheil	—	..	—	—	—	—	1	—	—	4	7	11
Cattern 2 Antheil	—	1	—	1	1	1	1	—	—	4	2	12
Cawallen	—	—	1	—	—	—	—	—	1	6	7	—
Cosel	—	—	—	1	—	—	—	—	1	3	13	—
Cranst 1 Antheil	—	1	1	1	—	—	1	—	—	—	6	26
Cranst 2 Antheil	—	—	—	—	—	—	1	.	—	—	3	12
Cranz	—	1	—	—	—	1	1	—	—	—	6	16
Criptau	—	—	—	—	—	—	—	—	—	3	5	—
Damsdorf	—	—	—	—	—	—	—	—	—	8	3	—

Angerhäusler.	Häusler.	Andre Häuser.	Mühlen. Wasser=	Mühlen. Wind=	Kretschame.	Herrschaft.	Deutsche oder Polnische Seite der Oder.	Anmerkungen und Merkwürdigkeiten.
—	5	8	—	1	—	Adelig.	O.	Hier ist ein Hospital.
—	—	2	—	1	—	desgl.	O.	
—	18	7	—	—	—	Stift Leubus.	P.	
—	1	6	—	1	—	St. Vincenz z. Br.	O.	
—	—	7	1	—	—	Adelig.	O.	
—	6	20	2	—	—	desgl.	O.	1 Bleiche, 1 Tuchwalke, 1 Ziegelei.
—	1	—	—	—	-	Stift Vincenz.	P.	
—	—	1	—	—	1	Adelig.	O.	
—	—	—	—	1	1	desgl.	O.	
—	—	7	—	1	1	desgl.	O.	
—	4	13	—	—	1	desgl.	P.	
—	1	4	—	1	—	desgl.	O.	
—	—	4	1	1	1	desgl.	O.	
—	1	9	1	—	—	Domcap. z. Bresl.	P.	Auf der Charte Pischkowitz.
—	—	12	—	1	1	desgl.	O.	
—	—	2	—	—	—	Adelig.	O.	
—	—	4	—	—	—	desgl.	P.	Gehört zu Aurasser Fischergasse Hier ist eine Pottaschsiederei.
—	—	4	—	1	1	desgl.	O.	
—	—	3	—	-	--	desgl.	O.	
—	—	3	—	—	1	Domcapitel.	O.	
—	—	2	—	—	1	Adelig.	O.	
—	—	6	—	1	1	desgl.	O.	
—	—	14	—	—	1	Sandstift z. Bresl.	O.	
—	—	3	—	—	1	desgl	O.	
—	5	2	—	—	—	Domcapitel.	O.	
—	—	7	—	—	1	Stift Vincenz.	P.	
—	—	10	—	—	—	Sandstift z Bresl.	O.	
—	1	6	—	—	1	St. Matthiä z. Br.	O.	
—	1	8	—	1	—	Adelig.	O.	
—	1	13	—	--	1	Stadt Breslau.	P.	Hierher gehört Friedewalde.
—	—	15	—	—	1	Domcapitel	O.	
—	41	33	1	—	1	St. S Clarä z. Br	P.	Zwei Oehlschlägereien.
8	9	12	—	—	--	Sandstift zu Bresl	P.	
—	11	9	3	—	2	Adelig.	P.	
—	—	7	—	—	1	Stift St Clarä.	O.	
1	—	10	—	—	1	Stadt Breslau.	O.	

Nahmen der Dörfer.	Oeffentliche Gebäude. Kirchen. Protest.	Kirchen. Kathol.	Schulen. Protest.	Schulen. Kathol.	Pfarrhäuser.	Herrschaftl. Schlösser u. Wohnhäuser.	Vorwerke.	Scholtiseien.	Freigüter	Bauern.	Freigärtner.	Hofgärtner.
Deutschlauden	—	1	1	1	1	1	2	—	—	11	21	15
Domslau	1	—	1	—	1	—	—	—	—	15	8	1
Duckwitz	—	—	—	—	—	—	—	—	—	7	—	—
Dürgoy	—	—	—	—	—	1	—	—	—	5	9	—
Dürrjentsch	—	—	—	—	—	1	1	—	—	—	4	8
Fischerau	—	—	—	—	—	—	—		1	—		—
Friedewalde	—	—	—	—	—	—	—	—	—	—	—	—
Gabitz	—	—	—	1	—	—	1	—	—	—	97	—
Gallowitz	—	—	—	—	—	1	1	—	—	3	7	10
Gandau { Klein-	—	—	—	—	—	—	—	—	1	—	1	7
Gandau { Polnisch-	—	—	—	—	—	1	1	—	—	—	4	10
Gnichwitz	—	1	—	1	1	1	1		—	18	18	12
Goldschmiede	—	—	—	—	—	1	1	—	—	—	8	6
Gräbschen	—	—	—	—	—	—	1	1	—	15	4	8
Großburg	1	—	1	—	1	1	1	1	—	12	10	9
Grüneiche	—	—	—	—	—	1	1	—	—	—	3	3
Grünhübel	—	—	—	—	—	1	1	—	—	—	2	6
Grunau	—	—	—	—	—	1	1	—	—	—	2	10
Guckelwitz	—	—	—	—	—	—	1	—	—	—	3	15
Guhrwitz	—	—	—	—	—	1	1	—	—	—	—	7
Haberstroh	—	—	—	—	—	—	1	—		—	—	5
Hartlieb	—	—	—	—	—	1	1	—	—	—	8	8
Hasenau	—	—	—	—	—	—	—	—	—	4	8	—
Hausen	—	—	—	—	—	—	—	—	—	—	6	—
Heidanichen	—	—	—	—	—	1	1	—		—	1	6
Heinzendorf	—	1	1	1	1	1	1		—	9	4	11
Hennigsdorf	—	—	1	—	—	1	1		—	11	7	8
Herdain	—	—	—	—	—	—	—	—	—	—	12	—
Herrmannsdorf { 1 Antheil	—	1	—	1	1	—	—	—	—	15	12	—
Herrmannsdorf { 2 Antheil	1	—	1	—	1	—	1	—	—	8	4	6
Höfchen	—	—	—	—	—	—	—	—	1	—	1	—
Höfchen	—	—	1	—	—	—	—	—	2	—	3	8
Huben	—	—	1	—	—	—	—	—	—	—	21	—
Jackschenau	—	1	1	1	—	1	1	—	—	9	8	14
Jäckel	—	—	—		—	—	1	—	—	—	—	7
Jäschkittel	—	1	—	1	1	—	—	—	—	—	—	—

Angerhäusler.	Häusler.	Andre Häuser.	Mühlen Wasser-	Mühlen Wind-	Kretschame.	Herrschaft.	Deutsche oder Polnische Seite der Oder	Anmerkungen und Merkwürdigkeiten.
—	4	23	—	1	1	Adelig.	D.	
—	—	37	—	—	1	Aller Heil. Spital zu Breslau.	D.	Hier ist ein Postamt. S. Warusche Vorwerk, das mit diesem Dorfe verbunden ist.
—	6	4	—	—	1	Kl. St. Catharinä zu Breslau.	D.	
—	1	5	—	—	1	Vicar. des Domst.	D.	
—	—	5	—	1	2	Adelig.	D.	Hier sind Kräutereien.
—	1	—	—	—	—	Stift Vincenz.	D.	
—	5	—	—	—	1	Stadt Breslau.	P.	
—	—	38	—	1	1	Sandstift z. Bresl.	D.	Hier wohnen viel Kräuter.
—	—	5	—	1	—	Adelig.	D.	
—	—	4	—	—	2	Domcap. z. Bresl.	D.	
—	—	3	—	—	—	Adelig.	D.	Hierher gehört Jäschkittel.
—	9	16	—	—	1	desgl.	D.	Hier ist eine Posthalterei beim Kretscham.
—	1	4	1	—	1	deegl.	D.	
—	—	17	—	—	1	Stift Vincenz.	D.	Hier sind Kräutereien.
—	10	26	—	—	1	Adelig.	D.	
—	—	2	—	—	2	desgl.	P.	
—	—	1	—	—	—	desgl.	D.	
—	—	3	—	—	1	desgl.	D.	
—	—	2	—	—	1	desgl.	D.	
—	—	1	—	—	1	desgl.	D.	
—	—	—	—	—	—	desgl.	D.	
—	—	2	—	—	1	desgl.	D.	
—	1	4	1	—	1	Kämm. Breslau.	P.	
—	—	4	1	—	1	desgl.	P.	Gehört zu Voigtswalde.
—	—	2	—	—	—	Adelig.	D.	
—	3	9	1	2	1	desgl.	P.	1 Oehlschlägerei. Hierher gehört Schönborn.
—	2	12	—	—	—	desgl.	P.	
—	2	—	—	—	1	Comm. Corporis Christi zu Bresl.	D.	Hier sind Kräutereien.
—	—	25	—	—	1	desgl.	D.	
—	—	9	—	—	—	Adelig.	D.	1 Oehlschlägerei.
—	10	1	...	—	1	Comm. Corp Chr.	D.	
—	1	4	—	—	1	Sandstift z. Bresl.	D.	Hier sind Kräutereien.
—	2	9	—	—	1	Comm. Corp. Chr.	D.	Desgleichen.
—	—	5	—	1	—	Adelig.	D.	
—	1	4	—	1	1	Stadt Breslau.	P.	Gehört zu Riemberg.
—	1	—	—	—	1	Adelig.	D.	Gehört zu Gandau.

Nahmen der Dörfer.	Oeffentliche Gebäude: Kirchen. Protest.	Kirchen. Kathol.	Schulen. Protest.	Schulen. Kathol.	Pfarrhäuser.	Herrschaftl. Schlösser u. Wohnungen.	Vorwerke.	Scholtiseien.	Freigüter.	Bauern.	Freigärtner.	Hofgärtner.
Jäschkowitz	—	—	—	—	—	—	1	—	—	—	9	11
Jelline	—	—	—	—	—	—	—	—	1	18	4	—
Jeltsch, Ober- und Nieder-	—	C.	1	—	—	1	—	—	—	—	40	8
Jeraszelwitz, (Rasselwitz)	—	—	—	—	—	—	—	—	1	7	10	—
Jerau	—	—	—	—	—	—	1	—	1	11	6	6
Irrschnoke	—	—	—	—	—	—	—	—	1	2	—	—
Kentschke	—	—	—	—	—	—	—	1	—	3	2	—
Kleinburg	—	—	—	—	—	—	—	—	—	5	4	—
Klettendorf	—	—	1	—	—	1	—	—	—	14	12	—
Kniegnitz, Polnisch-	—	—	—	—	—	—	—	—	1	10	3	—
Koberwitz	—	—	1	—	—	1	1	—	—	—	6	18
Kottwitz	—	1	—	1	1	—	2	—	—	—	18	12
Kottwitz	—	—	—	1	—	2	—	—	1	10	13	—
Kreicke	—	—	1	—	—	1	1	—	—	—	8	—
Kreiselwitz	—	—	—	—	—	—	1	—	—	—	3	5
Krentsch	—	—	—	—	—	2	—	—	—	3	4	7
Krichen	—	—	—	—	—	1	1	—	—	—	19	10
Krieblowitz	—	—	—	—	—	1	1	—	—	—	2	5
Krittern	—	—	—	—	—	—	—	—	1	—	7	—
Krolkwitz	—	—	—	—	—	1	1	—	—	6	7	10
Kundschütz	—	—	—	—	—	—	—	—	—	—	1	10
Kunzendorf	—	—	1	—	—	1	—	—	—	14	6	6
Kurtsch	—	1	—	1	—	—	—	—	1	12	—	—
Lambsfeld	—	—	—	—	—	1	—	—	—	3	4	—
Langen	—	—	—	—	—	1	1	—	—	—	—	11
Lanisch	—	—	—	—	—	1	1	—	—	—	—	3
Lehrbeutel	—	—	—	—	—	—	1	—	—	—	—	—
Lehmgruben	—	—	1	—	—	1	—	—	—	—	46	—
Leipe	—	—	—	—	—	—	1	—	—	—	—	9
Leopoldwitz	—	—	—	—	—	—	—	—	1	2	—	—
Liebenau	—	1	—	1	—	1	1	—	—	3	10	9
Lilienthal, (Lilgenthal)	—	—	—	—	—	1	1	—	—	—	—	8
Lohe	—	—	—	—	—	1	1	—	2	—	9	12
Lohe	—	—	—	—	—	—	1	—	—	—	—	2
Lorankwitz	—	—	—	—	—	—	—	—	1	2	6	—
Magnitz	—	—	—	—	—	1	1	—	—	—	—	7
Malkwitz	—	1	1	1	1	1	1	—	—	14	14	15

Angerhäusler.	Häusler.	Andere Häuser.	Mühlen. Wasser-	Mühlen. Wind-	Kretschame.	Herrschaft.	Deutsche und Polnische Seite der Oder.	Anmerkungen und Merkwürdigkeiten.
—	1	2	—	1	—	Adelig.	P.	1 Oehlschlägerei. Hierher gehört Siebotschütz.
—	—	7	—	—	1	Damcap. zu Bresl.	D.	1 Oehlschlägerei.
—	24	17	2	—	1	Adelig.	P.	
—	—	7	—	—	1	Sandstift z. Beesl.	D.	
—	—	11	—	—	1	Adelig.	D.	
—	5	1	—	—	1	Bischöflich.	D.	
—	2	3	—	—	1	Domcap. zu Bresl.	D.	
—	—	3	—	—	1	Hosp. St. Trinit. zu Breslau.	D.	Hier sind Kräutereien.
—	—	10	—	—	1	desgl.	D.	
—	—	12	—	—	1	Stift St. Clarä.	D.	
—	1	10	—	1	—	Adelig.	D.	Hier ist eine Fasanerie.
—	12	9	—	1	3	Bischöflich.	P.	Desgleichen.
—	4	11	—	—	1	Stift Trebnitz.	D.	
—	—	3	—	1	—	Adelig	D.	
—	—	—	—	1	—	desgl.	D.	
—	—	8	—	—	1	desgl.	D.	
—	—	11	1	—	1	desgl.	P.	
—	1	5	1	—	1	St. Vincenz z. Br.	D.	
—	—	2	—	—	1	Hosp. St. Trinit.	D.	Hier sind Kräutereien.
—	—	7	—	1	1	Adelig.	D.	
—	—	3	—	—	—	Domcapitel.	D.	
—	—	13	1	—	1	Adelig.	P.	
—	1	11	—	1	—	desgl.	D.	
—	1	2	—	—	1	desgl.	D.	Hier ist ein Zollhaus.
—	3	2	—	—	1	desgl.	P.	
—	—	—	—	—	1	desgl.	P.	
—	1	2	—	—	—	Sandstift.	P.	
—	7	13	—	—	1	Stadt Breslau.	D.	Hier sind Kräutereien.
—	—	4	—	—	—	Adelig.	P.	Gehört zu Schweinern.
—	—	4	—	—	1	Bischöflich.	D.	
—	2	9	1	—	—	Adelig.	P.	
—	—	—	—	—	1	desgl.	P.	
—	—	6	—	1	1	desgl.	D.	
—	—	—	1	—	—	desgl.	P.	Gehört zu Striese.
—	4	5	—	—	1	St. S. Catharinä.	D.	
—	1	—	—	—	1	Adelig.	D.	
—	8	19	1	—	1	desgl.	D.	

Nahmen der Dörfer.	Oeffentl. Gebäude. Kirchen. Protest.	Oeffentl. Gebäude. Kirchen. Kathol.	Oeffentl. Gebäude. Schulen. Protest.	Oeffentl. Gebäude. Schulen. Kathol.	Pfarrhäuser.	Herrschaftl. Schlösser und Wohnhäuser.	Vorwerke.	Scholtiseien.	Freigüter.	Bauern.	Freigärtner.	Hofegärtner.
Malsen	—	—	—	1	—	—	—	—	1	9	1	—
Mandelau	—	—	—	—	—	—	—	—	—	4	—	—
Margareth	—	1	—	1	1	—	—	—	—	8	9	—
Masselwitz { Groß-	—	—	—	—	—	—	1	—	—	—	6	14
Masselwitz { Klein-	—	—	1	—	—	1	1	—	—	—	—	5
Meleschwitz	—	—	—	1	—	—	1	—	—	28	3	4
Mellowitz	—	—	—	1	—	—	—	—	—	10	4	—
Merzdorf	—	—	—	—	—	2	1	—	—	—	—	8
Michelwitz	—	—	—	—	—	—	—	—	1	2	1	—
Mochbern { Groß-	1	—	1	—	—	—	—	—	1	10	17	—
Mochbern { Klein-	—	—	—	—	—	—	—	—	—	6	4	—
Marienau, (Morgenau)	—	—	—	—	—	—	—	—	—	—	9	—
Münchwitz	—	—	—	1	—	—	—	—	—	10	6	—
Nädlitz { Groß-	—	—	1	—	—	1	1	—	—	6	—	26
Nädlitz { Klein-	—	—	—	—	—	1	—	—	1	4	4	—
Neidchen	—	—	—	—	—	—	1	—	—	—	—	7
Neudorf	—	—	—	—	—	—	—	—	—	—	93	—
Neudorf, Polnisch-	—	—	—	—	—	—	—	—	—	8	11	—
Neuen	—	—	—	—	—	—	1	—	—	—	—	8
Neukirch	—	1	1	1	1	1	1	—	—	11	15	12
Neuvorwerk	—	—	—	—	—	2	1	—	—	—	—	41
Niederhof	—	—	—	—	—	—	—	—	1	3	4	—
Oberhof	—	—	—	—	—	—	—	—	—	6	—	—
Oderwitz	—	—	—	—	—	—	—	—	1	6	3	—
Oldern { Groß-	—	—	1	—	—	—	—	—	1	5	1	—
Oldern { Klein-	—	—	—	—	—	—	1	—	—	—	3	6
Olraschin	—	1	—	1	1	—	—	—	—	10	12	—
Opperau	—	—	—	—	1	—	—	—	—	7	4	—
Oswitz	—	—	—	1	—	—	1	—	—	—	8	23
Ortwitz { an der Oder	—	—	—	—	—	1	1	—	—	—	—	9
Ortwitz { bei Großburg	—	—	—	—	—	—	1	—	—	—	2	8
Paschwitz	—	1	—	1	—	1	—	—	1	5	7	—
Pasterwitz	—	—	—	—	—	1	1	—	—	—	—	9
Pathendorf	—	1	—	1	—	2	1	—	—	4	4	14
Peltschütz	—	—	—	—	—	1	1	—	—	—	5	9
Peterwitz, Polnisch- { 1 Anth.	—	—	—	—	—	—	—	—	—	4	1	—
Peterwitz, Polnisch- { 2 Anth	—	—	—	1	—	—	—	—	1	5	1	—
Petrigau	—	—	—	—	—	—	1	—	—	5	11	12
Pilsnitz	—	—	1	—	—	1	1	—	—	—	21	9

Häusler.	Andere Häuser.	Mühlen. Wasser=	Wind=	Kretschame.	Herrschaft.	Deutsche oder Polnische Seite der Oder.	Anmerkungen und Merkwürdigkeiten.
3	9	—	1	1	Domcapitel.	D.	
—	6	—	—	—	desgl.	D.	
5	5	—	—	—	St. S. Matth. z. Br.	P.	
1	7	—	—	1	Adelig.	D.	
—	—	1	—	—	desgl.	D.	
2	19	—	—	1	Bischöflich.	P.	
—	13	—	—	1	Domcapitel.	D.	
—	1	1	—	—	Adelig.	D.	
1	3	—	—	1	Kämm. Breslau.	D.	
—	16	—	—	1	Domcapitel	D.	
3	7	—	—	1	Sandstift zu Bresl.	D.	
7	-	—	—	1	Kämm Breslau.	D.	Hier ist eine Bleiche.
1	9	—	—	1	Comm. Corp. Chr.	D.	
2	9	—	—	1	Adelig.	P.	
1	4	—	—	1	Kämm. Breslau.	P.	
—	1	—	—	1	Adelig.	D.	
—	40	—	—	1	Comm. Corp. Chr.	D.	Hier sind Kräutereien.
5	6	—	-	1	Domcapitel.	D.	
1	—	—	—	—	Adelig.	D.	
—	27	-	—	1	St. S. Clarä z. Br.	D.	
—	4	-	—	1	Adelig.	D.	
6	4	—	—	1	Stift St. Matthiä.	D.	
2	4	—	—	1	desgl.	D.	
2	4	—	—	1	St. S. Cath z. Br.	D.	
3	5	—	1	—	Stift St. Clarä.	D.	
1	2	—	1	1	Adelig.	D.	
2	15	—	—	—	Domcapitel.	D.	
—	13	—	—	1	desgl.	D.	
1	10	—	—	1	Stift St. Clarä.	P.	
4	2	—	—	1	Stift St. Vincenz.	D.	
1	1	—	1	1	Adelig.	D.	
16	5	—	—	1	Domcapitel.	D.	
—	1	1	—	—	Adelig.	D.	
2	7	—	1	1	desgl.	P.	
—	2	-	—	—	desgl.	D.	
1	2	—	—	—	St. S. Catharinä.	D.	
1	9	—	—	1	Stift St. Clarä.	D.	
2	20	1	—	1	Adelig.	D.	
—	8	1	—	1	desgl.	D.	

Nahmen der Dörfer.	Oeffentliche Gebäude. Kirchen. Protest.	Kirchen. Kathol.	Schulen. Protest.	Schulen. Kathol.	Pfarrhäuser.	Herrschaftl. Schlösser u. Wohnhäuser	Vorwerke.	Scholtiseien.	Freigüter	Bauern.	Freigärtner.	Hofegärtner.
Pirscham	—	—	—	—	—	1	1	—	—	—	—	4
Pleische	—	—	—	—	—	—	—	—	1	—	—	—
Pleischwitz	—	—	—	—	—	1	1	—	—	—	2	7
Pöpelwitz	—	—	1	—	—	1	1	—	—	—	20	9
Polanowitz	—	—	—	1	—	—	—	—	1	6	24	—
Pologwitz	—	—	—	—	—	1	1	—	—	—	3	12
Priszelwitz	—	1	—	1	1	1	1	—	—	8	3	9
Probotschine	—	—	—	—	—	—	—	—	—	5	—	—
Protsch an der Oder	1	—	1	1	—	1	1	—	—	—	17	19
Protsch an der Weyde	—	1	1	1	1	1	1	—	—	—	5	12
Puskowa	—	—	—	—	—	—	—	—	1	—	2	—
Raake	—	—	—	—	—	—	1	—	—	—	—	8
Radwaritz	—	—	—	—	—	—	—	—	—	5	8	—
Ranfern	—	—	1	—	—	1	2	—	—	5	2	16
Rasselwitz, Klein-	—	—	—	—	—	—	—	—	—	3	5	—
Rattwitz 1 Antheil	—	—	—	—	—	—	—	—	—	7	8	—
Rattwitz 2 Antheil	—	—	1	—	—	—	—	—	1	—	20	—
Reibnitz	—	—	—	—	—	1	1	—	—	—	—	4
Reichwald	—	—	—	—	—	1	1	—	—	—	—	15
Repplin	—	—	—	—	—	—	—	—	1	5	4	—
Riemberg	1	—	1	1	1	3	1	—	—	18	14	19
Romberg	—	—	—	—	—	—	1	—	—	—	3	8
Rosenthal, (Rosel)	—	—	1	—	—	1	1	—	—	7	9	11
Rothsürben	—	1	1	1	1	1	1	—	—	10	11	18
Sacherwitz	—	—	—	—	—	1	1	—	—	—	—	12
Sadewitz	—	—	—	—	—	1	1	—	—	3	11	12
Sägewitz Groß-	—	—	—	—	—	1	1	—	—	3	7	9
Sägewitz Klein- 1 Anth.	—	—	—	—	—	—	—	—	—	2	1	—
Sägewitz Klein- 2 Anth.	—	—	1	—	—	1	1	—	—	—	—	10
Sambowitz	—	—	—	—	—	—	—	—	1	6	5	—
Sandberg	—	—	—	—	—	—	—	—	—	—	6	—
Sattkau	—	—	—	—	—	1	1	—	—	—	—	—
Schalkau	—	1	—	1	—	1	2	—	—	—	10	11
Schauerwitz	—	—	—	—	—	—	—	—	—	4	—	—
Scheitnig, Alt-	—	—	1	—	—	—	—	—	—	—	30	—
Schebitz	—	1	1	1	2	—	—	—	—	25	7	10
Schiedlagwitz	—	C.	—	—	—	—	—	—	2	4	12	—

Häusler.	Andere Häuser.	Mühlen. Wasser=	Mühlen. Wind=	Kretschame.	Herrschaft.	Deutsche oder Polnische Seite der Oder.	Anmerkungen und Merkwürdigkeiten.
1	1	—	—	—	Stift St. Matth.	D.	Hiermit ist Knopfmühle verbunden.
4	2	—	—	—	Domcapitel.	D.	
—	2	—	—	—	Comm. Corp. Chr.	D.	
1	10	—	1	1	Adelig.	D.	
—	4	—	—	—	Domcapitel.	P.	
—	8	—	—	—	Adelig.	D.	
2	8	—	—	1	Stift St. Clarä.	D.	
—	6	—	—	—	Domcapitel	D.	
—	23	—	—	1	Hospit. aller Heil.	D.	
3	8	1	—	1	Adelig	P.	
5	1	—	—	1	Domcapitel.	D.	
1	—	—	—	—	Adelig.	P.	Gehört zur Aurasser Fischergasse.
1	2	—	—	1	Domcapitel.	D.	
5	3	—	1	1	Kämm. Breslau.	P.	
—	3	—	—	1	Stift z heil. Kreuz.	D.	
14	12	—	—	1	Bischöflich.	P.	
16	9	—	1	—	Adelig.	P.	
4	1	—	—	—	Domcapitel.	D.	
2	13	1	—	1	Stift Leubus.	P.	
1	9	—	—	1	Domcapittel.	D.	
7	14	1	—	1	Kämm. Breslau.	P.	Hierher gehört Gäckel.
—	4	—	1	1	Adelig.	D.	
2	8	—	—	1	desgl.	P.	
4	9	—	—	1	desgl.	D.	Dieses Dorf hat Marktrecht.
4	4	—	—	1	desgl.	D.	
1	4	—	—	1	desgl.	D.	
3	5	—	—	1	desgl.	D.	
—	4	—	—	—		D.	
—	3	—	—	—	desgl.	D.	
—	7	—	—	1	Hosp. z. h. Dreiein.	D.	
—	—	—	—	—	Hospit. aller Heil.	D.	Gehört zu Protsch a. d. Oder.
—	1	—	1	—	Adelig.	D.	Gehört zu Rothsürben.
—	9	1	—	1	desgl.	D.	
—	9	—	—	1	desgl.	D.	
—	15	—	—	1	Kämm. Breslau.	P.	Hier giebt es mehrere Gärten und Gebäude, die Breslauer Privat-Personen gehören. Der Garten des Fürsten von Hohenlohe ist der größte.
5	16	—	—	1	Adelig.	P.	
1	7	—	—	1	desgl.	D.	

Nahmen der Dörfer.	Oeffentliche Gebäude. Kirchen. Protest.	Kirchen. Kathol.	Schulen. Protest.	Schulen. Kathol.	Pfarrhäuser.	Herrschaftl. Schlösser u. Wohnhäuser.	Vorwerke.	Scholtiseien.	Freigüter.	Bauern.	Freigüter.
Schlanz	—	—	1	—	—	1	1	—	—	1	8
Schliesa	—	—	1	—	—	1	1	—	—	—	9
Schliesa, Neu-	—	—	—	—	—	—	1	—	—	—	—
Schmiedefeld	—	—	—	—	—	—	1	—	—	—	7
Schmoltsch	—	—	1	—	—	1	1	—	—	6	10
Schmortsch	—	—	—	—	—	1	1	—	—	—	—
Schön Bankwitz	—	—	—	—	—	1	1	—	—	7	12
Schönborn	—	—	1	—	—	1	1	—	—	4	5
Schönborn	—	—	—	—	—	—	1	—	—	—	6
Schönfeld	—	—	—	—	—	1	1	—	—	5	6
Schosnitz	—	1	—	1	1	1	2	—	—	1	17
Schottgau Groß-	—	—	—	—	—	1	1	—	—	—	2
Schottgau Klein-	—	—	—	—	—	—	1	—	—	—	—
Schottwitz	—	—	—	—	—	—	1	—	—	—	8
Schulermühle	—	—	—	—	—	—	1	—	—	—	—
Schweinbraten	—	—	—	—	—	—	—	—	1	6	7
Schweinern	—	1	1	1	1	1	1	—	—	—	22
Schwentnig	—	—	—	—	—	—	1	—	—	—	—
Schwoitsch	1	—	1	1	1	1	1	—	—	4	—
Seifersdorf	—	1	—	1	—	1	1	—	—	10	4
Seschwitz	—	—	—	—	—	1	1	—	—	11	9
Siebischau	—	—	—	—	—	1	1	—	—	—	—
Sievotschütz	—	—	—	—	—	—	—	—	—	6	3
Sierchen	—	—	1	—	—	1	1	—	—	4	6
Sillmenau	—	—	—	—	—	1	1	—	—	—	—
Sorge	—	—	—	—	—	—	1	—	—	3	15
Sponsberg	—	1	1	1	—	1	1	—	—	8	10
Stabelwitz	—	1	—	1	1	1	1	—	—	7	13
Steinau.	—	—	—	—	—	1	1	—	—	7	3
Strachwitz	—	—	—	—	—	2	1	—	—	—	18
Striese	—	1	1	1	1	1	1	—	—	15	8
Sürding Groß-	—	—	—	—	—	1	1	—	—	1	—
Sürding Klein-	—	—	—	—	—	—	—	—	1	—	—
Tannwald	—	1	—	1	—	1	1	—	—	25	2
Thauer	—	1	—	1	1	—	—	—	—	6	—
Thiergarten	—	1	1	1	1	—	—	—	—	13	11
Tinz, Klein-	—	1	—	1	1	1	1	—	—	7	2

Angerhäuser.	Häusler.	Andere Häuser.	Mühlen. Wasser.	Mühlen. Wind.	Kretschame.	Herrschaft.	Deutsche oder Polnische Seite der Oder.	Anmerkungen und Merkwürdigkeiten.
—	—	6	—	—	—	Adelig.	D.	Hierher gehört die Colonie Wilhelmsthal.
—	2	4	—	—	2	desgl.	D.	Beide gehören zusammen. Unter den 20 andern Häusern sind 8 Colonistenstellen.
—	1	20	—	1	1	desgl.	D.	
—	—	4	—	1	—	desgl.	D.	
—	—	5	—	1	1	desgl.	D.	
—	—	6	—	1	1	Stift Catharinä.	D.	
—	—	—	—	1	1	Adelig.	D.	
—	—	1	—	1	1	desgl.	D.	
—	1	4	—	—	—	desgl.	P.	Gehört zu Heinzendorf.
—	—	5	1	—	1	desgl.	D.	
—	6	8	1	—	1	desgl.	D.	Das eine Vorwerk heißt Rosenvorwerk.
—	—	4	—	1	—	desgl.	D.	Haben Herrn.
—	—	2	—	—	—	desgl.	D.	
—	—	6	—	—	1	Stift Vincenz.	P.	
—	—	—	1	—	1	Adelig.	D.	
—	—	7	1	—	1	desgl.	D.	
—	—	11	1	—	2	desgl.	P.	1 Oehlschlägerei. Unter den 11 andern Häusern sind 5 Colonistenhäuser. Hierher gehört auch Leipe.
—	—	—	—	—	—	Stift Vincenz.	D.	
—	8	11	—	—	1	Hospit. St. Trinit.	P.	
—	1	7	—	—	1	Adelig.	P.	
—	—	4	—	1	1	desgl.	D.	
—	—	—	—	—	—	desgl.	D.	
—	—	4	—	—	1	desgl.	P.	Gehört zu Jäschkowitz.
—	—	9	—	—	1	desgl.	P.	
—	—	4	—	—	1	desgl.	D.	
—	2	22	1	—	1	desgl.	P.	
—	3	14	2	—	1	desgl.	P.	
—	2	11	1	—	—	desgl.	D.	
—	8	7	—	1	1	Stift St. Matthiä.	P.	
—	1	6	—	1	1	Adelig.	D.	
—	3	12	2	—	1	desgl.	P.	Hierher gehört Lohe.
—	—	7	—	—	1	desgl.	D.	
—	—	2	—	—	1	Domcapitel.	D.	
—	3	14	3	—	1	Stift Leubus.	P.	Hier ist eine Bleiche.
—	—	8	—	—	1	Comm. Corp. Chr.	D.	
—	5	12	—	3	1	Adelig.	P.	Eine Oehlschlägerei.
—	4	9	—	1	1	Sandstift z. Bresl.	D.	

Nahmen der Dörfer.	Oeffentliche Gebäude. Kirchen. Protest.	Kirchen. Kathol.	Schulen. Protest.	Schulen. Kathol.	Pfarrhäuser	Herrschaftl. Schlösser und Wohnhäuser.	Vorwerke.	Scholtiseien.	Freigüter.	Bauern.	Freigärtner.	Hofegärtner.
Treschen	—	—	1	—	—	1	—	—	—	2	2	6
Tschantsch { Groß-	—	—	—	—	—	—	—	—	1	3	—	—
Tschantsch { Klein-	—	—	—	—	—	—	—	—	1	—	—	—
Tschauchelwitz	—	—	—	—	—	—	—	—	—	—	—	—
Tschechnitz	—	—	—	—	—	1	—	—	—	4	15	16
Tschirne	—	C.	—	1	—	1	—	1	—	6	9	5
Unchristen	—	—	—	—	—	—	—	—	—	6	3	—
Voigtswalde	—	—	—	—	—	—	1	—	—	—	—	2
Wäldchen	—	—	—	—	—	—	1	—	—	1	7	9
Wahren	—	1	1	1	1	1	1	—	—	12	9	16
Walkvorwerk	—	—	—	—	—	—	1	—	—	—	—	4
Wangern	—	1	—	1	1	1	1	—	1	13	9	19
Warusche	—	—	—	—	—	—	1	—	—	—	—	2
Wasserjentsch	—	—	—	—	—	1	1	—	—	—	2	10
Weyde	—	—	—	—	—	—	1	—	—	—	2	10
Weigwitz	—	—	—	—	—	—	1	—	—	8	7	4
Wetzig	—	—	—	—	—	1	1	—	—	—	—	9
Wilhelmothal, Colonie	—	—	—	—	—	—	—	—	—	—	—	—
Wilkowitz	—	—	—	—	—	—	—	—	—	—	—	—
Wiltschau	1	1	1	1	2	1	1	—	—	6	9	15
Wirwitz	—	1	1	1	1	1	2	—	—	12	18	15
Woigwitz	—	—	—	—	—	—	—	—	—	6	6	13
Woischwitz	—	—	—	1	—	—	—	—	1	14	4	—
Wüstendorf	—	1	—	1	—	1	1	—	—	12	8	7
Zaumgarten	—	—	—	—	—	1	1	—	—	6	—	10
Zedlitz	—	—	—	—	—	1	1	—	—	—	—	—
Zindel	—	1	—	1	—	1	—	—	—	22	8	9
Zweibrodt	—	—	1	—	—	—	1	—	—	1	11	—
Zweihof	—	—	—	—	—	—	—	—	1	—	2	—

Angerhäusler.	Häusler.	Andere Häuser.	Mühlen. Wasser=	Mühlen. Wind=	Kretschame.	Herrschaft.	Deutsche oder Polnische Seite der Oder.	Anmerkungen und Merkwürdigkeiten.
—	2	2	—	1	1	Adelig.	D.	
—	5	2	—	—	1	Stift Vincenz.	D.	
—	—	—	—	—	1	Adelig.	D.	
—	—	—	—	—	—	— —	—	Unbekannt.
—	7	13	1	—	1	Stift Matthiä.	D.	
—	25	17	—	1	1	Domcapitel.	P.	
—	—	3	—	—	1	Adelig.	D.	
—	—	1	—	—	—	Kämm. Breslau.	P.	Hierher gehört Haufen.
—	—	5	—	1	1	Adelig.	D.	
—	—	7	—	—	1	desgl.	P.	Eine Einsiedelei.
—	—	2	—	—	—	desgl.	P.	Gehört zur Aurasser Fischergasse.
—	9	13	—	—	1	desgl.	D.	
—	1	1	—	—	1	St. H. Kreuz in Br.	D.	Gehört zu Domslau.
—	—	3	—	1	1	Adelig.	D.	
—	1	3	—	—	1	desgl.	P.	
—	—	5	—	1	1	desgl.	D.	
—	—	1	—	1	—	desgl.		
—	6	—	—	—	—	desgl.		
—	10	—	—	—	—	Domcapitel.	—	Eine zu Schlanz gehörige Colonie.
—	—	5	—	1	1	Adelig.		
—	2	—	—	1	2	desgl.		
—	9	12	—	—	—	Stift Vincenz.		
—	3	18	—	—	1	Stift St. Cathar.		
—	10	12	—	—	1	Sandstift zu Bresl.	P.	
—	—	7	—	1	1	Adelig.		
—	—	—	—	—	—	Stift Vincenz.		
—	—	8	—	1	1	Adelig.	P.	
—	—	8	—	1	1	desgl.		
—	4	1	—	—	—	Sandstift zu Bresl.		

II.

Der Neumarkter Kreis.

Der Neumarkter Kreis, zu dem jetzt das Weichbild Canth gehört, gränzt gegen Morgen an den Breslauer Kreis; gegen Mittag an den Schweidnitzer Kreis; gegen Abend an den Liegnitzer Kreis; gegen Mitternacht an den Wohlauer Kreis.

Die Oder, die zwischen diesem, dem Breslauer und Wohlauer Kreise gegen Mitternacht die Gränze macht; die Weistritz (das Schweidnitzer Wasser), die gegen Morgen die Gränze zwischen diesem und dem Breslauer Kreise, und gegen Mittag mit dem Schweidnitzer Kreise macht; das Striegauer Wasser (die Pöllnitz), die Tarne, das Neumarkter Wasser, der Glanzbach, der Landgraben, nebst noch etlichen kleinen Bächen, fließen in diesem Kreise, der auf 13½ Quadrat-Meilen 2 Städte (Neumarkt und Canth), 1 Marktflecken (Kostenblut) und 125 Dörfer, 10 Antheile, mithin 135 Dörfer oder Antheile enthält.

A. Städte.

1. Neumarkt.

Die Immediat- und Kreisstadt Neumarkt liegt in einer fruchtbaren Ebene, ist mit einer hohen Mauer und Graben umgeben, hat vier Thore (das Breslauer

Thor, das Liegnitzer Thor, das Thomasthor und das Fleischerthor), und enthält außer der Burg, zu der das Dorf Kobelnick gehört,

I. An städtischen Gebäuden:

1) Das Rathhaus.

2) Das Malzhaus.

3. 4) Zwei Brauhäuser.

5) Den Marstall.

6) Das Lazareth.

7. 8. 9) Drei Wachhäuser.

10) Ein Hospital.

11) Das Schuster Convent-Haus.

II. An kirchlichen und Schulgebäuden:

1) Die katholische Pfarrkirche zum heil. Andreas, an der ein Parochus und ein Capellan die Parochialien besorgen.

2) Das Minoriten-Kloster mit der Kirche. (Acht Mönche.)

3) Die Probsteikirche zu U. L. Frauen vor dem Liegnitzer Thore, in welcher nur alle Sonntage und Marien-Feste Messe gelesen, sonst aber keine religiösen Handlungen verrichtet werden.

4) Die evangelisch-lutherische Kirche, an welcher 2 Prediger stehen.

5) Die evangelische Schule, an der ein Rector und 2 Collegen den Unterricht besorgen.

6) Die katholische Schule.

III. An bürgerlichen Häusern 275; davon sind in der Vorstadt 39.

Außer dem erlernten Handwerke und dem Brauurbar, dazu die Gerechtigkeit auf 149 Häusern haftet, (15 Dörfer stehen unter dem Bierzwange,) einigem Consumtions-Handel, sind Ackerbau, Anbau von Toback, Färberröthe und Küchenkräutern, die Nahrungszweige der Bürger.

Die Kämmerei besitzt das Dorf Schlaupe.

Königliche Aemter sind hier:

1) Das Steueramt.

2) Das Postamt.

3) Das Accise- und Zollamt.

Sonnabends ist Wochenmarkt, und jährlich sind 3 Jahrmärkte: 1) Mittwochs nach Neujahr; 2) an Kreuzes Erfindung; 3) an Michaelis.

Die Garnison besteht aus einem Bataillon Füsilier Nr. 22.

2. Canth,

eine Immediatstadt, liegt am linken Ufer der Weistritz, in einer angenehmen und fruchtbaren Gegend, ist nur zum Theil mit einer Mauer umgeben, hat 2 Thore, und enthält, außer dem Rathhause, 4 andern städtischen Gebäuden, einem Hospital, einer katholischen Kirche, einem Pfarr- und einem Schulhause, 178 Privathäuser *),

*) Zimmermann giebt in den Beiträgen, Th. 12. S. 148, 129 in der Stadt, 29 in der Vorstadt, und in den allgemeinen

unter welchen 3 Wirthshäuser, eine Mahl- und eine Lohmühle sind.

Das erlernte Handwerk, Garn- und einiger Consumtions-Handel, der Ackerbau und Brauurbar, zu dem 116 Häuser berechtigt sind, (6 Dörfer müssen sich von hieraus mit Bier versorgen,) nähren die Bürger.

Die 3 Jahrmärkte sind: 1) Montags nach Quasimodogeniti; 2) am Tage Aegidii; 3) an Martini.

Das Accise- und Zollamt ist das einzige königliche Amt.

Die Invaliden-Compagnie des Infanterie-Regiments Nr. 31 liegt hier in Garnison.

B. Der Marktflecken

Kostenblut,

ein Eigenthum des Prämonstratenser-Stiftes St. Vincenz zu Breslau, enthält: eine katholische Kirche, an der zwei Stiftsgeistliche die Sacra administriren, zwei Pfarrhäuser, ein Schulhaus, zwei Wirthshäuser, 17 Bauern, 27 Freigärtner, 17 Häusler und 23 andere Häuser. Die Einwohner, darunter etwa etliche und dreißig Handwerksleute sind, nähren sich vom Ackerbau.

Jahrmärkte sind: 1) am Sonntage Oculi; 2) an Johannis; 3) an Crucis.

Nachrichten von Schlesien, S. 9, obige Summe an. Welches ist nun die richtige Anzahl?

C. Dörfer:

Nahmen der Dörfer.	Oeffentliche Gebäude. Kirchen. Protest.	Kathol.	Schulen. Protest.	Kathol.	Pfarrhäuser.	Herrschaftl. Schlösser u. Wohnhäuser.	Vorwerke.	Lehngüter.	Freigüter.	Bauern.	Freigärtner.	Hofegärtner.
Baudis, Polnisch-	—	—	—	—	—	—	1	—	—	—	3	8
Belkau	—	—	—	—	—	1	1	—	—	—	2	14
Beylau	—	—	—	1	—	—	—	—	1	8	8	—
Berg	—	1	—	1	1	—	—	—	—	—	7	—
Bischdorf	—	1	—	1	1	—	—	—	1	15	13	—
Bockau	—	1	—	1	2	—	—	1	1	19	18	—
Borganie	—	1	—	1	—	1	1	—	—	8	7	6
Borne	—	1	1	—	—	1	1	—	—	6	4	18
Brandschütz	—	—	1	—	—	1	1	—	—	—	10	9
Briese, Groß-	—	1	1	—	1	1	1	—	—	6	7	12
Briese, Klein-	—	—	—	—	—	—	1	—	—	1	8	8
Brethen	—	—	—	1	—	—	—	—	—	14	8	—
Bruch	—	—	—	—	—	—	—	—	—	—	2	—
Buchwäldchen	—	—	—	—	—	—	—	—	—	—	—	3
Camese	—	1	—	1	1	—	—	—	1	19	14	—
Ebersdorf	—	—	—	—	—	—	—	—	1	5	9	1
Ellguth	—	—	—	—	—	1	1	—	—	—	—	6
Elend	—	—	—	—	—	1	1	—	—	—	—	—
Falkenhayn	—	—	—	—	—	1	1	—	—	—	3	16
Flämischdorf, Ober-	—	—	—	—	—	1	1	—	—	—	2	6
Flämischdorf, Mittel- u. Nieder-	—	—	—	—	—	1	1	—	—	—	8	2
Frankenthal, Ober-	—	—	—	—	—	1	1	—	—	—	1	10
Frankenthal, Nieder-	—	—	—	—	—	1	1	—	—	—	5	8
Frobelwitz	—	—	—	—	—	—	1	—	—	—	8	12
Fürstenau	1	1	1	1	2	1	3	—	—	10	18	21
Ganscherau	—	—	—	—	—	—	1	—	—	—	—	2
Gloschkau	—	—	—	—	—	1	1	—	—	4	8	18
Gniefgau	—	—	—	—	—	—	1	—	—	—	6	6
Göbel	—	—	—	—	—	—	1	—	—	—	4	2
Gohlau, Groß-	—	1	1	—	1	1	2	—	—	6	16	13
Gohlau, Klein-	—	—	—	—	—	—	—	—	—	—	6	—
Gossendorf	—	—	—	—	—	1	1	—	—	2	—	6
Grünthal	—	—	—	—	—	—	1	—	—	—	2	—
Guckowitz	—	—	—	—	—	—	1	—	—	—	1	5

Häusler.	Andere Häuser.	Mühlen. Wasser.	Mühlen. Wind.	Kretschame.	Herrschaft.	District *).	Anmerkungen und Merkwürdigkeiten. *) N bedeutet den Neumarkter, C. den Canther-District oder Weichbild.
1	1	—	—	—	Adelig.	N.	
2	12	1	1	—	desgl.	N.	
4	12	—	1	—	Comm. Groß-Tinz.	C	
2	1	—	—	—	Adelig.	N.	Dazu geh. eine Schäferei mit drei Gärtnerstellen. Gehört zu Gloschkau.
5	18	—	1	—	Bischöflich.	N.	Eine Oehlschlägerei.
12	15	—	1	1	desgl.	C.	Desgleichen.
4	14	1	—	—	Adelig.	C.	
11	5	—	1	—	desgl.	N.	
1	6	—	1	1	desgl.	N.	
8	17	—	1	1	desgl.	N	
—	13	—	—	1	desgl.	N.	
3	11	—	—	—	Stift Trebnitz.	N.	
—	1	1	—	—	Ober-Amts-Jurisd.	N.	
—	3	1	—	—	Adelig.	N.	
14	—	—	1	—	Stift Trebnitz.	N.	Eine Oehlschlägerei.
7	10	—	—	—	Domcapit. z. Bresl.	C.	Desgleichen.
—	1	—	1	1	Adelig.	N.	
—	2	—	—	—	Stift Leubus.	N.	
—	6	—	1	1	Adelig.	N.	Hierher gehört Eichberg, ein Vorwerk.
2	2	—	1	—	desgl.	N.	
3	4	1	—	1	desgl.	N.	Die Mühle heißt die Pürnermühle.
—	2	1	—	1	desgl.	N.	
—	13	1	—	1	desgl.	N.	Eine Ziegelei. Die Mühle heißt die Waldmühle.
3	11	—	1	1	desgl.	N.	
3	45	—	—	1	desgl.	C.	Eines der Vorw. h. Einschütz, u. eines das kalte Vorwerk.
—	—	—	—	—	desgl.	N.	
13	10	—	—	1	desgl.	N.	Hierher gehört Berg.
1	2	—	—	1	desgl.	N.	
3	1	—	—	—	desgl.	N.	Gehört zu Kadlau.
—	13	—	—	1	desgl.	N.	Eine Ziegelei. Ein Vorwerk heißt Koline.
—	—	1	—	—	desgl.	N.	
2	7	—	—	1	desgl.	N.	
—	1	—	—	—	desgl.	N.	
—	2	—	—	—	St. Clarenst. z Bresl.	N.	

Nahmen der Dörfer.	Oeffentliche Gebäude.					Herrschaftl. Schlösser u. Wohnhäuser.	Vorwerke.	Lehngüter.	Freigüter.	Bauern.	Freigärtner.	Hofegärtner.
	Kirchen		Schulen.		Pfarrhäuser.							
	Protest.	Kathol.	Protest.	Kathol.								
Hartau	—	—	—	—	—	—	1	—	—	—	—	—
Hausdorf	—	—	—	—	—	1	1	—	—	—	3	11
Heidau	—	—	—	—	—	—	1	—	—	1	5	12
—— Klein-	—	—	—	—	—	—	—	—	—	—	7	—
Hubendorf	—	—	—	—	—	—	—	—	—	—	—	2
Jacobsdorf	—	—	—	—	—	1	1	—	—	—	12	11
Jänkwitz	—	—	1	—	—	—	—	—	—	12	9	—
Järschendorf	—	1	1	—	—	1	1	—	—	10	3	7
Jäschkendorf	—	—	—	—	—	—	—	—	—	—	3	8
Illnitz	—	1	—	1	1	1	1	—	—	—	—	10
Jürtsch	—	—	—	—	—	—	1	—	—	—	6	4
Kadlau	—	—	—	—	—	1	2	—	—	—	—	11
Kammendorf bei Canth	—	—	—	—	—	1	1	—	—	—	10	10
—— — Neumarkt	—	—	1	—	—	—	—	—	—	12	4	—
Kertschütz	—	1	1	—	1	1	1	—	—	3	6	11
Keulendorf	—	1	—	1	1	—	—	—	—	14	30	—
Kniegnitz	—	—	—	—	—	1	1	—	—	—	—	6
Kobelnick	—	—	1	—	—	—	1	—	—	—	11	10
Koslau	—	—	—	—	—	—	1	—	—	—	1	6
Krampitz	—	—	—	—	—	—	—	—	1	6	11	—
Krintsch	—	1	—	1	1	—	—	—	1	21	20	—
Lampersdorf	—	—	1	—	—	1	1	—	—	4	1	11
Landau	—	1	—	1	—	—	—	—	1	11	11	—
Leonhardwitz	—	—	1	—	—	1	1	—	—	—	4	11
Leuthen	1	1	1	1	2	1	1	—	—	22	19	12
Lissa	—	1	—	1	1	1	1	—	—	—	28	2
Lobetinz	—	—	—	—	—	1	1	—	—	2	6	9
Lorzendorf	—	1	—	1	1	1	1	—	—	5	8	12
Marschwitz	—	—	1	—	—	1	1	—	—	—	21	15
Meesendorf	—	—	—	—	—	1	1	—	—	—	—	8
Mettkau	—	—	—	—	—	1	1	—	—	—	3	9
Muckerau	—	—	—	—	—	—	1	—	—	—	1	6
Neudorf	—	1	—	1	—	—	—	—	—	15	—	16
Neudörfel	—	—	—	—	—	—	—	—	—	—	4	2
Neuvorwerk	—	—	—	—	—	—	1	—	—	—	—	2
Nimkau	—	1	—	1	1	1	1	—	—	12	11	12

Häusler.	Andere Häuser.	Mühlen. Wasser-	Mühlen. Wind-	Kretschame.	Herrschaft.	District.	Anmerkungen und Merkwürdigkeiten.
—		—	—	1	Adelig.	N.	Gehört zu Pirschen.
—	4	—	1	1	desgl.	N.	
—	9	—	—	—	desgl.	N.	
—		—	—	1	desgl.	N.	Gehört zu Rathen.
1	—	—	—	1	desgl.	N.	Gehört zu Schöneiche.
—	7	—	1	1	desgl.	N.	Eine Oehlschlägerei.
—	16	—	1	1	Stadt Breslau.	N.	Desgleichen.
11	4	—	1	—	Adelig.	N.	Desgleichen.
—	3	—	1	—	Stadt Breslau.	N.	
—	3	—	—	1	Adelig.	N.	
—	1	1	—	1	desgl.	N.	
—	8	1	—	1	desgl.	N.	Hierher geh. Göbel und Neudörfel.
4	12	1	—	1	desgl.	C.	Die Mühle heißt die Strade-
—	17	—	—	1	Stadt Breslau.	N.	demühle. 1 Oehlschlägerei.
—	5	—	1	1	Adelig.	N.	Hierher gehört Wüstung.
—	26	—	1	1	desgl.	N.	
1	4	—	—	1	desgl.	N.	Hierher gehört Warschine.
2	10	—	—	1	Stadt Breslau.	N.	
—	2	1	—	1	Adelig.	C.	Die Mühle heißt Neuemühle.
3	10	—	—	1	Stadt Breslau.	N.	
10	18	—	1	1	Domcapitel zu Bresl.	N.	Zwei Oehlschlägereien.
—	3	—	1	1	Adelig.	N.	
2	18	1	—	1	Stift Vincenz.	C.	Die Mühle heißt die Gilgen-
8	5	—	1	1	Adelig.	N.	auer Mühle.
2	29	—	1	1	desgl.	N.	Eine Oehlschlägerei. 1757,
19	7	1	—	2	desgl.	N.	den 5. Dec., die Schlacht,
1	6	—	1	1	desgl.	N.	wo Friedrich II. siegte.
4	14	1	—	1	desgl.	C.	
—	9	1	—	1	desgl.	N.	
—	4	—	1	1	desgl.	N.	
6	17	1	—	1	desgl.	C.	
—	3	—	—	—	desgl.	N.	
1	8	—	—	1	desgl.	C.	
—	—	—	—	1	desgl.	N.	Gehört zu Kadlau.
—	—	—	—	—	desgl.	N.	Gehört zu Nimkau.
9	18	2	—	1	desgl.	N.	Hierher geh Sabor, Neuvorwerk. Die eine Mühle heißt die Briegsche Mühle.

Nahmen der Dörfer.	Oeffentliche Gebäude. Kirchen. Protest.	Oeffentliche Gebäude. Kirchen. Kathol.	Oeffentliche Gebäude. Schulen. Protest.	Oeffentliche Gebäude. Schulen. Kathol.	Oeffentliche Gebäude. Pfarrhäuser.	Herrschaftl. Schlösser u. Wohnhäuser.	Vorwerke.	Lehngüter.	Freigüter.	Bauern.	Freigärtner.	Hofgärtner.
Nippern	—	1	—	1	1	1	2	—	—	9	16	11
Ocklitz	—	—	—	—	—	1	1	—	—	5	6	9
Onerkwitz	—	—	—	—	—	1	1	—	—	—	—	10
Peitzerwitz	—	1	—	1	1	—	—	—	1	22	12	—
Peiskerwitz	—	—	1	—	—	2	—	—	—	3	5	9
Peterwitz, Groß-	1	1	1	1	2	1	1	—	—	13	17	12
Pfaffendorf	—	—	—	—	—	—	—	—	2	1	4	24
Pirschen.	—	1	1	1	1	—	1	—	—	8	6	10
Pitschen	—	—	—	—	—	1	1	—	—	7	2	8
Pohlsdorf	—	1	—	1	1	1	—	—	—	2	10	17
Polkendorf	—	—	—	—	—	—	1	—	—	—	2	7
Polsnitz	—	1	—	1	1	—	—	—	1	12	8	5
Probstey	—	—	—	—	—	—	1	—	—	1	10	—
Puschmühle	—	—	—	—	—	—	—	—	—	—	1	—
Puschwitz	—	1	—	1	—	1	1	—	—	9	7	8
Rackschütz	1	1	1	—	2	1	1	—	—	11	7	12
Radaxdorf	—	1	—	—	1	1	1	—	—	5	3	7
Rathen	—	—	—	—	—	1	1	—	—	—	13	13
Regnitz	—	—	—	—	—	—	—	—	—	—	37	—
Rommenau	—	—	—	—	—	—	1	—	—	—	5	8
Romolkwitz { Ober- . .	—	—	1	—	—	1	1	—	—	—	2	6
Romolkwitz { Nieder- .	—	—	—	—	—	—	1	—	—	—	2	5
Saara	—	—	—	—	—	—	1	—	—	—	2	5
Sablath	—	—	—	—	—	—	—	—	—	15	—	4
Saber	—	—	—	—	—	—	—	—	—	—	3	17
Sachwitz	—	1	1	1	1	—	—	—	—	9	12	9
Sagschütz.	—	—	—	—	—	—	1	—	—	—	2	4
Schadewinkel	—	—	1	—	—	—	1	—	—	16	14	4
Schebekirche	—	—	—	—	—	—	1	—	—	—	2	9
Schimmelwitz	—	—	—	—	—	—	—	—	—	9	6	—
Schlaupe	—	—	1	—	—	1	1	—	—	—	15	8
Schmachtenhayn	—	—	—	—	—	—	1	—	—	—	2	6
Schmellwitz	—	1	1	1	1	1	1	—	—	5	4	12
Schönau	—	—	—	1	—	1	1	—	—	—	10	12
Schönbach	—	—	—	—	—	1	1	—	—	—	2	9
Schöneiche	—	1	—	1	—	1	1	—	—	—	6	10
Schreibersdorf	—	—	—	—	—	—	—	—	1	7	12	2
Schriegwitz	—	—	—	—	—	1	1	—	—	—	7	10

Bauern.	Andere Häuser.	Mühlen. Wasser-	Mühlen. Wind-	Kretschame.	Herrschaft.	District.	Anmerkungen und Merkwürdigkeiten.
—	22	1	—	1	St. S. Clärä zu Br.	N.	Das eine Vorwerk heißt Landschützer Vorwerk.
—	48	1	—	1	Adelig.	C.	
—	4	—	—	1	desgl.	N.	
5	26	—	1	1	Domcapitel zu Bresl.	C.	
—	10	—	—	1	Kämmerei Breslau.	N.	
9	14	2	—	1	Adelig.	N.	Eine Mühle heißt die Laßermühle.
—	4	—	—	1	Kämm. Neumarkt.	N.	
—	13	—	—	1	Adelig.	N.	Hierher gehört Hartau.
4	17	1	—	1	desgl.	C.	
—	11	—	—	1	desgl.	C.	
—	2	—	—	—	desgl.	N.	
7	10	2	—	1	St. Vincenz zu Br.	C.	Die eine Mühle heißt die Vincenz- die andere die Hintermühle.
1	4	—	—	—	Domcapitel zu Bresl.	N.	
—	—	1	—	1	Adelig.	N.	
2	15	1	—	1	desgl.	N.	
4	13	—	1	1	desgl.	N.	
6	—	—	—	1	desgl.	N.	
—	10	1	—	1	desgl.	N.	Hierher gehört Klein-Heidau.
7	11	—	—	1	Stift Leubus.	N.	
2	1	—	—	1	Adelig.	N.	
—	—	—	—	1	desgl.	N.	
—	2	—	—	—	desgl.	N.	
—	1	—	—	1	desgl.	N.	Gehört zu Leuthen.
7	8	—	—	1	St. S. Vincenz z. Br.	N.	
1	5	—	—	1	Adelig.	N.	Gehört zu Nimkau.
6	21	—	—	1	desgl.	C.	
—	1	—	—	—	desgl.	N.	
—	16	1	—	1	desgl.	N.	
—	1	—	1	2	desgl.	N.	Der eine Kretscham heißt der Straßkretscham.
—	10	—	—	1	Comm. Corp. Chr. zu Breslau.	N.	
—	5	—	—	1	Kämm. Neumarkt.	N.	
—	6	1	—	—	Adelig.	C.	
—	11	—	—	1	desgl.	N.	
—	11	1	—	1	Kloster Wahlstadt.	N.	
—	4	—	—	1	Adelig.	N.	
15	6	—	1	1	desgl.	N.	Hierher gehört Hubendorf.
15	19	—	1	—	Stift Leubus.	N.	Ein Oehlschläger.
—	2	—	—	1	Adelig.	N.	

Nahmen der Dörfer.	Oeffentl. Gebäude. Kirchen. Protest.	Oeffentl. Gebäude. Kirchen. Kathol.	Oeffentl. Gebäude. Schulen. Protest.	Oeffentl. Gebäude. Schulen. Kathol.	Pfarrhäuser.	Herrschaftl Schlösser und Wohnhäuser.	Vorwerke.	Lehngüter.	Freigüter.	Bauern.	Freigärtner.
Schweinberg	—	—	—	—	—	—	1	—	—	—	—
Schweinitz, Polnisch- . .	—	1	—	1	1	—	—	—	1	9	9
Seedorf.	—	—	—	—	—	—	1	—	—	—	10
Spillendorf.	—	—	—	—	—	—	—	—	1	5	5
Stephansdorf, Ober- . .	—	1	—	1	2	1	2	—	—	—	27
Stephansdorf, Nieder- .	—	—	—	—	—	1	1	—	—	—	3
Stöschwitz	—	—	—	—	—	—	1	—	—	2	—
Struse Ober- . . .	—	1	—	—	1	—	1	—	—	3	14
Struse Nieder- . . .	—	—	—	—	—	1	1	—	—	—	5
Strusa	—	—	—	—	—	1	1	—	—	—	—
Tschammendorf Ober- .	—	—	—	—	—	1	1	—	—	—	—
Tschammendorf Nieder-	—	—	1	—	—	—	—	—	—	9	4
Tschechen	—	—	—	—	—	1	—	1	—	4	4
Tschärnau	—	—	—	—	—	—	1	—	—	—	4
Viehau.	—	1	—	—	—	1	2	—	—	2	4
Warschine	—	—	—	—	—	—	—	—	—	—	4
Weicherau	—	1	—	1	—	—	1	—	—	10	3
Wilkau	—	1	—	—	—	—	1	—	—	—	5
Wilxen	—	1	—	1	1	—	—	—	1	6	15
Wohnwitz	—	—	—	—	—	1	1	—	—	—	9
Wolfsdorf	—	—	—	—	—	1	1	—	—	—	3
Wüstung	—	—	—	—	—	—	1	—	—	—	—
Zaugwitz	—	—	—	—	—	—	—	—	—	9	6
Zieserwitz	—	1	—	1	2	1	1	—	—	8	19
Zopkendorf	—	—	—	—	—	1	1	—	—	—	3

Andre Häuser.	Mühlen. Wasser-	Mühlen. Wind-	Kretschame.	Herrschaft.	District.	Anmerkungen und Merkwürdigkeiten.
—	—	—	—	Adelig.	N.	Geh. zu Ober-Stephansdorf.
8	—	1	1	Die Dom-Vicarien.	N.	
4	—	—	1	Adelig.	N.	
3	—	—	—	Domcap. z. Bresl.	N.	
21	2	—	1	Adelig.	N.	Eine Oehlschlägerei. Ein Vorwerk heißt Schweinberg. Eine Mühle die Rathemühle (Maschdorf).
2	—	—	1	Stadt Breslau.	N.	Hierher gehört die schwarze Schäferei.
4	—	—	1	St. S Clarä z. Bresl.	N.	
16	1	—	—	Adelig.	C.	
8	—	—	1	desgl.	C.	
5	—	1	1	desgl.	N.	
3	—	—	1	desgl.	N.	
8	—	—	1	Stadt Breslau.	N.	
2	—	—	1	Stift Vincenz zu Br.	N.	
5	—	—	1	Adelig.	N.	
20	1	—	1	Stift Vincenz zu Br.	C.	Ein Vorwerk heißt das Hohe-Vorwerk.
—	—	—	1	Adelig.	N.	Gehört zu Kniegnitz.
24	—	1	2	Kloster Wahlstadt.	C.	Ein Kretscham heißt der Straßkretscham.
4	—	—	1	Adelig.	N.	
18	—	—	1	Stift Leubus.	N.	Hier ist eine Bleiche.
5	—	1	1	Adelig.	N.	
4	—	—	1	desgl.	N.	
—	—	—	1	desgl.	N.	Gehört zu Kertschütz.
1	—	—	1	desgl.	C.	
13	—	1	1	desgl.	N.	
4	—	—	1	desgl.	N.	

III.

Der Namslauer Kreis.

Die Gränzen und die Gewässer dieses von den andern beiden Kreisen des Fürstenthums Breslau ganz abgesondert liegenden Kreises sind oben (S. 95.) schon angegeben.

Der Namslauer Kreis enthält auf 9 Quadrat-Meilen, die Namslauer Burg mit eingerechnet, 69 Dörfer, in welchen 82 Besitzungen oder Antheile, darunter 11 Colonien sind.

A. Städte.

1. Namslau,

eine Immediat- und die Kreisstadt, liegt in einer fruchtbaren Gegend, am linken Ufer der Weyde, die durch einen kleinen Theil der Stadt selbst fließt, hat doppelte Mauern und zwei Thore (das Breslauer und Krakauer Thor). Sie enthält, außer der Deutschen Ordens-Ritter-Commende:

I. An öffentlichen Gebäuden:

1) Das Rathhaus.

2) Ein Hospital.

3) Ein Krankenhaus.

II. An kirchlichen und Schulgebäuden:

1) Die evangelisch-lutherische Kirche, bei der ein Deutscher, ein Polnischer, und ein Mittagsprediger, der zugleich Rector ist, stehen.

2) Die katholische Pfarrkirche St. Peter und Paul, bei der ein Pfarrer und ein Capellan die religiösen Handlungen verrichten. Es sind zehn Dörfer eingepfarrt.

3) Die Kirche zur heil. Dreifaltigkeit, in der Vorstadt.

4) Das Franciskaner-Kloster (13 Mönche) mit der Kirche.

5) Die Predigerwohnungen.

6) Die lutherische Schule, an der außer dem Rector noch zwei Lehrer den Unterricht ertheilen.

7) Die katholische Schule.

III. An bürgerlichen Häusern:

In der Stadt	215
In der Vorstadt	115
Summa	330

Die Juden haben hier einen Kirchhof.

Königliche Aemter sind hier:

Das Steueramt.

Das Accise- und Zollamt.

Das Postamt.

Das Juden-Toleranz-Amt.

Die Bürger nähren sich theils vom Handel, besonders mit Tuch und Garn, von dem Bierbrauen, dazu 155 Häuser berechtiget sind; (der Bierausschrot erstreckt sich auf alle unter der Meile liegende Dörfer) von ihrem Handwerke oder ihrer Kunst. Unter den Handwerksleuten sind die Tuchmacher die zahlreichsten. Man macht hier auch viele Tobacks-Pfeifenköpfe.

Jährlich sind vier Jahr- und ansehnliche Viehmärkte:

1) Dienstags vor Fastnacht;

2) an Philippi Jacobi;

3) an Mariä Himmelfahrt;

4) an Francisci.

Die Kämmerei besitzt außer zwei Vorwerken und zwei Waldungen noch die Dörfer Deutsch-Marchwitz und Ellguth.

Die Besatzung besteht aus einer Schwadron Husaren vom Regimente Nr. 4.

Das Stadtwapen ist ein Schlesischer Adler mit einem Sterne unter dem Schweife.

2. Reichthal.

Die kleine, offene, dem Bischofe von Breslau gehörige Stadt Reichthal, nahe an der Gränze von Süd-Preußen, enthält außer fünf öffentlichen Gebäuden, eine katholische Kirche und Schule, 116 Bürgerhäuser, 23 Scheunen.

Nächst

Nächst dem Handwerke und einigem Ackerbau ist das Branntweinbrennen ein vorzüglicher Erwerbzweig der Bürger, davon sicher die Hälfte Schuhmacher sind, die mit ihrer Arbeit die Jahrmärkte beziehen.

Sonnabends ist Wochenmarkt, die vier Jahrmärkte sind:

1) an Mariä Reinigung;
2) an Georgi;
3) an Aegidii;
4) an Hedwig.

Zur Besatzung liegt hier eine Schwadron Husaren von dem Regimente Nr. 3.

B. Dörfer.

Nahmen der Dörfer.	Oeffentl. Gebäude. Kirchen. Protest.	Oeffentl. Gebäude. Kirchen. Kathol.	Oeffentl. Gebäude. Schulen Protest.	Oeffentl. Gebäude. Schulen Kathol.	Pfarrhäuser.	Herrschaftl. Schlösser u. Wohnhäuser.	Officiant. Wohnung.	Wirthschaftsgeb.	Vorwerke.	Försterwohnungen.	Freigüter.	Dienstbauern.	Freigärtner.	Hofegärtner.
Altstadt	—	—	—	—	—	1	—	1	—	—	—	5	8	8
Babacischka	—	—	—	—	—	—	—	—	1	—	—	—	—	4
Bachowitz	—	—	—	—	—	—	2	—	—	1	—	—	14	16
Bankwitz	—	1	1	1	1	1	4	3	2	2	—	10	14	15
Belitz	—	—	—	—	—	—	—	1	—	—	—	—	6	—
Belmsdorf	—	1	—	—	—	1	1	—	1	—	—	4	—	13
Böhmwitz	—	—	—	—	—	1	1	—	1	—	—	—	—	6
Breschinke	—	—	—	—	—	1	2	—	—	—	—	—	1	6
Brode	—	—	—	—	—	—	—	—	1	—	—	—	—	—
Buchelsdorf	—	1	—	1	—	1	4	—	1	—	—	18	6	20
Butschkau Groß-	—	—	—	1	—	1	1	—	1	1	—	—	—	5
Butschkau Klein-	—	—	—	—	—	—	1	—	1	—	—	—	—	5
Charlottenthal, Colonie	—	—	—	—	—	—	—	—	—	—	—	—	—	—
Creuzendorf	—	1	—	1	1	—	1	—	—	—	1	27	6	—
Dammer	—	1	1	—	—	1	8	—	3	1	—	17	44	26
Damnig	—	—	—	—	—	1	1	1	1	—	—	—	5	2
Dörnberg, Colonie	—	—	—	—	—	—	—	—	—	—	—	—	—	—
Droschkau	1	1	1	—	1	1	4	1	—	—	—	10	18	—
Dziedzietz	—	—	—	—	—	—	—	—	—	—	—	16	—	—
Eckersdorf 1 Antheil	—	—	—	—	—	—	—	—	—	—	—	6	—	—
Eckersdorf 2 Antheil	—	1	—	1	1	1	1	1	—	2	—	11	19	29
Eisdorf Nieder-	—	—	1	—	—	1	2	—	1	—	—	3	3	11
Eisdorf Ober-	—	—	—	—	—	1	2	2	2	—	—	4	2	10
Ellguth	—	—	1	—	—	—	1	—	—	—	—	16	12	—
Erdmannsdorf, Colonie	—	—	—	1	—	—	—	—	—	—	—	—	—	—
Friedrichsberg, Colonie	—	—	—	—	—	—	—	—	—	—	—	—	—	—
Friedrichshülf, Colonie	—	—	—	—	—	—	—	—	—	—	—	—	—	—
Giesdorf	—	1	—	1	—	1	—	2	1	—	—	8	2	15
Glausche	—	1	1	1	1	—	1	—	1	1	—	41	—	16
Grambschütz	—	1	1	1	—	—	—	6	2	1	—	6	5	18
Groditz, Colonie	—	—	—	—	—	—	—	—	—	—	—	—	—	—
Grüneiche	—	—	—	—	—	—	—	—	1	—	—	—	6	—
Gühlchen	—	—	1	—	—	—	—	2	2	1	—	10	11	12

Angerhäusler.	Auszughäusler.	Andre Häuser.	Colonisten-Häuser.	Schäferhäuser.	Hirtenhäuser.	Mühlen. Wasser-	Wind-	Brett-	Kretschame.	Schmieden.	Herrschaft.	Anmerkungen und Merkwürdigkeiten.
3	1	—	—	2	—	—	—	—	1	—	Deutscher Ord.	
—	—	3	—	—	—	—	—	—	—	—	— —	Gehört zu Simmelwitz.
—	1	—	—	—	—	2	—	—	1	—	Bischöflich.	
1	2	—	—	2	—	—	—	1	2	2	Adelig.	Hier ist eine Halbmeisterei, desgl. ein Hosp. u. Ziegelei.
—	—	—	—	—	—	2	—	—	1	—	desgl.	Gehört zu dem vorigen.
—	—	—	—	1	—	2	—	—	1	1	desgl.	
3	—	—	—	—	—	—	—	—	—	—	desgl.	
—	—	—	—	1	—	1	1	—	—	1	desgl.	
—	—	—	—	—	—	—	—	—	—	—	Kämm. zu Bresl.	Gehört zu Strehlitz.
—	1	—	—	—	2	1	1	-	2	1	Adelig.	Hier ist eine Ziegelei.
—	—	—	—	—	1	1	—	—	1	1	desgl.	Hier eine Pottaschsiederei.
—	—	—	—	1	—	—	—	—	—	—	Bischöflich.	
—	—	—	10	—	...	—	—	—	—	1	Adelig.	
—	6	—	—	1	—	—	—	—	1	1	Bischöflich.	Hier ist ein Hospital, 1 Oehlschlägerei und 1 Ziegelei.
8	10	—	—	2	—	2	—	1	2	1	Adelig.	Hier ist ein Hospital. Mit diesem ist Wolz, Hassterkuznika und Zbicze verbunden
—	—	—	-	—	—	1	—	—	2	1	desgl.	
—	—	—	20	—	—	—	—	—	1	—	Bischöflich.	
1	—	—	2	2	—	—	1	—	1	1	Adelig.	Hierher gehört Altvorwerk.
—	3	—	—	—	—	—	—	—	1	1	Bischöflich.	
—	5	—	—	—	—	—	—	—	—	—	Deutscher Orden	
—	—	—	—	5	—	1	3	1	3	1	Adelig.	Hierher geh Schmiedeberg, Sandvorwerk, Kuznika u. Grüneiche.
—	—	—	—	1	—	1	—	—	1	—	desgl.	
—	—	—	—	2	—	—	—	—	—	1	desgl.	Das eine Vorwerk mit einer Schäferei heißt Eichhof.
—	1	—	—	1	—	—	—	—	—	—	Kämm Namsl.	
—	—	—	20	—	—	—	—	—	—	—	Bischöflich.	
—	—	—	6	—	—	—	..	—	—	—	Adelig.	
—	—	—	10	—	—	—	—	—	—	—	desgl.	
—	—	—	—	2	—	1	—	—	1	1	desgl	
—	8	—	—	2	—	1	2	—	—	1	Deutscher Orden	Zwei Oehlschlägereien.
—	2	—	—	2	—	—	1	—	1	1	Adelig.	Ein Hospital.
—	—	-	8	—	—	—	—	—	—	—	desgl.	
—	—	—	—	—	—	—	—	—	—	—	desgl.	Gehört zu Eckersdorf.
—	7	—	—	2	—	—	—	—	1	1	desgl.	Hierher geh. Wonschewette.

Nahmen der Dörfer.	Oeffentliche Gebäude: Kirchen. Protest.	Kathol.	Schulen. Protest	Kathol.	Pfarrhäuser.	Herrschaftl. Schlösser u. Wohnhäuser	Officiant Wohnung.	Wirthschaftsgebäud.	Vorwerke.	Försterwohnungen.	Freigüter	Dienstbauern.	Freigärtner.	Hofegärtner.	Häusler.
Haugendorf	—	—	—	—	—	1	1	1	1	—	—	—	—	11	—
Hennersdorf Groß-	—	1	1	—	1	—	—	—	—	—	—	19	5	—	—
Hennersdorf Klein-	—	—	—	—	—	1	—	1	—	—	—	—	4	1	—
Herzberg, Colonie	—	—	—	—	—	—	—	—	—	—	—	—	—	—	—
Hessenstein	—	—	—	—	—	—	—	—	1	—	—	—	—	6	6
Hönigern	1	—	1	—	1	1	7	—	1	2	—	—	30	28	3
Jacobsdorf	—	—	1	—	1	1	2	—	1	—	—	10	—	12	—
Jauchendorf	—	—	—	—	—	—	1	—	1	—	—	—	1	6	—
Johannsdorf, Colonie	—	—	—	—	—	—	—	—	—	—	—	—	—	—	—
Kaulwitz	1	1	1	1	2	1	1	—	1	1	—	14	3	23	—
Krickau	—	—	1	—	—	1	1	1	2	—	—	3	—	14	—
Kuznicka	—	—	—	—	—	—	—	—	1	—	—	—	—	6	—
Lankau	—	—	—	—	—	1	—	2	1	—	—	—	—	9	2
Lippe	—	—	—	—	—	—	—	2	1	—	—	—	1	9	—
Lorzendorf	—	1	—	1	2	1	—	4	1	1	—	7	2	16	—
Marchwitz Deutsch-	—	—	1	—	—	—	—	—	—	—	—	17	1	—	—
Marchwitz Neu-, Colonie	—	—	—	—	—	—	—	—	—	—	—	—	—	—	—
Marchwitz Polnisch-	—	—	1	—	—	1	—	5	2	1	—	20	18	14	—
Marchwitz Windisch-	—	1	1	—	—	—	1	—	1	1	—	18	3	6	—
Michelsdorf	—	1	—	1	—	—	—	—	1	—	1	6	—	6	2
Mühlchen	—	—	—	—	—	—	—	—	—	—	—	—	5	—	—
Minkowsky	—	—	—	1	—	1	—	7	4	—	—	—	16	23	13
Nassadel	—	1	—	—	—	1	—	2	1	1	—	9	6	10	—
Niefe	—	—	—	—	—	—	—	—	—	—	—	—	11	—	—
Noldau	—	—	—	—	—	—	—	—	—	—	—	4	—	—	—
Noldau	—	—	—	—	—	1	1	—	1	—	—	3	7	8	1
Obischau 1 Antheil	—	—	—	—	—	—	—	—	—	—	—	3	—	—	—
Obischau 2 Antheil	—	—	—	—	—	—	—	—	—	—	—	4	—	—	—
Obischau 3 Antheil	—	—	—	1	—	—	—	—	—	—	—	5	—	—	—
Paulsdorf Ober-	—	—	—	—	—	—	1	1	1	—	—	—	4	6	—
Paulsdorf Nieder-	—	—	1	—	—	1	—	1	1	—	—	—	4	9	—
Polkowitz	—	—	—	—	—	—	—	1	1	—	—	—	10	5	—
——— Neu-, Colonie	—	—	—	—	—	—	—	—	—	—	—	—	—	—	—
Proschau	—	1	—	1	2	—	—	—	—	—	2	19	—	—	3
Reichen	—	1	1	—	1	1	1	3	2	—	—	9	1	20	3
Schadegur	—	—	—	—	—	—	—	1	1	1	1	7	9	—	—

…	Auszughäusler.	Andere Häuser.	Colonisten-Häuser.	Schäferhäuser.	Hirtenhäuser.	Mühlen. Wasser-	Mühlen. Wind-	Mühlen. Brettmühlen-	Kretschame.	Schmieden.	Herrschaft.	Anmerkungen und Merkwürdigkeiten.
—	—	—	—	1	—	—	—	1	—	—	Adelig.	
—	10	—	—	1	—	—	—	—	1	1	Deutscher Ord.	
—	—	—	—	1	—	—	1	—	—	—	Adelig.	
—	—	—	20	1	—	—	—	—	—	—	Bischöflich.	
—	—	—	—	—	—	—	—	—	—	—	Adelig.	Gehört zu Minkowsky.
—	—	—	—	1	—	1	1	1	3	1	Prinz Eugen von Würtemberg.	Hier ist ein Hospital, 1 Ziegelei. Hierher geh. Schön-Bora und Sabe.
—	5	—	—	2	—	1	—	—	1	1	Adelig.	Hier ist eine Ziegelei.
—	—	—	—	—	—	—	—	—	—	1	Deutscher Ord.	
—	—	—	18	—	—	—	—	—	—	—	Adelig.	
—	4	—	—	2	—	2	—	—	1	1	desgl.	Eine Ziegelei.
—	—	—	—	—	—	—	1	—	1	1	desgl.	
—	—		—	—	—	—	—	—	—	—	desgl.	Gehört zu Eckersdorf.
—	—	—	—	1	—	—	—	—	1	1	desgl.	Eine Ziegelei.
—	—	—	—	1	—	—	—	—	—	—	desgl.	
—	—	—	—	2	—	2	—	—	1	1	desgl.	
—	1	—	—	1	—	—	—	—	1	1	Kämm. Namsl.	
—	—	—	10	—	—	—	—	—	—	—	Adelig	
—	1	—	—	2	—	—	1	—	1	1	desgl.	Das eine Vorwerk heißt Heltervorwerk.
5	4	—	—	2	—	—	1	—	1	1	Deutscher Ord.	
—	2	—	—	1	—	—	—	—	1	—	Adelig.	
—	—	—	—	—	—	—	—	—	—	—	Deutscher Ord.	
10	—	—	—	2	1	1	—	1	1	1	Adelig.	Eine Ziegelei. Das Grabmahl des Helden Seydlitz
—	—	—	—	1	—	—	1	—	1	1	desgl.	
1	3	—	—	—	—	—	—	—	1	—	Deutscher Ord.	
—	1	—	—	—	—	—	—	—	—	1	desgl.	
2	—	—	—	2	—	—	1	—	1	—	Adelig.	
—	1	—	—	—	—	—	—	—	—	—	Deutscher Ord.	
—	—	—	—	—	—	—	—	—	—	—	Namsl. Hospit.	
—	1	—	—	1	—	—	—	—	1	—	Adelig.	
—	—	—	—	—	—	—	1	—	—	—	desgl.	
—	—	—	—	1	—	—	—	—	1	1	desgl.	
—	—	—	—	1	—	—	1	—	1	—	Deutscher Ord.	Eine Ziegelei.
—	—	—	12	—	—	—	—	—	—	—	desgl.	
—	6	—	—	2	—	—	—	—	1	1	Bischöflich.	
—	—	—	—	2	—	—	1	—	1	1	Adelig.	Eine Ziegelei.
—	—	—	—	1	—	—	—	—	1	—	Bischöflich.	

Nahmen der Dörfer.	Oeffentliche Gebäude: Kirchen. Protest.	Kirchen. Kathol	Schulen. Protest.	Schulen. Kathol.	Pfarrhäuser.	Herrschaftl. Schlösser u. Wohnungen.	Officiant. Wohnung.	Wirthschaftsgebäude	Vorwerke.	Försterwohnungen.	Freigüter.	Dienstbauern.	Freigärtner.	Hofegärtner.	[illegible]
Schmograu	—	1	1	1	—	1	1	3	1	1	—	20	12	18	—
Schönbrunn	—	—	—	—	—	—	—	—	1	—	—	—	—	—	
Schwyrz	—	—	—	—	—	—	—	2	1	—	—	16	1	12	1
Sgorzellitz	—	—	—	—	—	—	1	2	1	1	—	—	—	8	—
Sorsow	—	—	—	—	—	—	—	—	—	—	—	—	—	—	
Simmelwitz	—	—	1	—	—	1	—	2	1	—	—	15	4	16	
Skorischau	—	—	—	—	—	1	1	4	1	—	—	—	1	14	
Sophienthal, Colonie.	—	—	—	—	—	—	—	—	—	—	—	—	—	—	—
Städtel	—	1	1	—	—	1	—	2	—	—	—	6	16	11	—
Steinersdorf Groß=	—	1	—	1	..	1	—	3	1	—	—	6	—	8	
Steinersdorf Klein=	—	—	—	—	—	—	—	1	1	—	—	6	—	—	—
Sterzendorf	—	—	1	—	—	1	1	2	1	—	—	10	37	15	
Strehlitz 1 Antheil	—	1	1	1	1	1	—	2	1	—	—	34	19	5	—
Strehlitz 2 Antheil	—	—	—	—	—	—	—	1	1	—	—	12	—	—	—
Strehlitz 3 Antheil	—	—	—	—	—	—	—	—	—	—	—	8	—	—	—
Wallendorf	—	1	—	1	1	1	—	1	1	—	—	19	4	7	
Wilkau Nieder=	—	1	1	—	1	1	—	2	2	—	—	16	8	13	—
Wilkau Ober=	—	—	—	1	—	1	—	2	2	—	—	14	6	14	—
Wonschewette	—	—	—	—	—	—	—	—	1	—	—	2	—	13	—
Wolz	—	—	—	—	—	—	—	—	—	—	—	—	—	—	
Zbicze	—	—	—	—	—	—	—	—	1	—	—	—	—	10	—
Zabe (Sabe)	—	—	—	—	—	—	—	2	1	—	1	—	8	14	—

Auszüghäusler.	Andere Häuser.	Colonisten-Häuser.	Schäferhäuser.	Hirtenhäuser.	Mühlen. Wasser-	Mühlen. Wind-	Mühlen. Brett-	Kretschame.	Schmieden.	Herrschaft.	Anmerkungen und Merkwürdigkeiten.
3	—	—	3	—	1	—	—	1	1	Bischöflich.	Die Kirche ist die älteste in Schlesien. Hier ehed. der Sitz des Bischofs. Das Vorw. h. Sbitke (Uebrig).
—	—	—	—	—	—	—	—	1	—	Pr. Eugen v. W.	Gehört zu Hönigern.
3	—	—	2	—	—	—	—	1	1	desgl.	
—	—	—	1	—	2	—	—	1	—	Bischöflich.	
—	—	—	—	—	—	—	—	—	—	Adelig.	Gehört zu Sterzendorf.
—	—	—	3	—	—	1	—	1	1	desgl.	Hierher gehört die Schäferei Babazischka.
—	—	—	2	—	1	—	—	3	1	Bischöflich.	
—	—	21	—	—	—	—	—	—	—	desgl.	
—	—	—	1	—	1	—	—	1	1	Pr Eugen v. W.	Eine Oehlschlägerei. Eine jüdische Synagoge.
1	—	—	1	—	—	—	—	2	1	Adelig	
1	—	—	1	—	—	—	—	—	—	desgl.	
—	—	—	2	—	2	—	1	1	1	desgl.	Eine Ziegelei. Hierher gehören Oschambel, Sawademühle, Sorsow.
22	—	—	1	—	1	—	—	2	2	Käm̃ Breslau.	Eine Oehlschlägerei. Hierher gehört Brode.
7	—	—	—	—	—	—	—	1	—	Adelig.	
3	—	—	—	—	—	—	—	1	—	desgl.	
—	—	—	1	—	—	—	—	2	1	Bischöflich.	
2	—	—	1	—	—	1	—	1	1	Adelig.	Eine Oehlschlägerei.
—	—	—	2	—	—	1	—	1	—	desgl.	
—	—	—	1	—	—	—	1	—	—	desgl.	Gehört zu Gülchen.
—	—	—	—	—	—	—	—	—	—	desgl.	Gehören zu Dammer.
—	—	—	—	—	1	—	—	—	—	desgl	
—	—	—	—	—	—	—	—	—	—	Pr. Eugen v. W	Gehört zu Hönigern.

Register.

A.

B.

C.

F.

G.

Mochbern,

www.ingramcontent.com/pod-product-compliance
Lightning Source LLC
La Vergne TN
LVHW092110300926
849161LV00002B/99